여행은 꿈꾸는 순간, 시작된다

리얼
국내여행

여행 정보 기준

이 책은 2026년 2월까지 취재한 정보를 바탕으로 만들었습니다.
정확한 정보를 싣고자 노력했지만, 여행 가이드북의 특성상
책에서 소개한 정보는 현지 사정에 따라 수시로 변경될 수 있습니다.
변경된 정보는 개정판에 반영해 더욱 실용적인 가이드북을 만들겠습니다.

한빛라이프 여행팀 ask_life@hanbit.co.kr

리얼 국내여행

초판 발행 2021년 6월 1일
개정4판 1쇄 2026년 3월 30일

지은이 배나영 / **펴낸이** 김태헌
기획/편집 총괄 임규근 / **편집팀장** 고현진 / **책임편집** 황정윤 / **디자인** 천승훈 / **일러스트** 이예연
영업/마케팅 총괄 신우섭 / **영업** 문윤식, 김선아 / **마케팅** 손희정, 박수미, 송수현 / **제작** 박성우, 김정우

펴낸곳 한빛라이프 / **주소** 서울시 서대문구 연희로 2길 62 한빛빌딩
전화 02-336-7129 / **팩스** 02-325-6300
등록 2013년 11월 14일 제25100-2017-000059호
ISBN 979-11-94725-38-1 14980, 979-11-85933-52-8 14980(세트)

한빛라이프는 한빛미디어(주)의 실용 브랜드로 우리의 일상을 환히 비추는 책을 펴냅니다.

이 책에 대한 의견이나 오탈자 및 잘못된 내용은 출판사 홈페이지나 아래 이메일로 알려주십시오.
파본은 구매처에서 교환하실 수 있습니다. 책값은 뒤표지에 표시되어 있습니다.
한빛미디어 홈페이지 www.hanbit.co.kr / 이메일 ask_life@hanbit.co.kr
블로그 blog.naver.com/real_guide_ / 인스타그램 @real_guide_

지금 하지 않으면 할 수 없는 일이 있습니다.
책으로 펴내고 싶은 아이디어나 원고를 메일(**writer@hanbit.co.kr**)로 보내주세요.
한빛라이프는 여러분의 소중한 경험과 지식을 기다리고 있습니다.

대한민국을 가장 멋지게 여행하는 방법

리얼 국내여행

배나영 지음

한빛라이프

PROLOGUE
작가의 말

배나영　남다른 취재력과 감각 있는 필력을 여러 매체에서 인정받아 자유기고가
와 여행작가로 일한다. 포털사이트의 기획자에서 뮤지컬 배우에 이르는 폭넓은 경
험을 자양분 삼아 글을 쓴다. SBS 라디오 오디션 '국민 DJ를 찾습니다'에서 금상을
수상한 재주를 살려 유튜브에서 책을 소개하는 채널 '배나영의 Voice Plus+'를 운영
하고, EBS 〈세계테마기행〉, 〈한국의 둘레길〉 등 다양한 여행 프로그램에 출연한다.
해돋이와 해넘이가 아름다운 곳, 광활한 자연과 인간의 문명이 조화로운 곳을 사랑
한다. 지은 책으로 《리얼 다낭》, 《리얼 방콕》, 《리얼 코타키나발루》 등이 있다.

인스타그램 @lovelybaena　　**네이버 인플루언서** @배나영　　**유튜브** 배나영의 Voice Plus+

사랑스럽고 자랑스러운
우리 땅 여행

봄이면 벚꽃 흐드러진 하동을 지나 춘향이 그네를 타던 남원을 거닙니다.
여름이면 동남아 휴양지 부럽지 않은 동해의 투명한 바다로 뛰어듭니다.
가을이면 순천의 금빛 갈대밭을 사르르 어루만지는 바람 소리를 듣습니다.
겨울이면 눈 덮인 자작나무 숲길을 자박자박 걷습니다.

네, 국내여행이 참 좋습니다.
아름답고 정겹습니다. 맛있고 풍성합니다. 여느 해외 여행지 부럽지 않습니다.

혼자 보기 아까웠던 아름다운 경치를 담았습니다.
부모님 모시고, 아이를 데리고 가족끼리 나들이하던 기쁨을 담았습니다.
친구들과 함께 깔깔대며 골목을 걷던 재미와
조용한 풍경에 스며들어 느긋하게 즐기던 여유를 담았습니다.
우리네 삶과 맞닿은 생생한 문화와 살아 있는 역사를 담았습니다.
왁자지껄한 시장의 먹거리, 따뜻한 이웃들의 인심을 담았습니다.

여행을 떠나고 싶을 때 언제든 책을 펼치면
금실로 수놓은 듯 귀한 풍경 속으로 스며들어
마치 여행하는 기분을 느낄 수 있도록 정성껏 지은 글과 사진을 담았습니다.

《리얼 국내여행》과 함께 언제나 건강하고 편안하게 여행하시길 바랍니다.

배나영 드림

Special Thanks To

여행자 마을의 김미경 님, 윤유섭 님, 강진섭 님, 송권의 님, 박동화 님, 류남이 님, 여행의 추억을 쌓아준 변혜림 님, 백창현 님, 박지양 님, 박근이 님, 송휘범 님, 이호 님, 취재와 맛집 탐방을 도와준 박승용 님, 안동원 님, 배재현 님, 오원호 님, 우지경 님, 한동엽 님, 김대종 님, 흔쾌히 울릉도 정보를 제공해주신 조은요 님, 덕분에 근사하고 풍성한 책을 만듭니다. 애정을 담아 기획해 주시고, 세심하게 어루만져주신 신미경, 김윤화, 황정윤 편집자님, 박성숙 교열자님, 천승훈 디자이너님, 이예연 일러스트레이터님, 든든하고 고맙습니다. 여행을 마치고 돌아오는 길을 언제나 행복하게 해주는 동동이와 부모님께 다시 한번 감사드립니다.

차례
CONTENTS

CONTENTS
차례

PART 03

진짜 경기도를 만나는 시간

PART 04

진짜 충청도를 만나는 시간

PART
01

대한민국을 가장 멋지게 여행하는 방법

KOREA

고성
속초
양양
강릉
철원
연천
인제
강원도
포천
춘천
가평
경기도
파주
강화
홍천
인천
평창
과천
양평
수원
제천
단양
당진
서산
충청도
태안
아산
안동
세종
공주
대전
부여
서천
논산
경상도
포항
군산
완주
대구
경주
전주
울산
전라도
남원
담양
부산
광주
하동
순천
목포
통영
거제
여수
남해

한눈에 보는 대한민국

우리나라의 행정구역은 특별시, 광역시, 도, 특별자치도, 특별자치시로 이루어진다. 이 책에서는 5개의 도, 즉 강원도, 경기도, 충청도, 전라도, 경상도로 파트를 나누고 구성상 각 도와 인접한 광역시를 해당 도에 포함시켰다. 또한 자동차, 버스, 기차로 여행할 수 있는 도시 위주로 선정했다. 산과 계곡, 바다와 섬, 강과 평야가 사이좋게 공존하는 우리나라 5개 도, 49개 도시, 63개 테마를 따라 여행을 떠나보자.

울릉도

독도

강원도

우리나라에서 제주도와 더불어 가장 청정한 여행지로 손꼽히는 지역이다. 태백산맥의 동쪽으로는 태평양과 이어지는 푸른 바다, 서쪽으로는 산과 계곡이 어우러진 풍경들이 기다린다. P.072

경기도

주말이면 도시를 떠나 자연을 찾는 사람들로 붐빈다. 드라이브하기 좋은 양평과 가평, 바다를 볼 수 있는 인천이나 역사가 살아 있는 강화도와 수원, 대공원과 과학관이 있는 과천까지 개성 있는 여행지가 많다. P.168

충청도

얕은 바다와 섬들이 붉은 낙조를 선사한다. 내륙의 바다 청풍호를 둘러싼 단양과 제천의 경치가 수려하고, 백제의 수도였던 공주와 부여, 국립생태원이 자리한 서천 등 여행지가 하나같이 매력적이다. P.226

전라도

전주의 한옥마을부터 담양의 소쇄원을 거쳐 남원과 여수까지 옛 정취를 따라 여행할 수 있다. 더욱이 음식이 맛있기로 유명한 지역이라 밥 한 끼만 제대로 먹고 와도 여행을 참 잘한 기분이 든다. P.288

경상도

유서 깊은 여행지인 안동과 경주에서부터 도시의 세련미와 옛 정취가 공존하는 대구와 부산, 남해의 매력을 뿜어내는 통영과 거제, 동쪽 끝의 울릉도와 독도까지 볼거리가 수두룩하다. P.372

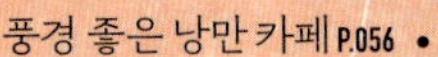
풍경 좋은 낭만 카페 P.056

물길 따라 시원한 드라이브 P.024

아이랑 동물 보러 나들이 P.044

지역을 대표하는 향토 음식 P.046

문학으로 스며드는 시간 P.039

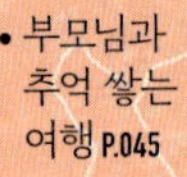

아드레날린 샘솟는 액티비티 P.026

싱싱한 해산물과의 만남 P.054

부모님과 추억 쌓는 여행 P.045

다정하게 반겨주는 마을 여행 P.031

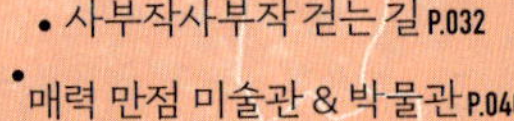

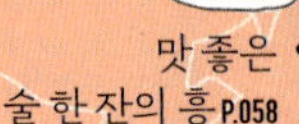

사부작사부작 걷는 길 P.032

매력 만점 미술관 & 박물관 P.040

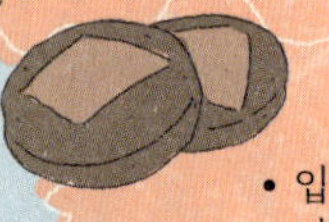

입안이 행복해지는 간식 맛집 P.052

맛 좋은 술 한 잔의 흥 P.058

우리나라 사계절 여행 P.016

계절을 담은 사진 명소 P.018

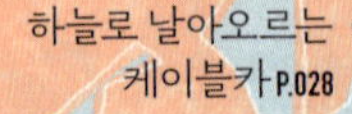
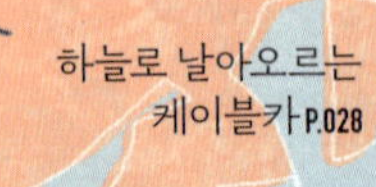

살아 있는 근현대 역사 여행 P.038

맛 찾아 전국 시장 탐방 P.050

하늘로 날아오르는 케이블카 P.028

산과 바다를 품은 천년 사찰 P.034

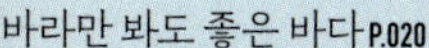
바라만 봐도 좋은 바다 P.020

— 분위기까지
   향긋한 카페 P.055

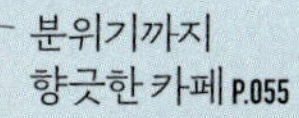

신비로운
섬 그리고 섬 P.030

• 강렬한 인생 사진 촬영지 P.036

'어디'보다 '무엇'이 중요하다면
취향 따라 즐기는 테마 여행

여행을 떠나며 '어디로 갈까?' 찾아갈 장소를 고민할 때도 있지만, '이번 여행에선 뭘 할까?' 색다른 경험을 꿈꾸기도 한다. 나만의 취향에 맞춰, 내가 좋아하는 테마를 따라 떠나보자. 23개의 테마가 근사한 나침반이 되어 준다.

일 년 동안의 호사
우리나라 사계절 여행

**상큼한
봄 여행지**

봄이면 하동의 십리벚꽃길엔 여리여리한 분홍 꽃비가 내리고, 남원 광한루원의 버드나무엔 연둣빛 물이 오른다. 담양의 죽녹원이나 메타세쿼이아길을 걸으며 맑는 봄 내음 또한 싱그럽다. 과천과 전주의 동물원에서는 동물들이 기지개를 켜고, 양평과 가평의 봄 풍경은 드라이브를 부추긴다.

**시원한
여름 여행지**

여름에 바다로 첨벙 뛰어드는 즐거움을 누리고 싶다면 동해나 서해로 가자. 서핑을 좋아한다면 고성과 양양으로, 해수욕을 좋아한다면 속초로 떠나자. 얕은 물에서 물놀이를 즐기고 싶다면 만리포나 안면도의 꽃지 해수욕장이 제격이다. 장마가 끝난 뒤에는 울릉도와 독도까지 날씨가 쾌청하다.

일 년 내내 여름이나 겨울만 계속된다면 얼마나 지루할까. 계절이 바뀌는 순간 우리나라의 매력에 눈이 번쩍 뜨인다.
같은 곳을 방문해도 계절마다 새로운 모습을 보여준다. 사계가 선사하는 아름다운 풍경을 찾아 떠나보자.

낭만적인 가을 여행지

가을은 색으로 온다. 황금빛으로 물든 홍천의 은행나무 숲이나 순천만의 갈대밭이 걷기 좋다. 풍경과 어우러진 안동의 병산서원도 근사하고 태안의 수목원도 다채로운 빛깔로 맞아준다. 청풍호의 유람선을 타기에도 딱 좋은 계절이다.

포근한 겨울 여행지

인제의 자작나무 숲이나 오대산 전나무 숲은 흰 눈이 소복이 쌓인 겨울에 더욱 반짝인다. 맑은 날은 대관령 목장에서 근사한 설경을 만날 수 있다. 따뜻한 여행이 그립다면 남쪽의 통영이나 여수, 부산을 돌아보자. 신선한 해산물을 마음껏 먹을 수 있어 더 좋다.

오래도록 간직하고픈 찰나의 절경

계절을 담은 사진 명소

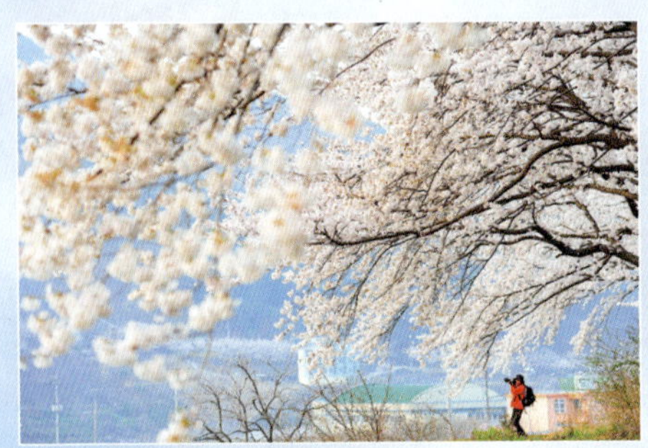

봄이면 꽃비가 내리는

하동 십리벚꽃길

3월 말부터 4월 초까지 여리여리한 분홍빛을 머금은 꽃송이가 만개해 터널을 이루면 더할 나위 없이 아름다운 꽃길이 펼쳐진다. 낭만적인 분위기를 즐기려면 새벽부터 부지런히 출발하자. P.457

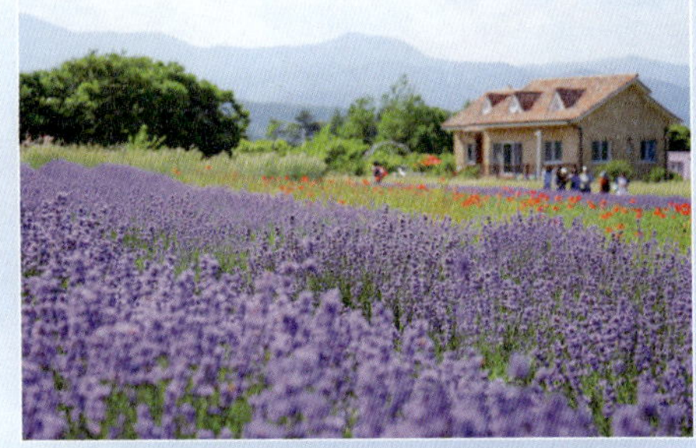

그대 모습은 보랏빛처럼

고성 하늬라벤더팜

봄에서 여름으로 넘어갈 무렵이면 넓은 농장이 은근한 보라색으로 물들어 이국적인 모습으로 변한다. 6월부터 7월까지 라벤더가 절정을 이룬다. 라벤더아이스크림을 베어 물면 입 안에도 라벤더 향이 가득 퍼진다. P.088

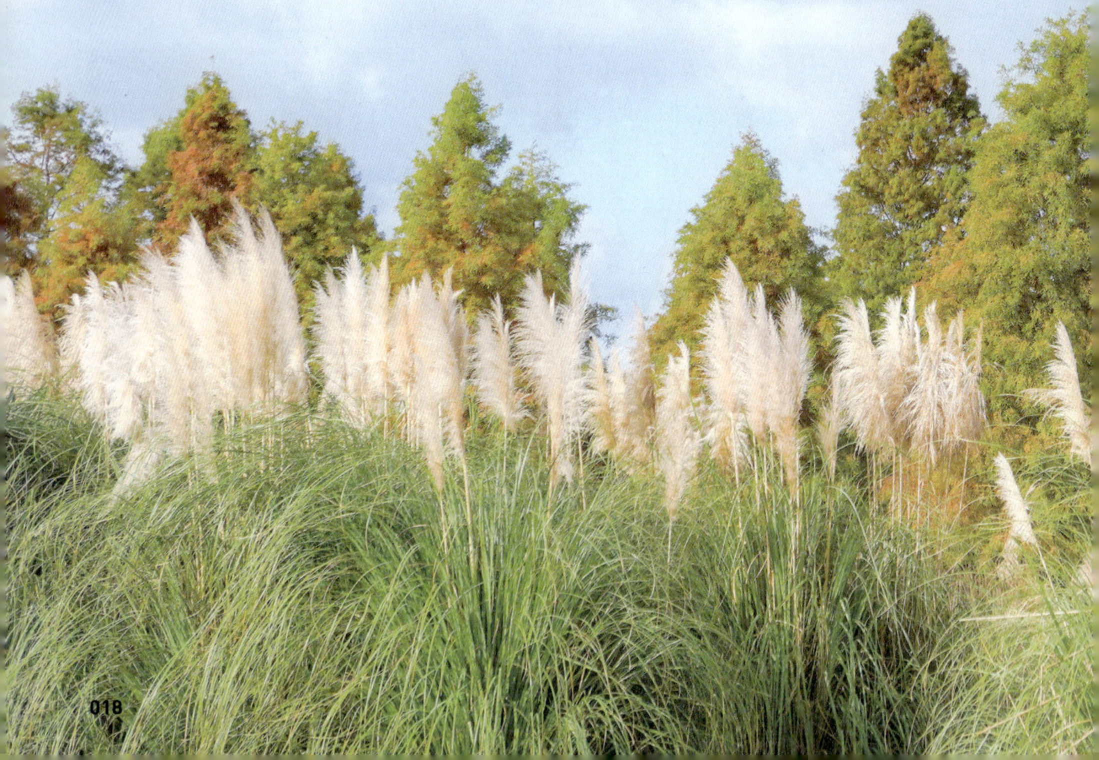

계절을 잘 맞춰 방문해야 장소의 매력을 100% 느낄 수 있는 여행지가 있다.
때로는 오래 들여다보는 것보다 때를 맞춰 보아야 사랑스러운 법이다.

사람 키보다 더 큰 갈대의 숲
서천 신성리 갈대밭

여름의 초록 물결도 싱그럽지만 9월부터 갈대꽃이 은빛으로 살랑이며 갈대밭에 운치를 더한다. 푸른 하늘 아래 갈대가 따뜻한 색으로 변하는 10월에 거닐기 좋다. P.285

황금빛 가을을 나눠요
홍천 은행나무 숲

해마다 은행나무가 노랗게 물드는 10월 한 달 동안 정성껏 가꾼 숲을 일반에 공개한다. 사유지를 무료로 개방하는 만큼 나무를 아끼는 마음으로 둘러보자. P.146

한들한들 팜파스와 핑크뮬리
태안 청산수목원

연꽃 피어나는 여름 연못도, 빨갛게 흐드러진 홍가시나무길도 멋지지만 청산수목원이 가장 인기 있는 시기는 팜파스와 핑크뮬리를 동시에 볼 수 있는 9월과 10월이다. P.271

바라만 봐도 좋은 바다

바다라고 다 같은 바다가 아니다. 일출이나 일몰이 아름다운 바다,
해수욕하기 좋은 바다, 캠핑이나 차박하기 좋은 해변,
백사장부터 검은 모래 해수욕장까지 《리얼 국내여행》이
선택한 38곳의 바닷가로 떠나보자.

따끈한 커피가 담긴 피크닉 바구니 챙겨 쉬어가자 P.082

바다로 뻗은 해돋이 정자도, 그 밑의 포장마차도 좋다 P.095

파도 소리가 발밑에서 올라오는 데크길 P.101

절벽 위 하조대와 200년 수령의 소나무가 굽어보는 바다 P.110

작은 정자가 놓인 풍경이 이래뵈도 양양 8경 P.117

날이 적당해서 방파제 위에 오르기 좋았다 P.131

카페 거리에서 커피나 한잔 하고 올까 P.123

서울 정동 쪽으로 무박 2일 해돋이 관광열차 여행 P.131

송지호 해수욕장
차박 초보들이 가장 좋아하는 넓고 아름다운 해변 P.089

교암리 해수욕장
예쁜 카페와 빵집이 많아 조용히 머물기 좋은 바다 P.084

천진 해수욕장
아기자기한 카페와 펜션에서 시원한 여름방학 P.085

속초 해수욕장
여름 바다 느낌 폴폴, 시내에서 가까워 더 좋다 P.101

대포항
근사한 야경도 보고 물회도 한 그릇 먹고, 회는 포장이요! P.095

낙산 해수욕장
호텔과 펜션이 코앞에 있어 방 안에서도 보이는 바다 P.117

서피비치
서핑부터 낮맥까지 동해 최고의 핫플이 나야 나! P.109

석모도까지 달려가면 노을이 예쁜 민머루 해수욕장이 짠! P.205

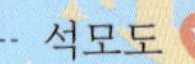
석모도

강화도

강화

서울

인천

손돌목돈대에 서면 어지럽던 상념이 싹 정리되는 기분 P.201

길이가 3km나 되는 한적한 해수욕장과 국내 최대 사구 P.267

희고 고운 모래밭을 지나 맑고 얕은 물에 발을 담근다 P.267

신두리 해안 사구

신두리 해수욕장

만리포 해수욕장

서산

태안

꽃게다리 아래서 가을 전어와 가을 새우를 맛보자 P.269

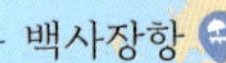
백사장항

간월암

꽃지 해수욕장

유채길을 지나면 바다 위로 둥실 떠오르는 암자 P.269

할매바위, 할배바위 뒤로 아름다운 낙조 감상 P.268

공주

부여

장항 스카이워크

군산

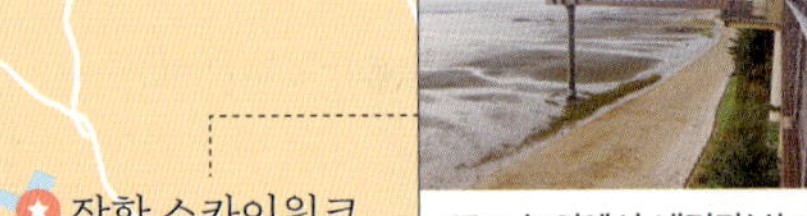

15m 높이에서 내려다보는 뻥 뚫린 바다 P.286

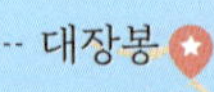
대장봉

맨 끝섬 봉우리에 올라서야 보이는 섬들의 어깨동무 P.329

전주

남해

밤바다의 열기도 아침 바다의 개운함도 좋아라 P.423
높은 건물들에 둘러싸인 이국적인 해변 P.429
그대여, 그대여, 너와 함께 걷고 싶다 P.364
몽돌에 스치는 파도 소리에 잔잔해지는 마음 P.478
해녀들의 정성이 더해진 바다의 맛 P.434
사랑의 전설을 품은 송도 구름 산책로와 케이블카 P.418
통영 케이블카 타고 동양의 나폴리를 한눈에! P.470
연화리 해물포장마차촌
오랑대공원
해운대 해수욕장
광안리 해수욕장
부산
송도 해상케이블카
흰여울 문화마을
하염없이 바다를 바라보고 싶은 날이면 P.435
대구
매미성
통영
거제
만성리 검은 모래 해수욕장
강구안과 통영항
바람의 언덕
여수
여수 거북선대교
여차 홍포 해안도로 전망대
바다가 손에 잡힐 듯한 해안 산책로를 걸어요 P.410
여수 밤바다의 낭만을 즐기러 낭만포차 거리로 가자 P.369
드라이브로 즐기는 거제의 바다 P.477
거제의 언덕에서 세찬 바람을 맞으면 사라지는 근심 걱정 P.478

물길 따라 시원한 드라이브

드라이브는 답답한 마음을 싹 날려버리고 시원한 바람을 온몸으로 맞으며 기분 전환하기 딱 좋다.
마음에 쏙 드는 음악을 틀고 파노라마처럼 펼쳐지는 풍경 속을 달려보자.

서울 근교 데이트 코스
양평, 가평을 지나 춘천까지

섬 속의 섬까지 드라이브
강화도와 석모도를 지나 교동도까지

춘천 가는 기차 대신 춘천 가는 드라이브는 어떨까? 주차장을 잘 갖춘 예쁜 카페와 미술관, 꽃놀이하기 좋은 수목원을 들르며 북한강을 따라 올라가는 길이 참 좋다.
▶▶ 양평 드라이브 P.176

배를 타야 들어갈 수 있었던 섬 석모도와 교동도에 다리가 놓여 이제는 강화도의 주변 섬까지 돌아보는 코스로 드라이브가 가능하다. 진달래 피는 계절에는 강화도로 가는 도로가 꽉 막힌다. ▶▶ 강화 P.196

깊은 바다 위로 달려보자
바다 위로 달리는 고군산군도

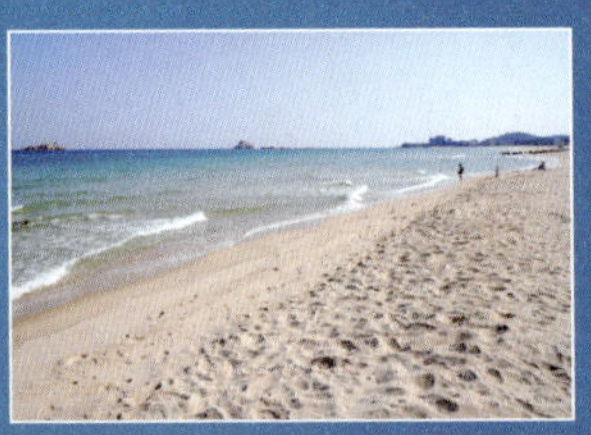

강원도 동쪽 바다를 끼고
7번 국도의 추억을 따라서

한려수도의 아름다움
여수에서 남해 지나 통영과 거제로

군산의 비응항에서 야미도까지 바다 위에 놓인 10km 남짓한 새만금방조제를 달리면 하늘을 나는 듯 바다 위를 걷는 듯 몽환적이다. 장자도 P.329까지 이어지는 길이 근사하다.

고성의 북쪽에서 부산의 남쪽을 잇는 7번 국도는 여전히 인기 많은 드라이브 코스다. 겨울에는 해가 낮아 무척 눈이 부시니 남쪽에서 북쪽으로 운전하기를 권한다.

한려수도는 여수에서 남해를 지나 통영과 거제 P.477까지 아우르는 물길로, 아름답기로 손꼽히는 국립공원이다. 바다와 가장 가까운 길을 따라 달리면 예쁜 경치를 볼 수 있다.

아드레날린 샘솟는 액티비티

우리도 서핑하러 갈까?
양양 서핑

제주도까지 가지 않아도 강원도 곳곳에서 서핑이 가능하다. 특히 양양의 서피비치 P.109와 죽도 해수욕장은 서핑 초보부터 전문가까지 모두 즐기기 좋은 파도 맛집이다.

단양에 가면 하늘을 날아야지
단양 패러글라이딩

눈 질끈 감고 뛰다 보면 두둥실 하늘로 솟아오른다. 남한강이 흘러가는 단양의 풍경이 한눈에 펼쳐진다. 커피를 마시며 패러글라이딩을 즐기는 사람을 구경해도 좋다. P.251

비봉산 정상에 오르는 방법
제천 모노레일

전자동으로 움직이는 무인 모노레일이 급경사를 타고 산을 오른다. 안전벨트를 하고 가만히 앉아 있어도 손에 땀이 나지만, 비봉산 정상의 한가로운 풍경에 마음을 놓는다. P.256

떠나는 건 기본이요, 떠난 김에 에너지를 발산하고픈 여행자들이라면 미리 액티비티를 예약해도 좋다.
서핑부터 루지까지 아드레날린을 뿜뿜 발산하게 만드는 액티비티를 소개한다.

안전하게 스피드를 즐겨요
여수 루지

시선은 낮아지고 속도는 빨라진다. 중간중간 브레이크를 밟아도 체감 속도가 느리지 않다. 1km 남짓한 트랙을 따라 시원하게 내려갔다가 리프트를 타고 흥분을 가라앉힌다. P.361

찰랑이는 물소리에 힐링
춘천 카누

물레길은 물 위에 있는 길이다. 의암호의 물레길 따라 카누를 타고 노를 저으며 붕어섬과 중도를 만나러 가자. 다양한 업체에서 인원에 맞추어 여러 코스를 제공한다. P.156

심장이 쫄깃해지는 점프
아산 스카이어드벤처

영인산 자연휴양림에서 갈대숲을 지나 아기자기한 꽃길을 따라 언덕 위로 오르면 약 600m 길이의 집라인을 타고 산속으로 점프해서 주차장까지 쉽게 돌아갈 수 있다. P.262

호수 위를 날아 바다 위로 둥실
하늘로 날아오르는 케이블카

볼록한 산들을 감싸는 호수 뷰
제천 청풍호반케이블카

케이블카를 타고 둥실거리며 비봉산 정상으로 가는 길에 산과 호수의 절묘한 조화를 맛본다. 비봉산 정상에서 내려다보면 청풍호를 왜 내륙의 바다라 부르는지 절로 이해된다. P.256

날아와요~ 부산항에~
부산 송도 해상케이블카

송도 해수욕장을 지나 바다 위로 둥실 떠오르면 송도 구름산책로에서 용궁구름다리까지 맑고 푸른 부산 앞바다가 너울거린다. 크고 작은 배 너머로 흰여울문화마을이 보인다. P.418

낭만적인 여수 바다 위에서
여수 해상케이블카

알록달록한 고소동 벽화 거리와 빨간 하멜 등대를 배경으로 환상적인 쪽빛 물결이 펼쳐진다. 양쪽의 탑승장 주변으로 오동도, 일출정, 돌산공원 등 둘러볼 곳도 많아 여행자에게 사랑받는 장소다. P.362

미륵산의 전망대 탐험
통영 케이블카

케이블카를 타고 올라가 미륵산 전망대에서 다도해를 내려다본다. 전망대에서 미륵산 정상까지 걸어가다 보면 박경리 묘소 전망대, 통영항 전망대, 한려수도 전망대가 줄줄이 멋진 경치를 선보인다. P.470

울산바위 바라보며 힐링
속초 설악산 케이블카

험준한 설악산을 끙끙거리며 등산하지 않아도 된다. 편안
한 마음으로 케이블카를 타면 저 멀리 울산바위를 내려다
보며 단숨에 설악산을 오를 수 있다. 해발 700m의 권금성
터에서 설악의 정기를 들이마신다. P.100

아찔한 출렁다리와 삼선계단
완주 대둔산케이블카

대둔산의 기암절벽을 내려다보며 두둥실 날아오른다. 케
이블카의 상부 승강장에서 내려서 50m만 올라가면 산속
의 구름다리가 아찔하게 맞이한다. 케이블카 덕분에 산
정상 마천대까지도 금방이다. P.322

산 넘고 바다 건너
목포해상케이블카

목포해상케이블카는 북항승강장, 유달산 탑승장, 고하도
탑승장까지 정거장만 3곳이다. 3km가 넘는 길이의 케이
블카를 타고 목포 시내에서부터 앞바다까지 아름다운 경
치를 감상해 보자. P.337

울릉도에서 바라보는 독도
울릉도 독도전망대케이블카

얼마나 근사한 일출을 보고 싶었으면 산꼭대기에 일출 전
망대를 만들고 케이블카를 놓았을까. 울릉도의 도동항과
작은 집들, 파란 바다 위를 가로지르는 행남 해안 산책로
가 멋진 풍경을 선사한다. P.486

신비로운 섬 그리고 섬

배를 타야 닿을 수 있어 더욱 매력적인 섬으로 가자.
뱃길을 따라 흘러들어온 사람들에게만 내어주는 부드러운 섬의 품속으로.

우리 땅의 아름다움을 찾아서
울릉도와 독도

동백나무 우거진 동백섬
거제도와 지심도

배를 타고 서너 시간을 가야 하지만 울릉도는 그럴 만한 가치가 충분하다. 날씨 운이 따라야 하는 독도는 도착만 해도 감동이다. 〈울릉도 트위스트〉와 〈독도는 우리 땅〉을 신나게 불러 젖히며 우리 땅의 아름다움을 만나러 가자. P.482

봄날을 사모하는 동백나무가 겨우내 그리움을 가득 담은 붉은 눈물을 뚝뚝 흘리면 사방에 동백꽃 향기가 넘쳐난다. 거제도에서 배를 타고 15분이면 동백섬 지심도에 도착한다. P.480

통영에서 떠나는 뱃놀이
통영의 한산도

사계절 모두 아름다운 섬
춘천 남이섬과 가평 자라섬

통영에서는 여객선 터미널과 유람선 터미널에서 소매물도, 욕지도, 연화도, 장사도 같은 섬으로 여행을 떠날 수 있다. 가까운 한산도는 배가 자주 다니니 슬쩍 다녀와도 좋다. 한산도에서는 이충무공 유적을 방문하자. P.471

춘천 가는 길목에 자리한 남이섬 P.157은 10분 정도 배를 타고 들어가는데, 어느 계절에 가도 다채로운 모습으로 반겨준다. 차를 타고 갈 수 있는 자라섬 P.190은 피크닉이나 캠핑을 하기 좋다.

옛 정취로 가득한 동네 산책
다정하게 반겨주는 마을 여행

마천루가 빽빽한 도심을 벗어나 조용하고 다정한 마을을 찾아가자.
타박타박 발걸음 소리를 들으며 나만의 속도로 마을을 한 바퀴 돌고 나면 기분이 환해진다.

돌멩이의 귀여운 변신
속초 상도문 돌담마을

낮은 돌담이 이어지는 마을 곳곳에 세심하게 놓은 돌멩이들이 때로는 참새가, 때로는 고양이가 되어 여행자들을 맞이한다. 조용하고 아늑해 머물기 좋다. P.099

전통과 현대가 공존하는 동네
전주 한옥마을

기와집 700여 채가 나란한 전주 한옥마을에는 경기전과 전주향교, 오목대 같은 볼거리도 많고, 한옥 카페와 한옥 스테이도 즐비하다. 고운 한복을 입고 사뿐히 걸어보자. P.297

최 부자댁이 이랬구나
경주 교촌마을

경주향교를 비롯한 전통 한옥들이 모인 마을이다. 사방 100리 안에 굶는 사람이 없게 했다는 경주 최 부자댁이 바로 여기에 있다. 한정식이나 전통 음료, 경주법주도 파니 쉬엄쉬엄 둘러보자. P.383

온 마을에 내려앉은 평온함
고성 왕곡마을

처마를 길게 늘어뜨린 한옥이 독특하다. 국내 유일의 북방식 가옥을 만날 수 있으며, 영화 〈동주〉의 촬영지이기도 하다. 한 번도 전쟁에 휘말린 적 없다는 평온한 마을 덕에 마음도 잔잔해진다. P.087

낙동강이 휘감아 도는 길지
안동 하회마을

부용대에서 내려다보는 하회마을은 둥그스름하다. 마을 한복판에 우뚝 선 삼신당 느티나무에서는 성스러움이 느껴진다. 마을로 들어서면 양진당, 충효당 같은 으리으리한 건물들과 만송정 숲이 반겨준다. P.395

그저 걷기만 해도 좋아라
사부작사부작 걷는 길

오래도록 많은 사람이 지나다녀야 길이 난다. 모든 길에는 꾹꾹 다져진 시간의 켜가 숨어 있다.
길을 따라 풍경을 걷고 문화를 걷고 역사를 걷는다. 그렇게 여행길을 걷는다, 인생길처럼.

수원 수원화성 둘레길

도시를 둘러싼 성곽 위에 올라 이상을 꿈꾸던 왕의 도
시를 내려다보고, 성곽 아래로 내려가 현실을 살아가
는 왁자지껄한 사람들과 마주한다. 화성행궁과 벽화
거리까지 볼거리도 많다. P.217

대구 근대문화 골목길

사람 사는 흥미로운 이야기가 펼쳐지는 골목이다. 청
라언덕에서 계산성당을 지나 약령시까지 가는 길에 시
인도 만나고 독립운동가도 만난다. 미도다방 쌍화차가
이 골목길의 화룡점정이다. P.453

부여 부소산성길

산성의 자취는 그리 크지 않지만 부여의 왕자들이 다
녔다는 왕자의 길을 따라 숲길을 걷다 보면 백마강을
내려다보는 절벽 위에서 낙화암을 만난다. 가끔 다람
쥐가 길을 안내한다. P.281

경주 황리단길

황리단길을 남북으로 잇는 큰길은 차도와 인도가 불분
명해 걷기 좋은 길은 아니다. 하지만, 큰길 양쪽으로 뻗
은 골목에 숨겨진 근사한 카페와 맛집을 찾아 사진 찍
는 재미가 쏠쏠하다. P.386

울릉도 행남 해안 산책로

동해의 절경을 감상하는 길 중에서도 행남 해안 산책
로는 발군이다. 영롱한 물빛을 반사하는 바닷속을 들
여다보면 물고기 떼가 보일 정도. 그늘이 적으니 모자
와 선크림을 필수로 챙기자. P.483

마음을 비우고 절경을 담다
산과 바다를 품은 천년 사찰

금수산 자락 의상대 아래
제천 정방사

바다 같은 호수가 저 멀리 내려다보인다. 절 앞까지 오르막을 걸어온 모든 수고로움이 싹 날아가는 풍경. 신라시대에 이렇게 높은 곳에 절을 지은 정성이 놀랍다. P.259

바닷속 용궁처럼 멋들어진 절
부산 해동용궁사

십이지신상이 일렬로 늘어선 입구를 지나 108계단을 내려가면 바다에서 솟아난 용궁처럼 해동용궁사가 우뚝 섰다. 대웅보전과 진신사리탑, 해수관음대불이 근사하다. P.433

천년을 살아낸 사찰들이 아름다운 풍경을 지키고 섰다. 단청이 예쁜 대웅전과 미소가 그윽한 해수관음상을 만나 발그레한 마음을 나누면 발 딛고 선 이 땅이 바로 극락일지도.

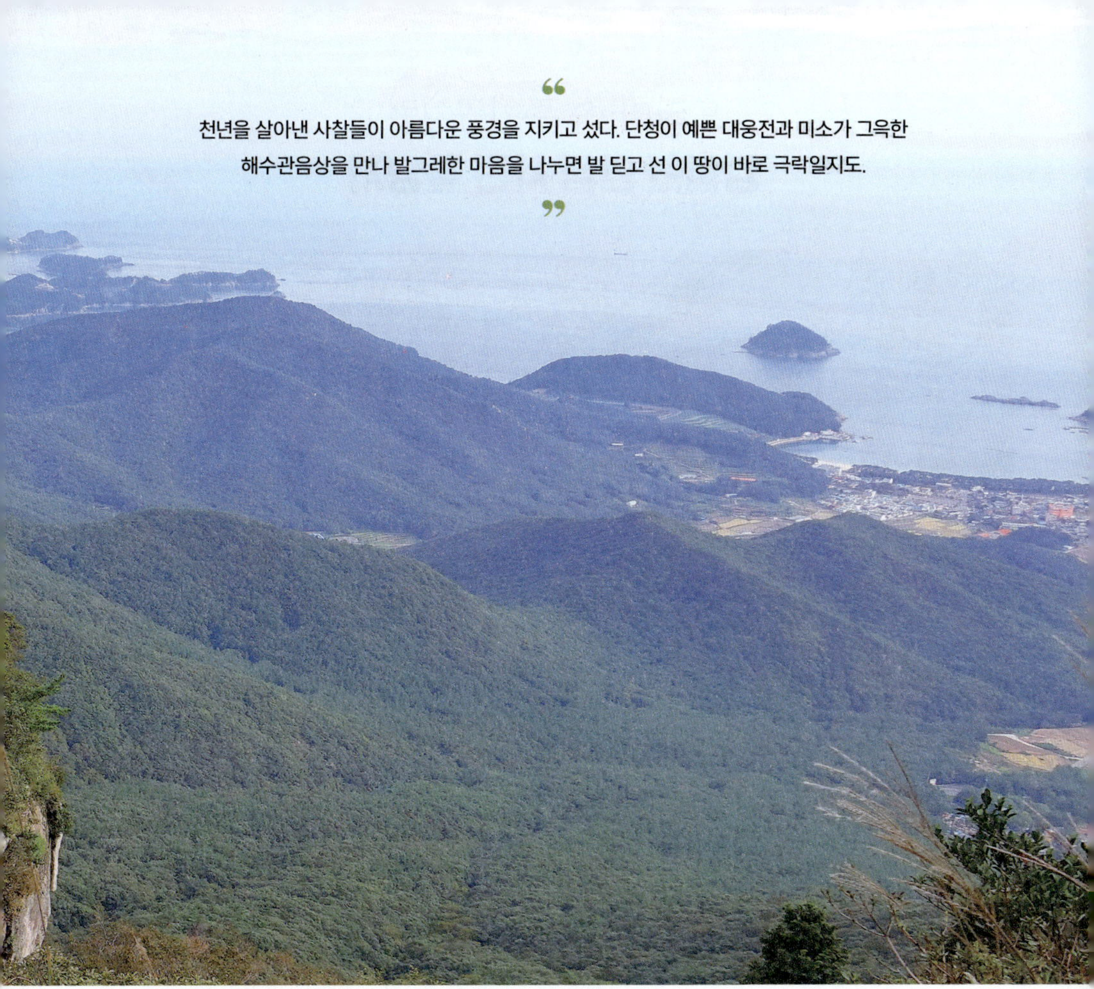

동해의 절경을 마주하다

양양 낙산사

규모가 어마어마해서 경내에 볼거리가 많다. 의상대사가 지은 원통보전, 홍련암, 의상대사가 수행하던 의상대와 거대한 해수관음상이 경치와 조화를 이룬다. P.116

금산과 남해가 어우러진 풍경

남해 금산 보리암

새 나라를 세우겠다는 소원을 들어준 영험한 산에 비단을 하사하기로 했던 태조 이성계는 산 이름을 금산으로 지어 약속을 지켰다. 일출로도 유명하니 새해 소원을 빌러 떠나보자. P.461

반짝이는 해를 품다

여수 향일암

거북이가 바다로 뛰어드는 산세를 보고 이곳에 머물며 기도하던 원효대사가 관세음보살을 만났다고 한다. 좁은 바위 틈바구니를 지나 향일암에 오르면 따뜻한 햇살이 새삼 반갑다. P.367

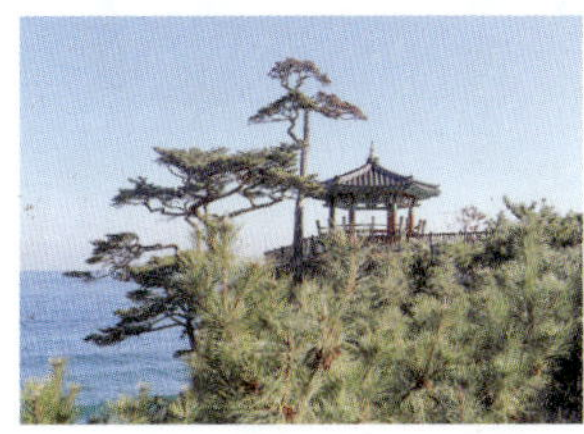

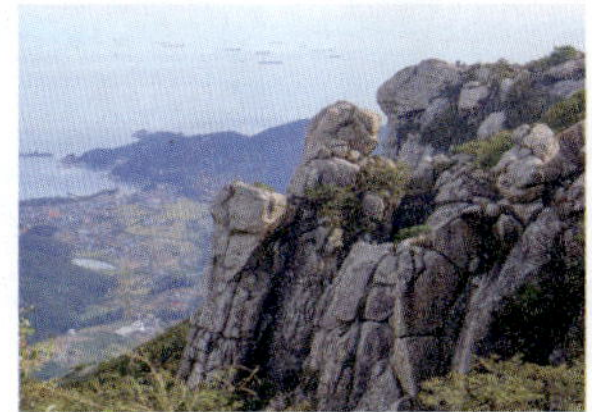

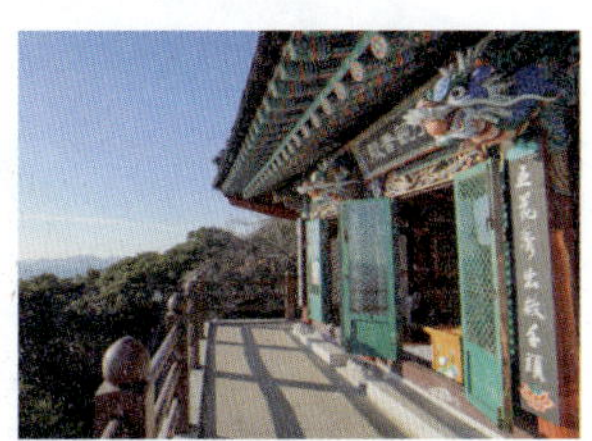

드라마 속 주인공처럼

강렬한 인생 사진 촬영지

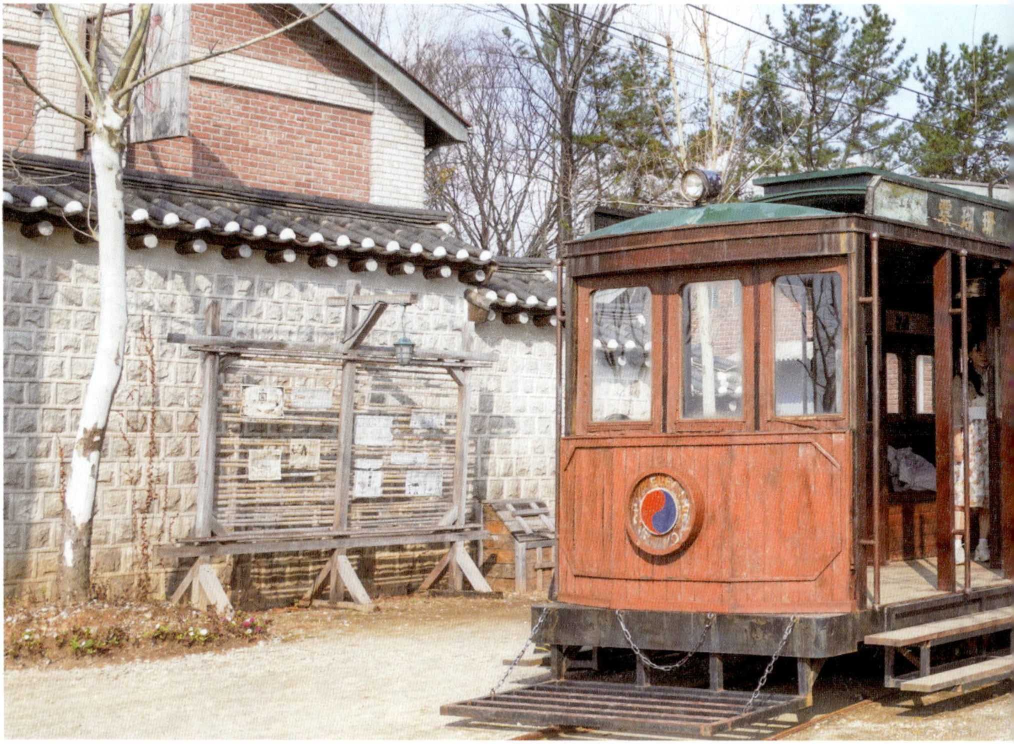

신복고 사진은 이곳이오

논산 선샤인스튜디오

야외 스튜디오 중 진짜 개화기 느낌 물씬 나는 곳이 여기 말고 또 있으랴. 양품점에서 한복이나 개화기 의상을 빌려 입고 사진을 찍으면 내가 바로 드라마의 주인공! P.287

들어는 봤나 롤라장

순천 순천드라마촬영장

1960년대에서 1980년대로 시간을 되돌린다. 교복이나 교련복으로 갈아입고 번듯한 롤라장과 영화관으로 가보자. 옛날 드라마에서 보던 달동네의 골목길이 정겹다. P.355

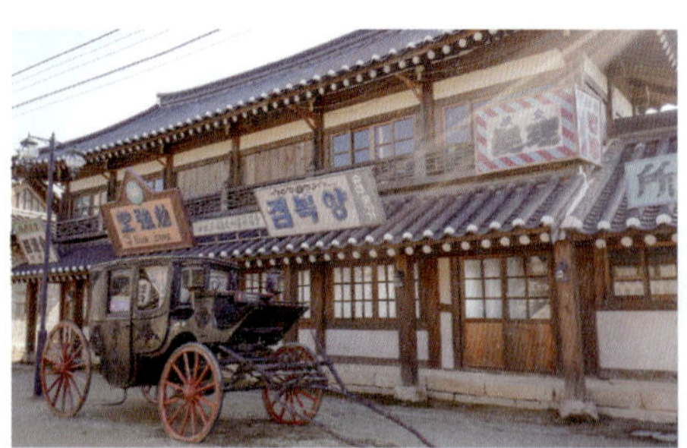

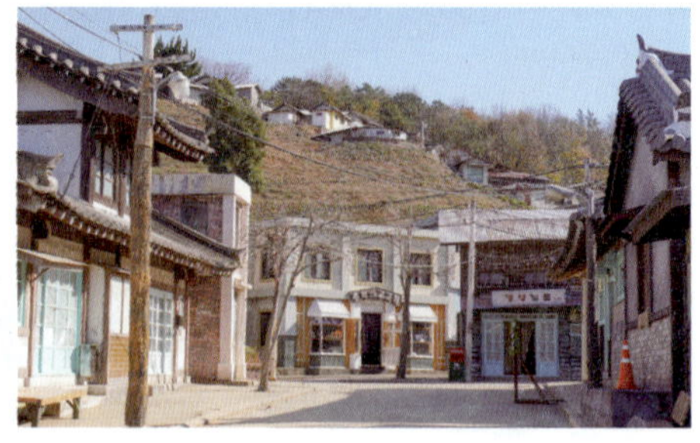

"

여행 후 남는 건 사진뿐이라는데, 이왕이면 멋진 옷을 차려입고 삼각대도 챙겨 들고 나가 보자.
더 필요한 건? 인기 촬영지에 시간 딱 맞춰 1등으로 입장하는 센스!

"

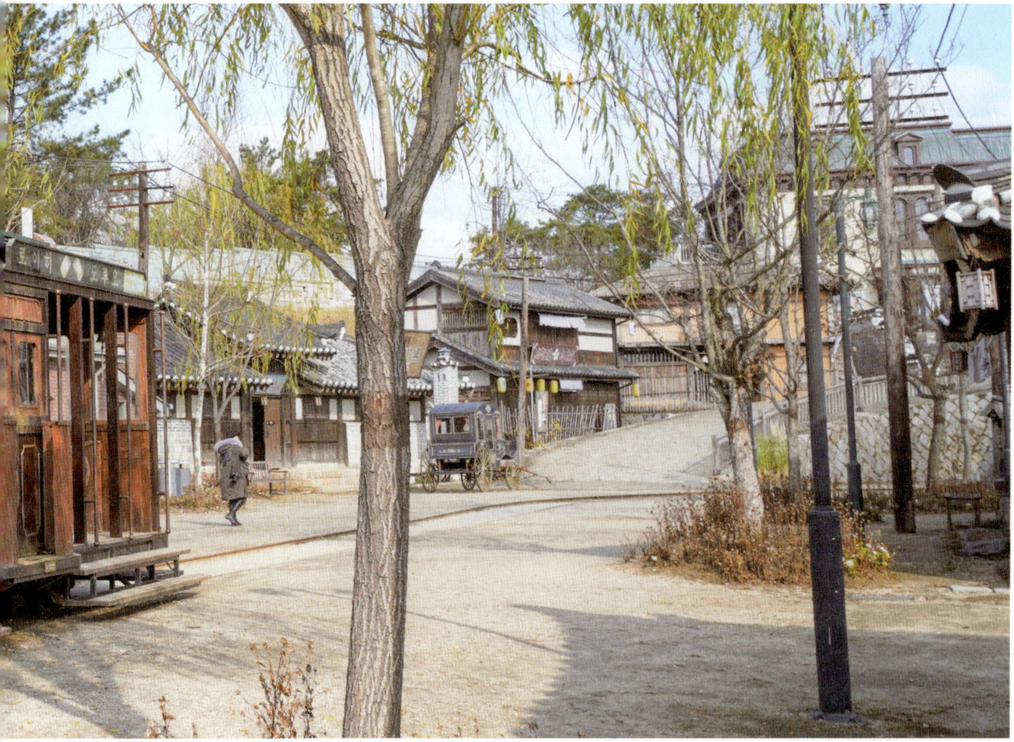

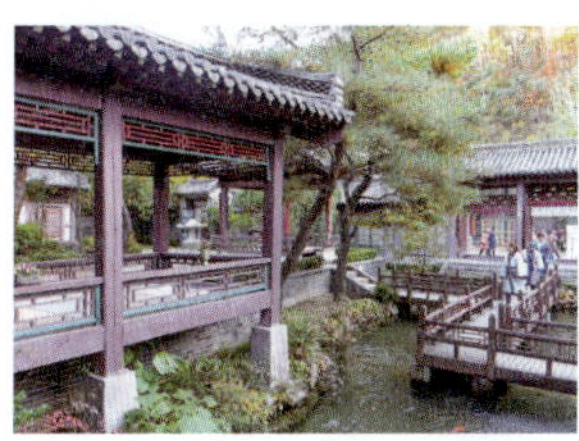

고구려에 잘 오셨습니다

단양 온달관광지

수많은 영화와 드라마를 촬영한 곳이다. 흔한 1층짜리 한옥이 아니라 2층, 3층으로 세워진 고구려시대의 건물이 웅장하다. 당시의 화사한 복식을 대여해 기념사진을 남겨보자.P.252

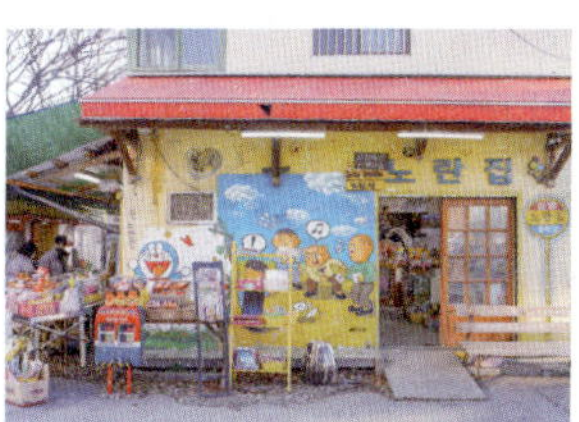

달고나 냄새 가득한 골목

군산 경암동 철길마을

까만 얼룩무늬 교련복에 책가방 들고, 긴 치마 교복에 머리 묶고, 달고나 냄새 가득한 철길마을을 돌아보자. 의상 대여점만큼 사진관이 많으니 전문가의 손길을 빌려도 좋다.P.325

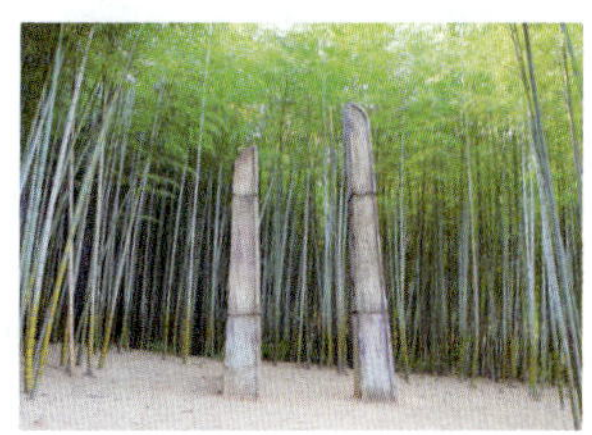

차원을 넘나드는 환상의 문

부산 아홉산숲

근사한 소나무 숲을 지나면 드라마 촬영지였던 대나무 숲이 펼쳐진다. 당간 지주 아래 서서 대나무 숲을 스치는 바람 소리를 들으면 어느새 환상의 세계로 들어선 기분이다.P.434

기억해야 할 우리 곁의 역사
살아 있는 근현대 역사 여행

반만년을 이어온 우리의 자랑스러운 역사는 역사책이나 박물관에만 있지 않다.
근현대사를 조용히 끌어안은 여행지들이 의외로 가까이 있다.

한국 전쟁 이후 피난민의 터전
부산 초량 이바구길

해방 이후부터 인구가 늘어난 부산 원도심에 한국 전쟁 이후 피난민이 몰려들었다. 부산역에서 168계단을 지나 이바구공작소에 이르는 길을 걸으며 이곳의 역사와 일상을 둘러보자. P.419

이북에서 내려온 실향민의 마을
속초 아바이마을

전쟁만 끝나면 서둘러 고향으로 돌아가겠다며 고향과 가까운 속초에 자리를 잡은 아바이들이 여전히 그곳에 산다. 속초에 가면 아바이순대도 맛보고 칠성조선소에도 들러보자. P.093

철마를 타고 달리고 싶다
파주 임진각

달리고 싶은 철마가 멈춰선 그곳, 남북을 이어주던 철도의 교량이 속절없이 끊겨 있다. 전망대와 지하 벙커, 평화누리공원까지 둘러보자. 언젠가 철교 너머를 여행할 수 있기를 꿈꾸면서. P.195

자유로운 날들에 감사하며
광주 5·18기념공원

봄기운이 사방을 간질이면 잊지 말아야 할 역사를 잊지 않기 위해 공원을 거닌다. 가족과 이웃을 지키기 위해 탄압과 맞서 싸운 사람들을 추모하는 공간이 공원 지하에 마련되어 있다. P.331

누구나 한때 문학을 꿈꾸었으므로
문학으로 스며드는 시간

책 한 권만 있으면 방구석 세계여행도 떠나는 요즘, 말맛을 잘 살린 우리말 소설 한 권 들고
우리 땅을 여행해보자. 어쩌면 여행 끝에 영감을 받아 근사한 시 한 수 읊을 수도 있고!

한국 문학의 거장
박경리

동학혁명부터 근대사까지 아우르는 대하소설 《토지》의 작가 박경리는 통영에서 태어나 통영에 묻혔다. 문학사에 길이 남을 그의 문학과 인생을 박경리기념관에서 만나볼 수 있다. P.467

1930년대 한국 문학의 축복
김유정

밑바닥 인생들을 해학적이고 적나라하게 그려낸 김유정의 고향을 찾아가자. 《동백꽃》, 《봄봄》 같은 소설 속 주인공들이 실제로 살았던 춘천 실레마을에 생가를 복원하고 기념관을 세웠다. P.160

메밀꽃 필 무렵에는 봉평
이효석

평창에 가을이 오면 봉평은 흐드러지게 핀 메밀꽃 세상으로 변한다. 새하얀 메밀꽃밭 사이로 장돌뱅이 허생원과 동이의 대화가 애틋하게 되살아난다. P.139, 140

서정적인 소설의 배경 양평
황순원

소년과 소녀의 싱그러운 한때를 그린 《소나기》의 배경인 양평에 작가 황순원을 기념하는 소나기마을을 세웠다. 문학관에도 볼거리가 많고 야외 산책로와 공원도 아름답다. P.186

전주 한옥마을 속 문학관
최명희

전주에서 나고 자란 최명희는 일제강점기의 남원을 배경으로 한 소설 《혼불》을 썼다. 최명희문학관은 규모는 작지만 체험할 수 있는 다양한 프로그램이 많기로 유명하다. P.300

이색 볼거리와 재미가 한가득!
매력 만점 미술관 & 박물관

해외여행 할 때 꼬박꼬박 들르던 미술관과 박물관을 찾아가 보자. 찡한 감동과 은근한 재미를 느낄 차례.
유물이나 작품 옆에 써둔 깨알 같은 설명도 우리말이라 참 좋다.

가까운 미술관으로 드라이브
양평 구하우스 미술관

입구로 들어설 때까지는 느끼지 못한 넓고 높은 전시관에 국내외 유명 작가들의 작품 300여 점이 빼곡하다. 안목 좋은 친구의 집에 초대받은 듯 행복한 기분이 든다. P.179

커피에 대한 거의 모든 것
강릉 커피커퍼 박물관

입장료에 커피 한 잔이 포함되어 있으며 박물관 안의 우아한 공간에서 커피를 마실 수 있다. 수백 년 동안 향기를 머금은 커피 관련 유물들 덕에 커피 맛도 새롭다. P.124

자랑스러운 활자의 강국
춘천 책과인쇄박물관

이렇듯 강렬한 냄새로 기억에 남는 박물관이 또 있을까 싶을 만큼 진한 잉크 냄새로 환대한다. 이곳에선 활자들이 고고하게 숨을 쉰다. 이름자 새긴 활자 하나를 기념으로 챙겨보자. P.159

수원화성의 진가를 찾아서
수원 수원화성박물관

익숙해지면 가치를 잘 모르기 마련이다. 늘 보던 수원화성이 얼마나 근사한 건축물인지, 건축 방법은 또 얼마나 과학적인지, 화성행행도는 얼마나 예술적인지 찬찬히 살펴보자. P.219

새로운 영감을 얻는 공간
양평 이재효갤러리

나무와 돌, 못, 나뭇잎 같은 주위에서 흔히 볼 수 있는 친숙한 재료로 굉장히 놀라운 작품을 만들어내는 이재효 작가의 갤러리이자 작업실. 야외에도 근사한 작품이 가득하다. P.180

한국 현대미술의 거장
대전 이응노미술관

프랑스에서 주로 활동한 작가의 거대한 작품을 햇살 속에서 마주한다. 익숙한 문자 추상과 군상 시리즈를 실제 작품으로 만나는 기쁨. 상설전 외에 기획전이 자주 열린다. P.237

수목원과 미술관을 거닐다
대전 대전시립미술관

대전과 충청 지역을 대표하는 작가들의 작품을 보관하고 전시한다. 기획전에서 만나는 근현대와 동시대 작품들이 위트 있다. 열린수장고의 전시와 백남준의 작품도 놓치지 말자. P.236

실물 크기로 만나는 동물들
목포 목포자연사박물관

우리나라에도 이렇게 근사한 자연사박물관이 있다니. 볼거리가 쏠쏠해서 가까운 곳에 있다면 자주 들르고 싶은 박물관이다. 아이들이 즐길만한 체험 거리도 많다. P.340

몸으로 배우는 재미있는 과학기술
대전 국립중앙과학관

어린이들이 좋아할 만한 과학놀이터에서부터 자연사관과 우주과학공원까지, 어른들도 눈이 번쩍 뜨이는 미래기술관과 천체관측소, 창의나래관까지 종횡무진 즐기다 보면 하루가 짧다. P.236

공룡부터 우주여행까지
과천 국립과천과학관

대여섯 번 방문해도 전시물을 다 관람하지 못할 정도로 볼거리도, 체험 거리도 넘쳐난다. 아이와 함께 간다면 과학관 앞 놀이터에서만 한나절을 보낼 각오를 해야 한다. P.225

동물원 옆 미술관
과천 국립현대미술관

서울동물원과 서울랜드 사이에서 차분하게 관람객을 맞는다. 어린이미술관을 잘 꾸며놓아 가족 나들이에도 좋다. 서울과 과천을 잇는 무료 아트 버스를 이용하면 편리하다. P.223

백제의 섬세한 예술품
부여 국립부여박물관

백제는 공주를 수도로 삼은 웅진시대를 거쳐 부여를 중심으로 사비시대를 열었다. 백제금동대향로를 비롯한 섬세하고 아름다운 백제의 문화유산들을 만날 수 있다. P.282

황금의 나라 신라를 찾아서
경주 국립경주박물관

신라역사관, 신라미술관, 특별전시관, 월지관 등 전시관 건물이 여럿이고, 박물관 뜰에 전시된 석조품만 1,100점이 넘는다. 볼거리가 많으니 시간을 넉넉하게 잡고 가자. P.385

가양주의 전통을 이어가요
전주 전주전통술박물관

한옥마을 안에 위치한 박물관으로 규모는 작은 편이지만, 술 빚는 과정을 모형으로 살펴보고 직접 술을 빚는 체험을 할 수 있다. 모주를 시음하고 우리 집 가양주를 빚어보자. P.301

강릉 참소리에디슨손성목영화박물관

손성목 관장은 60년 동안 축음기를 비롯한 다양한 에디슨의 발명품을 수집해왔다. 축음기와 오르골, 영사기와 환등기에 이르는 방대한 수집품을 건물 3개에 나누어 전시한다. P.130

안동 하회세계탈박물관

국보로 인정받은 하회탈뿐만 아니라 우리나라의 무형문화재로 지정된 탈들이 개성 있는 표정으로 맞이한다. 5개의 전시관에서 세계 30여 개국의 탈을 구경할 수 있다. P.396

하동 야생차박물관

우리나라 차의 역사와 다구, 하동의 차 명인을 다루는 박물관이다. 내부 전시 중 일부는 3D 동작 인식 프로그램을 이용해 가상 체험도 할 수 있다. 다례도 배울 겸 차 한잔 마시고 오자. P.459

통영 전혁림미술관

아름다운 풍경을 보면 그림 같다고 표현하지만 전혁림미술관에서는 그림이 풍경 같다. 색채의 마술사로 불리던 전혁림 화백이 통영의 바다를 푸르게 담아낸 화폭에 출렁, 파도가 친다. P.468

울릉도 독도박물관

독도를 방문해도 다 볼 수 없었던 독도 구석구석을 실시간으로 만난다. 우산국, 울릉도 쟁계, 의용수비대로 이어지는 독도의 역사를 살펴볼 수 있다. 다양한 영상 자료도 준비되어 있다. P.486

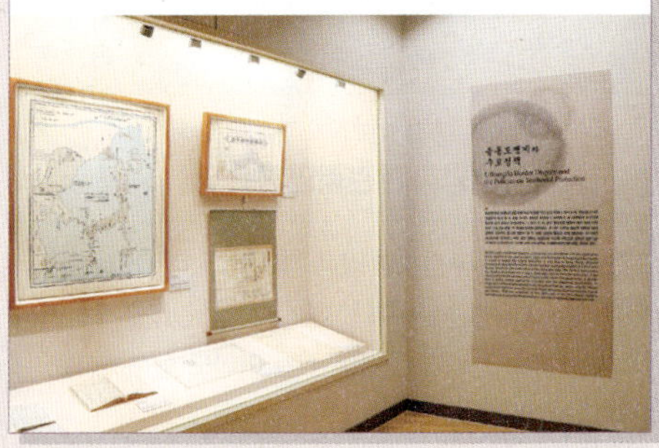

아이랑 동물 보러 나들이

유아차가 필요한 아이부터 신나게 뛰어다니는 아이까지 싫증 내지 않고 나들이할 만한 곳으로는
단연 동물원이 최고. 도시락 들고 돗자리 챙겨 나가면 어른들도 하루가 즐겁다.

아침부터 저녁까지 신나는 하루
과천 서울대공원

아이들은 동물 구경도 좋아하지만 열대조류관 앞 조약돌 냇가와 악어 미끄럼틀에서 더 신이 난다. 유아의 경우 동물원 정문으로 올라가는 길에 나오는 어린이 동물원에서 놀면 더 즐겁다. P.224

동물들과 조금 더 친해져볼까
전주 전주동물원

아기자기한 동물원에서 사육사들이 직접 손 글씨로 써서 붙여둔 설명을 읽으며 동물과 친해진다. 띄엄띄엄 평상이 놓여 쉬어가기도 좋다. 드림랜드에는 어린이가 타기 좋은 놀이기구도 많다. P.304

목장길 따라 가족 나들이
평창 대관령양떼목장

초원 위에 하얀 구름처럼 양 떼가 모여 있다. 아이들은 체험장에서 양과 눈을 맞추며 먹이를 준다. 건초를 오물거리며 먹는 양도, 신나게 먹이를 주는 아이도 행복해하는 시간이다. P.145

실내도 야외도 널찍한 공간
서천 국립생태원

동물원, 식물원, 수족관을 합쳐둔 만큼 규모가 엄청나게 크다. 야외에 사진 찍기 좋은 연못과 더불어 거미와 버섯으로 둘러싸인 거대한 놀이터가 있으니 아이와 여유롭게 놀고 가자. P.286

부모님과 추억 쌓는 여행

여행하기 좋은 때는 어쩌면 부모님과 함께 여행할 수 있는 때가 아닐까. 오르막이나 내리막이 심하지 않고,
다리 아플 땐 언제든 앉아 쉴 수 있으면서 나오길 참 잘했다는 생각이 드는 여행지를 골랐다.

편안하게 앉아 유람하자
제천 충주호관광선 청풍나루

비행기를 자주 타긴 어려워도 유람선 정도는 마음만 먹으면 쉽게 탈 수 있다. 꽃놀이 다음으로 좋은 게 유유자적한 뱃놀이 아닌가. 바람이 차지 않은 쨍한 날은 풍경이 더욱 좋다. P.258

계절별 먹거리 체험
양평 수미마을

마을 프로그램이 계절별로 워낙 알차 일단 인원수대로 예약만 해두면 하루가 풍성해진다. 딸기도 따고, 뗏목도 타고, 메기도 잡고, 알밤도 구우며 가족들과 새록새록 추억을 쌓아보자. P.185

온천 여행 가는 김에
아산 외암민속마을

운치 있는 마을길을 걸으며 고택도 구경하고, 전통차도 마시고, 내친김에 막걸리에 부침개도 먹어보자. 근처에 온양온천, 아산온천이 유명하니 온천 여행을 겸해 함께 들러도 좋다. P.261

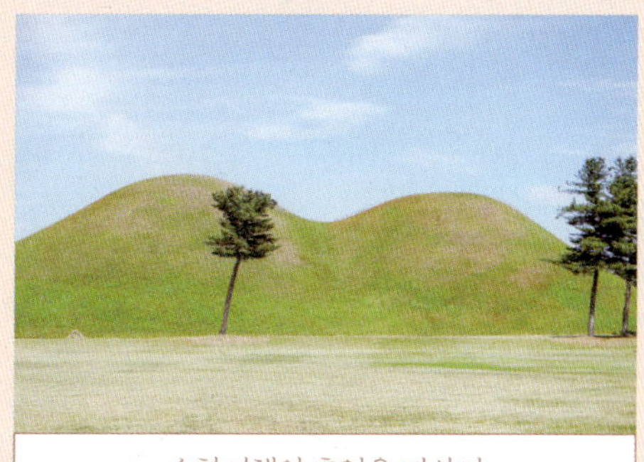

수학여행의 추억을 되살려
경주 대릉원

부모님의 수학여행지는 십중팔구 경주일 것이다. 어른들의 옛 기억과는 사뭇 달라진 대릉원으로 떠나보자. 불국사 앞에서 흑백 기념사진을 찍던 부모님의 어린 시절 추억에 맞장구치면서. P.381

지역을 대표하는 향토 음식

똑같은 배추김치를 담가도 집집마다 맛이 다른데
전국 각지의 음식 맛이야 말할 것도 없다. 각 지역의 문화와
역사를 버무린 맛있는 음식을 먹으러 여행을 떠나보자.

춘천 막국수

시원한 동치미 국물 부어 먹자 P.165

춘천 닭갈비

철판에 볶아 먹을까,
숯불에 구워 먹을까 P.164

인천 짜장면

한국의 짜장면은
인천이 원조 P.211

인
천
·

부여 연잎밥

찹쌀, 잡곡, 견과류와 대추를
연잎에 싸서 찐 영양밥 P.283

부
여
·

서
천
·

서천 모시전과 모시된장

파 대신 모시를 썰어 넣은 모시전과
시골 된장의 맛 P.286

속초 회국수

명태회나 가자미회를 얹어
매콤하게 비벼먹는 국수 P.102

속초 아바이순대

귀해서 아버지만 드렸다는
이북식 순대 P.093

속초 생선구이

토실토실한 생선을 쫄깃하게
구워 먹자 P.094

평창 봉평 메밀막국수

쌉싸름한 메밀 맛이 살아 있는
막국수 P.141

강릉 초당순두부

맑은 바닷물을 간수로 만든
고소한 순두부 P.133

강릉 감자옹심이

강원도 감자를 동글게 뭉친
쫄깃한 옹심이 P.134

고성 물회

오독오독한 가자미, 해삼에
매콤 시원한 국물 P.083

제천 송어회

고소한 콩가루와 새콤한 초장에
비벼 먹는 송어회 P.259

고성

속초

강릉

평창

춘천

제천

전주 콩나물국밥

달걀 반숙, 김가루, 다대기를 푼
얼큰한 국물에 콩나물 가득 P.309

전주비빔밥

색색의 나물 위에 살포시 올리는
달걀노른자와 육회 P.308

남원 추어탕과 추어숙회

걸쭉한 추어탕 한 그릇에
기운이 번쩍! P.351

하동 재첩

담백하고 심심한데 계속
먹게 되는 중독성 P.459

담양 죽순국수

어린 대나무의 새순이 국수와
어우러져 아삭아삭 P.344

여수 돌게장

달콤 짭조름한 간장게장에
밥 한 공기 게 눈 감추듯 P.370

여수 장어탕

실한 장어가 듬뿍, 진하고
깊은 국물 P.371

여수 선어회

부드럽고 감칠맛 나는 삼치에
민어에 방어까지 P.369

남해 멸치쌈밥

맑은 물에서 키워낸
죽방멸치찌개 P.462

안동 간고등어

감칠맛이 살아 있는
짭조름한 고등어 P.403

울릉도 홍합밥

잘게 썬 붉은 홍합을
양념장에 쓱쓱 P.486

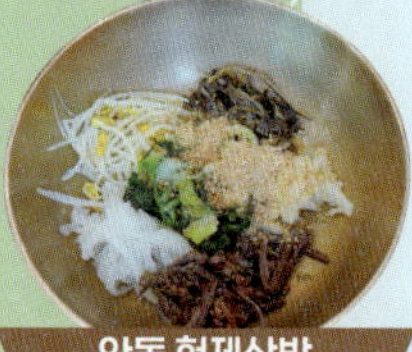

안동 헛제삿밥

푸짐하게 기분 좋게 차려 먹는
제사 음식 P.403

울릉도 산채비빔밥

맛과 향이 뛰어난
울릉도 산나물 P.485

부산 돼지국밥

진한 돼지 육수에
푸짐한 편육 P.423

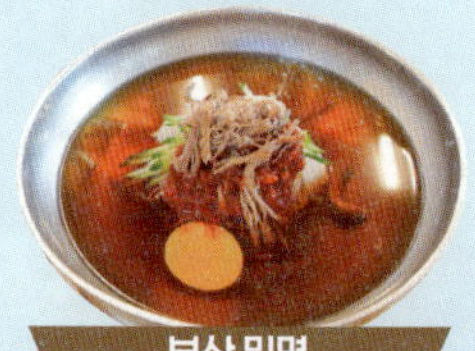

부산 밀면

시원한 육수에 말아 나오는
쫄깃한 면발 P.430

통영 멍게비빔밥

참기름 넣고 비벼 먹는
바다의 향기 P.474

통영 다찌

여럿이 해산물을 실컷 먹고
싶은 날 P.475

통영 충무김밥

오징어와 석박지를
곁들인 김밥 P.475

통영 우짜와 빼때기죽

서민들의 애환을 달래던
한 그릇 음식 P.474

맛 찾아 전국 시장 탐방

강화 풍물시장
밴댕이회무침

사자발쑥 향기가 감도는
강화 풍물시장에서는 화
문석도 팔고, 순무김치도
판다. 2층에는 밴댕이회무침
을 파는 식당이 많다. 밥에 넣고
쓱쓱 비벼 강화 인삼막걸리를 곁들이
면 그야말로 별미. P.205

단양구경시장
마늘만두

마늘로 유명한 단양에서 자
신 있게 내놓는 만두다. 쫄
깃한 찹쌀 만두피 안에
육즙 머금은 소가 꽉 찼
다. 토실한 새우살, 고소한
갈빗살, 잘 익은 김치까지 모
두 맛있다. P.253

속초관광수산시장
닭강정

홍게 도시락, 새우튀김 같
은 다양한 먹거리 사이에서
관광객들이 가장 많이 찾는 곳
은 닭강정집. 물엿을 넣어 만든 닭강
정은 식어도 바삭바삭하니 포장해
가기도 좋다. P.095

전주 남부시장
피순대

남부시장 안에 피순대집이
여럿이다. 피순대는 일반
당면 순대와 달리 채소와
돼지고기, 돼지 선지를 많
이 넣어 더욱 진한 색과 맛
을 낸다. 순대 국물이 엄청나
게 얼큰하다. P.308

부산 광안시장
박고지김밥

테이블 하나 없는 작은 김밥집에 사람들이 줄을 선다. 박고지우엉김밥, 김치말이김밥, 참치말이김밥 이 3가지가 메뉴의 전부다. 꾹꾹 눌러 싼 김밥이 맛있고 푸짐해 만족스럽다. P.425

안동 구시장
안동찜닭

안동 구시장에서 생닭도 팔고 통닭도 팔던 집들이 찜닭을 팔기 시작하면서 유명해졌다. 큼지막한 닭고기에 감자와 당근, 두툼한 당면을 듬뿍 넣어 단짠단짠하게 볶아낸다. P.405

통영 활어시장
회

통영 앞바다에서 새벽부터 잡아온 싱싱한 물고기들이 빨간 대야 속에서 펄떡인다. 회를 포장해가도 좋고 차림 비용을 내고 먹어도 좋다. 저녁쯤 되면 덤이 늘어나니 흥정을 서두르자. P.473

순천 웃장
돼지국밥

시장 한쪽에 국밥 골목이 따로 있다. 인원수대로 국밥을 주문하면 따끈하고 푸짐한 수육을 서비스로 내온다. 웃장 인심을 한번 맛보면 국밥을 먹기 위해 순천까지 가게 된다. P.357

입안이 행복해지는 간식 맛집

크림빵 마니아라면
달빵이지
안동 월영교달빵

폭신한 빵 안에 크림이
가득 들었다. 팥, 흑임
자, 요거트, 녹차, 딸
기 다섯 종류의 크림이
은근한 맛을 낸다. 산뜻한
크림이 입 안에서 살살 녹아 앉은 자
리에서 5개쯤은 거뜬하다. P.402

친절한 사장님의 식사빵
부산 데일리 럭키

시장 구석 작은 빵집의 촉촉한 빵이
그렇게나 맛있다고 입소문이
나더니, 브런치가 가능한
대로변의 베이커리로 변신
했다. 여전히 단골들이
줄지어 찾는다. P.424

추억의 단팥빵과
야채빵
군산 이성당

기본을 지킨 음식이 맛도 좋
다면, 빵도 그럴 것이다. 이성당
의 효자 상품은 단팥빵과 야채빵. 적
당하게 달달한 단팥빵, 사각한 식감
이 살아 있는 야채빵이 오랜만에 맛
있다. P.328

대를 이어 맛있는 빵
맘모스베이커리

미쉐린 가이드에도 소개될 정도
로 유명한 빵집이니 안동에 가
면 시간을 내어 들러보자. 크림
과 토핑이 먹음직스러운 온갖
빵들이 유혹한다. 집에 와서 더
사 올 걸 그랬다고 후회하게 되는
맛이다. P.404

담백한 순두부의 맛
강릉 순두부젤라또

꾹꾹 눌러 담아준 꾸덕하고 묵
직한 젤라토에 순두부가 그대로
녹아들었다. 담백하고 고소한 순
두부가 은은하게 스며든 맛이다. 인
절미젤라토, 흑임자젤라토를 함께
나눠 먹기를 추천한다. P.135

고급스러운 수제 초코파이
전주 PNB

수제 초코파이는 하얀 크림
과 딸기잼이 들어 있는 촉
촉한 초코빵을 딱딱한 초
콜릿으로 코팅했다. 딸기,
치즈, 녹차 같은 다양한
초코파이가 있어 종류별로
골라 포장이 가능하다. P.311

대전 여행의 기념품
대전 성심당

어쩌면 전국에서 가장 유
명한 빵집일지도. 대전만의
향토기업인 성심당은 지점을 내
지 않기로 유명하다. 그래서 대전을
여행해야만 먹을 수 있는 특별한 빵
이 되었다. 튀김소보로는 기본, 취향
껏 골라 맛보자. 무엇을 먹든 가성비
도 맛도 만족스럽다. P.238

부산영화제의 간식 스타
부산 비프광장 씨앗호떡

자글자글 끓는 기름에 동그
랗게 튀겨내는 건 여느 호
떡과 같지만, 잘 구운 호
떡을 반으로 갈라 견과류
를 아낌없이 퍼 넣어 호떡
이 제대로 뚱뚱해져야 부산
비프광장의 명물. P.416

짭조름한 바다의 맛
싱싱한 해산물과의 만남

우리나라가 삼면이 바다여서 좋은 점은 눈이 시원해지는 경치뿐 아니라 풍성한 해물을 맛볼 수 있어서다.
생선구이, 새우구이부터 물회와 굴밥까지 떠올리기만 해도 입맛이 돈다.

해산물의 천국은 여기
부산 연화리 해물포장마차촌

촘촘하게 늘어선 천막마다 싱싱한 해산물이 가득하다. 해물 모둠을 시키면 여러 종류의 해산물을 보기 좋게 담아낸다. 엄청나게 진하고 고소한 전복죽은 인생 전복죽으로 등극할 만하다. P.434

매콤새콤하고 시원한 물회
고성 가진항

오독오독한 가자미와 해삼, 아삭하고 달콤한 사과를 채 썰어 넣은 시원한 물회에 소면을 말아 먹는다. 전에는 청양고추가 듬뿍 들어가 맛있게 매웠는데 요즘은 매운맛이 덜하다. P.083

고소한 새우 소금구이
태안 백사장항

가을이면 통통하게 살이 오른 대하 소금구이를 먹으러 서해로 가자. 인천이나 강화도, 안면도, 홍성에서도 맛볼 수 있지만 이왕이면 대하 축제도 구경할 겸 백사장항으로 달려가자. P.269

여수 밤바다 한잔합시다
여수 낭만포차 거리

낭만포차 거리에서 시작된 여수의 해물 삼합은 화려한 비주얼과 신선함으로 무장해 입안을 행복하게 만든다. 집집마다 들어가는 해물 종류가 다르지만 보통 돌문어와 삼겹살, 관자에 새우, 김치를 더해 구워 먹는다. P.369

분위기까지 향긋한 카페

자판기 커피를 뽑아 마시던 강릉 안목 해변이 카페 거리로 변신하는 동안 우리나라 곳곳에 맛과 향으로
승부하는 카페가 늘었다. 분위기와 맛, 둘 다 놓칠 수 없다면 이곳으로 가자.

메이드 인 강릉 커피
강릉 테라로사 커피공장

강릉을 커피의 고장으로 이끈 테라로사
본점에 가보자. 빵 냄새 가득한 실내 공간도 매력 있고, 시
냇물이 흐르는 야외 테이블도 생동감이 넘친다. 커피 맛
이야 말할 것도 없다. P.122

깔끔하게 단장한 양림동 카페
광주 육각커피

양림동 선교사 사택을 방문하는 사람들
이 육각커피에 들러 피크닉 세트를 대여하면서 유명해졌
다. 동남아보다 맛있다는 코코넛커피와 크림 소복한 비엔
나커피가 시그니처 메뉴. P.333

한옥마을의 단아한 운치
전주 이르리

한옥마을의 핫한 카페답
게 어디에 앉아도 아늑한
운치가 있다. 햇살이 스며드
는 분위기만큼 커피도 맛있다. P.313

작은 공간에 강렬한 커피 향
부산 타타 에스프레소바

광안종합시장 근처에 위치한 정통
이탈리아식 에스프레소를 맛볼 수 있
는 카페다. 커피에 진심인 주인장 덕분에 맛과 향이 제대
로 담긴 커피를 만난다. P.424

저는 커피 대신 풍경을 마실게요

풍경 좋은 낭만 카페

손에 닿을 듯한 바다

강릉 곶

파란 바다를 눈에 담으며 커피 한 잔 마시고 싶은 로망이 있다면 강릉으로 가자. 아침 일찍부터 빵을 구워내 브런치와 시원한 풍경을 함께 즐기기에도 제격이다.P.121

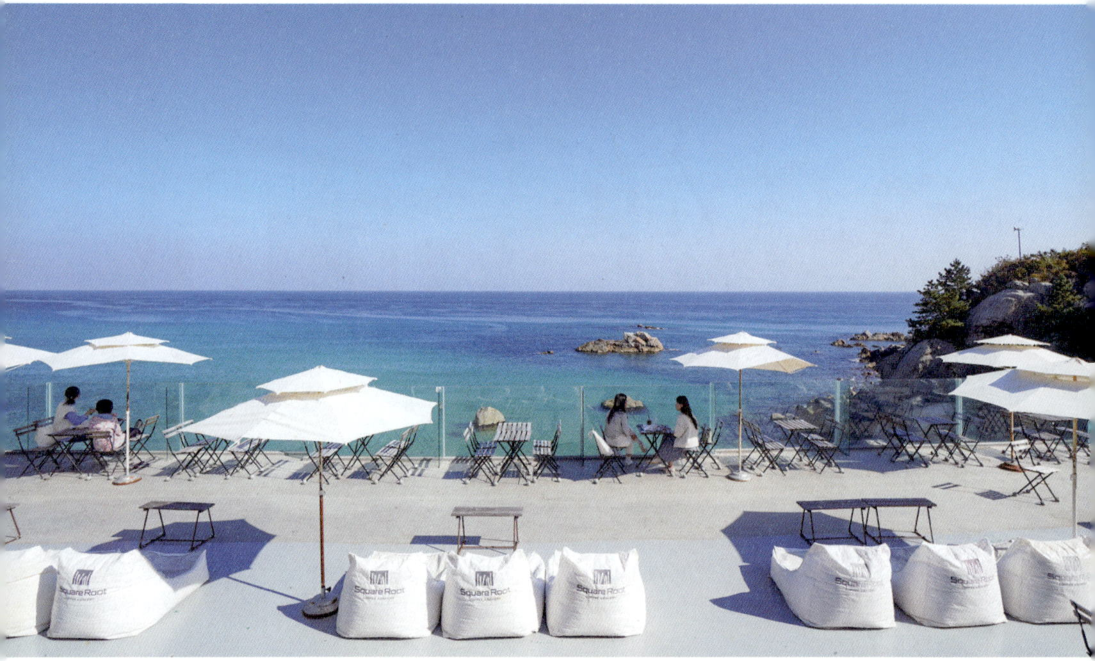

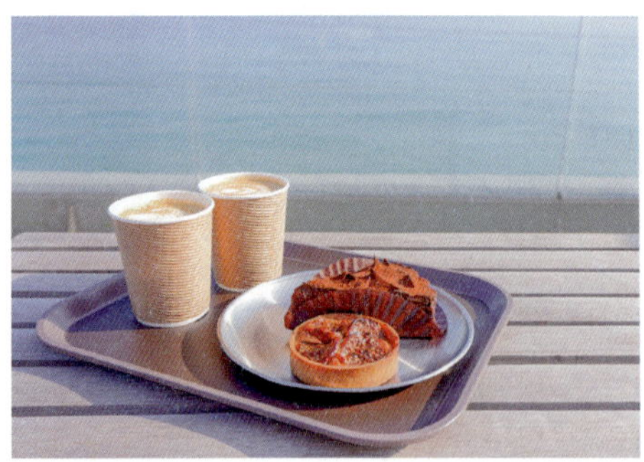

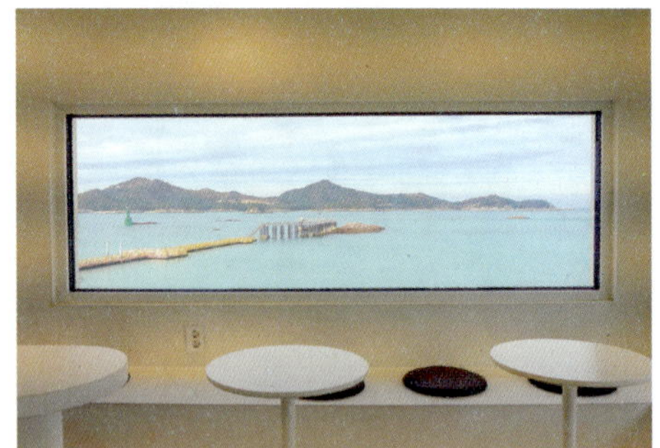

섬과 바다가 조화로운 풍경

군산 카페 라파르

장자도 끄트머리에 등대처럼 오뚝 카페 건물을 세웠다. 어디에 앉아도 고군산군도의 아름다운 섬과 바다를 볼 수 있다. 대장봉을 오가며 들르기 좋다.P.329

튤립에서 핑크뮬리까지
춘천 유기농 카페

농원을 정원처럼 품었다. 겨울에는 온실에서 튤립을 만나고, 여름에는 수국이 활짝 피어난다. 핑크뮬리와 팜파스까지 사계절 내내 계절에 맞는 화사한 색으로 단장한다. P.163

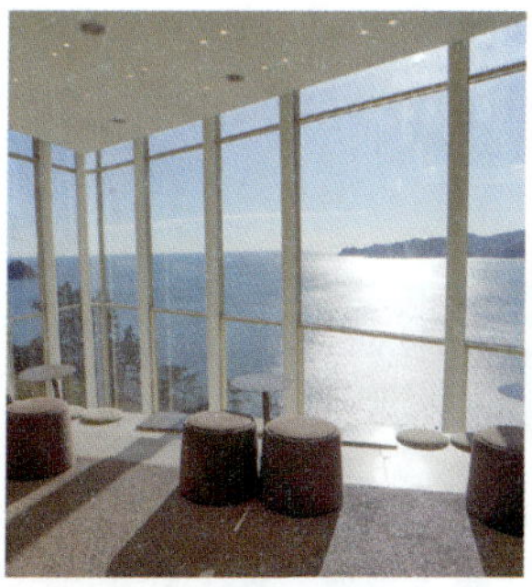

거대한 규모의 오션 뷰 카페
여수 모이핀 오션

산토리니의 한 풍경처럼 푸른 바다를 마주한 흰 건물이 이국적이다. 청량한 여수 바다만 봐도 기분이 붕 뜨는데 단정한 북유럽풍 인테리어로 실내 분위기까지 근사하다. P.363

한없이 평온한 강변 뷰
수수카페

카페 부지가 넓으니 원하는 자리를 잘 찾아보자. 이왕이면 산들산들 강바람이 간지럼을 태우는 바깥 자리가 좋겠다. 유유한 강물을 바라보면 평온함이 밀려온다. P.182

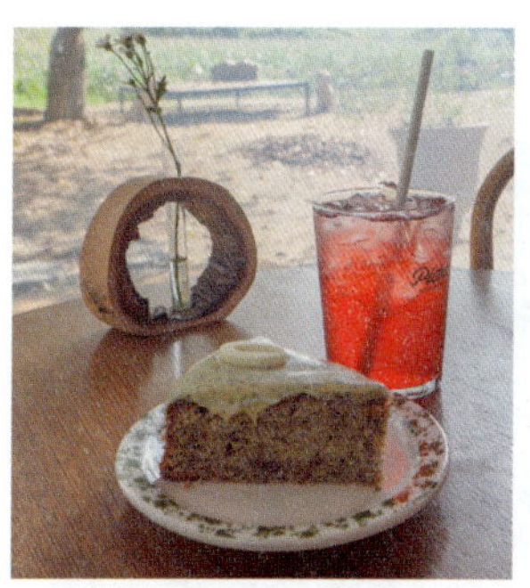

남다른 계절감을 품은
카페피어라

넓은 마당이 계절별로 옷을 갈아입는다. 갈 때마다 바뀌는 풍경에 기대감을 안고 찾아가게 된다. 봄의 벚꽃길도, 여름의 청보리밭도, 가을의 메밀꽃밭도, 겨울의 눈밭도 매력 있다. P.273

남한강이 내려다보이는 풍경
양평 카포레 갤러리 카페

건물의 통유리창으로 푸른 남한강이 내려다보인다. 루프탑에 올라가면 상쾌한 공기까지 더해진다. 아늑한 실내에는 곳곳에 그림이 걸렸고, 별관 1층까지 전시를 볼 수 있다. P.181

유유히 흐르는 강물 앞에서 물멍
춘천 어스17

푸른 하늘을 배경으로 넓게 펼쳐진 마당 앞에 소양강이 흐른다. 빈백에 앉아 물멍을 하며 시간을 보내기에 제격. 마당의 소나무 두 그루가 운치를 더한다. P.166

맛 좋은 술 한 잔의 흥

막걸리 맛도 알고 맥주 맛도 알게 되니 먹고 싶은 것도 많고, 가고 싶은 곳도 많다.
여행 중에 어른들만의 맛집에 갈 수 있어 참 다행이다.

피자에 맥주는 진리
강릉 버드나무 브루어리

한때는 막걸리를 만들던 양조장이 한국적인 풍미를 담은 수제 맥주 브루어리로 재탄생했다. 물맛 좋기로 유명한 강릉이라 맥주 맛도 좋다. 피자 맛집이라 '피맥' 하기 딱이다. P.125

분위기만큼 맥주 맛도 좋아
순천 순천양조장

곡물을 보관하던 창고에 새로운 이야기를 입혔다. 야외의 폐건물을 활용한 테이블도 센스 만점. '순천특별시', '순천만', '낙안읍성' 같은 순천의 색을 덧입힌 고유한 맥주에 반한다. P.356

위스키 바로 변신한 한옥
대구 소나무

척 봐도 부잣집이었을 근사한 한옥에 샹들리에를 늘어뜨리고 고급스러운 테이블을 놓았다. 한옥으로는 드물게 바로 운영 중이며, 가게로 들어서면 친절한 바텐더가 싱글몰트 위스키를 추천해준다. P.455

감바스에 대도 IPA 한잔
대구 대도양조장

젊은이들이 하나둘 모여드는 김광석길의 붉은 벽돌집이 바로 14가지 종류의 맥주를 갖춘 대도양조장이다. 감바스가 맛있기로 유명하다. 저녁에는 야외 테이블의 분위기가 살아난다. P.455

어른들은 아이스크림이지
전주 바 차가운 새벽

남부시장 2층 청년몰에 위치한 작은 바에 들어서면 예사롭지 않은 술 컬렉션을 만난다. '어른의 아이스크림'을 주문하면 심 봉사가 눈을 번쩍 뜨듯 새로운 술맛을 알게 된다. P.314

카페와 레스토랑을 겸한 펍
춘천 강남1984

옛 여관이었던 건물이 방마다 테이블을 놓은 펍으로 거듭났다. 맑은 날 루프톱에 올라가 신나는 음악을 들으며 시원한 맥주를 마시면 해외여행 부럽지 않다. 안주도 맛있고 꽤 푸짐하다. P.167

홍어삼합과 어울리는 막걸리
목포 인동주마을

홍어에 탁주를 곁들인다는 '홍탁'이라는 말이 괜히 나온 게 아니다. 그만큼 홍어와 막걸리가 천생연분이기 때문. 홍어삼합을 먹으러 목포에 왔다면 쌉싸름한 인동초막걸리와 함께 맛보자. P.341

황리단길 핫플은 나야 나
경주 황남주택

맛집과 카페가 즐비하지만 의외로 펍이 귀한 황리단길의 핫플이다. 저녁마다 사람들이 몰려와 야외에서 왁자지껄하게 파티 기분을 낸다. 캐주얼한 가맥집 스타일로 부담 없이 즐길 수 있다. P.388

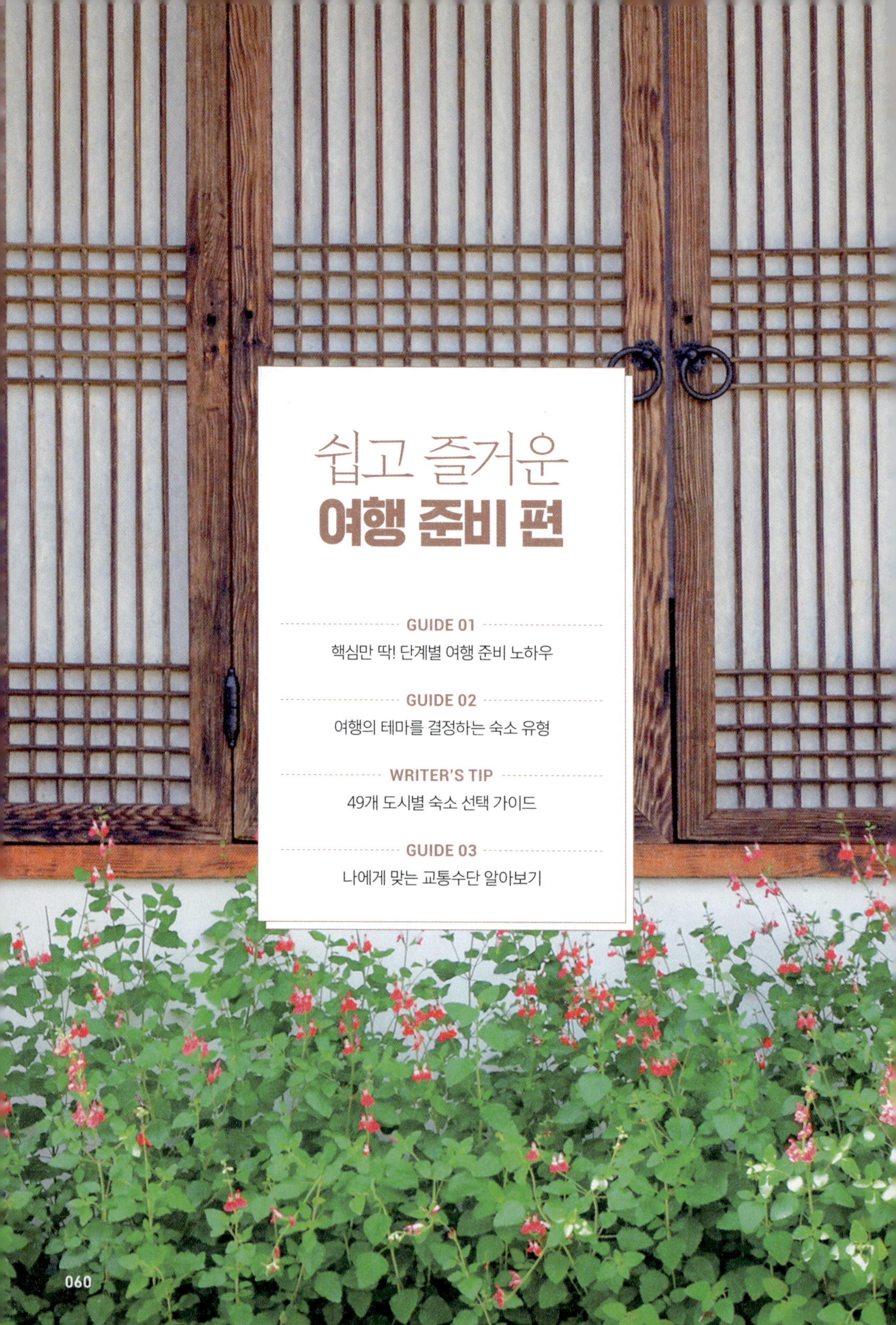

쉽고 즐거운
여행 준비 편

GUIDE 01
핵심만 딱! 단계별 여행 준비 노하우

GUIDE 02
여행의 테마를 결정하는 숙소 유형

WRITER'S TIP
49개 도시별 숙소 선택 가이드

GUIDE 03
나에게 맞는 교통수단 알아보기

핵심만 딱! 단계별 여행 준비 노하우

여행의 과정 중에서 가장 행복한 시간은 설렘을 품고 여행을 준비할 때가 아닐까.
어디로 갈까, 무얼 먹을까, 어떤 옷을 챙길까, 생각만 해도 즐겁다.

STEP 01
여행 기간에 따라 도시 선택하기

가볍게 떠나는 단기 여행이 트렌드로 떠오르면서 365일 여행이 현실이 되었다. 자신의 일정에 맞춰 여행 시기를 정하되 다음을 참고해 여행할 도시를 선정하자.

- **당일치기나 1박 2일** 서울에서 강화 여행, 부산에서 경주 여행 등 가까운 지역으로 여행
- **2박 3일** 부여나 안동 등 볼거리 많은 한 도시를 집중 탐구
- **3박 4일** 군산과 서천 여행, 고성과 속초 여행 등 인접한 2개 도시를 함께 여행
- **일주일** 전주를 지나 담양과 광주 여행, 제천과 단양을 지나 안동 여행 등 동선을 고려한 여행

" 어떤 도시는 한 달 살기를 해도 매일 새롭고, 어떤 도시는 하루면
다 둘러볼 수 있을 만큼 도시별 볼거리가 천차만별이에요.
하지만 볼거리는 많지 않아도 일주일 내내 머물고 싶은 여행지도 있잖아요.
그러니 여행 스타일에 맞춰 여행지를 고르는 재미를 느껴보세요. "

STEP 02
이번 여행의 테마 정하기

똑같이 2박 3일을 여행하더라도 신나게 구경하며 돌아다니는 걸 좋아하는지, 쉬엄쉬엄 카페에 들러 여유를 즐기고 싶은지에 따라 한 지역에서 머물지, 여러 도시를 돌아다닐지 선택한다.

- **봐도 봐도 새로운 강원도** 양양에서 속초를 지나 고성까지 동해안 따라 드라이브
- **유유자적 즐기는 강원도** 속초 시내에서 머물며 카페와 맛집 탐방

" 이 책에는 도시별로 여행하기 좋은 테마가 있어요.
골목을 거닐지, 맛집을 탐방할지, 미술관을 순례할지, 도시별 테마와
스폿을 참고해 여행 계획을 세워보세요. "

가고 싶은 관광지 추리기

관광지는 여유 있게 하루 서너 곳 스폿당 여유 있게 2시간 정도 머무른다고 예상하면 오전에 한 곳, 오후에 두 곳 정도 방문할 수 있다. 다만 서천 국립생태원이나 국립과천과학관 등은 반나절은 할애해야 하는 반면 부산의 국제시장과 부평깡통시장, 부산자갈치시장은 걸어서 2시간이면 모두 둘러볼 수 있으니 관광지의 특성을 잘 살펴보자.

특별한 메뉴와 식당 정하기 지역 특산물은 한 번쯤 맛보자. 내가 고른 관광지 근처에 식당이 있는지 살펴보고, 특별한 식당에 가고 싶다면 동선을 고려해서 찜해둔다. 카페도 마찬가지. 카페에 잠깐 들러 카페인을 충전할지, 사진 찍으며 여유를 부릴지에 따라 선택지가 달라진다.

WRITER'S TIP

" 가려고 계획했던 여행지나 식당이 예고 없이
문을 닫을 때가 있어요. 손님이 없으면 일찍 문을 닫기도 하고요.
예기치 못한 상황에 대비해 여분의 스폿을 생각해두는 편이 좋아요. "

일기예보에 맞춰 동선 짜기

오전에 비가 오고 오후에 갠다면 그날 방문할 서너 곳의 관광지 중에서 오전엔 카페와 박물관 등 실내를 돌아다니고, 오후에는 야외 일정을 짠다. 가장 주의해야 할 일기예보는 비보다 강풍이다. 바람이 심한 날은 야외를 돌아다닐 때는 물론 운전할 때 특히 조심해야 한다.

- 자동차로 여행한다면 떠나기 전에 미리 차를 점검하자. 차 때문에 벌어지는 자질구레한 사고를 방지할 수 있다.
- 계절에 따라 일기예보에 맞춰 와이퍼를 교체하거나 스노 체인을 준비한다.

WRITER'S TIP

" 저는 여행을 계획하는 날부터 그 도시의 날씨를 살펴봐요.
사진 찍는 걸 좋아해서 맑은 날을 선호하거든요.
비가 오락가락하면 스케줄을 바꿔가면서 순발력 있게 다니고요.
비 오는 날을 좋아한다면 어떤 카페에서 쉴지,
어떤 숙소에서 머물지 어울리는 계획을 세워보세요. "

동선에 맞게 숙소 예약하기

당일치기 여행이 아니라면 동선을 짜고 나서 숙소를 예약하는 편이 낫다. 일정을 마친 곳 근처에서 숙박하는 게 가장 편리한데, 다음 날 일출을 보기 위해 여행한다면 일출 장소 근처에서, 이동 거리가 길면 중간 지점에서 묵는 편이 좋다. 또 지방 국도에는 가로등이 없는 경우가 많아 해가 진 후에 운전하면 피로도가 높아지니 참고하자.

WRITER'S TIP

" 저의 숙소 선택 기준은 그날의 마지막 여행지로부터의 '거리'예요.
지역의 브루어리나 펍, 가맥집 한두 군데는 꼭 들르는 터라
마음 편히 주차하고 걸어서 다녀올 수 있는 거리의 숙소를 선호합니다. "

적절한 양의 짐 싸기

자동차로 여행한다면 짐 싸기가 쉽다. 옷 가방 하나, 메고 돌아다닐 보조 가방 하나 정도면 충분하다. 차에 텀블러와 손 세정제, 따뜻한 아우터를 실어두면 요긴하다. 기차나 비행기를 이용한다면 캐리어도 좋지만, 숙소를 자주 변경하거나 걷는 구간이 길어지면 배낭이 낫다. 우리나라는 어느 지역에나 24시간 편의점이 있으니 가볍게 떠나자.

WRITER'S TIP

" 여행지에서 특산품이나 기념품을 사다 보면
짐이 조금씩 늘어나곤 해요. 무거운 기념품이나 김치,
해산물 같은 먹거리는 택배로 부치세요. "

막히는 게 싫다면 새벽에 출발!

평일 출퇴근 시간에는 차에서 진이 다 빠질 수 있고, 주말에는 서울에서 경기도로 빠져나가는 길이 엄청 북적인다. 아침 일찍 출발하는 것만으로도 여행의 질이 달라진다. 인생 사진을 남기고픈 명소가 있다면 문 여는 시간에 맞추어 방문하자. 문 여는 시간에 맞춰 간다는 '오픈어택'이라는 신조어가 괜히 생긴 게 아니다.

WRITER'S TIP

" 내비게이션 앱에서 도착지와 출발 시간을 입력하면
소요 시간이 나와요. 가령 오전 9시에 문을 여는 관광지에
9시 딱 맞춰 도착하려면 언제 출발해야 하는지 알 수 있어요.
휴게소에 들를 시간을 넉넉하게 계산해서 출발하세요. "

여행의 테마를 결정하는 숙소 유형

눈부신 바다가 펼쳐진 테라스에 앉아 책이나 읽고 싶은지, 골목 구석구석을 돌며
인생 사진을 찍다 숙소에선 잠만 잘 건지, 맛있는 음식을 사다 숙소에서 먹고 마시며 즐기고 싶은지,
원하는 여행 스타일에 맞춰 숙소를 고르자.

호캉스를 놓칠 수 없지
호텔과 리조트

우리나라에도 다양한 조건을 갖춘 호텔과 리조트가 많다. 인피니티 풀과 라운지를 구비한 호텔부터 사계절 물놀이하기 좋은 워터파크, 자연 그대로 정원처럼 꾸민 리조트를 즐겨보자.

호텔스닷컴 kr.hotels.com
해외뿐 아니라 국내 호텔 리스트도 꽤 많다. 잘 고르면 국내 사이트보다 싸게 예약할 수 있다. 10박 하면 1박을 리워드해주는 프로그램이 있다.

아고다 www.agoda.com/ko-kr
동남아의 호텔을 가장 많이 등록해둔 사이트 중 하나. 할인쿠폰이 자주 나와 저렴하게 예약 가능할 때가 많다.

취향에 맞게 골라보자
펜션에서 한옥까지

전주에 가면 한옥마을의 한옥에서 잠을 자고 싶고, 경주에 가면 황리단길에서 밤을 보내고 싶은 게 여행자의 마음. 바다를 향해 지은 펜션들은 전망도 좋고, 자쿠지나 작은 수영장이 딸린 곳도 있으니 잘 골라보자. 굳이 외출하지 않아도 간단한 취사가 가능하고, 최근에는 조식을 무료로 제공하는 곳도 늘었다.

네이버지도 map.naver.com
네이버지도 웹사이트나 앱에서 가고 싶은 지역을 펼쳐놓고 '숙박'을 검색해보자. 마음에 드는 곳의 홈페이지를 살펴보거나 네이버 예약 시스템을 이용해 예약 가능하다.

인터파크투어 mtravel.interpark.com
국내 여행의 웬만한 숙소는 여기에 다 있다. 지역별 숙소, 테마별 숙소를 검색하기 편리하고 특가 이벤트가 자주 열린다.

스테이폴리오 www.stayfolio.com
여행에서 숙소가 가장 중요하다면, 분위기 좋은 공간에 머물며 휴양을 위한 여행을 하고 싶다면, 독채 펜션부터 한옥까지 가격은 높지만 개성 가득한 숙소를 취향껏 찾아보자.

에어비앤비 &
게스트하우스

장기 여행자가 선호하는 숙소는? 에어비앤비는 인테리어부터 방의 개수, 침대와 욕실 개수까지 취향과 니즈를 충족시킨다. 보통 게스트하우스는 저렴한 대신 게스트가 머무는 개인실 외에 거실과 부엌 등의 공간을 공유한다. 매일 밤 파티가 열리는 곳, 1인실만 운영하는 곳, 여러 개의 방 타입이 있는 곳 등 옵션이 다양하다.

에어비앤비 www.airbnb.co.kr

도시의 중심지와 가까운 숙소를 잡으면 걸어 다니며 여행하기에 편리하다. 잘만 고르면 호텔보다 더 만족스럽다. 한적한 시골에 위치한 편안한 숙소는 한 달 살기도 거뜬하다.

게스트하우스

마음에 드는 게스트하우스를 찾아 직접 홈페이지에서 예약한다. 에어비앤비, 아고다 홈페이지에서도 예약할 수 있다.

숲속의집 & 캠핑

파도 소리를 들으며 오토캠핑을 하는 밤, 풀벌레 소리와 새소리가 울려 퍼지는 숲 속 오두막에서 보내는 밤은 참 낭만적이다.

국립자연휴양림 숲나들e www.foresttrip.go.kr

전국의 자연휴양림에서 운영하는 숙박 시설을 사용일 6주 전부터 예약할 수 있다. 휴양림 내 숲속의집이나 휴양관뿐만 아니라 캠핑장, 오토캠핑장, 야영 데크 예약이 가능하다.

캠프링크 www.camplink.co.kr

캠핑지도에서 원하는 지역의 캠핑장을 찾아보기 편리하다. 각 캠핑장의 예약 상황과 시설 현황을 비교하며 예약할 수 있다.

호텔부터 모텔까지

여행지를 부지런히 돌아다니다 숙소에서는 잠만 잘 예정이라면 가성비 좋은 숙소가 최고다. 호텔부터 모텔까지 룸 컨디션을 꼼꼼하게 비교하고 선택하자.

야놀자 www.yanolja.com

선착순으로 할인해주니 숙박 지역을 정했다면 미리 예약하는 편이 좋다. 즉흥적으로 여행을 떠났을 때 선택할 수 있는 객실의 옵션이 많은 것도 장점.

여기어때 www.goodchoice.kr

다양한 할인 이벤트와 알찬 리뷰들이 있다. 리뷰를 얼마나 남기느냐에 따라 다양한 혜택을 제공한다.

49개 도시별
숙소 선택 가이드

여행의 취향에 따라 숙소의 취향도 다르겠지만
도시별로 어느 지역에서 머물면 편리한지,
어떤 종류의 숙소가 많은지 일단 한번 살펴보자.
자동차로 여행하는 사람들을 위한 팁과
도보 여행자들을 위한 팁을 골고루 담았다.

강원도에서는 어디에 머물까?

고성 P.078   해안선을 따라 지은 모던한 펜션이 많아 조용히 머물다 오기 좋다. 해수욕장을 끼고 차박이나 오토캠핑을 하는 사람도 늘었다. 해변까지 걸어 나갈 수 있는 거리에 위치한 에어비앤비도 많다.

속초 P.090   속초 고속버스터미널 근처 숙소는 속초 해수욕장이 가깝고, 청초호 북쪽에는 호수와 바다가 한눈에 보이는 뷰 맛집 호텔들이 있다. 에어비앤비 사이트에서 속초관광수산시장 근처 숙소를 잘 찾아보면 도보 여행이 편리하다.

양양 P.106   서핑을 즐긴다면 하조대 해수욕장이나 죽도 해수욕장 앞에 위치한 게스트하우스나 펜션을 예약해보자. 보드 대여와 서핑 강습을 해주는 곳을 선택할 수 있다. 낙산 해수욕장 앞에는 바다를 내려다보는 호텔과 모텔이 많고 횟집도 죽 늘어서 있다.

강릉 P.118   경포호와 경포 해변 근처에는 럭셔리한 리조트와 대형 호텔, 펜션이나 모텔까지 다양한 숙소가 몰려 있다. 시내에는 강릉역 근처 게스트하우스, 중앙시장 근처 강릉관광호텔 등의 선택지가 있다.

평창·인제·홍천·철원 P.136   봉평에는 아기자기한 펜션이나 민박이 띄엄띄엄 흩어져 있는데, 하루면 충분히 둘러보는 지역이라 숙박하는 사람은 드물다. 평창에는 스키장과 국립공원 근처에 리조트와 콘도, 펜션이 많다. 인제에는 내린천 주위에 리버 버깅이나 래프팅을 즐길 수 있는 숙소가 있고, 홍천에는 글램핑장과 캠핑장이 많다. 철원에는 고석정 근처와 동송동 쪽에 소규모 모텔들이 있고, 주로 펜션이 흩어져 있다. 겨울에 강원도 숲속의 외딴 숙소를 이용할 계획이라면 스노 체인 등을 준비하는 게 안전하다.

춘천 P.152   소양강 북쪽 강변에 뷰가 좋은 펜션과 숯불닭갈비집들이 몰려 있다. 춘천역을 이용한다면 시내 호텔이나 게스트하우스에 머물면서 식당이나 펍까지 택시로 이동하면 편리하다.

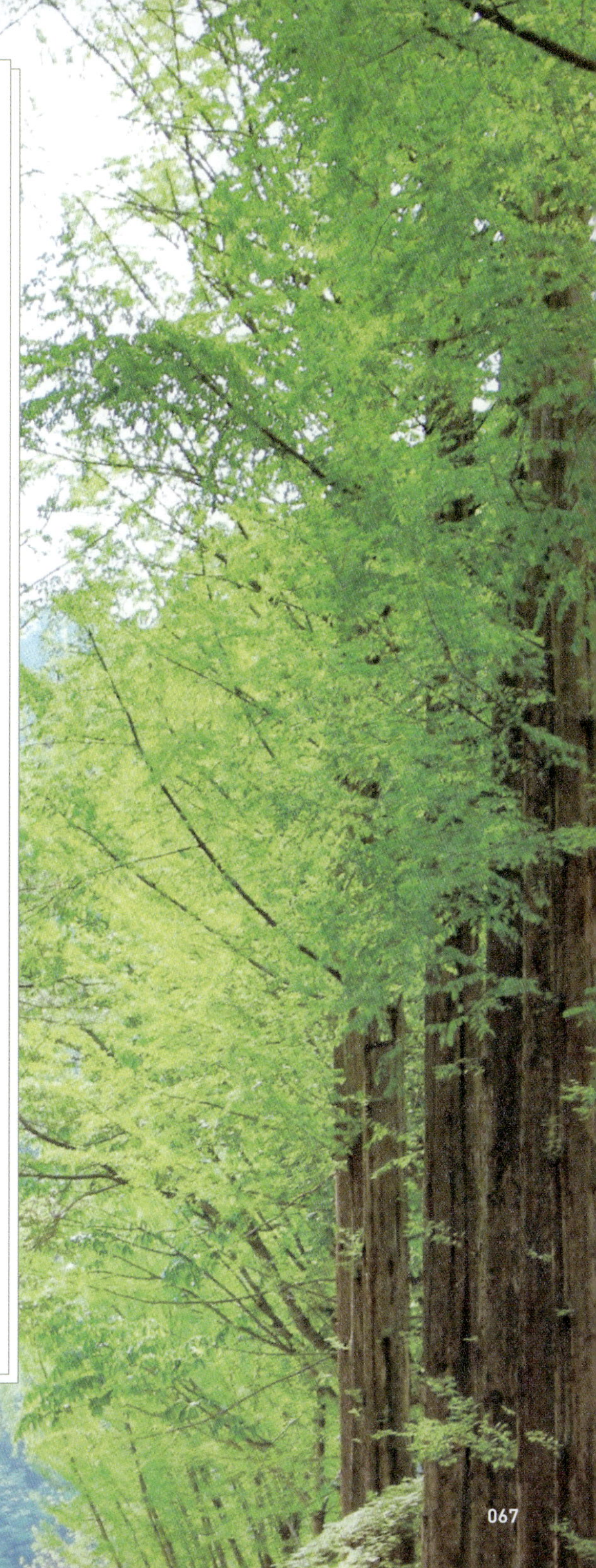

경기도에서는 어디에 머물까?

양평 P.174 남한강 지류를 낀 경치 좋은 곳에 숨은 펜션이 많다. 용문산, 중미산 등 자연휴양림이 많아 캠핑을 하거나 숲속의집을 이용하기도 좋다. 농촌 체험 프로그램을 운영하는 마을도 많으니 특별한 하룻밤을 계획해보자.

가평 P.188 가평에는 은근히 럭셔리한 리조트가 많아 기분 좋은 힐링이 가능하다. 최근에는 글램핑장, 캠핑장, 카라반 등 자연 속에서 머무는 숙소가 많이 늘었다. 유명한 관광지 근처에는 펜션이 모여 있으니 동선을 살펴 예약한다.

포천·연천·파주 P.192 포천에는 국립수목원과 산정호수 사이에 캠핑장이 많다. 연천에는 한탄강 관광지를 중심으로 오토캠핑장이 여럿이다. 예부터 관광지로 유명한 산정호수 주위에는 콘도나 펜션이 즐비하다.

강화 P.196 강화도의 예쁜 해변에는 어김없이 펜션이 있으니 취향껏 골라보자. 최근에는 규모가 큰 리조트나 풀빌라, 어린이를 위한 수영장을 갖춘 펜션이 늘었다.

인천 P.206 차이나타운 근처에는 하버파크호텔 외에는 대부분 오래된 모텔밖에 없으니 에어비앤비를 이용해보자. 자동차로 이동한다면 송도나 영종도에서 오션 뷰가 좋은 에어비앤비까지 선택의 폭을 넓힐 수 있다. 송도나 인천공항 근처에는 브랜드 호텔도 많다.

수원 P.216 자동차로 여행한다면 주차하기 편리한 대형 호텔에 머물자. 수원화성 근처에 묵으면 도보로 여행하기 좋다. 호텔, 모텔, 한옥스테이, 게스트하우스 등 숙박 시설이 다양하니 거리를 고려해서 예약하면 된다.

과천 P.222 과천의 서울대공원과 국립과천과학관 안에 캠핑장이 있다. 하지만 서울대공원 근처에는 별다른 숙박 시설이 없으니 도보 여행자라면 전철을 타고 서울까지 나오는 편이 좋다.

충청도에서는 어디에 머물까?

대전 P.232 대전에는 유성온천 근처와 대전정부청사 앞쪽에 네임드 호텔들이 몰려 있고, 새로운 도심지인 엑스포 과학공원 근처에 고급 호텔과 비즈니스호텔들이 있다. 대전역 근처의 구도심에는 크고 작은 호텔과 모텔, 게스트하우스들이 여행자를 반긴다.

단양 P.244 소노문 단양이나 단양관광호텔에 묵으면 편리하다. 시내는 구경시장 근처에 펜션, 모텔, 게스트하우스가 여럿 있다. 다리안 관광지의 캠핑장을 비롯해 단양 근처의 계곡 곳곳에 펜션과 캠핑장, 오토캠핑장이 있어 청량한 공기를 즐길 수 있다.

제천 P.254 청풍호수 근처에 ES리조트, 청풍리조트를 비롯해 호수를 조망할 수 있는 펜션들이 있어 풍경을 감상하기 좋다. 의림지와 가까운 제천 시내에는 묵을 곳이 별로 없고, 시내에서 서쪽으로 조금 떨어진 곳에 포레스트 리솜이 있다. 제천과 단양이 가까우니 함께 여행한다면 동선에 맞게 숙소를 잡자.

아산 P.260 온양온천역 근처에 온천이 가능한 호텔들이 있고, 외곽으로 아산스파비스, 파라다이스스파도고 등 워터파크를 갖춘 대형 스파 리조트들이 있다. 외암마을 안에서도 숙박이 가능하고, 영인산 자연휴양림에서 숲속의집을 예약할 수 있다.

태안·서산·당진 P.264 신두리 해수욕장에서부터 만리포 해수욕장, 안면도의 수많은 해수욕장을 따라 경치 좋은 서해안에 펜션이 이어진다. 남당항, 간월도, 황도에도 숙박 시설이 여럿 있다.

공주 P.274 공주에는 한옥마을, 한옥 스테이, 한옥 호텔이 있어 한옥 숙박이 가능하다. 금강 북쪽으로 공주 종합버스터미널이 있어 근처에 호텔과 모텔이 많다.

부여 P.278 부여에서 규모가 가장 큰 숙박 시설은 백제문화단지 앞에 자리한 롯데리조트 부여다. 시내에는 유스호스텔이나 모텔들이 띄엄띄엄 있다. 자온길에서 묵고 싶다면 에어비앤비로 머물 곳을 찾아보자.

서천·논산 P.284 서천은 바닷가 쪽에 펜션이 있긴 하지만 관광지와 거리가 있으니 지도를 보고 동선을 잘 살펴서 숙소를 정하자. 오히려 군산에서 묵는 게 나을 수도 있다. 논산에는 훈련소 근처에 펜션이 많고, 선샤인스튜디오 옆으로 깔끔한 글램핑장이 있다.

전라도에서는 어디에 머물까?

전주·완주 P.294, 316 전주와 완주는 묶어서 여행하기 좋다. 한옥마을을 중심으로 여행한다면 한옥마을 내에서 묵어야 도보 여행이 편리하다. 다만 소규모 게스트하우스가 많아 주차가 불가능하거나, 가능하더라도 주차 후 한참 걸어야 하는 경우가 많으니 숙박 예약 시 주차 가능 여부를 꼭 확인하자. 중앙동 영화의 거리 근처에는 브랜드 호텔과 관광호텔이 많으며, 젊은이들이 모여드는 객리단길의 맛집과 카페가 가까워 편리하다. 전주역에서 완주의 오성한옥마을까지 가까우니 완주의 고택에서 하룻밤 묵으며 전주와 완주를 여행해도 좋다.

군산 P.324 시내에는 라마다, 베스트웨스턴 등 브랜드 호텔이 있고, 초원사진관 근처 골목에는 게스트하우스가 많다. 군산 가구 거리 쪽으로는 주차가 편리한 모텔들이 있고, 고군산군도 쪽에는 여름 특수를 노리는 펜션들이 있다.

광주 P.330 비행기나 기차를 이용한다면 가까운 송정역 근처에 게스트하우스가 있고, 상무역 근처에 번듯한 호텔들이 있다. 금남로4가역에서 문화전당역 사이 번화가 근처에 관광호텔과 모텔이 많고, 동리단길 카페 거리 쪽에는 게스트하우스가 여럿 있다.

목포 P.336 목포는 여행자들의 수에 대비해 숙박 시설이 적으므로 목포 여행을 계획한다면 서둘러 숙소를 예약하자. 목포 KTX역 근처에 1인이 머물기 좋은 작은 게스트하우스에서부터 럭셔리한 독채까지 다양한 숙소가 많다. 신도시인 평화광장 근처에는 오션 뷰 관광호텔 및 모텔들이 즐비하다.

담양 P.342 담양 근처에는 대형 리조트, 깔끔한 펜션, 대나무를 테마로 한 펜션들이 있다. 죽녹원 안에 한옥 체험장도 있다. 시내에는 개성 있는 게스트하우스가 많다. 주로 광주와 담양을 함께 여행하는 경우가 많으니 동선에 따라 숙소를 정하자.

남원 P.348 남원 시내에는 요천을 내려다보는 좋은 위치에 켄싱턴리조트가 자리를 잡았고, 근처에 스위트호텔 남원이 있어 조용하고 깔끔하게 머물기 좋다. 요천 강변에는 주차가 편한 모텔들이 있고, 광한루원 가까이에는 게스트하우스가 여럿 있다.

순천 P.352 순천역 근처에 머물면 고급스러운 신축 호텔부터 모텔, 무인텔, 게스트하우스까지 선택의 폭이 넓고 근처에 청춘창고, 아랫장 등 볼거리가 있다. 자동차로 여행한다면 웃장이나 아랫장의 숙소 혹은 순천만 근처 펜션을 동선에 따라 선택하자.

여수 P.358 위치와 뷰를 모두 잡은 소노캄 여수를 비롯해 여수 연안을 둘러싸고 오션 뷰 펜션이 즐비하다. 중앙동 근처에서는 게스트하우스를 찾을 수 있다. 시내 관광보다 바다를 바라보며 쉬고 싶다면 돌산도에서 풀빌라, 펜션, 리조트를 찾아보자.

경상도에서는 어디에 머물까?

경주 P.378 대릉원을 중심으로 시내를 여행하는 젊은이들은 주로 황리단길에 묵는 걸 선호하고, 쉬엄쉬엄 여행하는 가족 단위 여행자들이나 골프 여행을 즐기는 사람들은 보문관광단지의 대형 리조트와 호텔을 이용한다. 황리단길 근처에는 한옥 스테이나 게스트하우스가 많지만 주차가 어려울 수 있으니 예약 전에 꼭 확인하자.

안동 P.392 안동의 동쪽에 전통리조트 구름에, 안동그랜드호텔 등의 고급 숙박 시설이 있고, 옛 안동역과 찜닭 골목 근처에는 관광호텔, 게스트하우스 등이 몰려 있다. 하회마을 안에서도 민박을 운영하니 고즈넉한 분위기를 즐기고 싶다면 예약해보자.

부산 P.406 부산은 큰 도시라서 시내 여기저기를 돌아다니면 이동시간이 길어지고 교통 체증도 심하다. 이 책에 소개한 4가지 테마를 따라 동선을 최대한 줄이는 편이 좋다.

- **영도와 감천마을**: 남포동과 부산역 근처 호텔에서 머물면 지하철, 택시를 편리하게 이용할 수 있다.
- **광안리와 수영구**: 광안리 해변을 따라 가성비 좋은 호텔이나 오션 뷰 에어비앤비를 찾아보자.
- **해운대**: 고급 호텔도 많지만 해운대역 가까이에 게스트하우스, 에어비앤비 등 다양한 숙박 시설이 있다.
- **기장**: 아난티 힐튼이 럭셔리 여행자들을 불러 모은다. 연화리 해녀촌 근처에는 모텔 등이 즐비하다.

울산·포항 P.436, 440 울산은 시내에 호텔이 많지만 관광지와 좀 떨어져 있고, 일산해수욕장 앞에 고만고만한 모텔들이 늘어섰다. 포항은 죽도시장 근처, 영일대해수욕장 근처에 호텔과 모텔들이 많다.

대구 P.446 대구역과 반월당역 사이 번화가를 중심으로 브랜드 호텔과 모텔, 게스트하우스가 빼곡하다. 원하는 지역에 원하는 숙박 시설이 없다면 에어비앤비에서 찾아보자. 번화가 근처 에어비앤비를 예약할 때는 주차 가능 여부를 꼭 문의하자.

하동 P.456 켄싱턴리조트가 하동의 야생차밭 너머로 자리를 잘 잡았다. 화개장터에서 쌍계사 근처에는 펜션이 모여 있고, 평사리 근처에는 민박, 게스트하우스, 오토캠핑장이 띄엄띄엄 자리하고 있다.

남해 P.460 아름다운 남해를 바라보는 아난티 남해 등 고급 리조트와 풀빌라가 속속 들어서고 있다. 동선에 맞춰 바닷가의 펜션을 예약하거나 독일마을 내 펜션을 이용하자.

통영 P.464 남쪽으로 내려가면 근사한 뷰를 자랑하는 리조트와 호텔이 많지만, 볼거리가 많은 통영을 구석구석 돌아보려면 강구안을 중심으로 숙박하는 편이 좋다. 동피랑과 여객선 터미널 사이에 게스트하우스와 작은 호텔이 많다.

거제 P.476 거제도의 동쪽 해안을 따라 대형 리조트와 호텔이 많고, 바다를 낀 마을과 해수욕장 앞에서는 펜션을 쉽게 찾을 수 있다. 조선소를 방문하는 사람이 많아 시내에는 비즈니스호텔과 레지던스가 여럿 있다.

울릉도 P.482 대아리조트가 유일한 대형 리조트였던 울릉도에 럭셔리 리조트가 늘었다. 저동항과 도동항에는 아기자기한 호텔, 펜션, 게스트하우스가 있어 도보 여행이나 택시 여행을 하기 편리하고, 새로 생긴 사동항에는 숙박 시설과 맛집 등은 부족하지만 주차장이 넓어 차를 렌트하기가 수월하다.

나에게 맞는 교통수단 알아보기

우리나라는 대중교통 체계가 잘되어 있어 여행하기 편리하다.
동선에 맞게 교통수단을 선택해 여행의 질을 높여보자.

국내 여행의 든든한 동반자
자동차

운전면허만 있으면 국내 어디든 자동차로 여행할 수 있다. 차량에 따라 차박과 오토캠핑도 가능하다. 문제는 주차. 자동차 내비게이션에 목적지를 찍고 휴대폰 지도 앱으로 위성사진을 크로스 체크하면 주차장 찾기의 달인이 된다.

· **내비게이션 앱 베스트 3** T맵, 카카오내비, 네이버지도

비행기 타는 기분 내볼까
항공

우리나라에는 무려 15개의 공항이 있다. 자신이 머무는 지역에서 여행하고픈 지역으로 가는 국내선 항공편이 있는지 살펴보자. 시간을 잘 맞추면 의외로 저렴하고 편안하게 여행할 수 있다. 공항에서 인수하는 렌터카를 빌리면 근처 도시들을 여행하기에 좋다.

· **네이버 항공권** flight.naver.com

언제든지 빠르고 편리하게
KTX & SRT

기차 여행은 빠르고 편리하다. 자유기차여행 패스 '내일로'나 '여행 주간 특별 할인'을 이용하면 더욱 저렴하다. 모바일 앱으로 승차권 예매와 탑승이 가능하며, KTX와 SRT 앱이 2026년 통합될 예정. 도착역에서 렌터카를 대여해 근처 도시들을 여행할 수 있다.

· **KTX 앱** 코레일톡
· **SRT 앱** 수서고속철도

여행하는 동안 잠시 빌려요
렌터카

서울에서 부산까지, 양양에서 여수까지 운전할 생각을 하면 아찔하다. 이럴 때는 도착하는 공항이나 기차역에서 렌터카를 대여하자. 부산, 강릉, 여수, 울릉도 등 각 지역에서 렌터카 대여가 가능하다.

· **카모아** www.carmore.kr
· **클룩** www.klook.com/ko
· **쏘카** www.socar.kr

PART 02

진짜 강원도를 만나는 시간

KOREA

한눈에 보는 강원도

태백산맥이 굽이굽이 산수화를 그려내고 볕 잘 드는 명당엔 예쁜 정자가 서 있다.
깊고 푸른 동해에서 태평양의 내음을 실은 바람이 불어오면 맑고 투명한 공기에 발걸음이 산뜻하다.
바다와 산이 어우러진 강원도는 언제 찾아가도 아름답다.

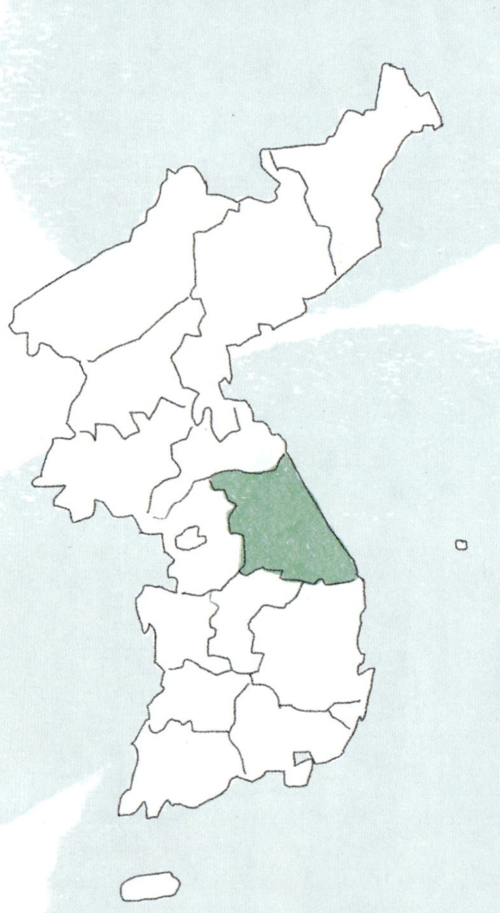

#고성 P.078

가장 북쪽 바다를 낀 서늘한 고성에서는 물놀이
대신 바다를 바라보는 카페 놀이가 제격.

#속초 P.090

2박 3일을 머물러도 볼거리가 한가득,
맛있는 먹거리가 넘쳐나는 매력적인 속초.

#양양 P.106

파도 소리마저 조용하던 죽도와 하조대의 해변이
서핑을 즐기러 온 젊은이들로 가득해질 줄이야.

#강릉 P.118

호수와 바다와 술잔에 비친 그 달빛이
아직도 영롱하게 살아나는 강릉.

#평창·인제·홍천·철원 P.136

메밀꽃 필 무렵에 메밀막국수를 먹거나
운치 있는 숲길에서 걷기만 해도 좋다.

#춘천 P.152

예전엔 닭갈비만 먹느라 이토록 낭만적이고
문학적인 도시인 줄 미처 몰랐더랬다.

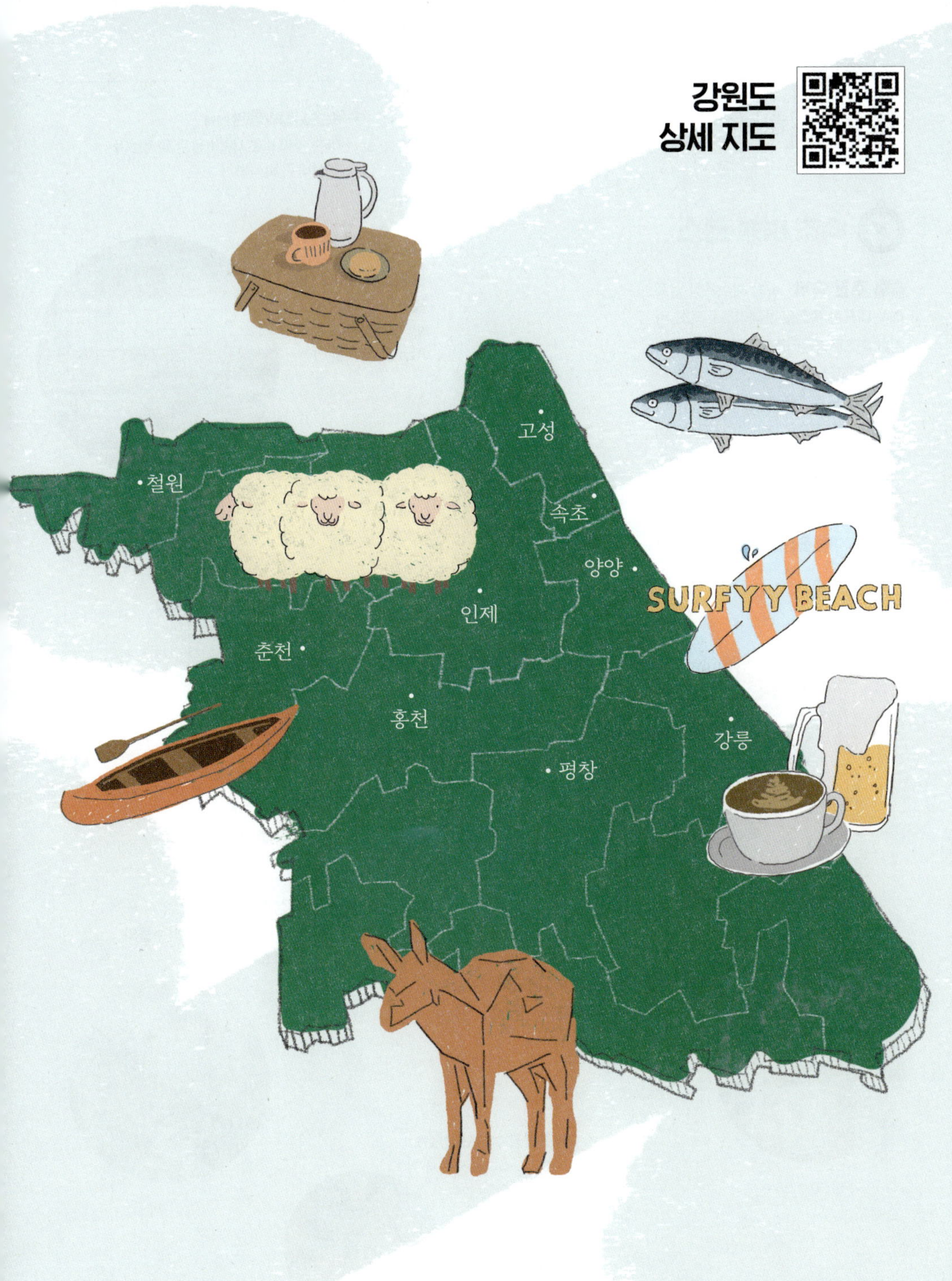

강원도
상세 지도
철원
고성
속초
양양
인제
SURFYY BEACH
춘천
홍천
강릉
평창

강원도
추천 여행 코스

속초 여행 코스

🛏 **추천 숙박** 속초 해수욕장 남쪽에서 대포항 쪽으로 롯데리조트속초, 카시아속초호텔앤리조트, 라마다속초호텔 같은 고급 호텔이 몰려있고, 속초 해수욕장 앞으로 오션 뷰의 에어비앤비가 즐비하니 사진으로 분위기와 인테리어를 잘 확인한다. 청초호를 에워싸고 가성비 좋은 다양한 호텔들이 몰려있는데, 고층의 오션 뷰에서는 일출도 볼 수 있으니 이왕이면 옵션을 살펴 예약하자.

◎ **속초시립박물관** P.098
아침 일찍 속초시립박물관 둘러보며
울산바위 바라보기

차량 14분

◎ **브릭스블럭482** P.104
속초 시내 들어와
브릭스블럭482에서
따끈한 커피 한 잔

차량 8분+갯배 5분

◎ **아바이마을과 갯배** P.093
갯배를 타고 아바이마을로
들어가 산책

도보 1분

◎ 점심 **아바이마을고원** P.093
고원에서 아바이순대와
오징어순대로 점심 식사

차량 6분

◎ **속초아이와 속초 해수욕장** P.101
속초 해수욕장에서 바다 내음 맡으며
속초아이 타기

차량 9분

◎ **칠성조선소** P.097
칠성조선소에서 배 목수들의
자취 살펴보기

도보 8분

◎ **동아서점** P.102
동아서점에 들러 속초 기념품 구경

차량 4분

◎ **속초관광수산시장** P.095
속초관광수산시장에서
닭강정 포장

차량 16분

◎ 저녁 **대포항 물회** P.095
대포항의 야경을 감상하고 물회 맛보기

안목 해변 P.123
안목 해변에서 새벽 바다를
거닐고 커피 한 잔

차량 10분

강릉 여행 코스

🛏 **추천 숙박** 강릉 시내에서 책방과 식당, 브루어리를 돌아다닐 때 가장 머물기 편한 호텔은 강릉관광호텔이다. 고급스러운 오션 뷰 호텔은 경포호 근처의 씨마크 호텔, 세인트존스 호텔 등이 있으며, 경포호 근처에는 바다로 발코니가 나 있는 가성비 좋은 호텔들이 몰려 있다. 정동진 해수욕장에는 비치크루즈 리조트가, 하슬라아트월드에는 뮤지엄 호텔이 있어 근사한 하룻밤을 보낼 수 있다. 안목 해변과 시내에 게스트 하우스도 여럿이다.

◉ **아침** **강릉 초당순두부** P.133
든든한 초당순두부로
아침을 시작하기

차량 1분

허균·허난설헌 기념관 &
경포호와 경포대 P.130, 131
허균·허난설헌 기념관과
경포호 둘러보기

차량 6분

오죽헌 P.127
오죽헌에서 5천 원권을 들고
사진찍기

차량 8분

점심 **강릉감자옹심** P.134
강릉감자옹심으로 뜨끈한 점심 식사

차량 22분

하슬라아트월드 P.128
하슬라아트월드 둘러보기

차량 21분

고래책방 P.129
고래책방이나 한낮의바다 같은 강릉의 서점 구경

차량 4분

저녁 **엄지네포장마차** P.135
엄지네 포장마차 본점의 꼬막비빔밥 맛보기

차량 11분

버드나무 브루어리 P.125
버드나무 브루어리에서 강릉 맥주에 반하기

천천히 걸어야 더 예쁜 해변 마을
고성

여름에도 은근히 서늘한 바람이 불어오는 강원도의 최북단, 동해안 드라이브의 끝자락에 고성이 있다. 사람들의 발길이 잦지 않아 언제 가더라도 평온한 시간을 보낼 수 있는 곳이다. 바다와 호수, 아름다운 마을이 맞아주는 고성 여행을 즐겨보자.

고성을 가장 멋지게
여행하는 방법

01
왕곡마을 산책하며
〈동주〉 속 장면 찾기

02
고성의 해변 중
내 취향의 해변 찾기

03
잔잔한 해변에서
핫한 차박에 도전!

청량한 바다에서 보내는 여름방학

고성의 바다는 해외의 어느 휴양지 못지않은 맑은 물빛을 자랑한다. 우리나라에서 이렇게 아름다운 바다를 만날 수 있다니 놀라울 정도. 여름엔 시원하고 겨울엔 따뜻한 카페에 앉아 고성의 바다를 오롯이 느껴보자.

각자의 개성이 파도치는
고성의 해변들

#파도소리 #피크닉 #마들렌

파도 소리 들으며 감성 피크닉

가진 해수욕장의 테일

'피크닉'이라는 단어에서는 설렘이 배어난다. 학교에서 단체로 버스를 타고 떠나는 소풍 말고, 아무렇게나 하고 나가도 되는 집 근처 산책 말고, 피크닉만이 주는 설렘. 테일Tale 카페에 가면 피크닉 바구니를 대여해준다. 마음에 드는 바구니와 꽃무늬 담요를 챙겨 해변으로 피크닉을 떠나보자. 다행히 굵은 모래 해변이라서 모래가 막 날리지 않는다. 도예가인 주인장이 직접 만든 도자기 잔에 핸드드립 커피의 따끈한 향이 가득 담긴다. 실내 자리도 아늑하다.

📍 강원 고성군 죽왕면 가진길 40-5 🅿 근처 해변길 이용 📞 0507-1437-8060 🕙 10:00~18:00 (화·수요일 휴무) ₩ 파라솔 대여 10,000원, 핸드드립커피 7,000원, 아인슈페너 6,000원
📷 @__tail__

가진항의 자매해녀횟집

#강원도물회 #해삼물회 #풍경은덤

가진항에는 고성의 독특한 물회를 파는 집들이 모여 있다. 청양고추를 송송 썰어 넣은 매콤한 국물에 채 썬 사과를 듬뿍 더해 단맛을 낸다. 사각사각한 사과와 채소의 식감에 부드러운 가자미회, 오독거리는 해삼의 식감이 더해져 말이 필요 없을 정도. 보통 2인분을 기본으로 차려내는데 양도 푸짐하다. 소면까지 국물에 말아 먹으면 배가 든든하다. 솔솔 불어오는 바닷바람을 맞으며 회와 해산물에 매운탕까지 배불리 먹고 나면 짙푸른 가진항의 바다를 바라보며 방파제까지 산책하기도 좋다.

📍 강원 고성군 죽왕면 가진해변길 123 가진항활어회센터 🅿 가능 📞 010-2770-5664, 033-681-1213 🕐 08:00~22:00(월요일 휴무) ₩ 고급 물회 15,000원, 스페셜 물회 20,000원(2인분부터 주문 가능)

아담한 2층 카페에서 즐기는 바다
교암리 해수욕장의 해피홀리

#테라스뷰 #바다뷰 #단정한카페

20년 가까이 한자리를 지키고 있는 카페다. 잔잔한 클래식 음악이 흐르는 실내는 골드를 포인트로 한 따뜻한 벽돌색 인테리어로 마감했다. 주인의 취향을 반영한 듯 여러 장의 LP가 꽂혀 있고, 2층 한구석엔 묵직한 느낌을 주는 벽난로가 자리했다. 하늘거리는 흰 천으로 햇살을 막아주는 2층 테라스 자리가 이 집의 매력 포인트.

📍 강원 고성군 죽왕면 천학정길 71　🅿 주차장 협소, 길가에 주차　📞 033-632-2460　🕐 10:00~18:00(화요일 휴무)　💶 카페라테 5,500원, 레몬에이드 6,000원
📷 @cafe.happyholy

통유리 밖으로 펼쳐진 근사한 바다
문암 해수욕장의 고비치 5311

#바다사랑 #통유리오션뷰 #예쁜카페

가깝게는 문암 해수욕장부터 멀게는 백도 해수욕장까지 한눈에 조망할 수 있다. 1층에는 예쁜 색 의자들이 비치되어 야외에서 커피 한 잔 마시거나 사진을 찍기에 좋다. 2층은 전체가 통유리라 날씨와 상관없이 느긋한 시간을 보낼 수 있다. 루프톱인 3층에는 푹신하게 몸을 눕힐 수 있는 빈백 의자가 몇 개 놓여 있다. 공간뿐만 아니라 음료나 디저트에서도 주인의 정성스러운 손길이 담뿍 묻어난다.

📍 강원 고성군 죽왕면 괘진길 53-11　🅿 가능　📞 0507-1466-5311
🕐 10:00~18:00, 주말 10:00~18:30　💶 카페라테 7,000원, 레몬에이드 7,500원

천진 해수욕장의 주변인 김파랑

#빵맛집 #햇살맛집 #빵지순례

줄을 서서 맛보는 다쿠아즈 집으로 유명했던 백도 해수욕장의 고성빵가가 천진 해수욕장으로 이사하면서 상호를 바꿨다. 주변인 김파랑은 주연이 아니라 좋은 조연을 꿈꾸는 마음으로 지은 이름. 희고 산뜻했던 고성빵가의 분위기가 묵직하고 단단한 느낌으로 변했지만, 입안에서 사르르 녹는 다쿠아즈는 여전히 기가 막힌 맛을 자랑한다.

📍 강원 고성군 토성면 천진주택길 3 1층
🅿 가능　📞 0507-1328-5639
🕐 08:00~17:00(화·수요일 휴무)
₩ 다쿠아즈 4,000원, 아메리카노 5,000원(지역 주민 할인 4,000원)　📷 @033.kimparang

천진 해수욕장의 글라스하우스

서퍼들의 아지트

#독특한감성　#은근한여유　#서퍼스라운지

바다를 향해 온통 통유리로 마감한 카페가 아니라 낮은 컨테이너 박스들이 줄지어 섰다. '글라스하우스Glass House'는 서핑 용어다. 서퍼들이 키보다 높은 파도 속을 뚫고 나올 때 그 속이 마치 유리 집 같다고 해서 부르는 이름. 작은 마당에서 해바라기하고 앉으면 마치 서핑을 마치고 해변에 늘어져 있는 기분이 든다.

📍 강원 고성군 토성면 천진해변길 43　🅿 가능　📞 0507-1405-0046
🕐 11:00~18:00(매달 둘째 주 수요일 휴무)　₩ 하우스라테 8,000원, 얼그레이 9,000원, 당근케이크 7,000원　📷 @glasshaus.official

별 헤는 시인의 고향 같은 마을

영화 〈동주〉의 배경이었던 고즈넉한 왕곡마을, 라벤더 향기로 가득한 보랏빛 들판,
산새도 조심스럽게 소곤대는 건봉사, 파도 소리조차 청량한 바닷가를 거닐어보자.
별을 헤던 시인의 마음으로 바라보는 고성은 더욱 아름답다.

시간이 흐르는 소리에 귀 기울이는

왕곡마을

#독특한북방가옥 #영화동주촬영지 #알쏠신잡거기

왕곡마을은 고려 말에 이성계의 조선 건국을 반대하며 낙향한 함씨 가문이 은거하던 마을이었다. 조선 초 이래 강릉 최씨도 이 마을로 합류해 집성촌을 이뤘다. 길지 중의 길지란다. 그도 그럴 것이 한 번도 전쟁에 휘말린 적이 없다. 600년의 세월이 흐르는 동안 산처럼 고요했던 마을은 여전히 평온한 모습 그대로다. 국내에서 유일하게 북방식으로 지은 기와집과 초가집 50여 채가 마을 안에 아기자기하게 자리를 잡았다. 시인 윤동주의 이야기를 그린 영화 〈동주〉의 촬영지였던 큰상나말집이 눈에 띈다. 너른 마당에서 윤동주가 가족과 기념 촬영을 하던 장면이 떠오른다.

📍 강원 고성군 죽왕면 오봉리 322 🅿 왕곡마을주차장 📞 033-631-2120
🕐 09:00~18:00 🏠 www.wanggok.kr

큰상나말집

왕곡마을은 영화 촬영 세트장이 아니라 실제 사람들이 거주하는 마을이니 사진을 찍을 때 조심하자. 마을 안에 주차할 공간이 없으니 마을 북쪽의 저잣거리 주차장을 이용한다. 홈페이지에서 숙박과 체험 프로그램 예약이 가능하다.

마음까지 보랏빛으로 물드는

하늬라벤더팜

#라벤더팜 #보랏빛정원 #인생사진

보랏빛은 가슴 설레게 하는 매력이 있다. 고성의 라벤더 농장에선 매년 6월이면 우아하고 매혹적인 보라색 꽃이 지천으로 피어나 관광객을 맞는다. 은은한 라벤더 향기가 온몸을 감싸면 그야말로 황홀해진다. 이왕이면 꽃이 한창인 6~7월에 방문해보자. 바람이 불어 연보랏빛 파도가 이는 언덕에서 인생 사진을 남기면 해외의 유명한 관광지 부럽지 않다. 라벤더가 하늘거리는 언덕 옆에는 가슴 높이께의 호밀밭이 이어지고, 붉은 양귀비 꽃밭 한복판에는 빨간 공중전화 부스가 상큼하게 서 있다. 메타세쿼이아 나무가 우거진 숲에서는 향기 체험도 진행한다. 시원한 라벤더 아이스크림도 맛보자. 입 안 가득 퍼지는 라벤더 향에 입꼬리가 절로 올라간다.

강원 고성군 간성읍 꽃대마을길 175 Ⓟ 가능 033-681-0005 09:30~18:00(화요일 휴무), 6월 09:00~19:00(휴무 없음), 11~4월 휴장, 폐장 1시간 전 입장 마감 ₩ 입장료 성인 6,000원, 청소년 5,000원, 초등학생 3,000원, 유아 2,000원 www.lavenderfarm.co.kr

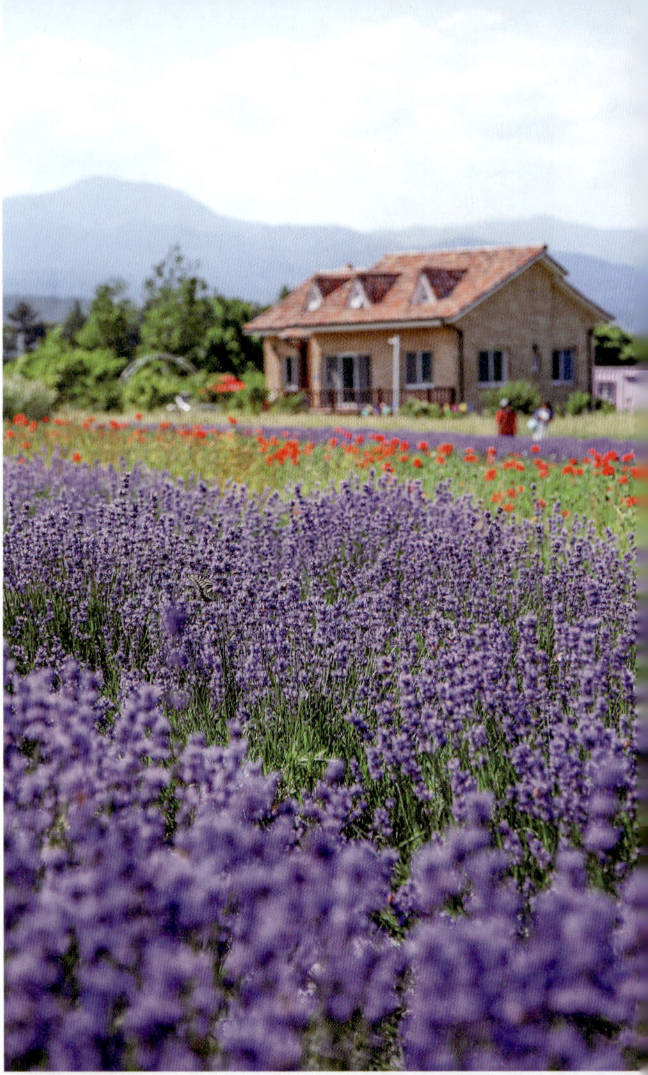

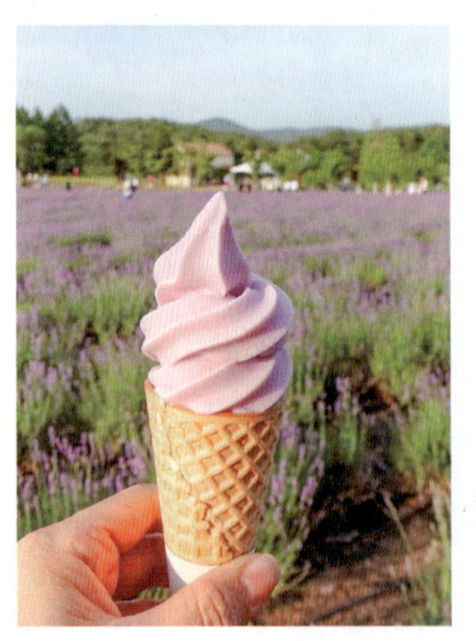

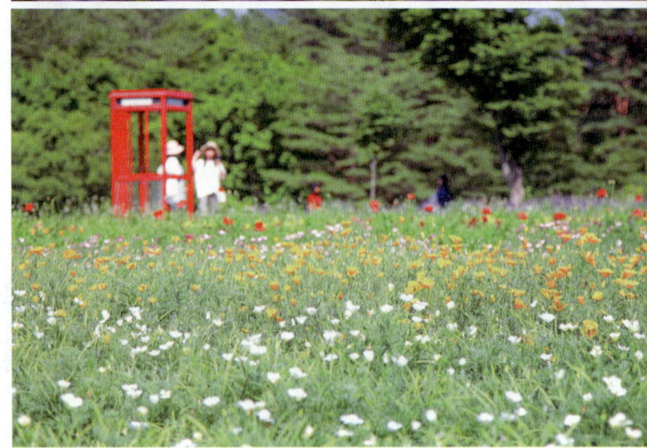

송지호철새관망타워

호수와 바다가 만나는
송지호

#바다전망대 #송지호철새관망타워 #자전거대여

빽빽한 소나무로 둘러싸인 호수가 무척이나 아름답다. 짠물이 섞여 겨울에도 잘 얼지 않는 송지호는 철새들에게도 인기다. 송지호 철새관망타워의 카페에 앉아 바다와 호수를 한눈에 조망하노라면 신선놀음이 따로 없다. 약 4km의 호수 둘레 길을 따라 산책을 하거나 자전거를 대여해 송호정까지 둘러보자.

📍 강원 고성군 죽왕면 동해대로 6021 송지호철새관망타워 🅿 가능
📞 033-680-3556 🕐 09:00~18:00(입장 마감 17:20) ₩ 무료

차고 맑고 투명한 바다
송지호 해수욕장

#차박의성지 #고성바다 #오토캠핑장

동해안 북쪽의 송지호 해수욕장은 물이 차고 맑고 투명하다. 맑은 물 너머로 길쭉하게 뻗은 죽도가 수려한 경관에 한몫을 한다. 요즘은 계절과 상관없이 차박을 하거나 오토캠핑을 하기 위해 찾는 사람들에게 인기다.

📍 강원 고성군 죽왕면 송지호 해수욕장 🅿 가능
📞 033-680-3556 🕐 7~8월 06:00~24:00
🏠 www.songjihobeach.co.kr

금강산의 정기를 이어받은
건봉사

#전국4대사찰 #금강산자락 #진신치아사리

강원도 최북단에 자리한 건봉사는 고구려시대에 창건한 웅장한 절이다. 부처님의 진신치아사리를 봉안해 더욱 유명하다. 임진왜란 때 사명대사가 승병 6,000명을 양성했을 만큼 엄청난 규모를 자랑했으나 한국 전쟁으로 전소되었고, 현재 복원 공사를 하며 옛 모습을 되찾는 중이다.

📍 강원 고성군 거진읍 건봉사로 723 🅿 가능
📞 033-682-8100 🏠 www.geonbongsa.org

향토 음식 맛보고 뉴트로 매력 속으로
속초

실향민이 머물던 아바이마을의 갯배와 아바이순대, 전쟁 후에 늘어난 초당두부집과 인심 좋은 생선구이집이 휴전선과 인접한 지역색을 드러낸다. 물이 맑고 모래가 고운 해수욕장 옆에는 크고 작은 항구가 있다. 드나드는 배가 많아 해산물이 풍부하고 물회가 신선하다. 옛 정취를 고스란히 간직한 자리에서 새로운 감성을 뿜어내는 뉴트로의 매력이 도시 전체를 새롭게 조망한다.

속초를 가장 멋지게
여행하는 방법

01
갯배 타고 도착한
아바이마을에서 순대를!

02
카페로 변신한
칠성조선소에서 커피 한잔

03
햇살 가득한
동아서점에서 책 고르기

갯배를 저어 향토 음식 먹으러 가자

특별한 음식 5가지를 꼽아 오미五味라 부른다. 속초에서는 명태, 오징어순대, 물곰탕, 홍게, 생선구이를 속초 오미라 칭한다.
최근에는 닭강정에 아이스크림에 맥주까지 젊은 입맛을 겨냥한 먹거리가 늘었지만 속초 여행은 향토 음식을 맛보며 시작해보자.

아바이마을 갯배와 아바이순대

#맛있는순대 #드라마촬영지 #갯배체험

속초시 청호동은 모래밭이라 사람이 거의 살지 않는 땅이었다. 한국 전쟁 때 이북에서 내려온 실향민들이 모여 정착촌을 이루며 아바이마을이라 불리게 되었다. 오래된 드라마 〈가을동화〉와 예능 프로그램 〈1박 2일〉에 소개되면서 마을을 찾는 사람이 늘었다. 중앙동에서 아바이마을로 가려면 물길을 건너야 하는데 이때 갯배를 이용한다. 갯배는 오직 사람의 힘으로 줄을 당겨 움직인다. 근처에서 오래 사신 어르신들은 배에 오르자마자 능숙한 솜씨로 같이 줄을 당긴다. 아바이마을에는 아바이순대, 오징어순대를 파는 실향민 음식점이 즐비하다. 크루즈 터미널이 보이는 해수욕장도 있다. 중앙동 쪽에도 아바이순대타운이 있어 들르기 편하다.

갯배 선착장

📍 강원 속초시 중앙부두길 39 Ｐ 아바이마을 주차장 📞 033-633-3171 🕐 05:00~23:00, 11~4월 05:30~22:30 ₩ 편도 성인 500원, 어린이·청소년 300원, 손수레 자전거 500원, 유아차·속초 시민 무료(현금만 가능)

아바이마을

📍 강원 속초시 아바이마을1길 86-1 Ｐ 가능
📞 033-633-3171 🏠 www.abai.co.kr

아바이마을고원

📍 강원 속초시 아바이마을길 11-2
Ｐ 아바이마을 주차장 📞 0507-1444-3311
🕐 09:00~20:00, 주말 07:30~20:00 ₩ 아바이순대 모둠(중) 39,000원, 순대국밥 11,000원

아바이순대타운 장터순대국

📍 강원 속초시 중앙로129번길 35-16
Ｐ 속초관광수산시장 주차장
📞 033-638-1881 🕐 07:00~21:00
₩ 아바이순대국밥 13,000원, 장터세트 36,000원

생선구이 거리와 전통시장 벽화 거리

한때는 갯배를 타러 가던 골목에 생선구이 집들이 즐비했다. 고소한 생선 굽는 냄새가 갯배를 타고 오가던 사람들의 발길을 붙잡곤 했다. 지금은 88생선구이 한 집만이 예전의 명목을 잇는다. 갯배 선착장에서 속초관광수산시장으로 가는 골목에 '전통시장 벽화 거리'가 나온다. 100m 남짓한 짧은 골목에 속초의 역사가 촘촘히 그려져 있다.

📍 강원 속초시 중앙동 478-99

동명항의 외가집

#물곰탕 #동명항맛집 #강원도별미

강원도의 별미인 곰치는 '꼼치'라는 생선을 말하며 '물곰'이라는 애칭으로도 불린다. 어촌계에서 직영으로 운영하는 외가집은 싱싱한 물곰으로 탕을 끓여 냄새가 거의 없고, 지리나 매운탕 중에 선택해서 맛볼 수 있다.

📍 강원 속초시 동명항길 55 🅿 가능 📞 0507-1324-8577
🕐 07:00~19:30(1시간 전 주문 마감) ₩ 물곰탕 2인 50,000원, 물회 15,000원 🏠 fishhome.modoo.at

콩꽃마을순두부촌의 진솔할머니순두부

#순두부촌 #두부맛집 #가족나들이

진솔할머니순두부는 국산콩을 불리고 삶고 갈아서 손수 두부를 만든다. 간장으로 만든 양념장을 뿌려 먹는 초당순두부나 두부전골은 아주 고소하고, 감자전과 도토리묵도 별미다.

📍 강원 속초시 원암학사평길 118 🅿 가능 📞 033-636-9519 🕐 07:30~20:00 ₩ 초당순두부 12,000원, 산채비빔밥 13,000원, 황태구이 15,000원

속초의 명물로 자리 잡다
속초관광수산시장의 닭강정

속초 닭강정의 양대 산맥은 만석닭강정과 중앙닭강정으로 속초 곳곳에 지점이 있다. 여행자들에게는 만석닭강정이 유명한 반면, 현지인들에게 물으면 중앙닭강정에 한 표를 던진다. 속초관광수산시장에 두 집이 가까이 있으니 일단 한번 먹어보자. 매콤달콤한 닭강정을 처음 마주하면 일단 양에 놀라고 맛에 또 한 번 놀란다.

중앙닭강정 본점
📍 강원 속초시 중앙로 147번길 16 🅿 속초관광수산시장 대형 주차장 📞 033-632-3511 🕐 09:30~19:30, 주말 08:30~19:30(30분 전 주문 마감) ₩ 뼈 닭강정 20,000원, 순살닭강정 21,000원

속초에서 맛보는 신선한 물회
대포항의 양푼물회

#대포항맛집 #속초물회 #대포항물회

동그랗게 잘 정비된 항구에 반짝반짝 불이 켜지면 저녁을 준비하는 횟집들이 야경에 힘을 보태고, 어촌계에서 운영하는 어시장이 북적인다. 싱싱한 해산물을 더한 물회를 맛보자. 전복물회도, 생골뱅이물회도 기가 막힌다. 어시장에서 회나 해산물을 포장해가면 한 번 더 맛있게 즐길 준비 끝.

대포전복양푼물회
📍 강원 속초시 대포항희망1길 87
🅿 대포항 공영주차장, 30분 600원
📞 033-635-1813 🕐 09:30~20:30, 주말 08:30~20:30(수요일 휴무) ₩ 전복양푼물회 25,000원, 광어물회 20,000원, 섭국 16,000원

멋진 풍경을 즐기며 한잔
영금정의 골뱅이무침

#뷰맛집 #골뱅이맛집 #풍경이다했다

영금정은 파도가 부딪쳐 만들어내는 신묘한 음률 때문에 지은 이름으로, 원래 정자가 아니라 그 밑의 큰 바위들을 일컫는다. 해돋이 정자는 최근에 지었다. 근사한 경치를 오래 즐기려면 언제든 당근마차로 가자. 골뱅이무침이 유명하다.

영금정
📍 강원 속초시 영금정로 43 🅿 동명항 활어직판장 주차장 비수기 무료, 30분 500원, 30분 초과 시 10분 300원 📞 033-639-2690

당근마차
📍 강원 속초시 영랑해안길 14 🅿 가능 📞 0507-1358-3139 🕐 13:00~02:00(화요일 휴무) ₩ 골뱅이무침 35,000원, 모둠 해산물 (대) 45,000원

속초 느낌 뿜뿜! 속초의 힙플레이스

옛 모습을 고스란히 간직한 채 현대적인 감각을 무심히 덧붙여 새로운 감성을 뿜어낸다. 옛것과 새것이 서로를 포용하는
뉴트로 감성이 속초만큼 조화롭고 매력적인 곳이 또 있을까. 속초다움이 녹아나 더욱 매력적인 곳들을 여행해보자.

칠성조선소

배를 만드는 곳이었다. 청초호에서 눈을 들면 바다가 보이는 자리. 한국 전쟁이 한창이던 1952년, 고향인 원산으로 돌아가지 못한 배 목수는 속초에 터를 잡았다. 속초 아바이들의 염원을 담아 언젠가 고향에 타고 돌아갈 배를 만들고 또 만들었다. 그렇게 3대를 이어온 조선소가 여전히 살아 있다. 목선의 시대를 거쳐 문화의 시대를 이어가는 칠성조선소에는 배가 있고, 배를 만들던 사람들의 역사가 있다. 속초의 역사이자 우리나라의 역사다. 카페 2층의 통유리를 통해 내다보는 풍경도 좋지만, 배를 건조하던 야외 자리에 앉아 과거로부터 불어오는 시간을 천천히 느껴보아도 좋다. 그림책 전문 서점 칠성북살롱도 함께 있다.

📍 강원 속초시 중앙로46번길 45 칠성조선소　🅿 석봉도자기미술관 앞 공영주차장　📞 033-633-2309　🕐 11:00~19:00(동그란책 11:00~18:00)　₩ 보트 카페라테 7,500원, 포트 아메리카노 6,000원
📷 @chilsungboatyard

TIP 함께 읽으면 여행이 풍성해지는 책

나는 속초의 배 목수입니다

김영건, 최윤성 지음 | 책읽는수요일

속초를 살아온 배 목수들의 진성이 담겼다. 속초에서 나고 자란 두 사람이 책을 썼다. 서점에서 자란 김영건은 '동아서점'을 운영하고, 배 목수들 옆에서 자란 최윤성은 '칠성조선소'를 운영한다. 개인의 삶이 도시의 역사로 확장되는 과정이 책 속에 생생하게 그려진다.

동명동 소호거리

#속초소호거리 #레트로감성 #골목여행

동명동의 속초 시외버스터미널 옆 골목이 동명동 벽화 거리이자 소호거리로 거듭났다. 작지만 개성 있는 상점과 게스트하우스가 모여 있다. 여행자에게 자전거를 빌려주고, 벼룩시장을 열고, 보드게임 대결을 펼치는 등 다양한 프로그램을 제공한다. 엽서나 액세서리 같은 속초 여행의 기념품도 판다. 골목 안에 그려진 벽화 앞에서 사진도 찍고, '완벽한 날들'이라는 서점에 들러 여행 중에 읽을 책도 구입하고, '소호카페'에 들러 커피 한잔의 여유를 만끽하면 골목 여행이 풍성해진다.

완벽한 날들

강원 속초시 수복로259번길 7
0507-1405-2319 10:30~16:30(일요일 휴무) @perfectdays_sokcho

소호카페

강원 속초시 수복로259번길 11 P 불가
0507-1373-5288 09:00~20:00, 일요일 08:30~20:00 아인슈페너 6,000원, 하이볼 8,000원 @sohocafe_and_studio

소호카페

완벽한 날들

속초시립박물관

#울산바위구경 #속초문화 #옛마을구경

산과 바다에 걸쳐진 속초에는 어촌문화, 실향민문화, 산촌문화가 너그럽게 어우러져 속초만의 독특한 향토문화를 만들어낸다. 속초시립박물관 야외 전시장의 실향민 문화촌에는 개성집, 평양집, 황해도집 같은 이북5도의 가옥들과 한국전쟁 이후 피란민들이 모여 살았던 청호동 골목, 1978년 철거된 옛 속초 역사를 만날 수 있다. 어부들의 생활상을 전시한 실내 전시를 재미있게 둘러보고, 5층 전망대에 올라가 울산바위를 바라보며 가슴이 뻥 뚫리는 기분을 만끽하자.

강원 속초시 신흥2길 16 P 가능 033-639-2974
09:00~18:00, 11~2월 09:00~17:00, 1시간 전 매표 마감(월요일 휴관) 성인 2,000원, 청소년·군인 1,500원, 어린이 700원 www.sokcho.go.kr/ct/museum

나지막한 돌담길 따라
상도문 돌담마을

#귀여운돌멩이 #드라마촬영지 #스톤갤러리

햇살을 받아 평온한 기운이 온 마을을 감싸안는다. 구부러진 돌담이 마을에 길을 낸다. 낮은 돌담 위에 귀여운 그림이 그려진 돌멩이들이 앉아 있다. 녹슨 철문, 기울어진 기왓장, 울퉁불퉁한 돌멩이가 참새로, 고양이로, 강아지로, 거북이로 새롭게 태어나 생기를 불어넣는다. 마을 곳곳에 숨겨진 예쁜 조형물들을 발견하는 재미가 있다. 속초 8경 중 하나인 학무정에서 솔숲에 이는 바람을 음미하고, 물레방아 앞에서 징검다리를 건너며 예쁜 사진을 남겨보자. 마을 전체가 포토존이다. 최근 드라마 촬영지로 더욱 유명해졌지만 아침 일찍 가면 조용히 산책하기 좋다. 마을을 천천히 한 바퀴 돌아보는 데 2시간 정도 걸린다.

📍 강원 속초시 도문동 323-1 P 대포동주민센터 앞, 혹은 고향민속마을 식당 앞 공터 📞 033-639-2690

만물상

케이블카를 타면 보이는 울산바위

권금성터

신흥사 입구

설악산 케이블카와 신흥사

#설악산국립공원 #케이블카 #신흥사

설악산 국립공원 입장료를 내고 문화재 구역으로 들어서면 케이블카가 오르내리는 탑승장에 금방 도착한다. 설악산 케이블카는 해발 700m의 권금성까지 약 1,132m 거리를 오간다. 두 대의 케이블카로 운영하는데 한 대에 최대 50명까지 탑승할 정도로 거대하지만 성수기에는 대기 줄이 길다. 날씨와 바람에 따라 케이블카의 운행 여부와 운행 시간이 정해지기 때문에 예약이 불가능하다. 수시로 홈페이지를 확인해야 허탕을 치지 않는다. 케이블카를 타고 올라가면 고려시대 말에 지어진 옛 성터인 권금성터가 광활하게 펼쳐진다. 가까운 봉화대, 멀리 만물상까지 근사하다. 케이블카 하부 탑승장 앞에는 거대한 불상이 있는 신흥사가 있어 산책하기 좋다.

📍 강원 속초시 설악산로 1085 🅿 가능 📞 033-636-4300 🕐 운행 시간은 전날 홈페이지에 공지, 운행 여부는 당일 홈페이지에 공지 ₩ 14세 이상 16,000원, 37개월~13세 12,000원, 대인 할인 13,000원, 36개월 이하 무료, 신흥사 관람 무료 🏠 www.sorakcablecar.co.kr

속초 해수욕장과 속초아이 대관람차

#대관람차 #일출여행 #기념사진

속초 해수욕장은 여름 바다의 기운을 머금고 있다가 사계절 내내 뿜어내는 듯하다. 속초 시내에서 금방인데다 해안가를 따라 늘어선 맛집에서 다양한 먹거리를 즐길 수 있어 방문객이 끊이지 않는다. 푸른 바다를 배경으로 눈길을 끄는 조형물들이 늘어서 속초 여행의 기념사진을 남기는 기분도 쏠쏠하다. 동그스름하게 솟은 조도 너머로 떠오르는 일출도 근사하다.

속초 해수욕장 📍 강원 속초시 조양동 속초 해수욕장 🅿 가능 📞 033-639-2027 🕐 06:00~24:00(수영 가능 시간 09:00~18:00) 🏠 www.sokchotour.com

속초아이 대관람차 📍 강원 속초시 청호해안길 2 속초아이 🅿 가능 📞 0507-1482-0107 🕐 일~금요일 10:00~20:00, 토요일 10:00~21:00(30분 전 발권 및 입장 마감) ₩ 8세 이상 12,000원, 4~7세 6,000원, 36개월 미만 무료, 속초 주민 6,000원, 65세 이상 및 단체 9,000원 🏠 hiddenticket.co.kr/sokchoeye

외옹치 바다향기로

#바다향기 #소풍날 #힐링

속초 해수욕장 남쪽으로 이어진 작은 해수욕장이 외옹치 해수욕장이다. 외옹치 해수욕장에서 바다로 툭 튀어나온 곳을 빙 둘러 남쪽의 외옹치항까지 걷는 1km에 가까운 길이 열렸다. 파도 소리를 들으며 바다 위를 걷는다. 속초 해수욕장 너머로 속초의 스카이라인, 푸른 바다에 점점이 박힌 바위 절경이 근사하다. 다만 파도가 거친 날은 길이 통제된다.

📍 강원 속초시 대포동 외옹치 해수욕장 주차장, 강원 속초시 대포동 712 외옹치항 🅿 가능 📞 033-639-2362 🕐 하절기 06:00~19:30, 동절기 07:00~18:00

3대가 이어온 속초의 서점
동아서점

#속초여행지등극 #책방그램 #마음의책상

서점이 한눈에 반할 만한 곳인가 싶겠지만, 동아서점에는 책 좋아하는 사람에게 전해지는 온기가 있다. 책장 구석구석의 책등을 슬며시 어루만지던 환한 햇살이 서점에 들어선 내 등을 쓰다듬는다. 정성껏 책을 골라 진열한 솜씨도 예사롭지 않다. 한편에 속초 감성을 듬뿍 담은 책들과 굿즈가 진열되어 여행자들을 환대하는 주인의 마음이 느껴진다.

📍 강원 속초시 수복로 108 🅿 가능 📞 0507-1413-1555 🕐 09:00~21:00 (일요일 휴무) 📷 @bookstoredonga

---

TIP 함께 읽으면 여행이 풍성해지는 책

당신에게 말을 건다
김영건 글, 정희우 그림 | 알마

할아버지와 아버지의 뒤를 이어 동아서점을 맡은 김영건 작가가 뜬금없이 서울에서 속초로 돌아오게 된 상황, 서점 주인의 소소한 일상을 솔직하게 썼다. 작가의 반듯한 글도 좋지만 아버지가 아들에게 보낸 투박하고 애정 담긴 편지가 이 책의 백미.

일곱 식구가 운영하는 친근한 동네 서점
문우당서림

#동네서점 #서점탐방 #속초서점

서점이 아니라 서림이다. 불빛을 감싼 책의 문장들이 나뭇잎처럼 숨을 쉰다. 책의 숲에서 길을 잃지 않도록 곳곳에 이정표도 놓였다. 모퉁이마다 책과 사람이 함께하는 공간이 있다. 돋보기를 대여해 주는 서비스가 있어 세심한 배려를 느낄 수 있다. 책 사이사이 '닻'을 내리듯 책 소개 쪽지를 끼워두었다. 2층에서는 자신의 이름을 밝힌 서림인들이 정성 어린 손글씨로 책을 소개한다.

📍 강원 속초시 중앙로 45
🅿 가능 📞 033-635-8055
🕐 09:00~21:00
🏠 www.moonwoodang.com

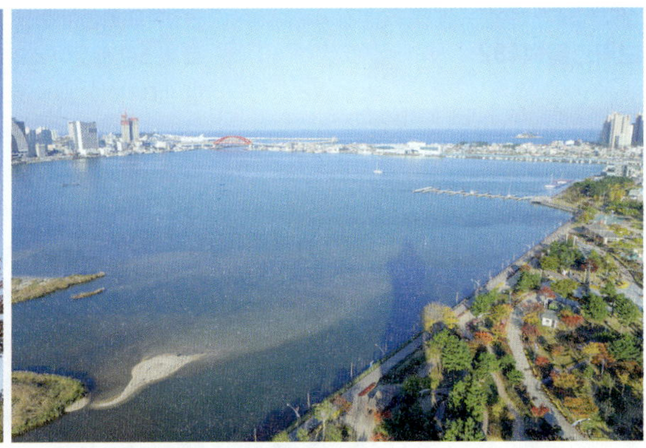

속초가 한눈에 내려다보이는
피노디아 엑스포타워 전망대

#전망대 #스카이라인 #신선놀음

도시에서 가장 높은 전망대에 올라 아래를 내려다보는 일은 꽤 흥미롭다. 거인이라면 건물의 외관을 밟고 올라갈 수도 있을 것 같은 나선형의 엑스포타워 전망대는 속초 곳곳에서 머리를 내밀며 존재감을 뽐낸다. 아기자기하게 가꾼 청초 호수공원, 바다까지 쭉 이어지는 청초호, 강렬한 빨간색 설악대교가 그림 같다. 손재주가 많은 주인이 운영하는 카페 청초가 있다.

📍 강원 속초시 엑스포로 72　🅿 가능　📞 033-637-5083　🕐 09:00~22:00(입장 마감 21:30)　₩ 성인 2,500원(도민 1,200원), 청소년 2,000원(도민 1,000원), 어린이 1,500원(도민 700원)

빨간 다리에서 내려다 본 푸른 바다
설악대교 전망대

#빨간다리 #설악대교전망대 #아바이마을

아바이마을 갯배 선착장에서 남쪽으로 내려오면 설악대교로 올라가는 엘리베이터가 나온다. 설악대교 위에는 보행자 통로가 있는데 휠체어 한 대가 지나갈 정도의 폭이다. 전망대에 서면 짙푸른 동해와 아바이마을이 한눈에 내려다보인다. 반대편에서는 울산바위와 청초호를 전망할 수 있다.

📍 강원 속초시 청호동 920-1
🅿 아바이마을 주차장

브릭스블럭482

#설악대교뷰 #속초카페 #카페놀이

단정하고 육중한 문을 열고 들어서면 널찍하게 배치한 테이블 사이로 따스한 햇살이 스며든다. 파이프와 내장재가 드러난 인더스트리얼 인테리어에 내부 요소요소가 온통 네모반듯하게 꾸며져 있지만 따뜻한 색의 조명과 나무 의자 덕분에 분위기가 부드럽다. 1층과 2층의 통유리를 통해 빨간 설악대교가 보인다. 루프톱에서 바라보는 청초호와 그 너머 바다로 이어지는 풍경이 근사하다.

📍 강원 속초시 중앙로108번길 72　🅿 가능　📞 033-631-0031
🕐 10:00~21:00　₩ 시그니처 브릭스블럭 8,000원, 콜드브루 6,000원

층고 높은 카페 안의 초록 정원
시드누아

#플랜테리어 #식물카페 #속초카페

바깥 풍경은 계절 따라 변하지만 시드누아는 언제나 초록이다. 천장이 높고 부지가 넓어 키 큰 나무들과 사람들이 모여 있어도 그리 북적이지 않는다. 잔잔한 음악과 달콤한 디저트도 만족스럽다. 야외 자리에서 설악산 울산바위를 바라보며 바람꽃마을의 바람을 품어도 좋다.

📍 강원 속초시 바람꽃마을1길 38　🅿 가능　📞 0507-1432-0120　🕐 10:00~18:00, 토요일 10:00~20:00
₩ 블랙커피 6,300원, 카페라테 6,800원, 오미자에이드 7,800원

알구펍 R.9PUB

#속초수제맥주 #오션뷰 #안주맛집

편안한 소파 자리, 알록달록한 의자가 흥을 돋우는 자리, 여럿이 와도 좋은 널찍한 테이블 자리 등 테마를 달리하는 공간이 배치되어 있으니 취향껏 골라 앉자. 속초 대표 브루어리인 크래프트루트 외에도 아트몬스터, 비어바나 등 전국의 수제 맥주를 탭에서 직접 따라 맛볼 수 있다. 맥주 맛도 일품이지만 음식과 안주도 맛있어 가족끼리 방문해도 좋다.

📍 강원 속초시 대포항길 186 롯데리조트속초 콘도동 9층 🅿 가능 📞 033-634-1280 🕐 17:00~24:00 🏧 치즈버거 & 감자 22,000원, 후라이드 치킨&감자튀김 30,000원

크래프트루트 속초맥주양조장

#속초맥주 #맛있는맥주 #맥덕의여행

서울 익선동에 있는 '크래프트루'를 가본 적이 있다면 크래프트루트의 맥주와 피자가 꽤나 반가울 테다. 속초의 지역명과 특색을 맥주 이름에 붙여 흥미롭다. 설 IPA, 속초 IPA, 갯배 필스너, 아바이 바이젠, 동명항 페일에일, 대포항 스타우트라니. 하나도 빠짐없이 맛보고 싶다면 캔맥주를 구입하는 좋은 방법이 있다. 멋진 일러스트가 그려진 캔은 기념품으로도 제격.

📍 강원 속초시 관광로 418 🅿 가능 📞 070-8872-1001 🕐 월~목요일 16:00~23:00, 금요일 16:00~24:00, 토요일 12:00~24:00, 일요일 12:00~23:00 🏧 콤비네이션피자 24,000원, 속초IPA 7,000원 🏠 www.craftroot.co.kr

파도치는 날은 서핑을
양양

양양이라 하면 어르신들은 낙산사와 하조대를 떠올릴 테고, 젊은이들은 서피비치와 양리단길을 떠올릴 테다. 달리 말하면 세대를 뛰어넘어 사랑받는 여행지라는 뜻도 된다. 서울-양양 고속도로가 뚫리면서 수도권에서 2시간이면 갈 수 있으니 얼마나 좋은가.

**양양을 가장 멋지게
여행하는 방법**

01
서핑 전용 해변에서
서핑을 즐기자

02
바닷바람 힐링하며
피맥 순례&카페 놀이

03
동해에선 모름지기 일출 감상
낙산사와 하조대에서 본 풍경

THEME 01

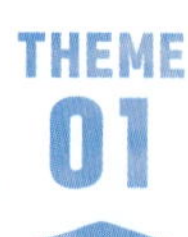

시원한 여름 서퍼들의 천국

양양의 바다는 모두에게 행복이다. 바닷물에 풍덩 뛰어들고픈 사람에게도, 신나게 서핑을 하고픈 사람에게도, 바닷바람 맞으며 해산물을 맛보고픈 사람에게도, 책이나 한 권 들고 유유자적 바닷가를 산책하고 싶은 사람에게도, 심지어 반려견들에게도 참 좋은 양양이다.

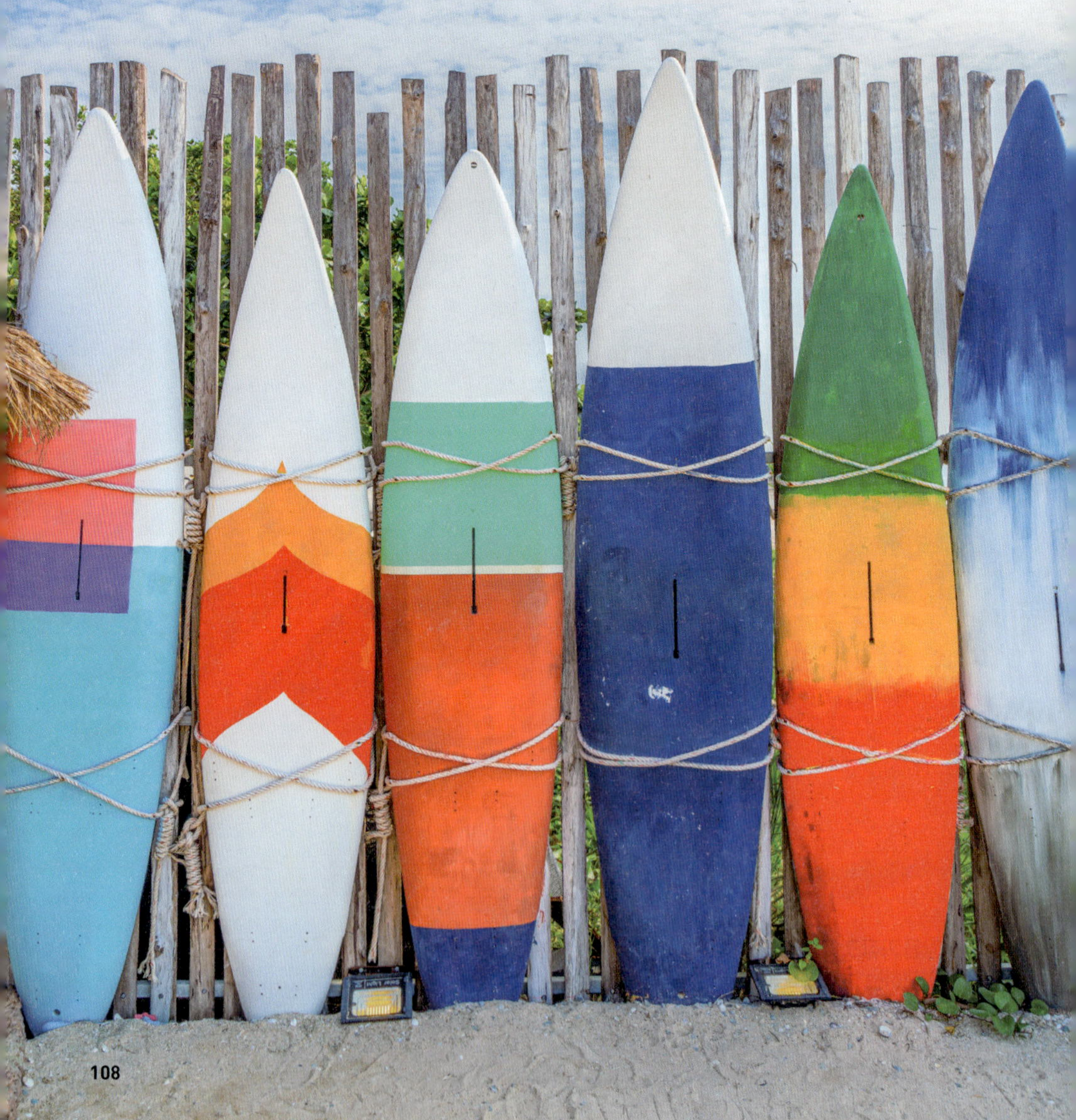

©오원호

#양양핫플 #서핑을위한 #서퍼들의바다

서피비치

군사 시설이 많아 드문드문 철조망이 쳐졌던 동해안이 슬금슬금 개방되면서 저마다의 온전한 모습을 드러내기 시작했다. 서피비치도 그중 하나다. 오랫동안 사람의 발길이 닿지 않아 여전히 청정함을 자랑하는 해변을 보니 다행스럽다고 해야 하나. 옛 모습이야 어찌되었든 여름이면 동남아 휴양지 못지않게 화려하고 시끌벅적하다. 서핑을 즐기는 사람들의 활기와 낮맥을 즐기는 사람들의 여유가 공존한다. 서핑 전용 해변이어서 스위밍존이 따로 있고, 빈백존, 해먹존도 별도로 있으니 원하는 곳에서 바다를 즐기면 된다. 서피비치라는 이름에 걸맞게 1,000여 대의 서핑 장비를 갖추고 수준별 강습을 진행한다.

📍 강원 양양군 현북면 하조대해안길 119
🅿 가능 📞 1522-2729 🕐 10:00~20:00, 금·토요일 10:00~22:00, 서핑 스쿨 운영 시간 10:00~18:00(시즌별 상이, 화·수요일 휴무) ₩ 입장료 무료, 서피 패스 10,000원(빈백, 해먹, 선 베드, 파라솔, 물품 보관소 이용료, 음료 1잔 포함), 서핑 입문 강습 50,000~60,000원, 비치 요가 30,000원
🏠 www.surfyy.com

©오원호

'애국송'이 자리한 일출 명소

하조대와 하조대 전망대

대臺는 '사방을 볼 수 있는 높은 곳'이라는 뜻인데, '대' 위에 정자를 세웠기 때문에 하조정이 아니라 하조대라 불린다. 조선시대의 개국공신 하륜과 조준의 성을 따서 지은 이름이다. 절벽이 높아서 그런지 하조대 앞바다는 더욱 짙푸르고, 파도는 더욱 하얗게 부서진다. 하조대의 풍광에서 빼놓으면 섭섭한 것이 바로 수령 200년의 소나무다. 애국가의 영상에서 일출과 함께 소개되면서 '애국송'이라고도 불린다. 소나무 한 그루 덕분에 경치가 더욱 빛난다. 하조대 전망대는 하조대 해수욕장 쪽에 새로 만든 전망대다. 하조대 전망대에서는 하조대 해수욕장과 서피비치까지 볼 수 있지만 아쉽게도 하조대는 보이지 않는다.

하조대
📍 강원 양양군 현북면 하광정리 하조대 주차장 🅿 가능 📞 033-670-2516 🕐 일출 30분 전~20:00(하계), 일출 30분 전~17:00(동계)

하조대 아래 200년 된 소나무

하조대 전망대
📍 강원 양양군 현북면 하륜길 54 🅿 가능

싱글핀 에일웍스

싱글핀 에일웍스나 싱글핀 서프웍스 모두 같은 공간을 일컫는다. 빨간색 귀여운 오토바이를 발견하면 맞게 찾아간 것이 틀림없다. 1층에는 서핑보드처럼 길쭉한 테이블을 두었고, 2층에는 바다를 향해 창을 낸 테이블을 두었다. 파티 기분 나는 야외 좌석도 있다. 치즈를 아끼지 않고 부어 넣은 시카고피자와 여름을 닮은 에일 맥주들이 맛있다. 서핑 강습도 하는 맛집이다.

📍 강원 양양군 현북면 하조대2길 48-42 🅿 가능 📞 0507-1465-1175 🕐 11:00 ~22:00, 브레이크 타임 15:00~17:00 ₩ 페퍼로니 시카고피자 28,500원, 클래식 시카고피자 26,000원, 선샤인골든에일 8,000원 🏠 www.singlefin-aleworks.com

서피비치 선셋바

밤낮으로 신나는 음악이 끊임없이 흐르며 서피비치의 흥겨움을 담당한다. 따뜻한 커피부터 시원한 주스와 맥주, 다양한 칵테일과 샴페인, 치즈버거와 피자를 판매한다. 1층이나 2층의 마음에 드는 자리에 앉아 서피비치의 이국적인 풍경을 즐겨보자. 여름이면 한낮의 열기가 밤까지 이어져 매일 밤이 축제다.

📍 강원 양양군 현북면 하조대해안길 119 🅿 가능 📞 1522-2729 🕐 하절기 10:00~24:00, 동절기 10:00~19:00(시즌별 상이, 화·수요일 휴무) ₩ 코로나 7,000원, 짐빔 하이볼 7,000원, 치즈버거세트 15,000원 🏠 www.surfyy.com

해외의 해변 부럽지 않은 분위기

알로하웨이브

#하와이느낌 #해변맛집 #서핑하며한입

눈부신 원색으로 치장하고 인사를 건네는 식당이다. 서핑을 하다 배가 고파 뛰어들어 와도 언제나 반갑게 맞을 수 있도록 모두 방수 좌석이다. 메인 메뉴도 서퍼를 위한 포케다. 포케는 하와이 서퍼들이 서핑 도중에 주로 먹는 간편한 음식인데, 신선한 채소와 생선을 얹어 비벼 먹으면 마치 회덮밥 느낌이 난다. 음식 맛도, 분위기도 좋아 하와이 부럽지 않다.

강원 양양군 현남면 새나루길 43 알로하웨이브 Ⓟ 죽도정 입구 주차장 0507-1338-2528 11:00~22:00, 금·토요일 11:00~24:00 ₩ 연어유자폰즈포케 13,000원, 수제함박스테이크 로코모코 14,000원, 빅웨이브 10,000원 @_alohawave_

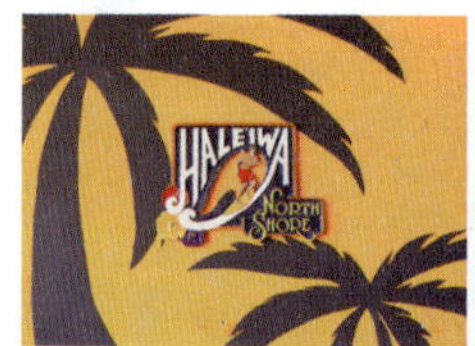

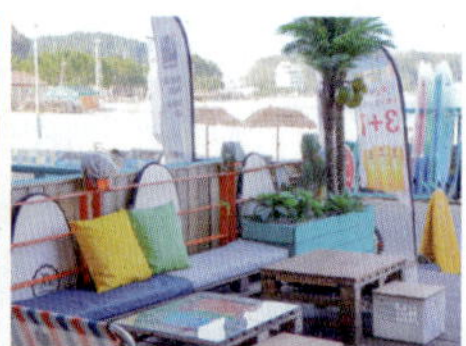

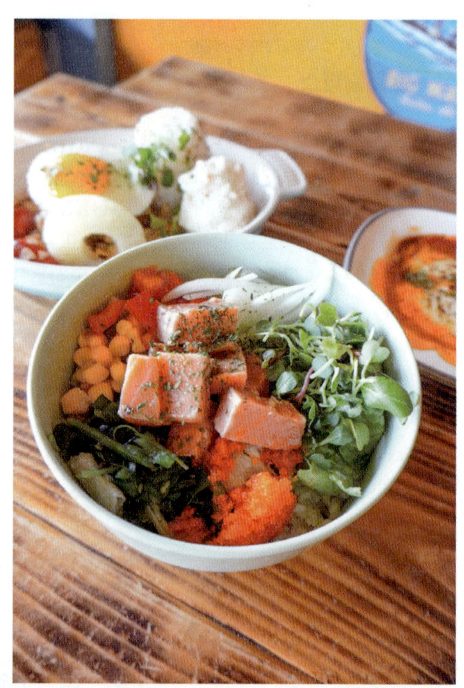

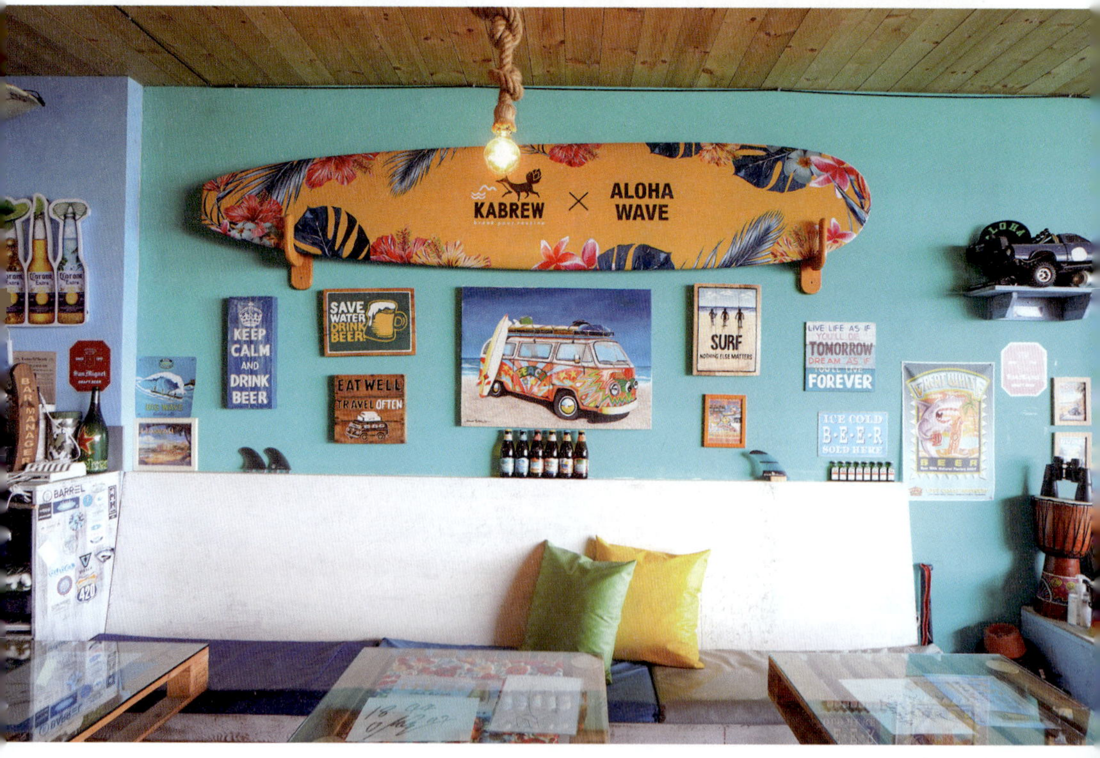

마레 비치클럽

외국에나 있는 줄 알았던 풀사이드바가 양리단길에서 위용을 뽐낸다. 서핑 클래스를 운영하던 서프월드에서 서핑을 마친 저녁에도 물을 즐길 수 있는 풀바를 지었다. 낮에는 상큼한 브런치 카페로, 밤에는 화려한 클럽으로 변신한다. 시원한 물에 발장구를 치며 시원한 맥주를 마시면 더위가 싹 사라진다. 물에 반사되는 알전구의 반짝임도 좋고 물속에서 은근한 색을 내비치는 조명도 근사하다.

📍 강원 양양군 현남면 인구길 58
🅿 인구 해수욕장 주차장
📞 0507-1359-8390
🕐 11:00~23:00, 금·토요일 17:00 ~02:00(화·수요일 휴무), 시즌제로 9월부터 동계 휴무
🏷 쉬림프 로제 파스타 20,000원, 토마토카프레제 18,000원, 모듬 치즈플래터 35,000원
🏠 www.surfworld.co.kr

육즙 좔좔 수제 버거의 참맛
파머스키친

#양양맛집 #줄을서시오 #수제버거

바다 앞에서 농부의 부엌을 내세운 수제 버거집이라니, 장사가 잘될까 궁금했는데 언제 가도 사람들이 줄을 선다. 비결은 맛이 아닐까. 육즙이 배어나는 두툼한 패티에 아낌없이 꽉꽉 채워 넣은 갖은 채소와 소스를 넣은 버거를 한 입 베어 물면, 이 정도는 되어야 수제 버거 맛집이지 싶다. 재료가 떨어지면 바로 마감하니 일찍 가서 줄을 서는 수밖에.

📍 강원 양양군 현남면 동산큰길 44-39   🅿 가능   📞 0507-1309-0984
🕐 11:00~18:00, 브레이크 타임 14:45~16:00, 주문 마감 17:30(화·수요일 휴무)
🏷 치즈버거 8,500원, 하와이언버거 10,000원, 감자튀김 6,000원, 피쉬앤칩스 11,000원

청량한 바닷바람으로 힐링

양양군에서 선정한 '양양 8경' 중 의상대, 하조대, 남애항, 죽도정과 남대천에 이르는 다섯 곳이
모두 바다와 면해 있다. 아기자기한 매력을 품은 아름다운 남애항부터 마음을 쉬어가게 하는 휴휴암,
기암괴석이 가득한 섬 속의 정자 죽도정, 아름다운 전설이 붉게 피어나는 일출 명소 하조대,
관음보살을 만날 수 있는 낙산사까지 하늘과 맞닿은 푸른 바다가 펼쳐진다.

TIP **양양 바다를 따라 드라이브**

푸른 바다를 끼고 달리는 양양의 해안 드라이브길
은 가장 남쪽에 위치한 남애항부터 가장 북쪽의 낙
산사까지 거리가 30km도 안 될 만큼 짧지만, 볼거
리가 다양해 밀도 있는 드라이브 코스를 자랑한다.
죽도에서 하조대로 가는 길에는 경치 좋기로 유명
한 3.8선 휴게소가 있으니 들러봐도 좋다.

휴휴암

작은 암자인 휴휴암은 1년에 270만 명 이상이 찾는다는 동해의 숨은 비경이다.
쉬고 또 쉰다는 뜻의 이름처럼 잠시 쉬어가자. 소풍 가기 딱 좋은 작은 모래사장
뒤로 100평 남짓한 너럭바위가 펼쳐지고 바위 주위에는 황어 떼가 몰려다닌다.
고기밥을 던져주면 물빛이 시꺼멓게 변할 정도인데 새들도 이곳의 물고기만은
잡아먹지 않는다니 신기할 따름이다.

📍 강원 양양군 현남면 광진2길 3-16 🅿 가능 📞 033-671-0093 🕐 09:00~18:00

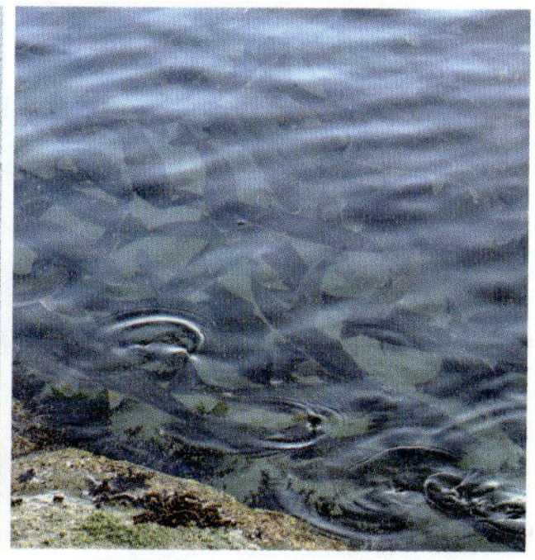

남애항

양양 8경 중 가장 남쪽에 위치한 남애항은 아담하지만 '동양의 베네치아'라고
불릴 만큼 아름다운 항구다. 올망졸망한 어선들이 쉴 새 없이 드나드는 항구의
풍경은 가까이서 보아도 근사하지만, 전망대에 올라가서 보아야 제격이다. 항구
로 불어드는 짭조름한 바닷바람을 맛보고 나야 양양에 왔음을 실감한다.

📍 강원 양양군 현남면 매바위길 138 🅿 가능

의상대사가 창건한 천년 고찰

낙산사

#의상대사 #해수관음상 #관음성지

낙산사는 신라시대에 의상대사가 세운 절이다. 의상대사가 관음보살이 머문다는 양양의 동굴에 앉아 기도를 했는데, 관음보살이 나타나 대나무가 돋아난 곳에 불전을 지으라 하여 세운 게 원통보전이다. 현판은 묵직하고 단청은 섬세하다. 홍련암은 의상대사가 붉은 연꽃 속 관음보살을 만나고 지은 암자다. 낙산사 하면 의상대를 떠올리지만 여행을 많이 다녀본 사람들은 홍련암을 더욱 높이 친다. 의상대사가 수행하던 자리에 지은 정자 의상대는 송강 정철이 '관동 8경'의 하나로 꼽을 만큼 수려한 경치를 뽐낸다. 낙산사 해수관음상에 예를 올리고 나서는 불전함 밑에 있는 두꺼비를 쓰다듬자. 여행복과 재물복을 준다고 한다.

강원 양양군 강현면 낙산사로 100 Ⓟ 5,000원
033-672-2447 06:00~18:00(반려동물 입장 불가) www.naksansa.or.kr

의상대

원통보전

해수관음상

의상대에서 바라보는 홍련암

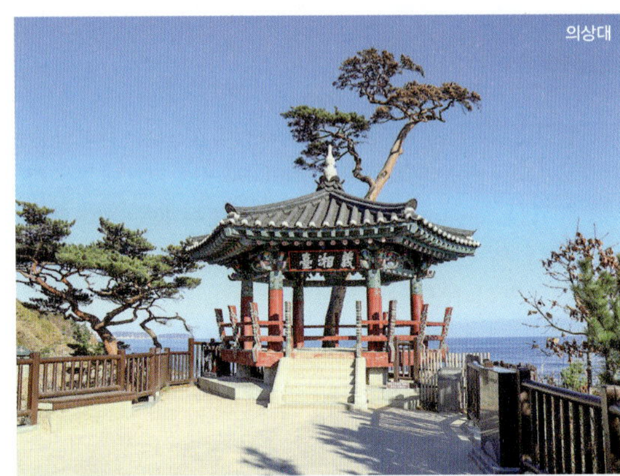

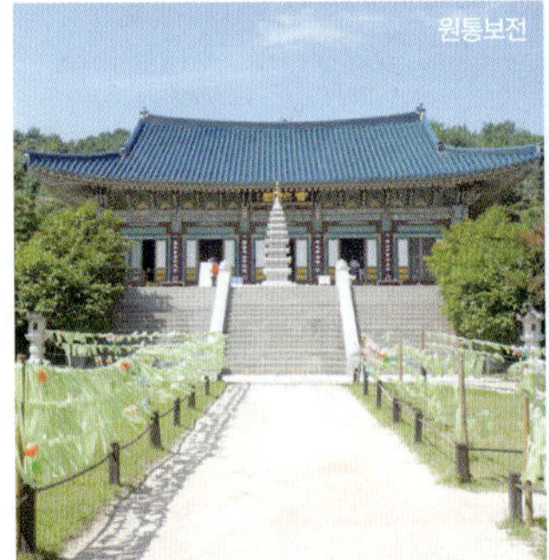

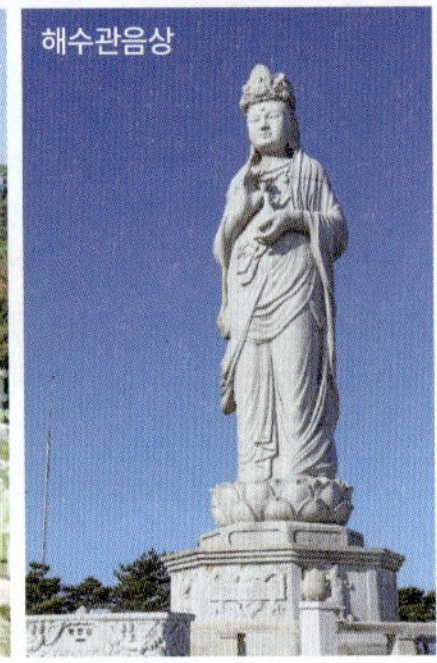

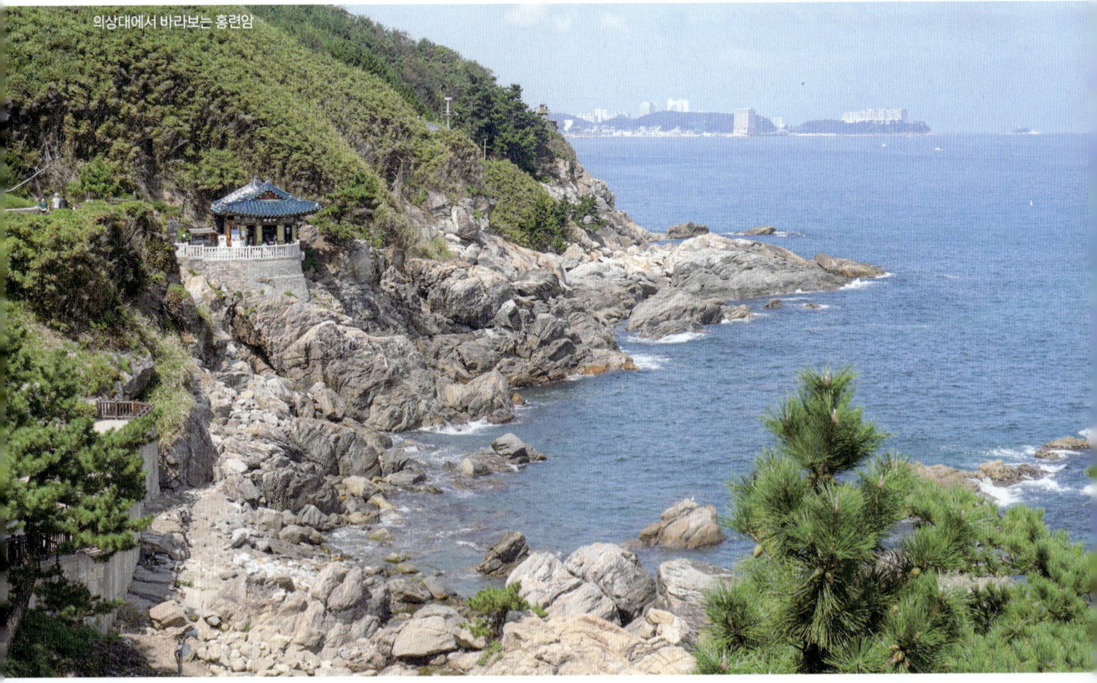

낙산 해수욕장

#여유만끽 #일출명소 #소나무숲

낙산 해수욕장은 깊고 푸른 바다와 희고 깨끗한 모래사장을 자랑한다. 바다가 내려다보이는 숙소와 해산물을 파는 식당이 많다. 이곳에서 하룻밤 묵는다면 일출 감상에 도전해보자. 넓은 바다에서 솟아오르는 해를 마주하는 것만으로도 온몸에 행복한 기운이 충만해진다.

📍 강원 양양군 강현면 해맞이길 59 🅿 가능
📞 033-670-2518 🕐 06:00~22:00

정자에서 즐기는 죽도의 매력

죽도정과 죽도 전망대

#야트막한언덕 #전망대뷰 #양양핫플

언덕 위 작은 정자가 양양 8경에 꼽힌 이유가 있다. 죽도정까지 오르기도 전에 탄성이 절로 난다. 죽도암을 지나 만나는 독특한 바위들의 모양새가 햇살이 비추는 각도에 따라 다양한 모습을 선사한다. 소나무와 대나무로 둘러싸인 죽도정에 앉아 있으면 마음이 넉넉하게 비워진다. 최근에 죽도 전망대를 지었으나 죽도정만 있을 때의 운치만 못하다.

📍 강원 양양군 인구항길 24 🅿 가능

입도 눈도 마음도 즐거운 도시
강릉

자연을 벗 삼아 지친 심신을 위로하는 힐링 여행을 하고 싶은 욕심, 우아한 카페에 앉아 커피를 마시고 미술관을 거니는 도시 여행의 묘미, 이 2가지 모두 놓칠 수 없어 고민이라면 강릉으로 떠나자. 강릉은 여전히 놀랍고 매력적이다.

THEME
01

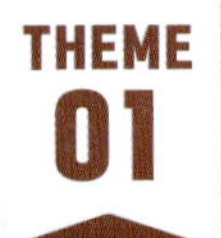

물이 맑아 커피도, 맥주도 맛있다

예부터 강릉은 경남 김해, 하동과 함께 우리나라 3대 차 성지 중의 하나였다.
아마도 대관령에서 내려오는 맑은 물 때문이리라. 물맛이 좋은 강릉은 차 대신 커피로 유명해져
국내에서 최초로 커피 축제를 개최했고, 1세대 바리스타뿐만 아니라 커피 공장, 커피 박물관 같은
커피 콘텐츠가 다양하다. 최근에는 물 좋은 강릉의 브루어리도 유명세를 타는 중이다.

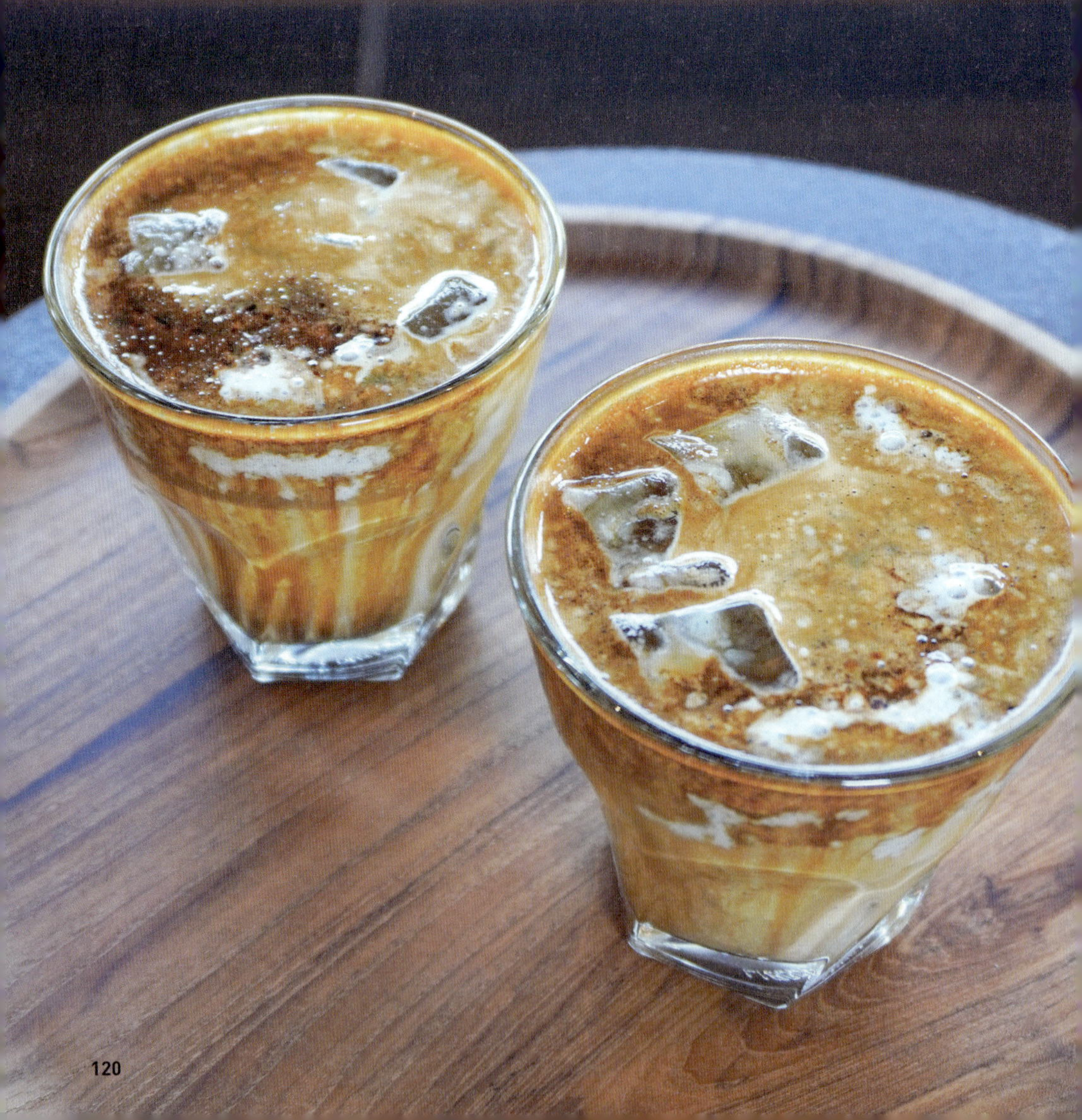

풍경도 커피도 빵도 만족스러운

곳

바다가 내려다보이는 크고 환한 통창에서 햇살 담뿍 받으며 마시는 커피 한잔의 로망을 꿈꾼다면 '곳'만 한 카페가 또 있을까. 1층과 2층이 모두 통유리로 마감되어 어디에 앉아도 하늘색 바다가 손에 닿을 듯 가까이 보인다. 문을 활짝 열어둔 1층에서도, 테라스가 있는 2층에서도 시원한 바닷바람을 즐길 수 있다. 3층의 루프톱에는 바다를 향해 하늘로 뻗은 계단이 있어 인생 사진을 찍는 사람도 많다. 아침 일찍부터 갓 구운 빵 냄새가 카페에 가득하다. 보기만 해도 입 안이 달콤해지는 케이크와 영롱한 과일을 얹은 타르트, 페이스트리에 마카롱까지 종류도 다양하다. 커피 한잔에 따끈한 빵, 바다가 보이는 풍경을 곁들여 브런치를 즐겨도 좋다.

📍 강원 강릉시 사천면 진리해변길 143　🅿 가능　📞 033-646-4500
🕐 09:00~21:00　🆆 곳 마카다미아 캬라멜 6,500원, 바다연유라테 6,500원
📷 @place_coffee_

테라로사 커피공장

여행하는 기분을 조금 더 느끼고 싶다면 테라로사 커피를 마시러 본점으로 가보자. 전국에 여러 개의 지점이 있지만 강릉이 본점이다. 따뜻한 색깔의 벽돌 건물과 은은한 커피 향이 맞이한다. 다양한 커피 메뉴 외에 빵과 케이크의 종류도 많다. 날씨가 좋으면 야외 좌석을 추천한다. 건물로 둘러싸인 안쪽 공간은 아기자기해서 이야기 나누기 좋고, 탁 트인 바깥 공간은 졸졸 흐르는 시냇물 소리와 더불어 유유자적하기 좋다. 기념품 숍에서 굿즈와 커피를 구매할 수 있다. 테라로사의 커피 박물관은 오전 10시부터 오후 5시까지 매 시간 정각에 가이드 투어로 진행하며 커피 테이스팅이 포함된다. 인원 제한이 있으니 미리 예매해두자.

📍 강원 강릉시 구정면 현천길 25 🅿 가능 📞 033-648-2760 🕐 카페 09:00~20:00(30분 전 주문 마감), 커피 박물관 10:00~17:00(예약 필수) ₩ 핸드 드립 커피 6,000~10,000원, 카페라테 6,000원/ 커피 박물관 입장료 성인 12,000원, 어린이 8,000원
📷 @terarosacoffee

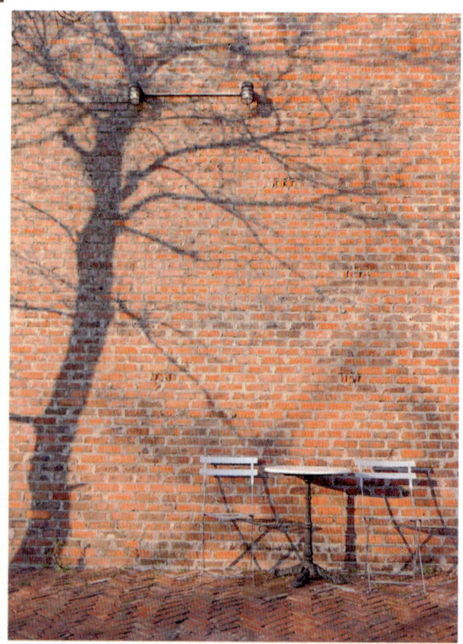

안목 해변 카페 거리

아름다운 호수와 바다를 보기 위해 강릉을 찾은 이들은 안목 해변을 둘러보다 자판기에서 커피를 뽑아 마셨다. 바다를 보며 마신 자판기 표 헤이즐넛 커피가 그렇게나 맛있다고 입소문이 나기 시작했다. 2000년 이후 통유리로 된 카페, 루프톱 카페 등이 들어서면서 카페 거리라는 이름을 얻었다. 통유리 너머로 바다를 볼 수 있는 카페가 많아 강릉 여행에서 빠지지 않는 데이트 코스이기도 하다. 보사노바 커피로스터스는 흰 천이 나부끼는 4층의 야외 테라스에서 시간을 보내기 좋다. 키크러스커피는 연탄빵이 맛있기로 유명하다.

안목 해변 카페 거리
📍 강원 강릉시 창해로14번길 20-1 🅿 가능
🕐 06:00~22:00 🏠 www.anmokbeach.co.kr

보사노바 커피로스터스 강릉점
📍 강원 강릉시 창해로14번길 28 🅿 가능 📞 033-653-0038 🕐 07:30~22:00, 주말 07:00~22:00
₩ 아메리카노 5,500원, 카페라테 5,800원, 콜드브루 라테 6,000원 🏠 www.bncr.co.kr

키크러스커피
📍 강원 강릉시 창해로14번길 48-1 🅿 안목 해변 공영주차장, 강릉항 주차장 📞 033-653-6004
🕐 일~목요일08:00~24:00, 금·토요일 08:00~01:00 ₩ 키크러스 커피 6,900원, 블루베리요거트 7,800원

TIP 노을과 함께 커피 한잔

안목 해변 카페 거리가 가장 근사한 시간은 해가 등 뒤로 넘어가며 그림자가 길어지는 오후다. 한여름이 아닌 경우 아침저녁으로 바닷바람이 무척 쌀쌀하니 야외 좌석에 앉고 싶다면 따뜻하게 입고 가자.

커피커퍼 박물관

#향기로운박물관 #커피장인 #강릉커피

5층에는 커피 추출 도구들이, 3층에는 로스터와 그라인더, 은 세공 장인들이 만든 화려한 집기들이, 2층에는 세계 여러 나라의 커피 도구가 놓여 있다. 각 층에 놓인 근사한 소파, 탁자와 의자가 비치된 우아한 공간 어디에서든 커피를 마실 수 있다. 수백 년의 시간을 뛰어넘어 이곳에 정착한 3,000여 점의 커피 유물에 둘러싸여 커피를 마셔보자. 강릉에 살았더라면 단골이 되지 않았을까 싶다.

📍 강원 강릉시 해안로 341 🅿 가능 📞 0507-1361-5604 🕐 09:00~18:00(30분 전 입장 마감) ₩ 1인 1음료 주문 시 박물관 입장 무료, 아메리카노 5,000원, 아이스티 5,000원, 핸드 드립 커피 7,000~15,000원 🏠 www.cupper.kr

커피 맛 좀 아는 사람이라면

보헤미안 박이추커피

#핸드드립커피 #커피공장 #조용한카페

대한민국 1호 바리스타 박이추 선생이 운영하는 조용한 분위기의 카페다. 커피를 좋아하는 어르신과 함께 여행한다면 핸드 드립 커피의 맛을 즐기러 가보자.

📍 강원 강릉시 사천면 해안로 1107 🅿 가능 📞 033-642-6688 🕐 09:00~18:00 ₩ 파나마 게이샤 12,000원, 모닝 세트 10,000원, 오늘의 커피 6,000원 🏠 www.bohemian.coffee

고소하고 시원한 흑임자 커피

카페 툇마루

#흑임자가뭐라고 #카페그램 #줄을서시오

흑임자 커피로 유명하다. 2층 건물로 확장 이전하면서 넓은 실내 공간, 대나무 숲에 자갈을 깔아둔 포토 스폿까지 구비했다. 확장을 했지만 여전히 바깥에 줄을 서서 기다리는 사람들이 많다. 대기표 도입이 절실하다.

📍 강원 강릉시 난설헌로 232 🅿 길가에 주차 📞 0507-1349-7175 🕐 11:00~19:00(화요일 휴무) ₩ 툇마루커피 6,500원, 옥수수슈 4,700원 📷 @cafe_toenmaru

맥주도 피자도 분위기도 맛있다

버드나무 브루어리

#분위기좋은펍 #강릉대표브루어리 #강릉맥주

서울의 어느 펍에서 버드나무 브루어리의 맥주를 처음 마시고는 얼마나 감탄했는지, 강릉에 가면 꼭 버드나무 브루어리의 맥주를 종류별로 마셔보리라 결심했다. 벽돌과 노출 콘크리트로 마감한 실내 자리도, 달빛 비추는 야외 자리도 분위기가 근사하다. 게다가 소문대로 피자 맛집! 안주까지 맛있으니 맥주 맛은 말해 무엇.

📍 강원 강릉시 경강로 1961 🅿 강릉 홍제동 주민센터 옆 공영주차장
📞 033-920-9380 🕐 12:00~23:00, 브레이크 타임 16:00~17:00(1시간 전 주문 마감) ₩ 미노리 세션 7,000원, 즈므 블랑 7,000원, 하슬라 IPA 8,000원, 버드나무 샘플러 18,000원, 강릉송고버섯 피자 29,000원
📷 @Budnamu

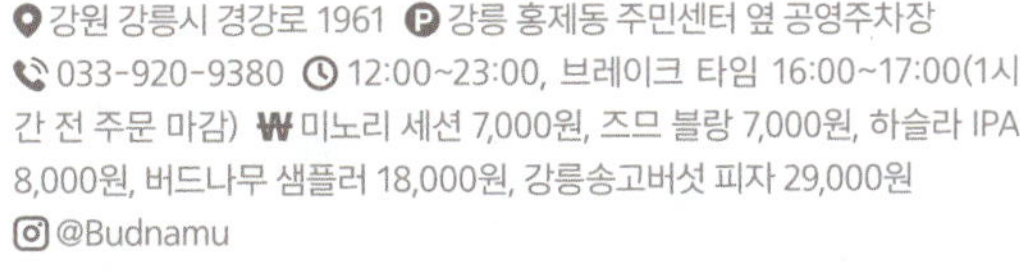

예술적 감각이 여전히 살아 있네

당대 최고의 화가였던 신사임당, 철학적인 글로 국사를 논하던 율곡 이이, 섬세한 시인이었던 허난설헌,
사회의 모순을 지적하던 소설가 허균이 그동안 강릉의 대표 예인이었다. 이제는 바다를 품은
예술적 공간을 만든 조각가 박신정·최옥영 부부, 60년 가까이 전 세계의 축음기와 영사기를 수집한 손성목 관장,
〈도깨비〉와 〈미스터 션샤인〉을 집필한 드라마 작가 김은숙이 뒤를 잇는다.

검은 대나무의 정기가 서린

오죽헌

신사임당과 율곡 이이가 태어난 오죽헌을 둘러보며 단아한 한옥과 멋스러운 소나무를 감상하자. 신사임당의 생전에도 있었다는 수령 600년의 배롱나무가 앞뜰에 있어 여름이면 운치를 더한다. 뒤뜰에는 오죽헌이라는 이름에 걸맞게 줄기가 가느다란 검은색 대나무가 빼곡하다. 안채에서는 추사 김정희의 글씨를 볼 수 있고, 정조 임금이 친히 이름을 지어준 어제각 안에는 율곡의 유품인 벼루와 《격몽요결》의 원본이 있다. 오죽헌 앞의 널따란 광장 바닥에는 5,000원권에 새겨진 오죽헌의 풍경을 그대로 담을 수 있는 자리를 표시해두었다. 그 자리에서 사진을 찍으면 오죽헌의 근사한 모습을 간직할 수 있다.

📍 강원 강릉시 율곡로3139번길 24
🅿 가능 📞 033-660-3301
🕐 09:00~18:00(1시간 전 입장 마감)
₩ 성인 3,000원, 청소년·군인 2,000원, 어린이 1,000원
🏠 www.gn.go.kr/museum

하슬라아트월드

'하슬라'는 고구려시대에 강릉을 일컫던 옛 이름이다. 앞으로는 바다가 펼쳐지고, 뒤로는 산으로 둘러싸인 건물이 화려한 색으로 빛을 머금는다. 공간에 대한 감각이 무척 세심하고 뛰어나다. 조각가 부부인 박신정과 최옥영이 함께 디자인하고 만들었다. 자연의 에너지를 가장 잘 드러내는 원색으로 표현한 아비지 특별 갤러리는 하슬라아트월드의 개성을 가장 잘 보여준다. 피노키오와 마리오네트 박물관에는 세계에서 수집한 다양한 인형과 실제로 움직이는 마리오네트가 있어 인기다. 야외 조각공원도 근사하다. 해안 절벽의 초록이 우거진 길을 따라 조각 작품들이 서 있다. 소나무 정원을 자박자박 걸어 시간의 광장으로 나서면 시간이 멈춘 듯한 풍경을 맞이한다. 하늘을 나는 자전거가 바다를 달린다.

📍 강원 강릉시 강동면 율곡로 1441　📋 가능　📞 033-644-9411　🕐 미술관 09:00~18:00　₩ 성인 17,000원, 청소년 13,000원, 어린이 11,000원
🏠 www.museumhaslla.com

현대미술관

TIP 하슬라아트월드를 가장 잘 즐기려면!

꼼꼼하게 둘러보려면 3~4시간은 기본. 야외 정원에서 한가롭게 거닐고 싶다면 시간을 여유롭게 잡자. 통유리 너머로 바다가 이어지는 레스토랑 안에도 작품이 가득하다. 레스토랑은 미리 예약을 권한다. 건물 안에 뮤지엄 호텔도 있어 하룻밤을 근사하게 지낼 수 있다.

피노키오와 마리오네트 박물관

아비지 특별 갤러리

야외 조각공원

빵 굽는 냄새 가득한 책방
고래책방

국내 여행의 재미 중 하나가 동네 서점 구경이다. 지하부터 3층까지의 규모도, 좋은 책을 선별해둔 안목도 놀랍다. 지하 1층에는 강릉을 주제로 한 책들만 모아두었다. 강릉과 강원도를 둘러보는 여행책들, 허난설헌에서 드라마 작가 김은숙에 이르는 강릉 문인들의 책들이 흥미롭다. 1층의 고래빵집도 맛있기로 유명하다.

📍 강원 강릉시 율곡로 2848　🅿 가능　📞 0507-1437-0704　🕐 08:00~19:00
📷 @gore_bookstore

캠핑을 떠나온 그날처럼 맑음
이엠스튜디오 에브리모먼트커피

#야외정원 #캠핑분위기 #가죽공방

환한 마당에 캠핑용 천막을 쳤다. 여름에는 그늘이 되어 주고 겨울에는 난로를 품어 포근하다. 실내에 앉아 밖을 내다보는 기분도 아늑하다. 1층에는 카페와 펍, 트래블 라운지가 있고, 2층에서는 가죽 공방을 운영한다.

📍 강원 강릉시 난설헌로 228-29　🅿 가능　📞 0507-1374-0306
🕐 11:00~24:00(수요일 휴무)　🏧 아메리카노 5,300원, 콜드브루 6,000원, 카페라테 6,500원　📷 @everymoment_coffee

파란 옷의 우체부와 강아지 벼리
포스트카드오피스 강릉점

#엽서맛집 #기념품숍 #오직강릉에만

관광지 한복판이 아닌 주택가 한구석에 자리한 조용한 엽서 가게가 입소문을 타고 유명해졌다. 독특한 분위기와 개성 넘치는 엽서들, 굿즈들로 여행을 기념해볼까.

📍 강원 강릉시 화부산로40번길 29 상가동 105호　🅿 상가 앞 주차　📞 0507-1342-1084　🕐 12:00~17:00, 주말 12:00~17:30 (화·수요일 휴무)　🏧 포스트카드오피스 엽서 1,500원, 강릉여행 자석 8,000원　📷 @postcard.office

참소리에디슨손성목영화박물관

#에디슨덕후 #흥미진진 #감동적인소리

강릉까지 가서 왜 박물관이냐고 묻는다면, 강릉의 멋진 풍경에 결코 뒤지지 않는 컬렉션이라 답하겠다. 손성목 관장은 20대 때부터 전 세계에서 축음기를 비롯한 전구, 영사기, 자동차 등 에디슨의 발명품들을 수집했다. 한 개인이 60년 동안 모아온 컬렉션의 규모도 놀랍지만 소리와 빛과 영상의 역사를 직접 체험하고 나면 놀라움을 넘어 감동이 밀려온다.

📍 강원 강릉시 경포로 393 🅿 가능 📞 033-655-1131
🕐 10:00~17:00(15:20 입장 마감, 화요일 휴관) ₩ 세 곳의 박물관 통합 입장권 성인 18,000원, 청소년 15,000원, 어린이·경로 10,000원, 미취학 아동 6,000원(온라인 예매 시 할인)
📷 @charmsori_museum

에디슨 과학박물관

손성목 영화박물관

#문학여행 #난설헌허초희 #홍길동전허균

허균·허난설헌 기념관

남존여비 사상이 강하던 시대에 여성의 삶을 글로 쓴 난설헌 허초희는 중국과 일본에서도 시집을 낼 정도로 천재성을 인정받았고, 적서 차별의 시대에 서자로 태어난 교산 허균의 비판적 의식은 《홍길동전》으로 빛을 발했다. 기념관에서 두 사람의 문학적 성취를 엿볼 수 있다. 허난설헌이 태어난 고택은 후대에 증축해 널찍하다. 부지가 넓고 소나무 숲이 근사하게 펼쳐져 거닐기 좋다.

📍 강원 강릉시 난설헌로193번길 1-15 🅿 가능 📞 033-640-4798 🕐 09:00~18:00(월요일 휴무)

허난설헌 생가

고요하고 아름다운 호수의 경치

경포호와 경포대

관동 8경 중의 으뜸은 바로 경포대. 바다와 호수를 모두 끌어안은 경포대에 앉아 경치를 음미해보자. 여느 카페 부럽지 않다. 경포호 한가운데 우뚝 솟은 바위에는 월파정이 있다. 호수에 비친 달의 윤슬이 얼마나 고왔으면 호수 한가운데 정자를 짓고 노를 저어 들어갔을까.

경포대 ◉ 강원 강릉시 경포로 365 ⓟ 가능 ☎ 033-640-4471 ⏰ 09:00~18:00 🏠 www.gyeongpolake.co.kr

경포호수광장 ◉ 강원 강릉시 초당동 459-28 ⓟ 경포호수광장 주차장 🏠 www.gyeongpolake.co.kr

서울에서 정동 쪽에 위치한 바다

정동진 해수욕장과 모래시계공원

©김미경

정동진은 일출 명소다. 정동진역에서 5분 거리에 바다가 있어 해돋이 관광열차를 타고 가 일출을 보는 무박 2일 여행이 가능하다. 세계에서 가장 큰 모래시계가 있는 모래시계공원에서는 정동진 해수욕장까지 레일바이크를 타고 오갈 수 있다.

정동진 해수욕장 ◉ 강원 강릉시 강동면 정동진리 259 ⓟ 가능 ☎ 033-640-4604

모래시계공원 ◉ 강원 강릉시 강동면 정동진리 산2 ⓟ 가능 ☎ 033-640-4533 ₩ 공원 무료/ 정동진 시간박물관 성인 9,000원, 청소년 6,000원, 어린이 5,000원/ 정동진 레일바이크 2인승 25,000원, 4인승 35,000원, 레일바이크+시간박물관 패키지 할인 🏠 정동진 시간박물관 www.timemuseum.org, 정동진 레일바이크 www.railtrip.co.kr

날이 적당해서 모든 게 좋았다

주문진항과 영진 해변, 향호 해변

강원도에서 가장 큰 항구인 주문진항은 아침저녁으로 분주하다. 아침에는 밤새 잡은 활어를 하역하고, 저녁에는 싱싱한 활어를 사고판다. 주문진항의 남쪽 영진 해변에는 드라마 〈도깨비〉의 한 장면을 촬영한 짧은 방파제가 있다. 주문진항의 북쪽에는 BTS의 〈봄날〉 뮤직비디오에 등장한 향호 해변 버스 정류장이 있다.

영진 해변 〈도깨비〉 촬영지
◉ 강원 강릉시 주문진읍 교항리 81-151 ⓟ 가능

향호 해변 버스 정류장 ◉ 강원 강릉시 주문진읍 향호리 8-39 ⓟ 주문진 해수욕장 주차장 ☎ 033-640-5420

©김미경

강릉에서 이 정도는 먹어줘야지

맛집만 잘 골라도 여행의 반은 성공한 셈이 아닐까? 강릉에 갔으니 강릉에서 태어난 음식을 맛보자.

바닷물을 간수로 사용하는 초당순두부, 강원도 감자의 참맛 감자옹심이, 신선한 꼬막무침,

초당두부로 만든 젤라토까지. 커피도 맛있고 맥주도 맛있는 강릉인데 음식은 또 얼마나 맛있게요!

부드럽고 고소한 흰 순두부 백반 　　　　　　　　#말랑말랑 #순두부의참맛 #백반맛집

강릉 초당순두부

강릉 여행에서 초당순두부를 빼놓으면 섭섭하다. 두부가 더욱 고소하고 담백하도록
바다의 향을 가미하기 때문. 무겁게 눌러 단단해진 두부가 아니라 말랑말랑한 순두
부에 간장 양념을 끼얹어 먹는 맛이 일품이다. 한국 전쟁 이후 살림이 어려워진 초당
동 일대에서는 두부를 만들어 강릉 시내에 내다 팔기 시작했는데, 깨끗한 바닷물을
간수로 써서 만든 두부가 유명해지면서 초당동 일대가 순두부 식당으로 채워졌다.
이름난 집이 여럿이지만 어느 집에 가든 국물이 담백한 흰 순두부백반을 맛보길 추
천한다. 여럿이 함께 간다면 얼큰한 순두부 전골을 맛보아도 좋다. 일찍 여는 집이 많
아 아침 식사로도 든든하다.

초당할머니순두부

📍 강원 강릉시 초당순두부길 77　🅿 가능　📞 033-652-2058　🕗 08:00~19:00(브레이크 타
임 평일 16:00~17:00, 주말 15:30~17:00), 화요일 08:00~15:00, 수요일 휴무　🆆 순두부백반
12,000원, 얼큰째복순두부 13,000원, 모두부 15,000원

동글동글 잘 뭉친 감자옹심이

#옹심이맛집 #쫀득쫀득 #겨울별미

강릉감자옹심 강릉본점

강원도에 갔으니 뜨끈한 감자옹심이를 맛보자. 강원도 하면 감자, 감자 하면 옹심이가 아닌가. 가정집을 개조해 만든 식당은 온돌 바닥이 뜨끈뜨끈하다. 옹심이도 팔고, 옹심이와 칼국수를 함께 먹는 옹심이칼국수도 판다. 감자 특유의 고소함이 살아 있는 옹심이는 새알같이 동글동글하게 뭉쳐 넣는다. 전분과 함께 뭉쳐 쫄깃쫄깃하게 씹히는 맛도 좋다. 은근히 양도 많아서 먹고 나면 든든하다. 옹심이칼국수보다는 옹심이를 추천. 일찍 문을 닫고 저녁 장사를 하지 않으니 늦은 아침이나 이른 점심 식사를 하러 가자. 문화주차장에 주차 후 2인분 이상 주문해야 주차권을 제공한다.

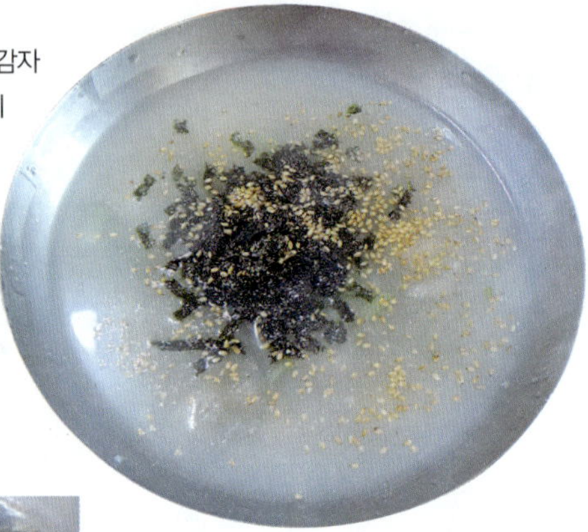

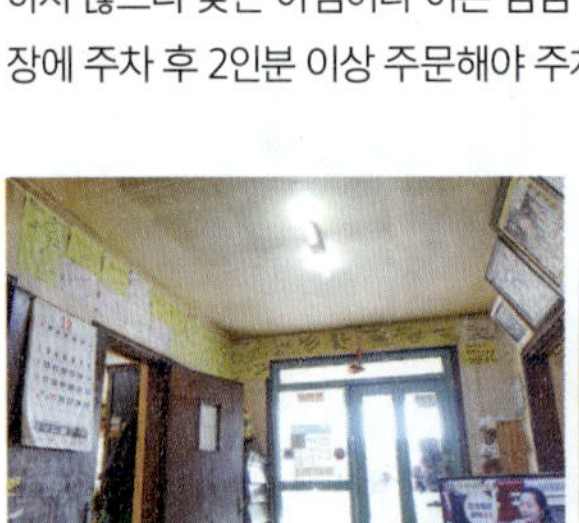

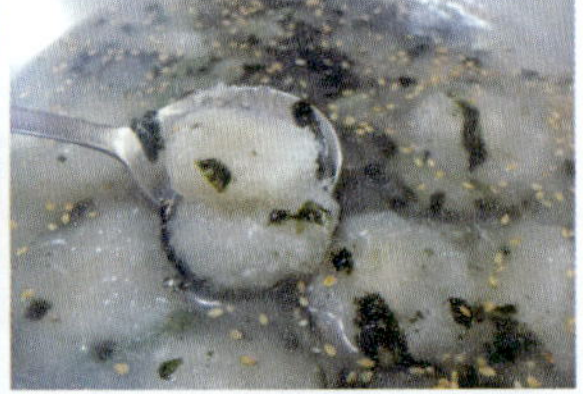

강원 강릉시 토성로 171 Ⓟ강원 강릉시 임당동 39 문화주차장 ☏033-648-0340 🕓10:30~16:00(목요일 휴무) ₩순감자옹심이 11,000원, 감자옹심이칼국수 10,000원, 감자송편 6,000원

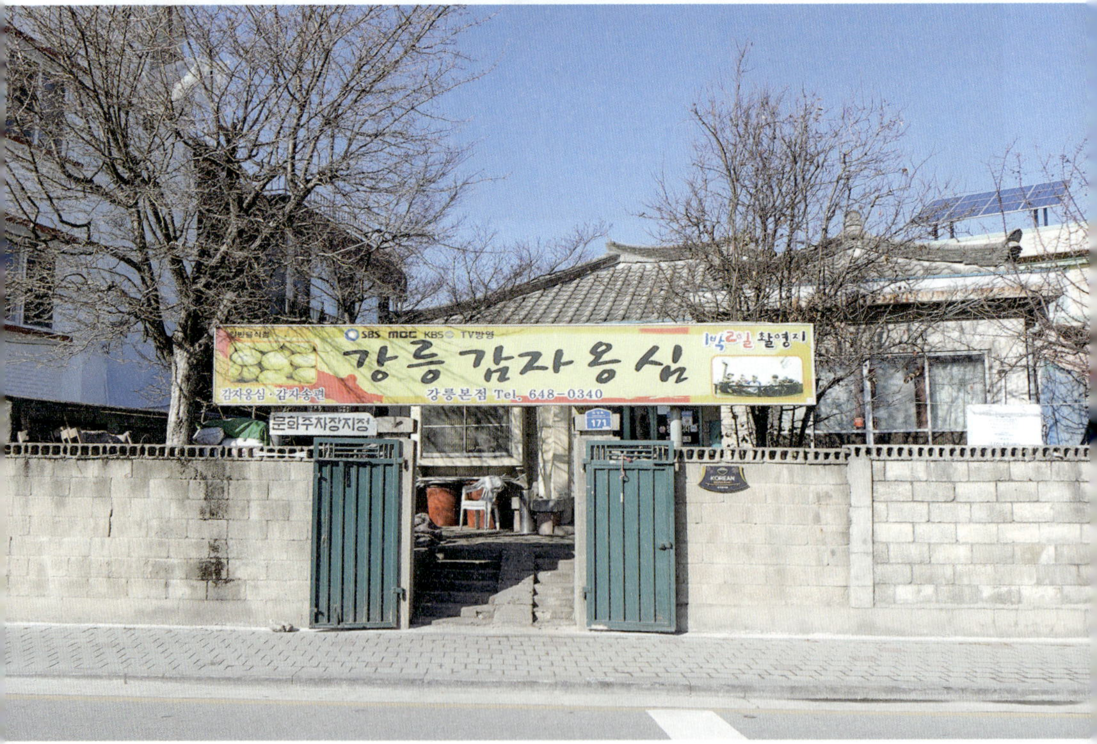

엄지네포장마차

#강릉핫플 #꼬막무침 #비빔밥최고

커다란 접시에 반은 꼬막무침, 반은 양념이 잘된 비빔밥이 담겨 나온다. 신선한 꼬막을 해감한 뒤 살짝 삶아서 송송 썬 쪽파와 청양고추, 간장과 고춧가루를 넣고 살짝 무쳐낸다. 꼬막은 달고 양념은 짭짤하고 고추가 매운맛을 살려 단짠단짠이 조화롭다. 깜짝 놀라 한 접시를 냉큼 비우게 된다. 곁들여 나오는 미역국과 다른 찬들도 정갈하니 맛있다.

엄지네포장마차 본점

📍 강원 강릉시 경강로2255번길 21 🅿 협소하니 공원 근처 길가에 주차 📞 033-642-0178
🕐 포장 11:00~23:00, 매장 내 식사 11:00~22:00
🏷 꼬막무침비빔밥 37,000원, 육사시미 30,000원
📷 @umjinae_gangneung

순두부젤라또 1호점

#할매입맛 #담백고소 #디저트

초당순두부를 먹으러 간 김에 디저트로 순두부 젤라토를 먹어보자. 담백하고 고소한 두부를 넣어 맛이 색다르고, 부드럽고 꿀쩍한 질감을 유지하면서도 입 안에서 산뜻하게 녹는다. 흑임자젤라토나 인절미젤라토는 특유의 진하고 고소한 향이 살아 있다. 순두부젤라토와 다른 젤라토를 함께 먹으면 오리지널 순두부젤라토의 맛이 좀 밍밍하게 느껴지기도.

📍 강원 강릉시 초당순두부길 95-5 🅿 가능
📞 033-653-8344 🕐 09:20~19:30
🏷 순두부젤라토 4,500원, 인절미젤라토 4,500원
🏠 www.soontofugelato.com

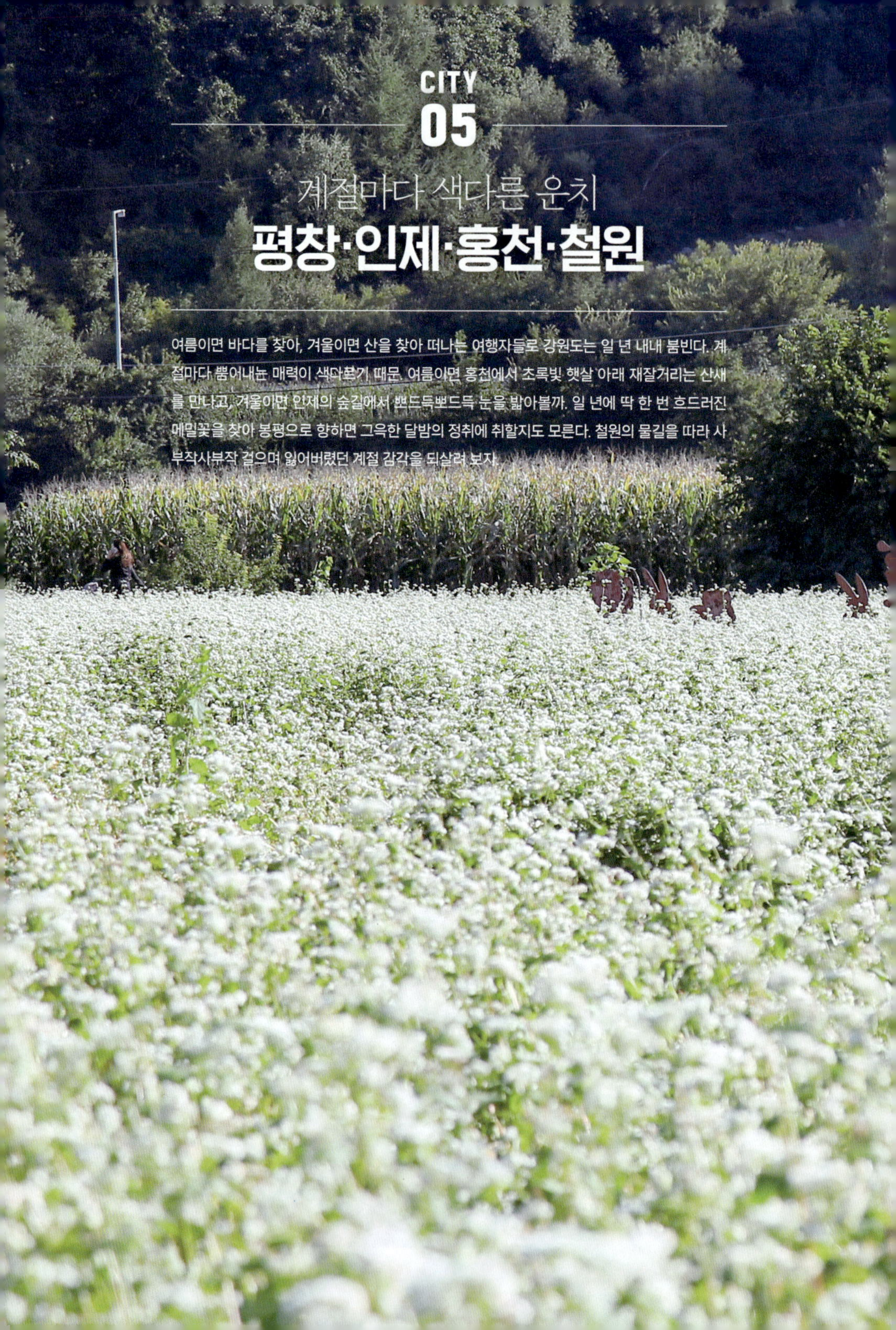

CITY

05

계절마다 색다른 운치

평창·인제·홍천·철원

여름이면 바다를 찾아, 겨울이면 산을 찾아 떠나는 여행자들로 강원도는 일 년 내내 붐빈다. 계절마다 뿜어내는 매력이 색다르기 때문. 여름이면 홍천에서 초록빛 햇살 아래 재잘거리는 산새를 만나고, 겨울이면 인제의 숲길에서 뽀드득뽀드득 눈을 밟아볼까. 일 년에 딱 한 번 흐드러진 메밀꽃을 찾아 봉평으로 향하면 그윽한 달밤의 정취에 취할지도 모른다. 철원의 물길을 따라 사부작사부작 걸으며 잃어버렸던 계절 감각을 되살려 보자.

THEME 01

메밀꽃 필 무렵 달이 밝으면

가을 한 철 어느 곳보다 많은 사람이 찾는 특별한 여행지가 있다. 이효석이 소설 《메밀꽃 필 무렵》에서 묘사한 대로 메밀꽃이 산허리에 온통 흐드러지는 곳, 바로 봉평이다. 소설 속 풍경을 그대로 옮겨놓았는지, 풍경이 소설 속으로 스며들었는지 모를 만큼 하얀 메밀꽃이 장관이다. 흥정천의 맑은 물에서 헤엄치는 작은 민물고기들마저 흥겹다.

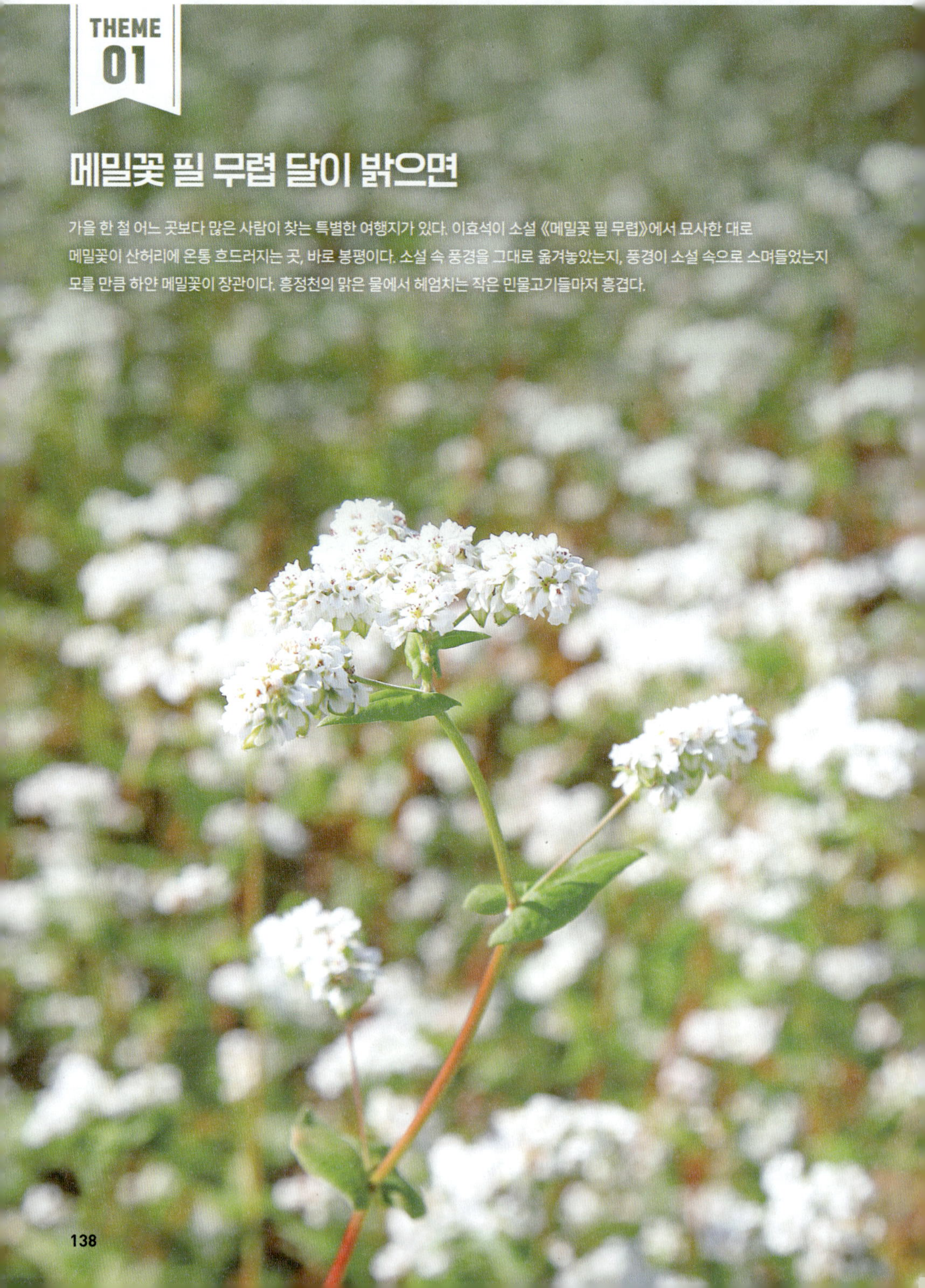

이효석문화예술촌의 효석달빛언덕

#문학여행 #메밀꽃필무렵 #가을여행

이효석이 나고 자란 생가 터를 중심으로 이효석문화예술촌을 조성했다. 이효석문화예술촌은 크게 이효석문학관과 효석달빛언덕으로 나뉜다. 2018년에 문을 연 효석달빛언덕은 《메밀꽃 필 무렵》의 서사를 바탕으로 다양한 예술 체험을 하도록 꾸몄다. 들어서자마자 거대한 나귀가 등짐을 진 자태로 우뚝 서 있고, 나귀 안에는 어린이를 위한 책들을 비치했다. 아름다운 달빛 언덕으로 올라가는 길에는 이효석이 평양에서 거주하던 푸른 집을 재현해 그의 사랑과 생애를 들여다볼 수 있다. 초가지붕으로 복원한 이효석의 생가와 야외 공연이 가능한 나귀광장, 물이 졸졸 흐르는 시냇가를 거닐며 메밀꽃 향기에 취해보자.

⊙ 강원 평창군 봉평면 창동리 575-7 ⓟ 가능 ☏ 033-336-8841 ⓞ 5~9월 09:00~18:30, 10~4월 09:00~17:30(월요일·명절 휴관, 월요일이 공휴일인 경우 다음 날 휴관) ₩ 효석달빛언덕 3,000원, 이효석문학관+효석달빛언덕 통합 입장권 4,500원, 미취학 어린이와 65세 이상 무료 ⌂ www.hyoseok.net

복원한 이효석 생가

복원한 이효석 평양 집, 푸른 집

이효석문화예술촌의
이효석문학관

#봉평여행 #이효석작가 #문학관

이효석은 《메밀꽃 필 무렵》에서 "산허리는 온통 메밀밭이어서 피기 시작한 꽃이 소금을 뿌린 듯이 흐뭇한 달빛에 숨이 막힐 지경"이라고 했다. 봉평의 아름다운 고갯길을 이토록 서정적인 언어로 생생하게 살려내다니, 참신한 언어 감각과 기교를 겸비한 작가라는 평이 부족할 정도다. 문학관에서는 이효석의 문학과 생애를 다룬 글, 사진, 영상물을 볼 수 있다.

📍 강원 평창군 봉평면 효석문학길 73-25 🅿 가능 📞 033-330-2700 🕐 5~9월 09:00~18:30, 10~4월 09:00~17:30(월요일·명절 휴관, 월요일이 공휴일인 경우 다음 날 휴관) ₩ 이효석문학관 2,000원, 이효석문학관+효석달빛언덕 통합 입장권 4,500원, 미취학 어린이와 65세 이상 무료 🏠 www.hyoseok.net

평창무이예술관

#미술관나들이 #야외전시 #카페도좋아

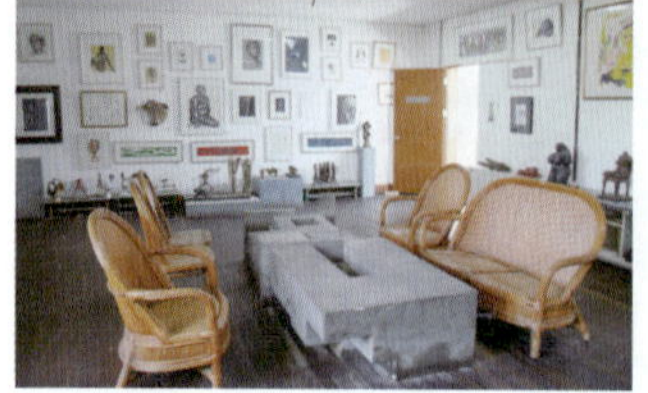

청명한 가을이면 이효석문학관에서 가까운 무이예술관도 둘러보자. 폐교를 활용한 예술인들의 창작 공간에 코스모스가 가득하다. 봉평의 메밀밭을 주제로 그림을 그리는 정연서 화백의 전시실과 국내외 기획전으로 유명한 오상욱 조각가의 야외 전시, 권순범 도예가의 생활 도자기와 예술 작업을 이곳에서 모두 누릴 수 있다.

📍 강원 평창군 봉평면 사리평길 233 🅿 가능 📞 033-335-4118 🕐 10:00~19:00 (수요일 휴무) ₩ 음료 포함 입장료 8,000원, 경로 우대 7,000원, 4세 이하 무료

봉평메밀미가연

#메밀싹육회 #메밀음식 #그릇도예뻐

봉평에는 막국숫집이 여럿이지만 미가연의 음식들은 특별하다. 미가연 대표인 오숙희 명인이 봉평 메밀 음식문화소를 만들어 메밀 요리를 연구하는가 하면, 메밀 싹을 사용한 요리로 특허를 3개나 받았다. 메밀 종류를 섞어 직접 면을 뽑고 밑반찬도 모두 손수 만든다. 쌉싸름하고 아삭한 메밀 싹에 고소한 육회를 더한 메밀싹육회가 유명하다.

📍 강원 평창군 봉평면 기풍로 108　🅿 가능　📞 0507-1405-8805　🕐 10:00~17:00(1시간 전 주문 마감, 수요일 휴무)　₩ 이대팔메밀미가면 12,000원, 메밀싹육회 25,000원　📷 @migayeon_pyeongchang

메밀꽃필무렵

#메밀국수 #메밀음식 #이효석생가

봉평으로 가는 길목에는 고만고만한 메밀 음식점이 많은데, 넓은 마당에 늘어선 옹기들이 이 집의 저력을 느끼게 한다. 직접 메밀 농사를 지으며 3대째 운영하는 식당이다. 옆에 있는 이효석 생가 터(현재 사유지)도 들러보자.

📍 강원 평창군 봉평면 이효석길 33-11　🅿 가능　📞 0507-1322-4594　🕐 09:30~19:30(30분 전 주문 마감)　₩ 간장나물메밀비빔국수 16,000원, 메밀물국수 12,000원, 메밀비빔국수 12,000원　🏠 www.gasanhouse.com

사부작사부작 계절 따라 걷는 숲길

가을에는 따뜻한 색의 단풍, 겨울이면 푸른 하늘 아래 펼쳐진 근사한 설경이 맞이하는 강원도 산자락.
눈을 들면 하늘로 쭉쭉 뻗은 키 큰 나무들이 푸른 하늘을 지고 섰다. 숲길을 따라 걸으며
맑은 공기를 온몸으로 느껴보자. 어느 계절에 가더라도 강원도 고지대의 매력을 느낄 수 있다.

고요하고 아름다운 천년의 숲

오대산월정사전나무숲길

#맑은공기 #월정사숲길 #선재길

무려 1,000년이 넘는 세월 동안 월정사를 지킨 전나무 숲을 '천년의 숲'이라 부른다. 고요한 가운데 후드득 새가 날아가는 소리, 졸졸졸 얼음 밑으로 흐르는 개울물 소리가 맑은 공기에 실려온다. 오대산의 전나무 숲은 부안 내소사의 전나무 숲, 남양주 광릉수목원의 전나무 숲과 더불어 한국의 3대 전나무 숲으로 꼽힌다. 2011년 아름다운 숲 전국대회에서 대상인 '생명상'을 수상했다. 평균 수령 80년이 넘는 전나무 1,700여 그루가 길 양쪽에 버티고 섰다. 숲길 옆에는 얼어붙은 오대천 위로 눈이 소복하게 쌓여 반짝인다. 일주문에서 월정사까지 걸으면 30분 정도, 상원사까지 이어지는 선재길을 걸으면 3시간 30분 정도 걸린다.

📍강원 평창군 진부면 오대산로 350-1 Ⓟ월정사 주차장 경차 3,000원, 전기차 3,000원, 중형차 6,000원, 대형차 9,000원
₩ 무료

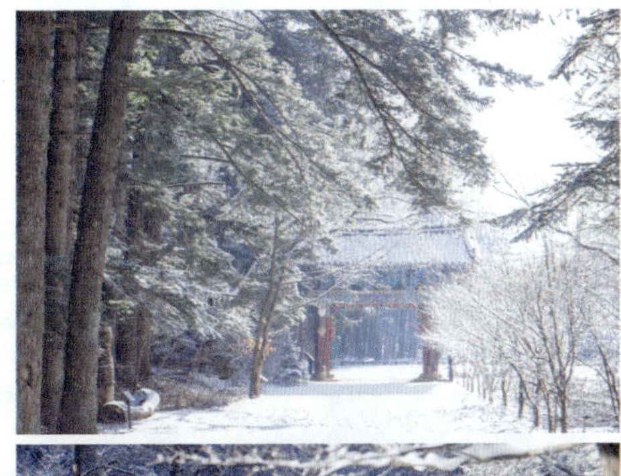

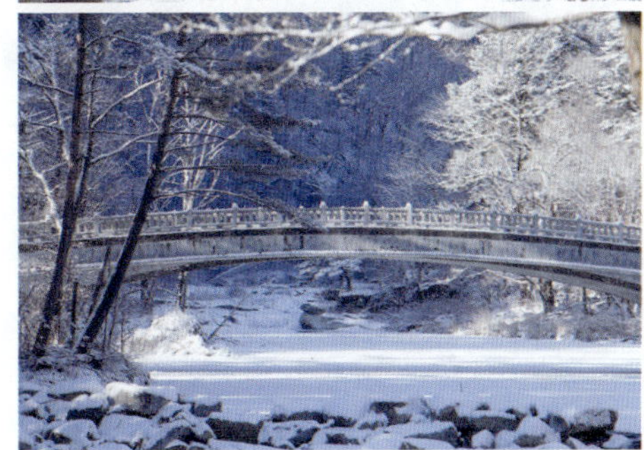

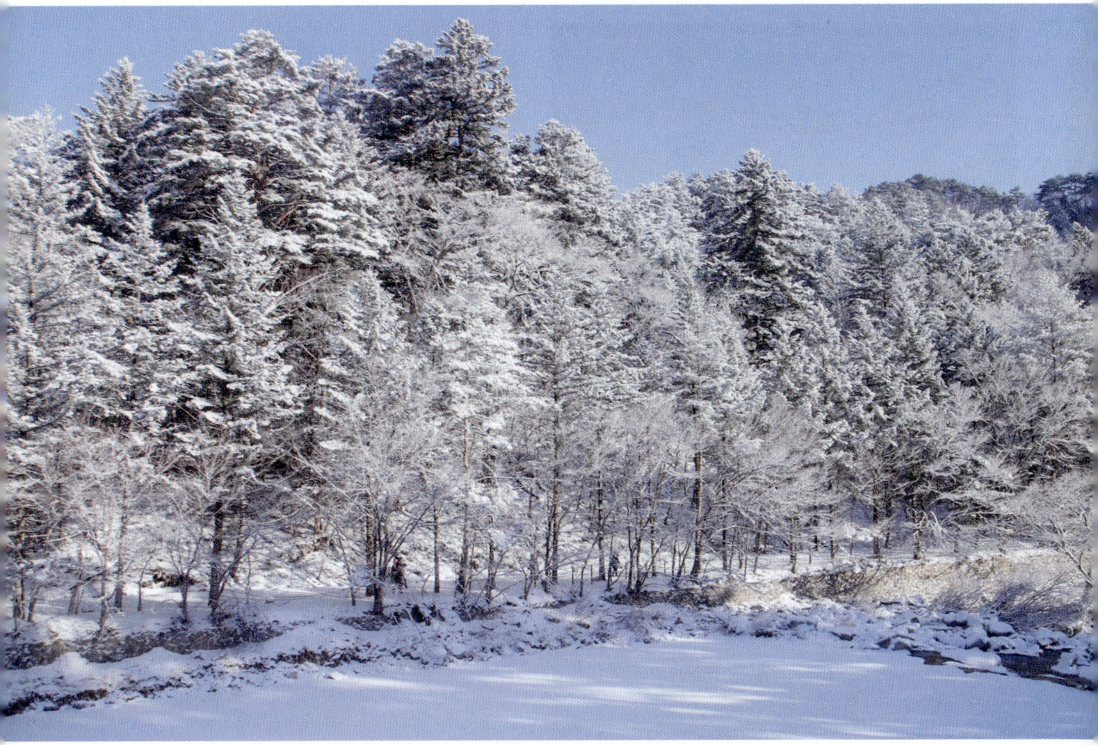

오대산의 볕 좋은 명당 자리

월정사

#오대산 #천년의숲 #전나무숲길

다섯 봉우리가 마치 연꽃처럼 벌어졌다는 오대산 줄기 아래 월정사가 따뜻한 남쪽을 향해 자리한다. 오대산은 예로부터 금강산, 지리산, 한라산과 함께 무척 신성한 산으로 여긴 명산이다. 옛사람들은 '삼재가 들지 않는 명당'으로 생각했다. 고려시대부터 전란의 피해 없이 잘 보존되어 오던 월정사는 한국 전쟁 때 불타올랐다. 아쉽게도 영산전, 진영각 등 17채의 건물이 다 타버리고 문화적, 예술적으로 크게 가치를 평가받던 범종도 흔적 없이 녹아버렸다. 지금의 건물들은 그 후에 새로 지었다. 국보 제48호인 팔각구층석탑만이 고려 초기에 지은 사찰의 기억을 담고 적광전 앞에 꿋꿋하게 서 있다.

📍 강원 평창군 진부면 오대산로 374-8 🅿 월정사 주차장 경차, 전기차 3,000원, 중형차, SUV 6,000원, 대형차 9,000원
📞 033-339-6800 🏠 www.woljeongsa.org

대관령 삼양라운드힐

여름이면 푸르게, 겨울이면 희게 변하는 대관령의 삼양목장이 삼양라운드힐로 이름을 바꾸었다. 날이 좋으면 해발 1,140m의 동해전망대까지 올라 쨍한 햇살을 맞으며 설원에 펼쳐진 풍력발전소를 내려다보자. 둥그런 언덕에 쌓인 부드러운 흰 눈이 마치 케이크 위에 얹은 생크림처럼 보인다. 목장의 아름다운 풍경 덕분에 여러 드라마와 영화의 촬영지로도 유명하다.

📍 강원 평창군 대관령면 꽃밭양지길 708-9 🅿 가능 📞 033-335-5044 🕘 5~10월 09:00~17:00, 11~4월 09:00~16:30 ₩ 성인 12,000원, 36개월 이상~청소년 10,000원, 우대 9,000원, 36개월 미만 무료 🏠 www.samyangroundhill.com

©윤유섭

대관령양떼목장

정상으로 오르는 길에 대관령양떼목장의 사진에 어김없이 등장하는 움막도 있고, 아이들이 좋아하는 올챙이 연못과 습지도 있다. 그래도 양떼목장의 묘미는 귀여운 양들에게 직접 먹이를 줄 수 있는 먹이주기 체험장이다. 건초를 오물거리는 양들 옆에서 신이 난 아이들의 표정을 볼 수 있다. 해발 920m의 목장 정상에 오르면 굽이굽이 펼쳐진 산맥이 웅장하다.

📍 강원 평창군 대관령면 대관령마루길 483-32 🅿 가능 📞 033-335-1966 🕘 5~8월 09:00~18:30, 4·9월 09:00~18:00, 3·10월 09:00~17:30, 11~2월 09:00~17:00(1시간 전 입장 마감, 명절 당일 휴무) ₩ 성인 9,000원, 청소년·어린이 7,000원, 우대 6,000원 🏠 www.yangtte.co.kr

10월에만 열리는 비밀의 문

홍천 은행나무 숲

#가을여행 #황금빛가을 #은행나무숲길

황금빛 가을의 길목에서 사람들의 탄성이 쏟아진다. 아장아장 걷는 아이들이 고사리손으로 은행잎을 쥐고 깔깔거린다. 바람이 불어오면 부채같이 넓은 잎이 서로 마주치며 차르르르 박수를 친다. 이 숲은 한 사람이 가꿔온 사유지다. 몸이 아픈 아내를 위해 30년 전에 물이 좋다는 이곳으로 이사했고, 맑은 물뿐만 아니라 맑은 공기를 마시면 더욱 좋겠다 싶어 은행나무 묘목을 심기 시작했다. 세월이 흐르고 나무들이 자라 국내 최대 규모의 은행나무 숲이 되었다. 숲의 주인은 좋은 풍경을 혼자 보기 아깝다며 2010년부터 해마다 10월 한 달 동안 무료로 숲을 개방한다. 덕분에 1년에 한 번씩 아름다운 은행나무 숲길이 선물처럼 펼쳐진다.

📍 강원 홍천군 내면 광원리 686-4　🅿 가능
📞 033-433-1259　🕐 10월 10:00~17:00

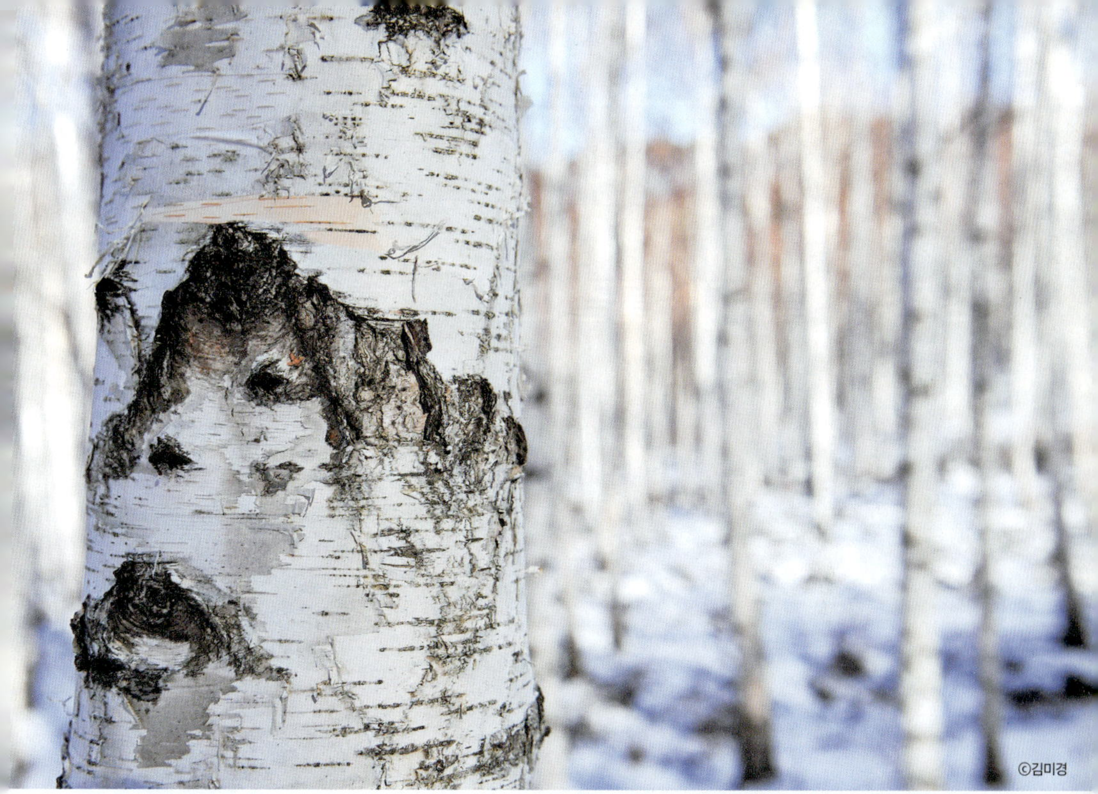

ⓒ김미경

자작자작 바람의 소리를 듣는

속삭이는자작나무숲

#기분좋은산책 #겨울나무 #인제자작나무숲

자작자작, 자작나무의 이름을 입 안에서 조용히 읊조려본다. 하얗고 윤이 나는 껍질이 불에 닿으면 자작자작하며 잘 탄다고 해서 붙여진 이름이다. 매력적인 겨울 나무를 꼽으랄 때 둘째가라면 서러울 나무가 자작나무다. 추운 곳을 좋아하는 자작나무의 군락지가 인제에 있다. 안내소에서 3.2km 길이의 임도를 따라 1시간쯤 올라가면 '속삭이는자작나무숲'이 나온다. 눈부시게 푸르른 하늘 아래 흰 속살을 드러낸 자작나무들이 한데 모였다. 곧게 뻗은 자작나무들이 빽빽하게 늘어선 모습이 마치 영화 속 한 장면처럼 근사하다. 눈이 내리면 탐험 코스 쪽 길이 미끄러우니 아쉽더라도 올라갔던 임도로 다시 내려오기를 권한다.

강원 인제군 인제읍 원대리 763-4 속삭이는자작나무숲 안내소 Ⓟ 가능 033-463-0044 5~10월 09:00~15:00, 11~3월 09:00~14:00(월·화요일 휴무)

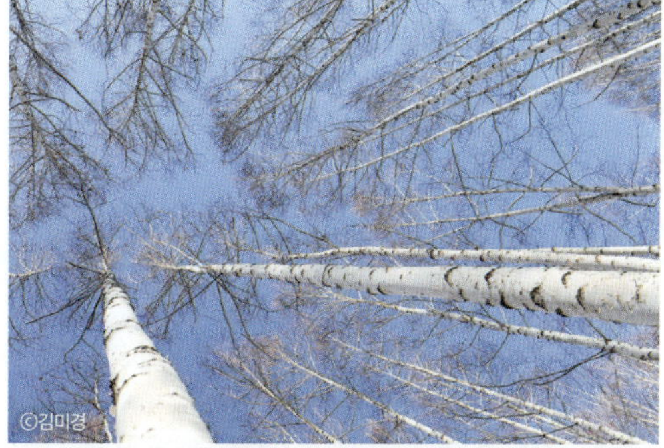

ⓒ김미경

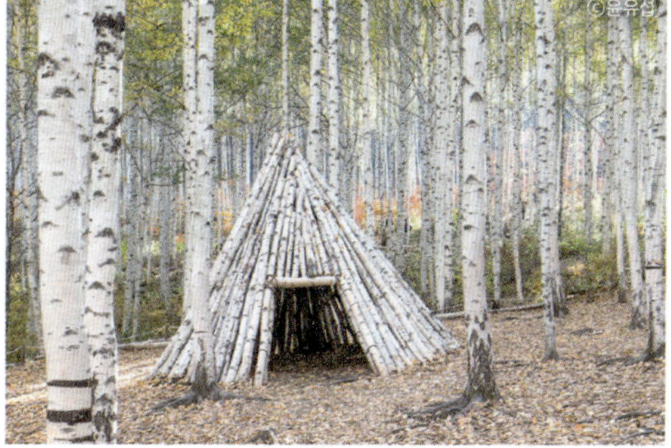

ⓒ윤유섭

주상절리가 펼쳐지는 물길 따라

한때는 한반도의 정중앙에 위치한 강원도 제2의 도시였다.
머리 위에 휴전선을 이고 비옥한 철원평야를 품었다. 날아가는 학처럼
수려한 금학산 아래 용암이 빚어낸 주상절리와 기암괴석이 한탄강
곳곳에서 절경을 뽐낸다. 깨끗하고 신선한 공기를 들이마시며
폭포를 감상하고 물길을 걸어보자. 철원 오대쌀로 지어 윤기가 흐르는
밥과 맛있는 한우도 맛보고 돌아오자.

삼부연 폭포

#철원9경 #철원여행 #근사한경치

철원 9경 중에 3경이 폭포다. 직탕 폭포, 매월대 폭포, 삼부연 폭포가 9경에 포함되어 빼어난 절경을 자랑한다. 근사한 폭포에는 어김없이 용의 전설이 어린다. 이무기 4마리가 이곳에 살다가 그중 3마리가 용이 되어 하늘로 올라간 자리에 3개의 바위 구멍이 남았고, 그 구멍은 폭포수가 떨어지는 가마솥 같은 웅덩이가 되었다. 이 웅덩이를 노귀탕, 솥탕, 가마탕이라 부른다. 삼부연 폭포는 폭포수가 세 번 꺾이면서 세 군데의 가마솥 같은 소를 만든다 하여, 세 개의 가마솥이라는 뜻의 삼부三釜라는 이름이 붙여졌다. 약 20m 높이의 폭포가 일부러 그려놓은 듯 굽이굽이 절벽을 타고 떨어지는 모습도 장관이지만, 폭포를 둘러싼 나무들과 바위가 신묘하게 어우러져 감탄을 자아낸다. 진경 산수화의 대가인 겸재 정선이 이 폭포에 반해 삼부연도를 그렸다. 그야말로 '그림 같은 풍경'이다.

📍 강원 철원군 갈말읍 신철원리 산26-58 삼부연폭포 주차장
🅿 삼부연폭포 주차장에 주차 후 터널을 지나면 폭포

TIP 여행이 풍성해지는 그림
정선 [삼부연], 〈해악전신첩〉 1747년

겸재 정선은 의도에 따라 대상의 본질을 표현한 진경산수화를 그려냈다. 〈해악전신첩〉에 실린 [삼부연]은 세 폭의 폭포가 각도를 틀며 유려하게 떨어지는 형세를 다이내믹하게 엮어낸 '진경'을 보여준다.

도피안사

#평온한 #사찰여행 #철원9경

화개산 자락에 폭 파묻힌 신라시대의 절이 아늑하고 아름답다. '피안에 이르는 절'이라는 이름처럼 머무는 시간이 무척이나 평온하다. 꿀 같은 약수 한 모금을 마시고 피안의 세계를 둘러본다. 대적광전에 들어서면 국보로 지정된 철조비로자나불 좌상이 인자한 미소를 띠고 있다. 대좌까지 모두 검은 철로 만들어진 불상의 무게감이 더욱 크게 느껴진다. 불상의 자리에서 바깥을 내려다보면 보물로 지정된 삼층 석탑이 마당 한가운데 고고하다.

📍 강원 철원군 도피동길 23   🅿 가능   📞 033-455-2471

아찔하게 내려다보는 한탄강
은하수교와 송대소

#한탄강 #철원여행 #유네스코세계지질공원

은하수교는 한탄강의 물길과 근사한 주상절리를 물 위에서 내려다볼 수 있게 만든 보행자용 다리다. 은하수교의 한가운데가 유리로 되어 있어 강물이 곧장 내려다보인다. 풍경만큼 기분도 아찔하다. 유리 바닥에 앉아 사진을 찍으면 마치 구름 위에 앉아 있는 듯한 근사한 사진을 찍을 수 있다. 은하수교를 건너 횃불전망대로 가는 동안, 다리 왼쪽에 30미터 높이의 주상절리를 선보이는 송대소가 보인다. 남쪽으로는 물윗길이 놓여 한탄강에 매력을 더한다.

📍 강원 철원군 동송읍 장흥리 725-12
🅿 은하수교 주차장 📞 0507-1482-1621
🕘 09:00~17:00(화요일 휴무)

학저수지

학이 날아와 쉬는 저수지인가 싶었더니, 근처에 학이 내려앉은 모양의 금학산이 있어 학저수지라고 한다. 평균 수심이 1.5~2m여서 두루미와 청둥오리 같은 철새들이 살기 좋은 곳이다. 총길이가 4.5km인 둘레길을 걸으며 철새들의 안식처를 기웃거린다. 노을 지는 풍경이 아름답기로 유명하니 해 질 무렵 들러보아도 좋겠다.

📍 강원 철원군 동송읍 오덕리 557-1 🅿 학저수지주차장

철원평야가든

#철원맛집 #연잎밥 #안심식당

여러 방송국의 맛기행 프로그램에 출연하며 맛집으로 인정받은 철원의 안심식당이다. 철원오대쌀로 지은 밥이 찰지다. 갖은 찬이 정갈하고, 곁들여 나오는 된장찌개가 구수하다. 반찬 모두 직접 가꾼 농산물로 만들 뿐 아니라 직접 가꾼 연잎으로 연잎밥을 찐다. 연잎밥은 찌는 시간이 걸리니 미리 전화로 예약해서 기다리는 시간을 줄여보자.

📍 강원 철원군 동송읍 태봉로 1936 🅿 가능 📞 033-455-1799 🕐 11:00~16:00 ₩ 연잎밥정식 15,000원, 연잎닭백숙 75,000원

꽃돈상회

철원은 돼지고기의 지역 브랜드를 갖고 있고, 강원 한우도 생산하는 축산업 발달 지역인 만큼 맛 좋은 고기를 파는 집들이 많다. 꽃돈상회에서는 맛있는 고기와 야채를 철판에 구워준다. 크림 막걸리를 주문하면 눈꽃 빙수처럼 사르르 얼어 크림처럼 느껴지는 막걸리를 맛볼 수 있다.

📍 강원 철원군 동송읍 태봉로 1842-27 🅿 가능 📞 0507-1418-9595 🕐 11:00~21:30(20:00 주문 마감, 화요일 휴무) ₩ 꽃돈모듬 소+된장찌개 54,000원, 철원오대쌀 크림 막걸리 7,000원

모두의 낭만을 위한 호반의 도시
춘천

춘천은 가는 길조차 낭만적이다. 북한강을 끼고 달리는 드라이브도 신선하고, 경춘선을 타고 가는 기차 여행도 즐겁다. 남이섬에서 계절이 선사하는 운치를 느끼고, 소양강 스카이워크나 물레길을 거닐며 산책을 해보자. 김유정문학촌, 책과인쇄박물관, 이상원미술관을 돌아보며 문학과 예술에 취해도 좋다. 닭갈비와 막국수 같은 먹거리뿐만 아니라 자연과 어우러진 근사한 카페도 많아 누구나 취향에 따라 즐길 수 있는 여행지다.

춘천을 가장 멋지게
여행하는 방법

01
스카이워크부터 카누까지
물의 도시 즐기기

02
김유정의 고향 춘천에선
문학과 예술 기행을!

03
요즘 춘천 여행법은
핫플에서 인생 사진 찍기

THEME
01

물의 도시 낭만의 도시

어쩌면 누구나 춘천에 대한 로망을 품고 있는지도 모른다.
여럿이 모이면 함께 〈소양강 처녀〉를 불러 젖히고,
일상에 지칠 때면 〈춘천 가는 기차〉를 흥얼거리지 않던가.
물안개 자욱한 물레길에서 카누를 타고 싶다는 핑계로,
계절 따라 낭만을 더하는 섬 구경을 하겠다는 핑계로,
호반의 도시 춘천에 가자. 춘천은 이름처럼 날마다 봄이니까.

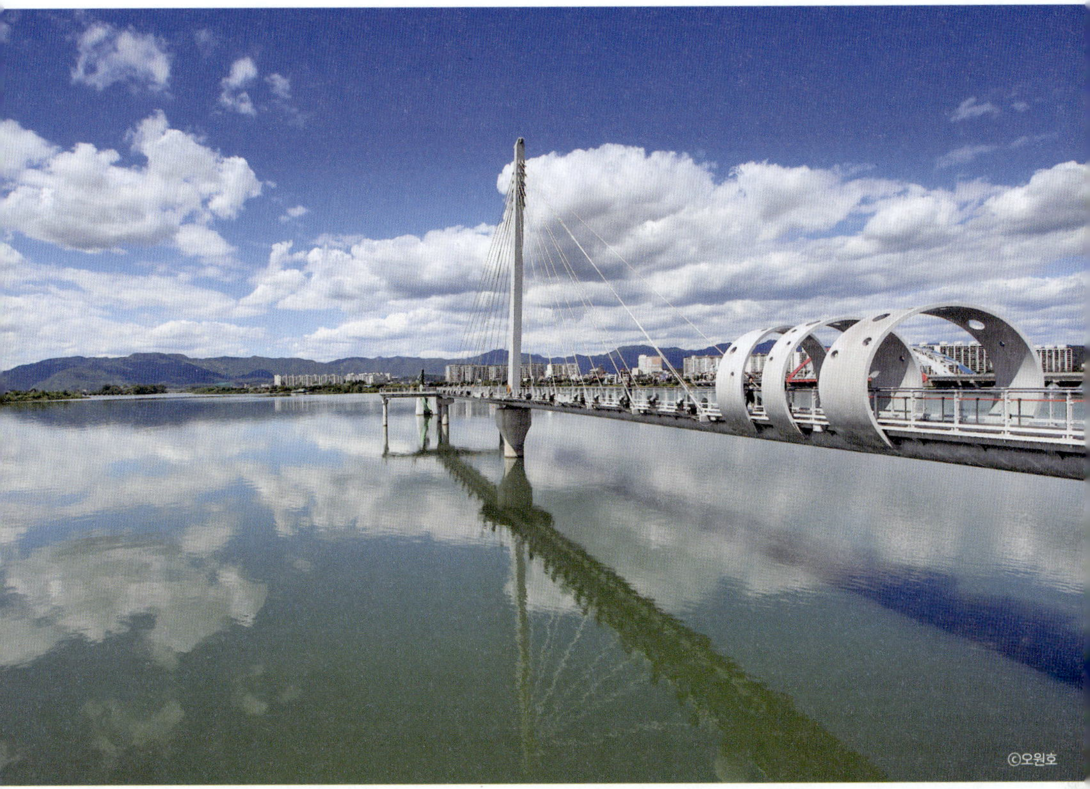

〈소양강 처녀〉 흥얼거리며 사뿐사뿐

#소양강여행 #투명바닥 #심장쫄깃

소양강 스카이워크

소양강 스카이워크는 소양강과 북한강의 물줄기가 만나 합쳐진 의암호에 놓였다. 소양강 스카이워크는 여느 스카이워크와 달리 투명한 바닥이 무려 156m에 이른다. 전체 길이도 174m로 만만치 않게 길다. 높은 곳을 무서워하는 사람이라면 끝까지 건너지 못할 수도. 투명한 유리 바닥을 조심조심 지르밟으며 물위를 걷는다. 스카이워크의 끄트머리에 도착한 사람에겐 쏘가리 동상과 제대로 사진 찍을 기회가 주어진다. 흰 구름 둥실거리는 맑은 날이면 한낮에 가도 좋고, 야경을 보러 가도 좋다. 소양강 스카이워크와 소양2교 사이에서 관광객을 반기는 소양강 처녀와도 인사를 나누고 오자.

📍 강원 춘천시 영서로 2663　🅿 가능, 30분 600원, 30분 초과 시 10분 300원　📞 033-240-1695　🕐 10:00~17:30(화요일 휴무)　🅦 2,000원(춘천사랑상품권 2,000원 제공)

춘천물레길

#에코투어 #카누타기 #춘천여행

수많은 길 중 물소리를 가장 가까이서 들을 수 있는 길이 물레길이다. 의암호 둘레를 따라 걷거나 자전거를 타는 길은 봄내길이라고 하고, 카누나 요트를 타고 물결을 느끼는 길은 물레길이라 한다. 간단하게 노 젓는 방법을 배우고 카누에 오른다. 붕어섬과 중도를 돌아보며 잔잔한 호수의 소리를 듣는다.

📍 강원 춘천시 스포츠타운길 113-1 🅿 춘천송암스포츠타운 빙상경기장 주차장 📞 0507-1314-8463 🕐 09:00~18:00 ₩ 카누 1대 2인 기준 30,000원(성인 1인 추가 10,000원, 36개월~어린이 1인 추가 5,000원/ 카누 1대 성인 3인 혹은 성인 2인+소인 2인 탑승 가능, 탑승자 몸무게 합 220kg 미만), 킹카누 기준 의암댐 코스 1인 25,000원, 중학생 20,000원, 초등학생 10,000원(1시간 30분 소요)/ 12인승 카누, 휠체어용 카누 구비 🏠 mullegil.modoo.at, www.킹카누.org

---

제이드가든

#정원산책 #숲길산책 #데이트코스

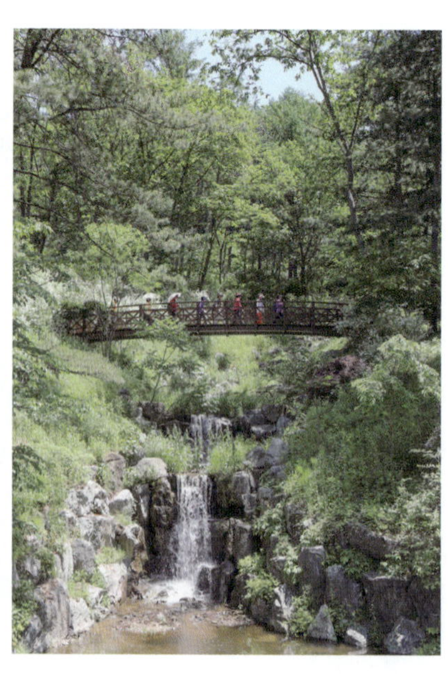

유럽풍 정원을 따라 걷다 보면 피톤치드와 꽃 내음에 기분이 상쾌해진다. 나무내음길에는 낙엽송이 얇게 깔려 푹신하고, 단풍나무길은 수목원을 위에서 내려다보며 조용히 걸을 수 있다. 숲속바람길은 큰 나무 그늘이 드리워져 바람이 시원하며 유아차 이동에 적당하다. 코스가 여럿이라 어디로 가면 좋을지 고민된다면 추천 코스를 따라 걷자. 들뜬 발걸음이 살며시 춤을 춘다.

📍 강원 춘천시 남산면 햇골길 80 제이드가든수목원 🅿 가능 📞 033-260-8300 🕐 09:00~18:00(1시간 전 입장 마감) ₩ 성인 11,000원, 청소년 6,000원, 어린이 6,000원, 65세 이상 8,000원 📷 @jadegardenkorea

남이섬

남이섬을 나미나라공화국이라고 부르기도 한다. 상상의 즐거움이 가득한 동화 나라를 표방하며 독립 국가를 선언하는 당찬 이름이다. '나미나라'의 국기도 있고, 기념우표도 있고, 쓰이지는 않지만 '남이통보'라는 기념주화도 있다니 재미있다. 10분 정도 배를 타고 들어가 남이섬에 닿으면 미니 기차를 타거나 자전거를 대여할 수 있다. 연꽃이 피어 있는 연련지, 참신한 아이디어로 가득한 재활용 환경정원, 유명한 메타세쿼이아길, 가을이면 금빛으로 빛나는 송파은행나무길, 버드나무가 운치 있는 정관백련지 등 하루에 둘러보기 벅찰 만큼 넓다. 쉴 새 없이 열리는 각종 콘서트와 문화 행사들이 다채로움을 더한다.

📍 강원 춘천시 남산면 남이섬길 1 🅿 남이섬 선착장(경기 가평군 가평읍 북한강변로 1024) 📞 0507-1311-8114 🕐 08:00~21:00 ₩ 성인 19,000원, 청소년·장애인·국가유공자 등 16,000원, 36개월~어린이 13,000원 🏠 www.namisum.com

TIP 남이섬에서 하룻밤

남이섬 안에 정관루라는 호텔이 있어 숙박이 가능하다. 가족이나 단체가 숙박할 수 있는 별장식 콘도도 있으니 별을 보며 조용히 하룻밤 보내고 싶다면 예약해보자.

문학과 예술에 취하는 날

춘천에서는 왠지 잉크 냄새가 물씬 풍긴다. 1930년대 한국 문학의 축복이었던 김유정의 고향 실레마을을 둘러보고, 책과인쇄박물관, 이상원미술관을 돌아보며 문학과 예술의 향기에 취해보자.

#잉크냄새 #소중한활자 #역사의기록

책과인쇄박물관

박물관으로 들어서면 인쇄소 특유의 잉크 냄새가 은은하다. 벽면을 가득 채운 활자의 아우라에 잠시 압도당한다. 책과인쇄박물관에서는 1,300년이라는 긴 세월 동안 세계에서 가장 앞섰던 우리의 책과 인쇄 문화를 살펴볼 수 있다. 서체별, 크기별로 활자 수십만 자가 진열되어 있고, 판을 짜는 조판대, 납을 녹여 활자를 찍어내던 주조기 같은 오래된 기계들이 보인다. 친절한 관장님의 설명을 들으며 수동 활판 인쇄기로 엽서를 인쇄해볼 수 있다. 어린 시절을 함께한 정감 어린 잡지들, 국민학교 교과서와 전과가 웃음을 자아낸다. 박물관을 나서면 책 한 권 한 권이 새삼 소중하게 느껴진다. 좋아하는 글자나 이름의 활자를 기념으로 구입할 수 있다.

📍 강원 춘천시 신동면 풍류1길 156 Ⓟ 가능 📞 033-264-9923 🕐 4~10월 09:00~18:00, 11~3월 09:30~17:00(월요일·명절 당일 휴관) ₩ 성인 7,000원, 어린이·청소년 6,000원, 유아·군인·65세 이상 5,000원 🏠 www.mobapkorea.com

김유정문학촌

#문학여행 #한국문학 #동백꽃

김유정의 《동백꽃》에 나오는 '노란 동백꽃'은 산수유 꽃을 닮은 노란 생강나무의 꽃이다. "알싸한, 그리고 향긋한 그 냄새"는 얼마나 아찔할까. 김유정의 고향이자 작품의 배경인 실레마을에는 김유정 생가와 기념관, 소설 속 배경을 담은 실레 이야기길이 조성되어 있다. 김유정의 소설 열두 편에 등장하는 인물들이 실제로 이 마을에 살던 사람들이라 하니 마을 전체가 작품의 무대다. '점순이가 나를 꼬시던 동백숲길', '복만이가 계약서 쓰고 아내 팔아먹던 고갯길', '김유정이 코다리찌개 먹던 주막길' 등 열여섯 마당이 펼쳐진다. 2002년에 복원된 김유정 생가가 너무나 번듯해서 약값조차 마련하지 못했던 김유정의 이른 죽음이 더욱 안타깝다.

생가와 기념관

김유정문학촌

📍 강원 춘천시 신동면 김유정로 1430-14 🅿 가능
📞 033-261-4650 🕐 3~10월 09:30~18:00, 11~2월 09:30~17:00(월요일·1월 1일·명절 당일 휴관) 🅦 김유정 생가·김유정기념전시관·김유정이야기집 통합 입장권 2,000원 🏠 www.kimyoujeong.org

강촌레일파크 김유정레일바이크

📍 강원 춘천시 신동면 김유정로 1383 🅿 가능
📞 033-245-1000 🕐 3~10월 09:00~17:30, 11~2월 09:00~16:30 🅦 2인승 40,000원, 4인승 56,000원, VR 이용 1인 5,000원 🏠 www.railpark.co.kr

TIP 이 코스는 어때요?

경춘선 김유정역에 내리면 김유정문학촌과 김유정레일바이크, 책과인쇄박물관까지 도보로 둘러볼 수 있다. 날이 좋으면 김유정레일바이크를 타고 옛 강촌역(폐역)까지 시원하게 달려보자.

이상원미술관

#한국화가 #미술관여행 #뮤지엄스테이

화악산 계곡 옆으로 둥그런 미술관 건물이 들어앉았다. 20세기 한국사의 굴곡을 보여주는, 한국적 사실주의를 이룩한 이상원 화백의 작품 2,000여 점과 한국 미술가의 작품 1,000여 점을 소장하고 상설 전시한다. 잔디밭의 연녹색 사과는 최은경 작가의 작품. 평범한 사과가 주는 행복과 안정감이 미술관을 감싼다. 뮤지엄 스테이를 하면 계곡 물소리를 자장가 삼아 잠들 수 있다.

◉ 강원 춘천시 사북면 화악지암길 99 ℗ 가능
☎ 033-255-9001 ◷ 10:00~18:00(1시간 전 입장 마감, 전시 교체 시에만 휴관) ₩ 성인 6,000원, 어린이·청소년·65세 이상 4,000원 ⌂ www.lswmuseum.com

---

배를 타고 들어가는 섬 속의 절

청평사

#공주와상사뱀 #회전문 #3층석탑

고려시대에 지은 청평사에는 신비로운 전설이 전해진다. 공주를 사랑한 청년이 죽은 뒤 뱀으로 다시 태어나 공주의 몸을 휘감고 떨어지지 않았는데, 궁궐을 나와 방황하던 공주가 청평사에 당도해 회전문을 지나 목욕 재개하고 가사를 지어 바쳤더니 그 공덕으로 상사뱀이 해탈에 이르렀다는 것. 이 전설이 청평사의 구송폭포와 공주탑 등에 이어져 온다. 소설가 최남용은 《바람의 그림자》에서 이 전설을 담아 흥미진진한 사랑 이야기를 썼다.

◉ 강원 춘천시 북산면 오봉산길 810 청평사 ℗ 소형 2,000원, 대형 4,000원
☎ 033-244-1095 ⌂ www.cheongpyeongsa.co.kr

TIP **소양호를 가로질러 청평사로**

청평사는 춘천 시내에서 차를 타고 가면 30분 정도 걸린다. 하지만 청평사에 가는 길은 소양호 선착장에서 배를 타야 제맛.

소양호 선착장

◉ 강원 춘천시 북산면 청평리 산 205-6 ℗ 가능 ☎ 033-242-2455 ◷ 청평사행 1시간 간격 10:00~17:00/ 청평사발 1시간 간격 10:30~17:30
₩ 왕복 성인·청소년 10,000원, 어린이 6,000원/ 편도 성인·청소년 6,000원, 어린이 3,000원

춘천 핫플은 바로 여기!

북한강과 소양강의 두 물줄기가 만나는 곳에 소양댐과 의암댐, 춘천댐이 세워지면서 거대한 호수가 도시를 감싼다.
경치 좋은 곳에는 으레 맛집이 모이기 마련. 명동 닭갈비 골목과 신북읍 막국수 거리뿐만 아니라 물 좋고 볕 좋은 곳마다
풍경을 마당으로 삼은 카페가 줄지어 섰다.

마음까지 분홍빛으로 물드는

유기농 카페

분홍색 파도가 일렁인다. 넓은 농장에 심어둔 핑크뮬리를 보며 차를 마시면 마치 대저택의 주인이라도 된 양 호사스럽다. 8월부터 11월까지 핑크뮬리와 팜파스가 은근한 파스텔 톤으로 영롱하다. 겨울이면 조금 쓸쓸하지 않을까 싶지만 괜한 걱정이다. 넓은 온실 가득 화사한 연분홍 튤립이 봄까지 지치지 않고 피어난다. 튤립에 이어 5월에서 6월까지는 수국의 향기가 농장에 가득하고, 7월과 8월 사이엔 해바라기, 메리골드, 백일홍이 원색의 기운을 뽐낸다. 계절마다 넓은 밭에 자라는 꽃과 작물들이 새로운 색으로 바뀌니 언제 가도 새롭다. 꽃이 바뀔 때면 꽃송이와 구근을 나누는 깜짝 이벤트를 열기도 하고, 화분을 판매하기도 한다.

📍 강원 춘천시 신북읍 지내고탄로 184　🅿 가능　📞 0507-1424-3406
🕐 11:00~20:00　₩ 카페라테 6,800원, 자몽에이드 7,500원
📷 @organic_cafe_

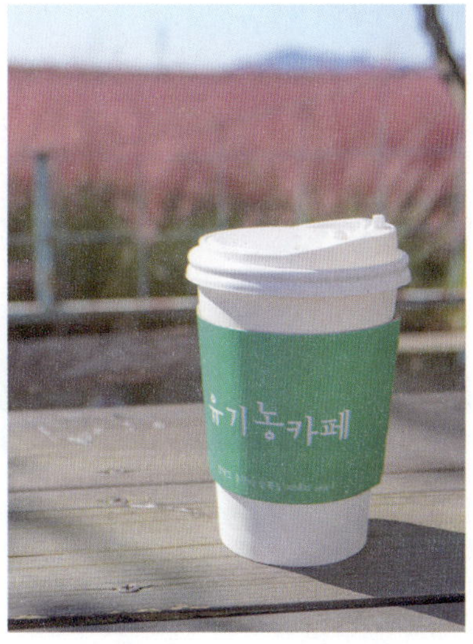

명동우미닭갈비

#춘천닭갈비 #철판볶음밥 #맛집인정

기름이 좍 깔린 철판에 고추장 양념옷을 입은 야들야들한 닭고기와 양배추, 감자와 떡을 넣어 볶는데 맛이 없을 수가 없다. 고기와 채소를 다 먹어갈 때쯤 김 가루와 채소를 더해 밥을 비비는 철판 볶음밥은 철판 닭갈비만의 매력이다. 명동우미닭갈비에서는 볶음밥 먹을 배를 꼭 비워놔야 한다. 공깃밥을 시키면 철판에 밥을 볶아 롤처럼 말아주는데 속이 촉촉하고 간이 딱 맞는다.

📍 강원 춘천시 영서로 2345 🅿 가능 📞 033-255-1919 🕐 10:00~20:50(수요일 격주 휴무) ₩ 닭갈비 16,000원, 닭내장 16,000원, 막국수 9,000원, 누룽지롤볶음밥 5,000원 🏠 www.mdwoomi.com

춘천 숯불닭갈비

#구운닭갈비 #춘천닭갈비 #닭갈비맛집

숯불닭갈비는 굽는 사람의 솜씨가 맛을 좌우한다. 간장닭갈비나 고추장닭갈비의 양념이 타기 전에 계속 뒤집어줘야 맛있다. 신북읍에는 숯불닭갈비집이 몰려 있다. 통나무집 숯불닭갈비는 직원들이 고기를 잘 구워주며 밑반찬이 깔끔하다. 토담숯불닭갈비에서 닭갈비를 먹으면 어스17, 토담카페에서 할인이 된다. 메이플가든은 시내에서 가깝고 인테리어도 예뻐 춘천 시민들이 자주 찾는다.

메이플가든 닭갈비
📍 강원 춘천시 동내면 동내로 195 🅿 가능 📞 0507-1449-2828 🕐 11:00~21:00(1시간 전 주문 마감, 수요일 휴무) ₩ 숯불닭갈비 1인분 16,000원, 철판닭갈비 1인분 16,000원 🏠 maplegarden.co.kr

토담숯불닭갈비
📍 강원 춘천시 신북읍 신샘밭로 662 🅿 가능 📞 033-241-5392 🕐 10:30~21:30(1시간 전 주문 마감) ₩ 소금닭갈비 1인분 16,000원, 간장닭갈비 1인분 16,000원, 고추장닭갈비 16,000원

매콤 달콤 새콤한 메밀막국수

유포리막국수

막국수의 맛이 한결같은 집이다. 50년 동안 시골집에서 장사를 하는 데도 손님이 몰리는 이유가 있다. 뜨거운 메밀차와 시원한 동치미가 함께 나온다. 척 봐도 한 손에 탁 쥐고 단단하게 말아 올린 국수가 푸짐하다. 양념장에 김 가루, 깻가루까지 얹어 나온 국수를 잘 비빈다. 취향에 따라 식초나 설탕을 더하거나 열무김치, 동치미 국물을 넣어 시원하게 말아 먹는다.

강원 춘천시 신북읍 맥국2길 123
P 가능　033-242-5168　11:00~19:30(명절 당일 휴무)　막국수 10,000원, 편육 20,000원, 감자부침 10,000원

정원이 넓은 옛집에서 즐기는

부안막국수

부안막국수는 옛날 집을 개조해 식당으로 만들었다. 정원을 볼 수 있는 야외 자리를 선호하는 사람이 많다. 무절임을 얹는 보통 막국수와 달리 삶은 달걀과 지단, 배추김치를 더해 독특하다. 면과 함께 아삭아삭 씹히는 김치 맛이 좋다. 춘천 시내에서 가까워 현지인 단골이 많다.

강원 춘천시 후석로344번길 8
P 가능　033-254-0654
11:00~21:00(명절 당일 휴무)
막국수 보통 9,000원, 곱빼기 11,000원, 편육 30,000원

소양강이 흐르는 풍경

어스17

#화창한날에 #마당있는집 #카페놀이

카페 어스17에는 푸른 하늘을 배경으로 넓게 펼쳐진 마당 앞으로 소양강이 흐른다. 빈백에 앉아 시간을 보내고 싶다면 모자나 선글라스를 준비하자. 마당의 소나무 두 그루는 운치 있지만 햇볕이 뜨거운 날은 그늘이 아쉽다. 데이트를 하려면 영롱한 조명이 분위기를 더하는 저녁 시간이 좋다. 음악 감상실로 쓰이는 2층에서 내려다보는 경치도 좋다. 2층은 노키즈존.

📍 강원 춘천시 신북읍 신샘밭로 766
🅿 가능 📞 0507-1403-7876
🕐 11:00~21:30(30분 전 주문 마감)
🏧 아메리카노 6,500원, 아인슈페너 7,500원
📷 @cafe_earth17

정말 감자인 줄 알았어요

감자밭

#감자빵 #뷰맛집 #인스타카페

감자랑 똑같이 생긴 빵이다. 백태와 흑임자 가루로 갓 수확한 감자 모양을 표현했다. 말랑하고 쫄깃한 겉모습과 달리 안에는 구수하고 촉촉한 감자 소가 들어 있다. 카페의 정원이 넓고 예쁘니 사진을 찍으며 시간을 보내도 좋다.

📍 강원 춘천시 신북읍 신샘밭로 674 🅿 가능 📞 1566-3756
🕐 10:00~21:00 🏧 감자빵 1개 3,300원, 1박스(10개) 29,700원, 감자라테 6,000원 📷 @gamzabatt

여유로운 시간과 공간을 즐기러

카페 드 220볼트

#베이커리 #분위기맛집 #뷰맛집

3층짜리 건물 전면에 하늘이 투명하게 비친다. 1층부터 3층까지 트여 높은 층고가 주는 여유로움이 있다. 창문 너머로 보이는 풍경에 커피 한잔 곁들이면 나만의 공간이 된다.

📍 강원 춘천시 금촌로 107-27 🅿 가능 📞 033-263-0220
🕐 10:00~19:00, 주말 10:00~21:00 🏧 오로라 8,300원, 콜드브루 7,000원, 아포가토 7,000원 📷 @cafe_de_220volt

춘천의 핫한 루프톱
강남1984

#맥주맛집 #루프톱 #생맥주

강남1984는 건물 옥상에 환한 조명을 켜두어 멀리서 봐도 눈에 띈다. 예전에 여관이었음을 드러내는 간판이 그대로 손님을 맞는다. 1층은 카페, 2층과 3층은 펍이다. 작은 여관 방 하나하나가 이제는 벽으로 남아 일행들만의 프라이빗한 공간을 살린다. 생맥주도, 안주도 맛있다. 루프톱에서 흥겨운 노래를 들으며 시원한 맥주를 마시다 보면 해외여행이라도 온 기분이 든다.

📍 강원 춘천시 남춘로36번길 8　🅿 길가에 가능　📞 0507-1316-1984　🕐 펍 11:30~24:00, 브레이크 타임 15:00~18:00 / 카페 11:00~17:00(일요일 휴무)　🟩 감바스 22,000원, 닭목살튀김 24,000원, 생맥주 5,000원　📷 @gangnam_1984

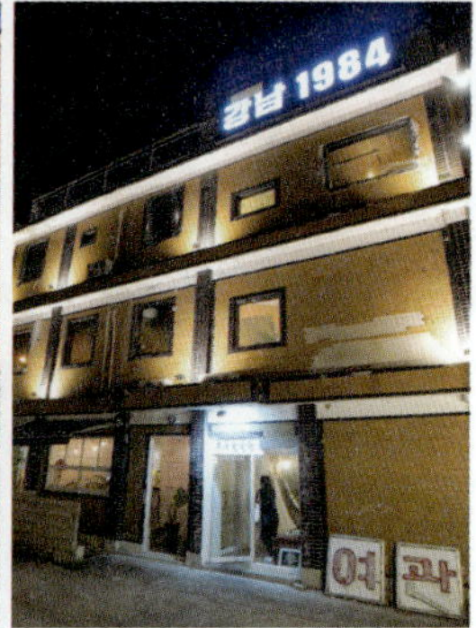

에티오피아 커피의 향기
이디오피아

#핸드드립 #커피맛집 #따뜻한분위기

한국 전쟁 때 에티오피아의 황제가 자신의 근위병을 보내준 인연을 시작으로 이곳에 에티오피아 음식점, 카페, 참전 기념관이 생겼다. 커피를 주문하면 정성껏 핸드 드립을 해준다. 공지천을 바라보며 향긋한 시간을 보낸다.

📍 강원 춘천시 이다오피아길 7　🅿 가능　📞 033-252-6972　🕐 10:00~21:00　🟩 아메리카노 5,500원, 하라르 12,000원, 이르가체페 10,000원, 시다모 10,000원

프로방스 스타일의 넓은 카페
산토리니

#춘천데이트 #야외정원 #춘천카페의원조

춘천의 데이트 명소인 카페다. 드넓은 대지에 세운 종탑 앞은 여전히 인생 사진을 찍는 커플들로 붐빈다. 레스토랑과 펜션을 운영하고 야외 웨딩도 진행한다.

📍 강원 춘천시 동면 순환대로 1154-97　🅿 가능　📞 0507-1423-3012　🕐 월~목요일 11:00~21:00, 금요일 11:00~22:00, 토요일 10:00~22:00, 일요일 10:00~21:00　🟩 아메리카노 6,900원, 카페라테 7,000원, 딸기라테 7,900원　📷 @ch_santorini

PART
03
진짜 경기도를 만나는 시간
KOREA

한눈에 보는 경기도

경기도는 1,000만 인구가 모여 사는 서울을 둘러싸고 싱그러운 자연의 기운을 발산한다.
꽃과 허브 향을 따라 풍경을 즐기고, 역사와 문화를 따라 발길을 옮긴다.
드라이브를 즐기는 당일치기 여행, 잠시 쉬어갈 수 있는 1박 2일 여행을 계획해보자.

#양평 P.174

맛집으로, 카페로, 농촌 체험 마을로
가볍게 드라이브를 떠나보자!

#가평 P.188

강변을 따라 펼쳐지는 아름다운 풍경 속에서
나도 꽃처럼 향기로워라.

#포천·연천·파주 P.192

곳곳에 수목원과 허브 농장이 자리하니
임진강까지 꽃 마중을 나가볼까.

#강화 P.196

역사를 따라 시간을 거슬러 오래된 섬의
이야기를 듣는 곳.

#인천 P.206

울긋불긋 매력적인 차이나타운에서
짜장면 한 그릇 뚝딱!

#수원 P.216

장엄한 수원화성의 기운이 스며든 도시,
문화유산과 함께 숨 쉬는 도시.

#과천 P.222

아이와 함께라면 과천이지!
하루 종일 즐거운 동물원과 과학관, 미술관.

경기도
상세 지도
연천
포천
가평
파주
강화
양평
인천
과천
수원

인천 여행 코스

추천 숙박 인천의 차이나타운 근처에는 하버파크 호텔이 깔끔하고, 저가형 모텔들이 많은 편. 고급스러운 호텔을 원한다면 송도의 센트럴파크 근처의 오크우드프리미어인천, 쉐라톤그랜드호텔 등을 선택한다. 영종도에는 인천공항 근처에 좋은 호텔도 많고, 바닷가 오션뷰의 호텔들도 다양하다. 을왕리 해수욕장 근처에는 리조트와 호텔들이 여럿이고, 왕산 해수욕장 앞에는 캠핑장이 여럿이다. 한적하고 오붓한 숙소를 찾는다면 에어비앤비도 검색해 보자.

◉ **인천아트플랫폼** P.214
인천아트플랫폼에서 예술의 향기 만끽하기

도보 6분

차이나타운 P.209 ◉
중국인들이 모여 살았던 차이나타운 둘러보기

도보 1분

◉ **짜장면박물관** P.210
짜장면박물관에서 그리운 추억 떠올리기

도보 2분

점심 공화춘 P.211 ◉
공화춘이나 연경, 신승반점에서 짜장면 맛보기

차량 9분

◉ **배다리헌책방골목** P.213
배다리헌책방골목 산책하며 책방 구경

도보 2분

배다리성냥마을박물관 P.213 ◉
배다리성냥마을박물관 들르기

도보 1분

◉ **배다리아트스테이1930** P.213
배다리아트스테이1930에 들러 작품 감상

차량 46분

카페오라 P.215 ◉
카페오라에서 커피 한 잔

차량 1분

을왕리 해수욕장 P.215 ◉
을왕리 해수욕장에서 맞이하는 일몰

도보 1분

◉ **저녁 을왕리 조개구이** P.215
맛있는 조개구이 냠냠

 **강화 여행 코스**

🛏 **추천 숙박** 강화도에는 섬을 빙 둘러 바닷가에 펜션이 즐비하다. 강화도 남쪽으로는 고급스러운 풀빌라, 리조트를 찾아볼 수 있고, 석모도를 오가는 석모대교 양쪽으로도 숙박 시설이 많다. 강화읍 근처에 호텔 에버리치가, 전등사 근처에 프레시아 관광호텔이 위치했다. 워낙 관광지로 발달한 섬이여서 럭셔리한 숙소부터 캠핑장, 글램핑장, 카라반 펜션, 북스테이까지 다양한 숙박 시설을 찾아볼 수 있다.

◉ **강화초지진 & 덕진진 & 광성보**
P.200, P.200, P.201

초지진에서 덕진진, 광성보 둘러보기

차량 26분

◉ [점심] **교동대룡리시장** P.204
교동대룡리시장 구경하고 점심 먹기

차량 19분

강화역사박물관 P.199
강화역사박물관에서
고인돌 사이를 거닐기

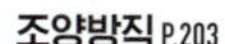

차량 10분

조양방직 P.203
옛 방직공장인 조양방직에서 사진 놀이

도보 9분

소창체험관 P.203
소창체험관에서 한복입고 소창체험하기

차량 4분

◉ [저녁] **강화풍물시장** P.205
강화풍물시장에서 밴댕이 회무침 맛보기

도시 옆 자연에서 힐링
양평

양평은 답답한 도심의 일상을 벗어던지고 자연을 만끽할 수 있는 힐링 여행지다. 서울에서 그리 멀지 않은 곳임에도 시골의 정취가 물씬하다. 카페와 미술관을 돌아보거나 초록이 숨 쉬는 자연 속에서 여유롭게 쉬어가자.

양평을 가장 멋지게
여행하는 방법

01
드라이브하며 커피 마시며
강변 뷰 만끽하기

02
두물머리, 수목원 거닐며
자연 속 산책 즐기기

03
딸기 수확부터 송어잡이까지
아이와 농촌 체험

도심을 벗어나 가볍게 드라이브

남한강을 따라 이어지는 팔당호, 북한강을 따라 흐르는 청평호까지 강변을 따라
아름다운 풍경이 펼쳐지고, 전망 좋은 음식점과 카페가 수두룩하다.
양평은 차를 타고 달리기만 해도 눈이 시원해진다. 가벼운 드라이브로 마음까지 가볍다.

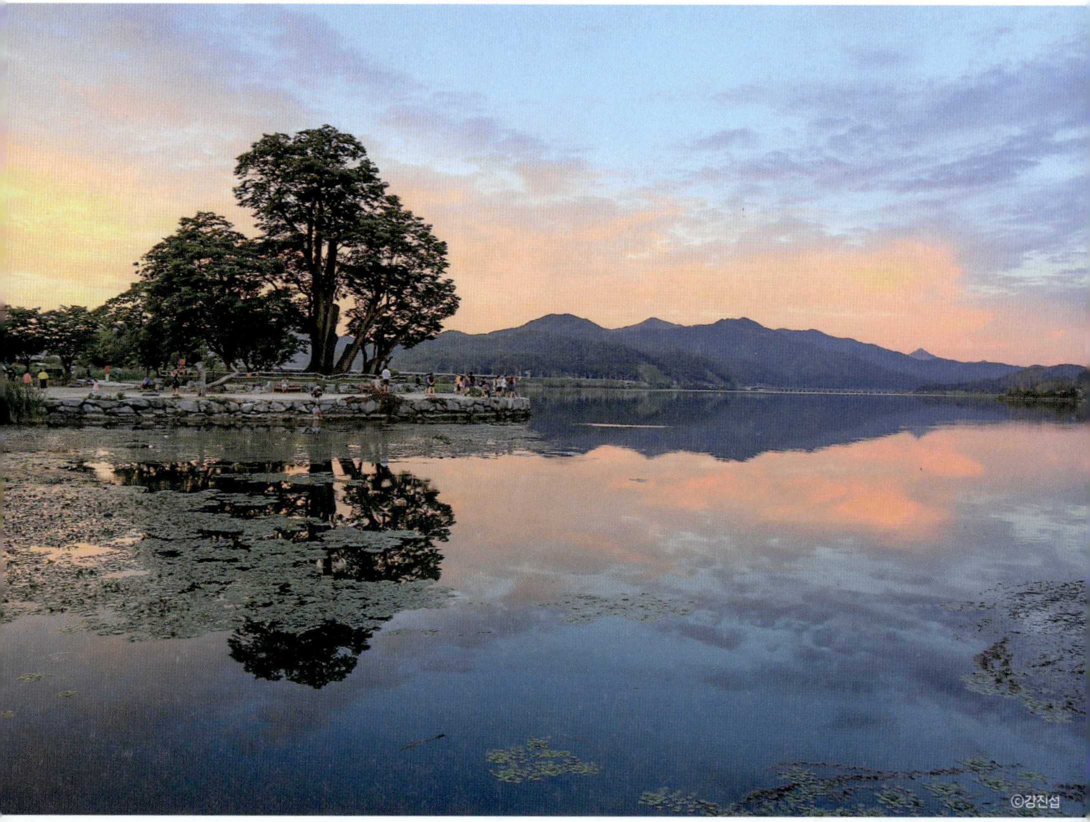

양평 나들이의 기본

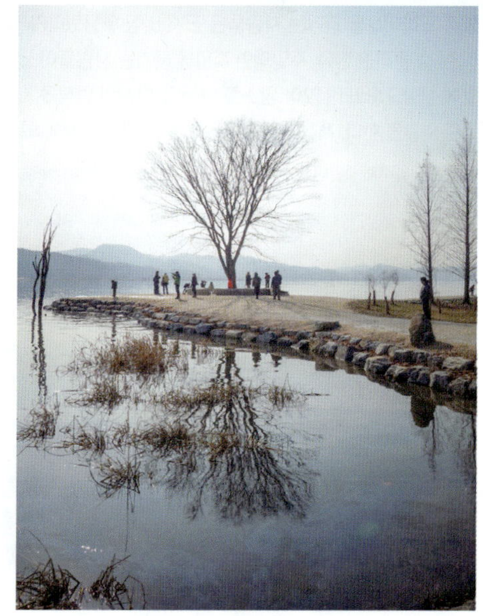

두물머리

#사계절나들이 #드라이브 #산책길

남한강과 북한강의 두 물이 합쳐지는 곳. 이곳이 나루터였던 시절에는 배가 드나들곤 했다. 잔잔한 강물을 바라보는 것만으로도 바쁜 일상을 벗어나는 기분. 경치가 워낙 좋아 드라마나 영화의 배경으로도 종종 만난다. 수령이 400년이 넘는 느티나무 아래에서 모락모락 피어나는 물안개가 근사하다. 새벽의 물안개와 일출, 뉘엿뉘엿 지는 해가 만드는 환상적인 일몰 덕분에 사진 동호인들이 손꼽는 출사지이기도 하다. 물위로 늘어진 버드나무, 아기자기한 포토존, 한참 뛰어다녀도 좋을 산책로를 갖췄다.

경기 양평군 양서면 양수리 772-1 Ⓟ 가능 031-775-8700

정약용유적지

#역사여행 #다산의생애 #수원화성

우리나라의 대학자인 다산 정약용이 태어난 곳이자 18년간의 유배를 마치고 돌아와 여생을 보낸 곳이다. 그가 살던 집인 여유당과 언덕 위 무덤까지 둘러볼 수 있다. 다산문화관에서는 정약용이 집필한 500여 권의 책을 검색해 볼 수 있고, 다산기념관에서는 거중기로 수원화성을 짓는 디오라마와 저서들을 볼 수 있다. 실로 방대한 업적 앞에서 혀를 내두르게 된다.

📍 경기 남양주시 조안면 다산로747번길 11 🅿 가능 📞 031-590-4242 🕐 09:00~18:00(월요일 휴무)

다산의 정신을 기리는 친환경 수변공원

#걷기좋은공원 #수변산책로 #가족나들이

다산생태공원

양평 드라이브를 즐기는 사람들은 근처 맛집에 들렀다가 팔당호와 가까운 이곳에 들러 한 숨 돌리곤 한다. 주말이면 휴일을 즐기는 사람들이 팔당호가 드넓게 펼쳐진 풍경 앞에 삼삼오오 모여 앉아 담소를 나눈다. 다산의 업적을 기리는 조형물이 곳곳에서 포토존 역할을 한다. 계절마다 새로운 꽃들이 피어나 산책하는 즐거움을 더한다.

📍 경기 남양주시 조안면 다산로 767 🅿 가능 📞 031-590-8634

생활 공간 속에서 만나는 예술 작품

#미술관나들이 #데이트코스 #조용한기쁨

구하우스 미술관

세계 유명 작가들의 미술 작품 500여 점과 디자인 오브제를 전시한다. 작은 미술관이지만 방대한 컬렉션을 꼼꼼히 살피다 보면 시간 가는 줄 모르고 머물게 된다. 건물 전체를 집처럼, 전시장을 생활 공간처럼 꾸며 콘셉트가 각기 다른 10개의 방을 만난다. 대단한 안목을 지닌 친구의 집에 초대받은 기분. 벽에 쓰여 있는 숫자를 따라 공간을 이동하면서 옥상에서 정원까지 미술관 전체를 관람한다. 서도호 작가의 작은 문도 반갑고, 데미언 허스트의 이미지도 흥미롭다. 커다란 호크니의 작품 일부가 되어 사진도 찍고, 이근세 작가의 양과 함께 정원을 산책한다. 일 년에 서너 번 기획 전시를 하니 홈페이지를 확인하자.

📍 경기 양평군 서종면 무내미길 49-12　Ⓟ 가능　📞 031-774-7460
🕐 13:00~17:00, 주말·공휴일 10:30~17:00(월·화요일 휴무)
₩ 성인 15,000원, 청소년 8,000원, 4세~어린이 6,000원
🏠 www.koohouse.org

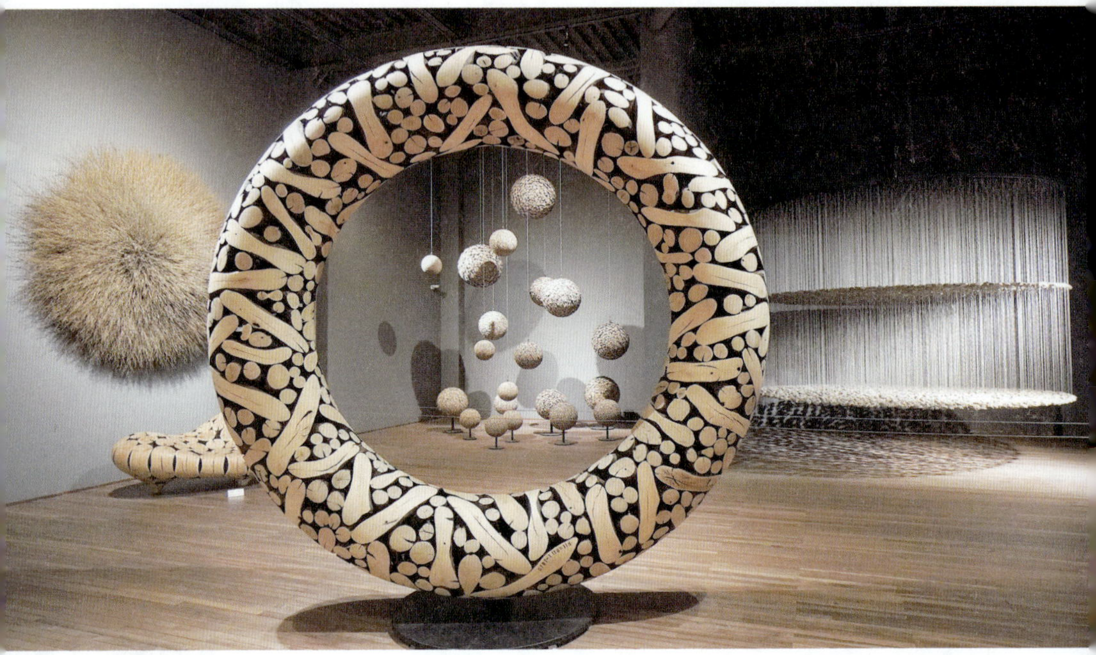

세계적인 예술가의
작업실과 갤러리
이재효갤러리

#갤러리카페 #경기도드라이브
#미술관나들이

이재효 작가는 나무와 돌, 못, 나뭇잎 같은 주위에서 흔히 볼 수 있는 친숙한 재료를 사용해 놀랍게도 생경함을 주는 작품을 만들어낸다. 2020년에 오픈한 이재효갤러리는 총 5개의 전시실과 카페로 이루어져 있다. 운이 좋으면 작업실을 들락거리는 작가와 눈이 마주칠 수도 있다. 1전시실에는 돌 커튼과 나무 작품, 작가의 사진들을 전시했다. 2전시실에서는 낙엽과 나무의 속살을 만난다. 3전시실에서는 반짝이는 못이 이리저리 휘어지면서 특별한 의미를 드러내는 모습을 볼 수 있다. 이재효갤러리의 백미는 작가의 독특한 아이디어가 번쩍이는 4전시실. 우산살, 가위, 도끼, 방망이가 각양각색의 동물로 변신한 모습을 보면 누구라도 나지막한 탄성을 지르게 된다. 5전시실에서는 작가의 섬세한 스케치들이 펼쳐진다. 자주 들러 영감을 받고 싶어지는 공간이다.

경기 양평군 지평면 초천길 83-22 Ⓟ 가능 0507-1354-1402 10:00~18:00 (1시간 전 입장 마감) ₩ 관람료 성인 12,000원, 청소년 10,000원, 어린이 8,000원, 음료 포함 관람료 성인 15,000원, 청소년 13,000원, 11,000원 leejaehyo.com

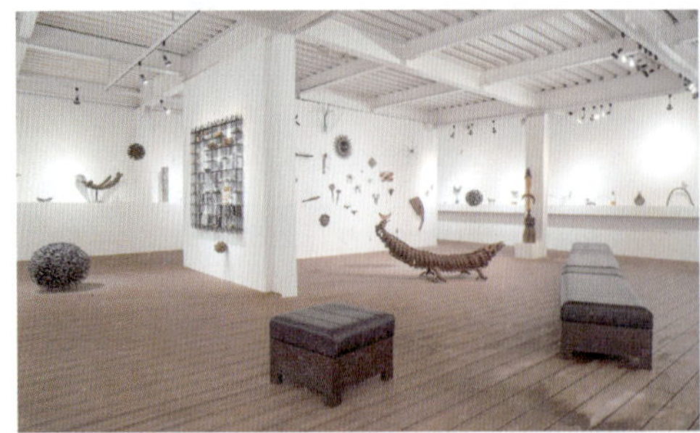

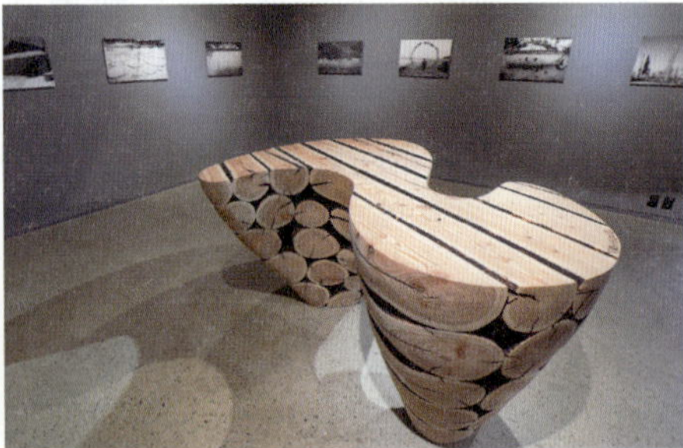

남한강을 내려다보는 전망 좋은 카페
카포레 갤러리 카페

#전망좋은카페 #커피한잔 #드라이브

건축가 곽희수가 '숲속의 캐비닛'이라는 콘셉트로 설계한 갤러리 카페 카포레는 드라마 〈시지프스〉에서 천재공학자의 집으로 소개되면서 유명해졌다. 건물의 통유리창으로 내려다보는 남한강 풍경도, 루프톱에서 만나는 상쾌한 공기도, 건물 곳곳에 걸린 그림도 좋다. 커피 향 그윽한 1층 카페의 안쪽, 4층으로 이루어진 건물의 실내 공간, 별관 1층까지 전시가 이어진다.

📍 경기 양평군 강하면 강남로 458 🅿 가능
📞 0507-1317-5342 🕐 10:00~20:00(30분 전 주문 마감) ₩ 말차라테 9,000원, 아메리카노 8,000원
📷 @cafore

탁트인 잔디밭에 펼쳐진 조각들
모란미술관

#양평나들이 #미술관데이트 #드라이브코스

드넓은 잔디밭을 거닐기만 해도 모란미술관까지 드라이브하길 잘했다는 생각이 든다. 8,600여 평의 넓은 야외 전시장에는 눈을 돌리는 곳마다 국내외 작가들이 만든 100여 점의 조형물이 놓였다. 조각전문미술관으로 출발해 동시대의 한국 현대조각을 소개하는 모란미술관의 자랑이다. 2층으로 된 실내 전시실을 관람하고 로댕의 조각상이 놓인 모란탑 내부도 둘러보자.

📍 경기 남양주시 화도읍 경춘로2110번길 8 🅿 가능
📞 0507-1392-8027 🕐 4~10월 10:00~18:00, 11~3월 10:00~17:00(월요일 휴무) ₩ 야외+실내전시 성인 10,000원, 청소년·65세 이상 6,000원, 어린이 5,000원 🏠 www.moranmuseum.org

용문사

#계절여행 #은행나무 #천연기념물

산이 깊어 계곡도 좋은 용문산 아래 신라시대에 창건한 용문사가 있다. 1,000년 동안 절 앞을 지켜온 은행나무가 용문사보다 더욱 유명하다. 높이가 42m, 뿌리 부분의 둘레가 15m로 멀리서부터 꼿꼿한 자태로 방문객들을 맞는다. 의상대사가 지팡이를 땅에 꽂았더니 뿌리를 내려 은행나무가 되었다는 전설이 전해진다.

◉ 경기 양평군 용문면 용문산로 782 🅿 가능, 경차 1,000원, 소형차 3,000원, 대형차 5,000원 📞 031-773-3797 ₩ 무료
🏠 www.yongmunsa.biz

세미원

수련이 가득한 물의 정원

#정원산책 #여름나들이 #데이트코스

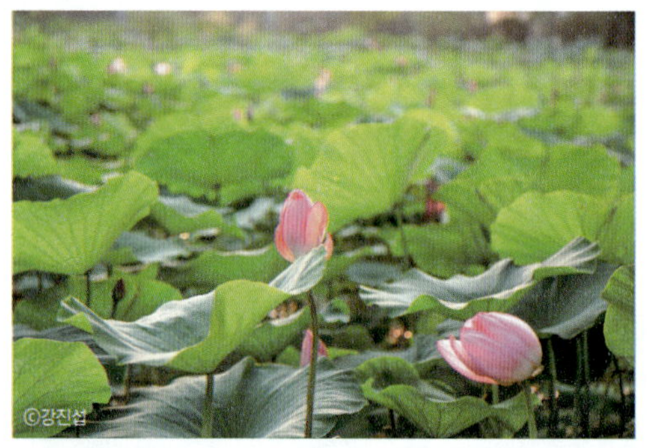

양평 드라이브를 즐기는 사람들은 여름이면 세미원을 찾는다. 물레방아가 졸졸 소리를 내고 분홍색 연꽃들이 사랑스럽게 고개를 내민다. 희고 붉은 수련이 가득한 모네의 그림 속을 거닌다.

◉ 경기 양평군 양서면 양수로 93 🅿 가능 📞 031-775-1835
🕐 09:00~18:00, 연꽃문화제기간(6월 초~8월 중순) 09:00~20:00, 연꽃문화제기간 중에는 휴무 없음
₩ 성인 7,000원, 어린이·청소년·65세 이상 4,000원
🏠 www.semiwon.or.kr

수수카페

북한강을 내려다보며 힐링

#풍경맛집 #데이트코스 #한강뷰

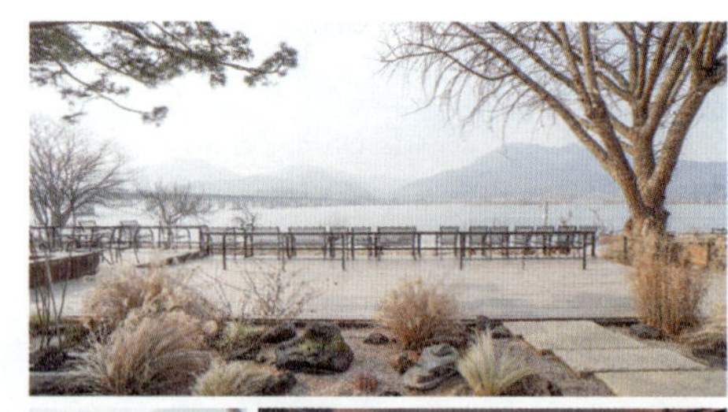

수수에서는 커피를 마신다기보다 풍경을 마신다는 표현이 더 어울린다. 건물들이 강 쪽으로 열려 있어 창가 자리에 앉으면 시야가 시원하게 트인다. 베이커리의 종류가 다양하고, 맛도 좋다. 커다란 창가에 앉아 커피 한 잔에 달콤한 디저트를 곁들이면 기분이 더할 나위가 없다. 두물머리를 산책한 후 들르기 좋다.

◉ 경기 양평군 양서면 북한강로89번길 19 🅿 가능 📞 0507-1434-8920 🕐 10:00~22:00, 주말 09:00~22:00 ₩ 수수라테 8,500원, 딸기라테 8,500원, 에이드 9,000원 📷 @_cafe_susu

짧은 드라이브로 풍성하게 즐기는
나인블럭 뷰 팔당점

#양평핫플 #데이트코스 #한강뷰

나인블럭 카페가 지점을 내면서 이름에 굳이 '뷰'를 붙였다. 문을 열고 들어서자마자 눈앞에 한강이 흐른다. 이런 뷰에서는 무엇을 마셔도 기분 전환이 될 것 같다. 인테리어가 단아한 2층에는 작은 야외 테라스가 있고, 지하로 내려가면 여럿이 편안하게 앉을 수 있는 소파 자리와 한강이 더욱 가깝게 느껴지는 창가 자리가 있다.

경기 남양주시 와부읍 다산로 56 가능 031-577-8809
09:00~22:00, 주말 08:00~22:00 아메리카노 7,500원, 카페라테 8,000원, 핸드드립 9,000원 www.9block.co.kr

---

강바람 솔솔 부는 날 맛집 나들이
강마을다람쥐

#경기도맛집 #가족나들이 #드라이브코스

다람쥐의 주식인 도토리를 이용한 도토리묵 전문 식당이다. 도토리묵사발이나 묵밥도 맛있지만 강마을다람쥐 최고의 매력은 팔당호를 향해 넓게 뚫린 근사한 정원이다. 줄을 서서 먹을 만큼 늘 북적이는 맛집이지만 대기표를 받아들고 정원을 거닐면 기다리는 시간이 아깝지 않다.

경기 광주시 남종면 태허정로 556 가능 031-762-5574
10:30~19:30(1시간 전 주문 마감) 도토리묵사발 14,000원, 도토리묵밥 14,000원 www.moranmuseum.org

---

우아한 갤러리 카페
스페이스 서종

#갤러리 #양평핫플 #감성카페

웬만한 미술관보다 훨씬 다채로운 경험을 주는 갤러리 카페다. 아늑하고 고요한 공간과 다채로운 작품이 함께 있다. 사장님이 커피에 무척 진심인 듯 커피 음료의 향이 온전하다. 작품을 감상하다가 고개를 들면 평온한 풍경을 마주한다. 시간이 허락하는 한 오래 머물고 싶어진다.

경기 양평군 서종면 북한강로 991 1, 2층 가능 0507-1307-2192 아인슈페너 7,000원, 제주 꿀 유자차 6,500원
@gsss_cafe

농촌 마을 풍경 속으로 가족 나들이

농촌의 전원 풍경을 고스란히 간직한 양평에서 살아 있는 자연을 호흡해보자. 수미마을, 모꼬지마을,
보릿고개마을에서 계절별 체험을 해보고, 봄이면 마을 전체가 황금빛으로 물드는 산수유꽃마을을 거닐자.
황순원문학촌 소나기마을에서 맑은 날 쏟아지는 소나기 속을 뛰어다녀도 좋다.

여름에는 메기 잡고 겨울에는 빙어 잡고

수미마을

수미마을은 일 년 내내 축제다. 봄에는 배가 부를 만큼 딸기를 따 먹고, 집에 가져갈 딸기를 용기에 가득 담는다. 딸기를 갈아 딸기 찐빵도 만들고, 딸기 시럽이 들어간 쌀강정도 만든다. 여름이면 방학을 맞은 아이들이 모여든다. 시냇물에서 철벅거리며 커다란 메기를 잡고, 부드러운 황토 속에서 미꾸라지를 잡는다. 옥수수를 따거나 감자를 캐며 마치 시골 할머니 댁에 놀러온 듯한 기분을 만끽한다. 가을에는 내 손으로 수확한 고구마도 구워 먹고 밤도 구워 먹는다. 꽁꽁 얼어붙은 저수지는 천연의 빙어 낚시터다. 팔딱이는 빙어를 건져올리다 보면 추위는 저만치 물러간다. 아이들은 한쪽에서 얼음 썰매를 지치고, 스케이트를 탄다.

📍 경기 양평군 단월면 곱다니길 55-2 수미마을 방문객센터
🅿 가능 📞 0507-1320-5205 🕘 09:00~17:00
₩ 딸기 체험 7,000원, 딸기청 만들기 7,000원, 메기수염축제 1인 15,000원, 빙어낚시(2시간 패키지) 13,000원
🏠 www.soomyland.com

동심의 세계로 돌아가는 곳

동심의 세계로 돌아가는 곳
황순원문학촌 소나기마을

황순원문학관이 양평에 자리 잡은 이유는 오직 하나, 소설에서 그려지는 풍경이 양평과 닮아서다. 소나기마을에는 작가의 문학과 생애 전반을 알 수 있는 문학관뿐만 아니라 그의 여러 대표작을 음미할 수 있는 산책로, 징검다리와 수숫단으로 재현한 문학테마공원이 어우러져 있다.

📍 경기 양평군 서종면 소나기마을길 24 🅿 가능 📞 031-773-2299
🕐 09:30~18:00, 11~2월 09:30~17:00 🏧 성인 2,000원, 청소년 1,500원, 어린이 1,000원
🏠 www.yp21.go.kr/museumhub/contents.do?key=1022

노란 꽃길 따라 봄맞이 가자
산수유꽃마을

매년 봄이면 은은하게 노란빛을 내뿜는 산수유나무가 양평의 개군면 내리에만 7,000여 그루 자란다. 매년 3월에서 4월이면 황금빛 봄이 펼쳐지고, 11월이면 빨간 산수유 열매가 풍성하다. 산수유마을정보센터에서 향리마을회관까지 편도 2.5km의 산수유길이 이어진다. 100년이 넘은 산수유 고목이 마을 풍경과 어우러져 평온한 그림을 그려낸다.

📍 경기 양평군 개군면 산수유꽃길 88 🅿 가능 📞 031-771-5010

ⓒ윤유섭
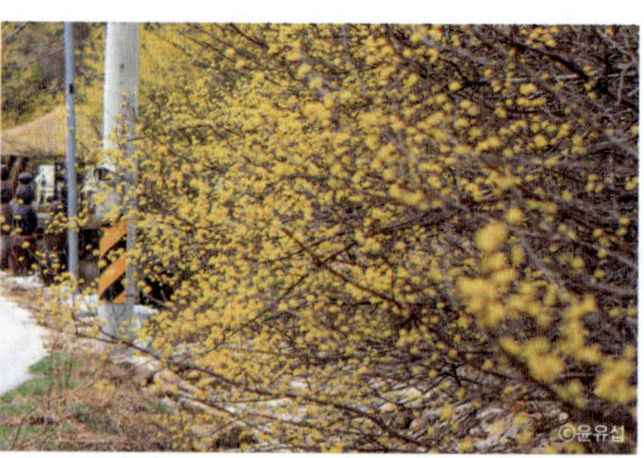
ⓒ윤유섭

보릿고개마을협동조합

과거에는 이름만큼 어려웠던 산골 마을이지만 이제는 넉넉한 먹거리를 제공하는 슬로푸드 체험 마을로 변신했다. 2015년 '물놀이하기 좋은 농촌 체험 마을 10선'에 꼽힐 정도로 멋진 개울가를 자랑한다. 여름이면 물놀이를 하던 개울가에 가을이면 반짝이는 은빛 갈대가 너울거린다. 개울 앞에 정자와 그네를 두어 언제라도 이곳을 찾는 이들에게 쉼터를 제공한다.

📍 경기 양평군 용문면 연안길 23-1 🅿 가능 📞 031-774-7786 🕐 08:00~18:00 ₩ 들꽃 염색 체험 7,000원, 보리개떡 만들기 8,000원, 김장 체험 45,000원 🏠 borigoge.modoo.at

조현리 모꼬지 체험마을

모꼬지마을은 일 년 내내 모꼬지를 연다. 중원천에서는 모꼬지마을의 아이들뿐만 아니라 체험하러 온 아이들이 뒤섞여 물놀이를 한다. 작은 송사리도 잡고, 뗏목도 탄다. 봄에는 딸기 따기, 여름에는 물놀이, 가을에는 수확 축제, 겨울에는 썰매 타기 등 계절별로 신나는 체험이 기다린다. 자연에서만 할 수 있는 체험들이 아이들의 마음을 쑥쑥 키운다.

📍 경기 양평군 용문면 청용길 13-6 🅿 가능 📞 010-5384-4276 🕐 09:00~17:00
₩ 당일 체험 25,000원 🏠 blog.naver.com/johyunblog

CITY
08
아침 햇살 속 꽃처럼 피어나는 풍경
가평
수도권에서 가까워 언제든 마음 내키는 대로 훌쩍 다녀올 수 있는 가평은 북한강을 따라 드라이브만 해도 가슴이 뻥 뚫린다. 알록달록 예쁜 꽃을 피워내는 정원과 초록빛으로 물드는 수목원이 많아 봄나들이에 제격이다. 물 따라 꽃 따라 싱그럽게 피어나는 가평으로 떠나보자.

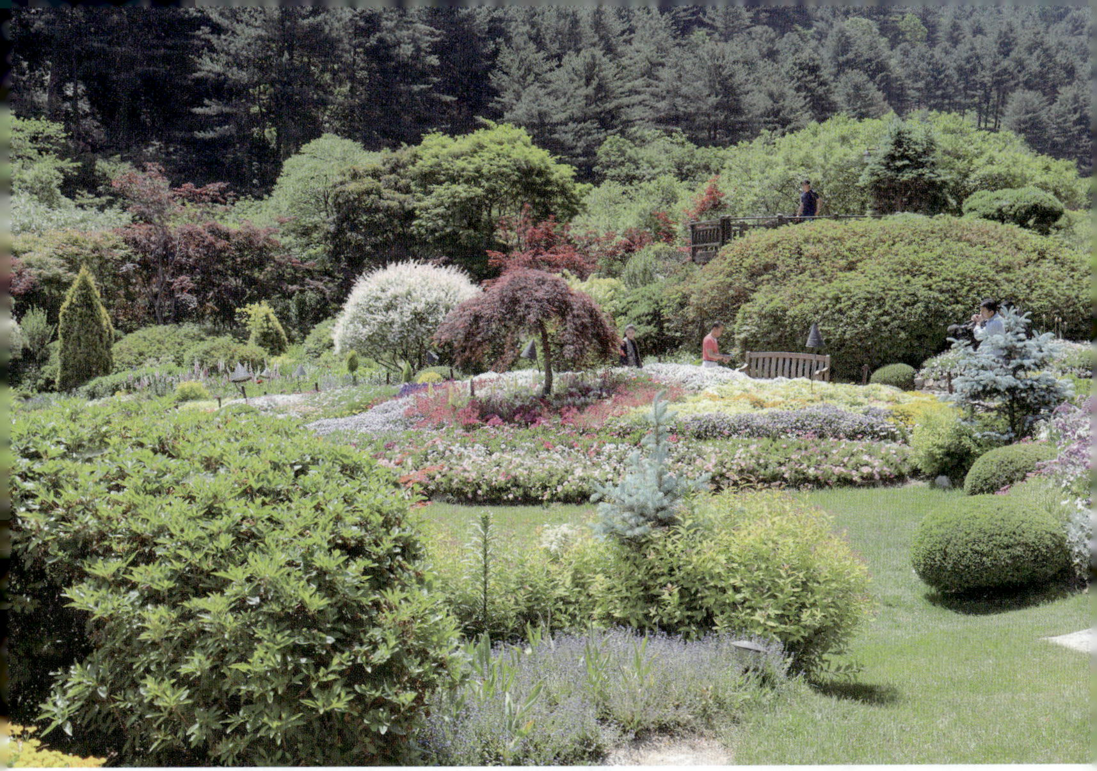

아침고요수목원

#꽃보러나들이 #아침산책 #봄여행

아침고요수목원은 사계절 언제나 아름답지만 봄이 가장 싱그럽다. 겨우내 빛 축제로 밤을 밝히던 수목원이 봄을 맞으면 향기로운 꽃들로 눈이 부시다. 3월이면 야생화가 피어나고 4~5월에는 화려한 꽃들이 절정을 이룬다. 풍년을 기원하는 풍년화, 복 받고 오래 살라는 복수초, 종 모양의 노란 꽃 히어리, 초록 잎 사이로 고개를 내민 수선화가 한가득. 분재정원은 소나무와 향나무, 소사나무로 가꾼 분재 작품들이 커다란 나무들과 어우러져 멋스럽다. 고향집 정원은 초가집 앞에 장독대가 놓여 푸근한 고향 같다. 서화연은 폭포가 떨어지는 연못 위로 정자가 자리해 그림같이 아름답다. 찻집에 앉아 꽃그림 속에 들어앉은 듯한 여유를 부려볼까.

📍 경기 가평군 상면 수목원로 432   🅿 가능
📞 1544-6703   🕐 08:30~19:00   ₩ 성인 11,000원, 청소년 8,500원, 36개월~어린이 7,500원
🏠 www.morningcalm.co.kr

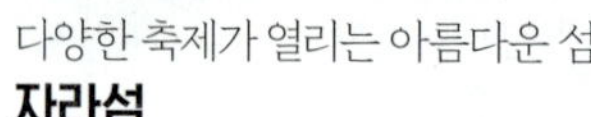

다양한 축제가 열리는 아름다운 섬
자라섬

#축제보러가자 #섬여행 #꽃놀이

자라섬은 가을마다 열리는 재즈 페스티벌로 유명하다. 페스티벌이 시작되면 자라섬의 둥근 잔디광장에서 자유롭게 뒹굴며 음악도 듣고 맥주도 마신다. 계절을 잘 맞춰 섬 남쪽의 꽃테마공원으로 건너가면 세상에서 가장 화려한 자연의 색채를 감상할 수 있다. 사진을 찍으며 이리저리 거닐면 진짜로 꽃냄새에 취할 수도 있구나 싶다.

◎ 경기 가평군 가평읍 달전리 1-1 P 가능 ☎ 031-8078-8028

아름다운 청평호 가까이   #시원한풍경 #강변카페 #뷰맛집
카페 아우라

한적한 야외 자리에서 작은 소풍을 즐기자. 적당한 그늘을 찾아 앉으면 시원한 바람이 산들거린다. 자리가 넉넉해 데이트하기에도, 가족 나들이에도 좋다. 리버랜드에서 운영하는 호텔 아래쪽에 넓고 환한 카페가 자리한다. 계절에 따라 수상 레저와 번지점프를 즐기거나 숙박 패키지를 이용하면 강변에서 바비큐를 즐길 수 있다.

◎ 경기 가평군 설악면 유명로 2312 P 가능 ☎ 070-8161-5526 ⏱ 13:00~18:00, 주말 10:00~18:00(30분 전 주문 마감) ₩ 아이스 아메리카노 7,000원, 청포도 에이드 8,000원, 복숭아 스무디 9,000원 🏠 www.riverland.co.kr/detail_04.html

쁘띠프랑스

#사진놀이 #드라마촬영지 #알록달록

쁘띠프랑스를 풀이하면 '작은 프랑스'다. 이곳에는 프랑스의 전원 마을처럼 꾸민 낮은 지붕의 집들이 모여 있고, 곳곳에 어린 왕자를 모티프로 한 조형물들이 늘어서 있다. 아기자기한 매력이 있어 사진찍기에 좋다. 마리오네트 공연은 앞자리에서 눈을 크게 뜨고 볼 만하다. 줄 끝에 매달린 인형들의 감정을 따라 안타깝기도 하고 행복해지기도 하는 경험을 하기는 흔치 않으니까. 유럽에서 수집한 오르골들은 수백 년의 시간을 품었다. 요정의 목소리 같은 오르골 소리가 궁금하다면 공연 시간에 맞추어 찾아가 보자. 프랑스의 전통 주택을 재현한 전시관, 전통 놀이방, 전망대까지 조경을 잘해두어 근사하다.

📍 경기 가평군 청평면 호반로 1063　🅿 가능　📞 031-584-8200
🕐 09:00~18:00　🏧 성인·청소년 12,000원, 어린이 10,000원
🏠 www.pfcamp.com

맑은 공기에 실려 오는 허브 향 따라
포천·연천·파주

남들이 남쪽으로 꽃놀이를 떠날 때, 경기도 북부로 올라가 보자. 포천과 연천은 수목원의 고장이다. 꽃과 허브 향이 가득한 허브아일랜드, 임진강까지 라벤더 향으로 물들이는 허브빌리지, 아기자기한 식물원과 수목원이 곳곳에 자리하고 있다. 포천아트밸리와 산사원까지 둘러보고 나면 마음 가득 꽃망울이 톡톡 터진다.

허브를 테마로 한 다채로운 프로그램

허브아일랜드

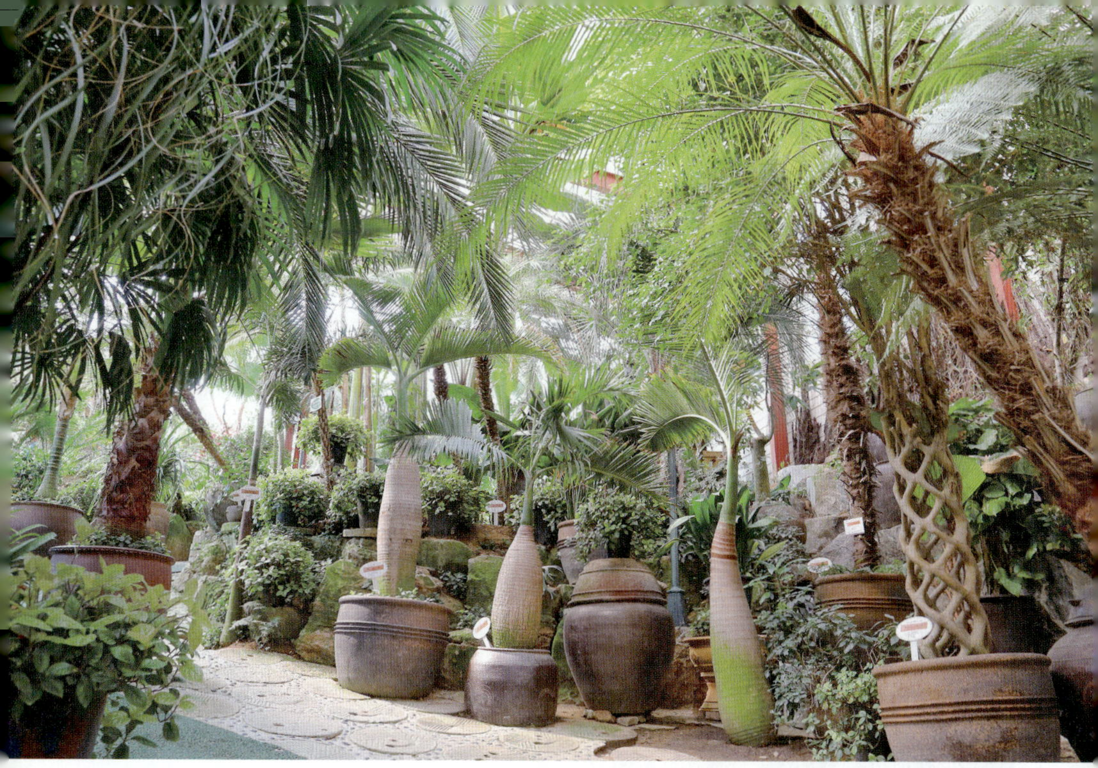

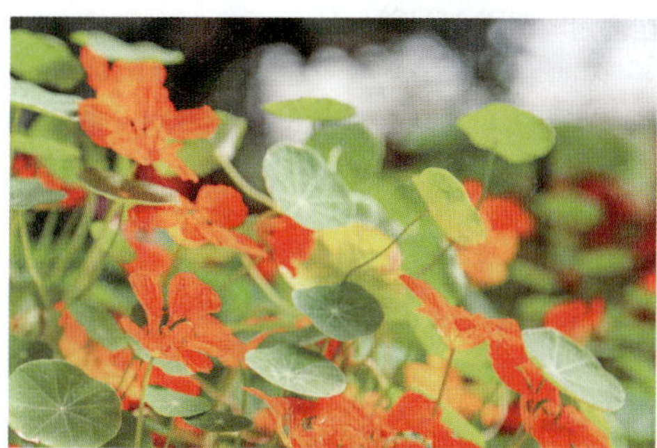

#허브힐링 #예쁜야경 #포토존

허브아일랜드에는 싱그러운 초록이 가득하다. 이곳의 백미는 사계절 내내 따뜻하고 화사한 허브 온실이다. 250여 종의 허브와 다양한 식물이 푸르름을 뽐낸다. 온실의 문을 열고 들어가면 허브 향이 온몸을 감싸며 반겨준다. 스피어민트와 애플민트는 바닥에서 수줍게 고개를 내밀고, 키 큰 로즈메리는 터널을 만들어 손짓한다. 숨을 깊게 들이마시고 온몸으로 허브 향을 만끽한다. 천장까지 닿는 커다란 바나나나무, 신기한 고무나무 같은 열대 식물이 우거졌다. 1970년대의 모습을 재현한 추억의 거리와 고소한 냄새를 풍기는 마늘 스틱을 파는 빵집도 있다. 해가 지고 나면 3,000평 규모의 라벤더 밭에 불빛이 가득 채워져 동화 속의 한 장면 같다.

경기 포천시 신북면 청신로947번길 51 P 가능 031-535-6494 4~12월 10:00~21:00, 1~3월 14:00~22:00, 토요일·공휴일 10:00~22:00(수요일 휴무, 매장별 운영시간과 휴무일 시즌별로 상이, 계절별 점등 시간 상이) ₩ 평일 성인·청소년 10,000원, 어린이 8,000원, 주말 성인·청소년 12,000원, 어린이 10,000원 www.herbisland.co.kr

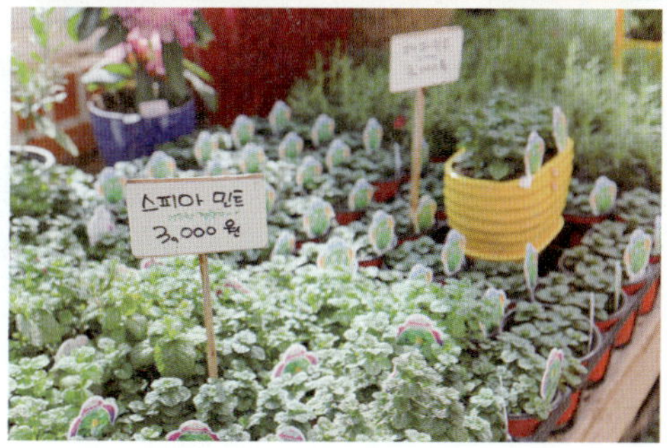

포천아트밸리

#황홀한물빛 #전망대뷰 #모노레일

마구잡이로 화강암을 캐낸 후 버려진 채석장이었다. 놀라운 회복력을 지닌 자연은 시간이 흐르면서 스스로 아름다운 풍경을 만들어냈다. 화강암을 캐내던 웅덩이에 빗물이 모여 에메랄드빛 호수를 만들었다. 얼마나 물이 맑은지 가재와 도롱뇽, 피라미가 서식한다. 모노레일을 타고 올라가면 전망대와 조각공원, 천문과학관, 키즈 카페를 둘러볼 수 있다.

📍 경기 포천시 신북면 아트밸리로 234 🅿 가능 📞 1668-1035 🕐 3~10월 월~목요일 09:00~19:00, 금·토요일 09:00~22:00, 일요일 09:00~20:00, 11~2월 09:00~18:00(1시간 전 입장 마감, 매달 첫째 주 화요일 휴무) ₩ 입장료 성인 5,000원, 청소년·군인 3,000원, 어린이 1,500원, 포천 시민·65세 이상·유공자 무료/ 모노레일 왕복 성인 5,300원, 청소년 4,300원, 어린이 3,300원/ 모노레일 편도 성인 4,300원, 청소년 3,300원, 어린이 2,600원 🏠 artvalley.pcfac.or.kr

---

전통술박물관 산사원

#산사원 #느린마을 #느린여행

사람 키만 한 술독이 죽 늘어서 있는 광경을 보고도 이곳을 그냥 지나친다면 술 좋아하는 사람이 아닐 게다. 배상면주가에서 운영하는 우리 술 박물관이다. 정원에는 연못과 정자를 갖췄다. 우리 술에 대해 배우고 전통주 시음을 할 수 있다.

📍 경기 포천시 화현면 화동로432번길 25 🅿 가능 📞 031-531 -9300 🕐 08:30~17:30(명절 당일 휴무) ₩ 성인 4,000원, 경로·군인·포천 시민 3,000원, 미성년자 무료 🏠 www.soolsool.co.kr

허브빌리지

#드라이브코스 #라벤더향기 #사진여행

짙푸른 허브 향이 가득하다. 보랏빛 라벤더 꽃밭에서 삼삼오오 모여 사진을 찍는 가족들, 꽃보다 더 아름다운 연인들이 허브만큼이나 싱그럽다. 주홍빛 금붕어들이 헤엄치는 물가에는 '시인의 길'이 펼쳐진다. 라벤더 꽃밭을 둘러 임진강 쪽으로 내려가면 '화이트 가든'이라 이름 붙인 포토존이 나온다. 하얀 벤치에 앉아 발을 쭉 뻗으면 임진강에 닿을 것만 같다.

📍 경기 연천군 왕징면 북삼리 222 🅿 가능 📞 031-833-5100 🕐 09:00~18:00, 주말 09:00~20:00(11월 1일~4월 19일 09:00~18:00) 🏧 성인·청소년 5,000원, 36개월~어린이 3,000원 🏠 www.herbvillage.co.kr

임진각

#임진강너머 #철마는달리고싶다 #역사여행

한때는 남과 북의 치열했던 격전지가 무척이나 고요하고 평화롭다. 달리고 싶은 철마는 덩그마니 놓였다. 한국 전쟁 때 폭격으로 파괴되어 교각만 남아 있는 임진강 독개다리(자유의 다리)에는 끊긴 철로가 남아 있다. 철로는 끊기고 땅은 남북으로 갈라졌지만 임진강은 유유하다. 물속을 헤엄치는 물고기에게 집이 어디냐 물으면 남쪽이라 할까 북쪽이라 할까.

📍 경기 파주시 문산읍 마정리 1400-5 🅿 가능 📞 0507-1334-3323 🕐 08:30~17:30(월요일 휴무) 🏧 내일의 기적소리 입장료(독개다리와 철마 관람) 성인·청소년 2,000원, 어린이 1,000원, 내일의 기적소리+BEAT131(지하 벙커 전시실 관람) 전시관 성인·청소년 2,500원, 어린이 1,500원

TIP 시인 원재훈의 임진강

원재훈 시인은 누군가 죽도록 미워지면 임진강 가에 서서 새벽 강물로 세수를 하라고 했다. 그는 임진강이라는 제목에 1, 2, 3 번호를 붙여 세 편의 시를 지었다. 연천의 허브빌리지와 임진각은 원재훈 시인의 〈임진강가에 서서〉라는 시를 마음으로 느낄 수 있는 곳이다.

역사와 문화가 살아 숨 쉬는 곳
강화

우리나라에서 네 번째로 큰 섬 강화도는 단군이 마니산에 참성단을 쌓은 이래 우리네 역사를 고스란히 품었다. 곳곳의 진지와 돈대, 포대가 아픈 역사를 말한다. 석모도에 이어 교동도까지 다리가 놓여 이제는 차를 타고 둘러볼 수 있다. 진달래를 보러, 석양을 즐기러, 밴댕이를 먹으러, 순무김치를 사러 떠나볼까.

THEME 01

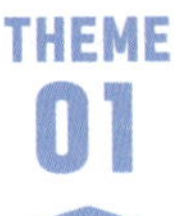

고인돌에서 돈대까지 소중한 역사 유물

강화의 역사는 한반도 역사의 축소판이다. 강화가 품고 있는 소중한 유물들은 선사시대 이래 이어진 우리의 문화와 항쟁의 기록이다. 유네스코 세계 문화유산으로 등재된 청동기시대의 대표 유물인 고인돌, 고려시대와 조선시대에 몽골과 외세의 침입을 막아내던 포대와 돈대들이 서해 바다의 풍광과 어우러진 강화로 떠나보자.

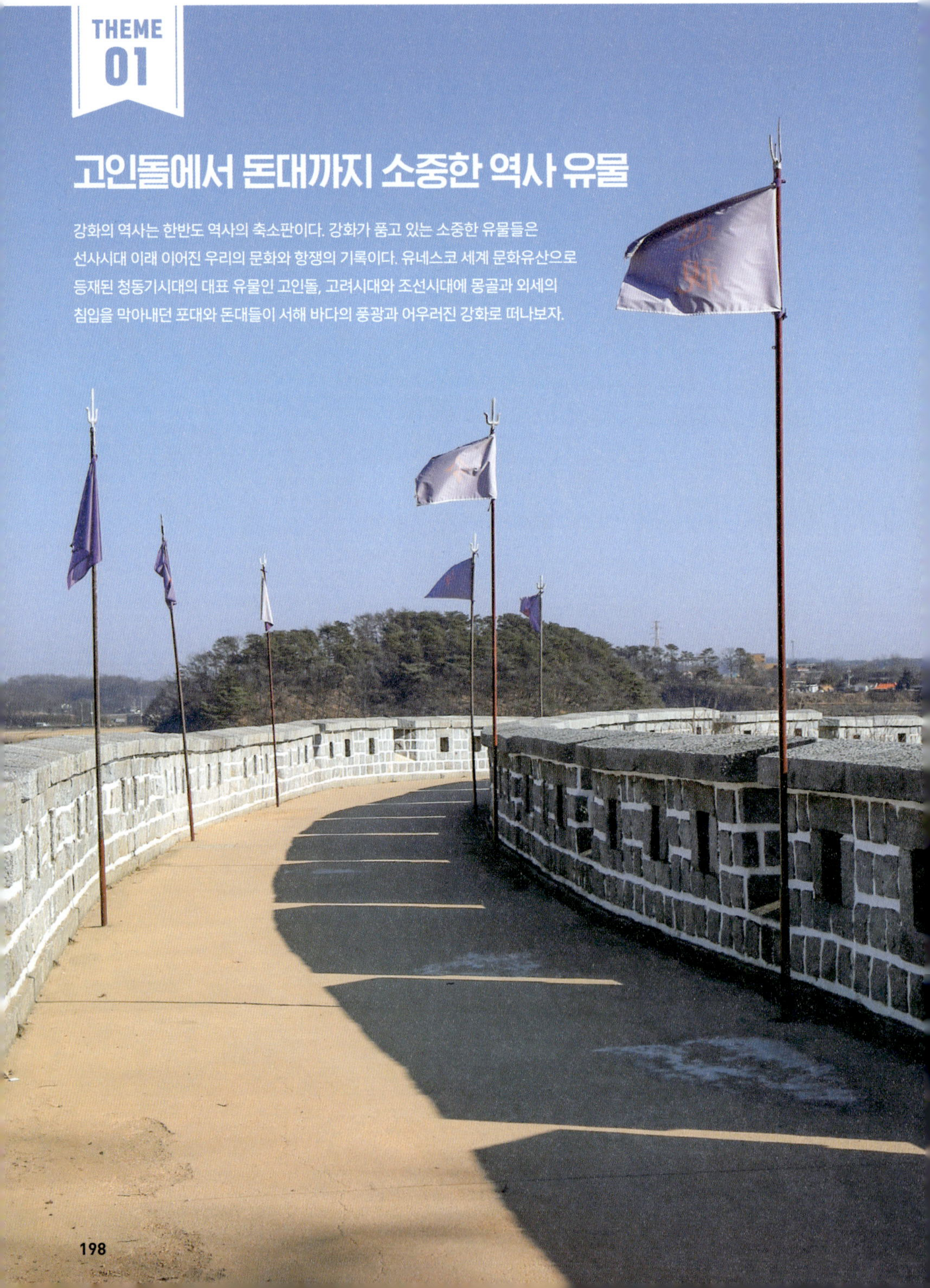

자랑스러운 고인돌이 우뚝

강화역사박물관

#고인돌유적 #강화의역사 #역사여행

강화역사박물관은 강화에서 출토된 선사시대 유물들과 근현대사를 망라한 상설전시실을 운영한다. 실제 유물뿐만 아니라 고인돌을 만드는 과정이나 정족산성 전투, 강화도 조약의 현장을 세심하게 재현해놓아 아이들도 이해하기 쉽다. 영상실에서는 고인돌과 초지진 소나무의 대화를 통해 강화가 간직한 전쟁의 역사를 들려준다. 역사박물관 건너편의 널찍한 고인돌공원 중앙에는 강화도 지석묘가 놓였다. 동북아시아 고인돌의 흐름과 변화를 연구하는 데 중요한 유적이어서 2000년에 세계 문화유산으로 등록되었다. 공원 주위에는 프랑스의 카르나크 열석, 칠레의 모아이 석상, 영국의 스톤헨지 모형이 있어 세계 고인돌에 대한 이해를 돕는다.

인천 강화군 하점면 강화대로 994-19 Ⓟ 가능 032-934-7887 09:00~18:00(월요일·1월 1일·명절 당일 휴관) ₩ 성인 3,000원, 청소년·어린이 2,000원 www.ganghwa.go.kr/open_content/museum_history

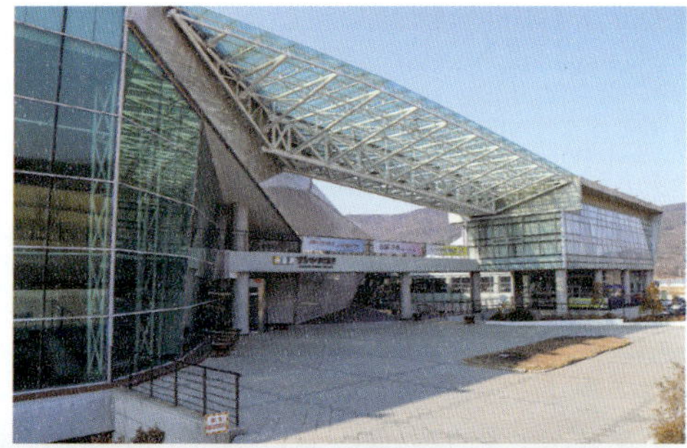

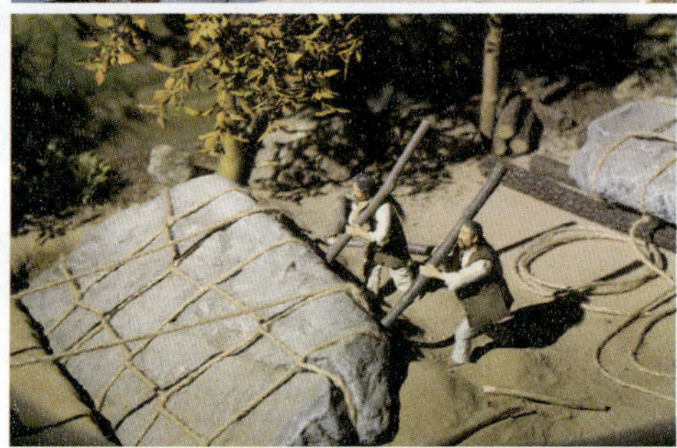

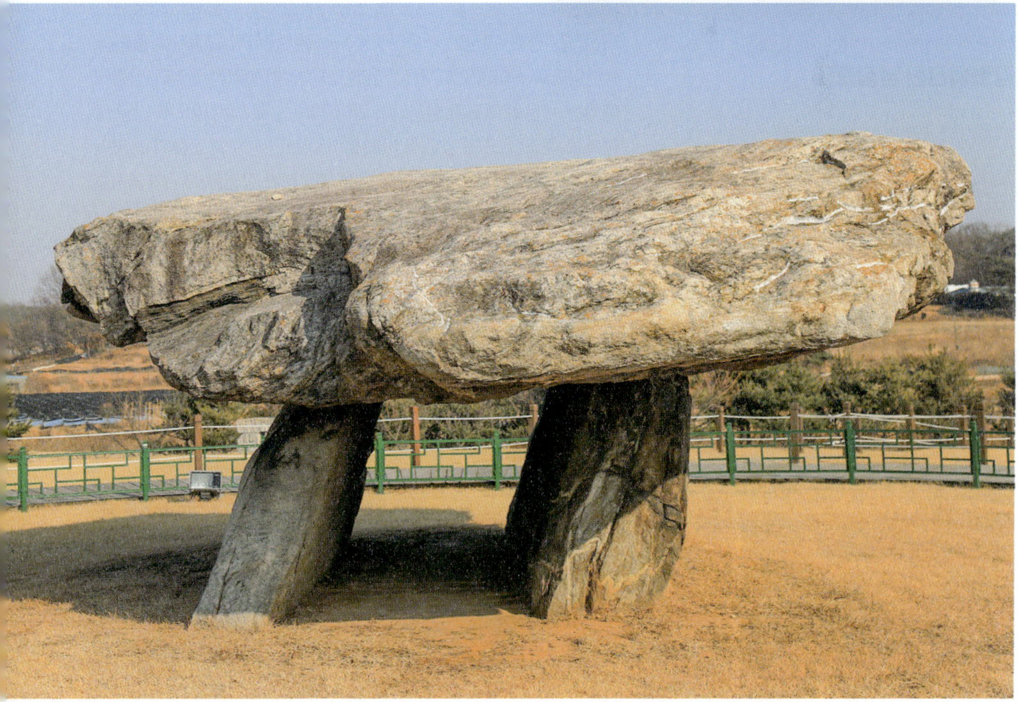

외세의 침략에 대응하던 1차 방어진
강화초지진

#조선시대 #역사여행 #뱃길

김포와 강화도를 잇는 초지대교를 건너면 초지진과 덕진진, 광성보를 순서대로 둘러볼 수 있다. 초지진은 강화해협을 사수하는 12개의 진보 중 하나로 해상으로 침입하는 적을 막기 위해 조선시대에 구축한 요새다. 병인양요와 신미양요, 운요호 사건이 이곳에서 벌어졌다. 초지진의 외부 성벽을 둘러보면 포탄의 흔적을 간직한 400년 된 소나무를 만날 수 있다.

📍 인천 강화군 길상면 초지리 624 🅿 가능 📞 032-930-7072
🕐 09:00~18:00 ₩ 무료

바다의 관문을 지키는 제1포대
강화덕진진 남장포대

#역사여행 #강화여행 #신미양요

덕진진은 강화 12진보 가운데 가장 중요한 군사적 요충지로 꼽힌다. 병인양요와 신미양요 때 가장 치열한 포격전이 벌어진 곳이다. 남장포대에는 15문의 대포가 설치되어 있다. 적의 눈에 띄지 않도록 반달 모양으로 축조한 포대 앞에서 바다를 바라보면 당시의 전투가 눈앞에 그려지는 듯하다. 흥선대원군이 세운 경고비가 강렬한 쇄국의 의지를 보여준다.

📍 인천 강화군 불은면 덕성리 846 🅿 가능 📞 032-930-7074
🕐 09:00~18:00, 동절기 09:00~17:00 ₩ 무료

천혜의 요새 손돌목을 지키는
광성보·손돌목돈대·용두돈대

광성보는 고려가 몽골의 침략에 대항하며 강화로 천도한 후 돌과 흙을 섞어 길게 쌓은 성이다. 조선 숙종 때 돌을 쌓아 석성을 구축했다. 1871년 신미양요 때 해협을 거슬러 오는 미국의 함대를 맞아 초지진과 덕진진에서 전투가 벌어졌고, 미국 군대는 광성보까지 밀고 올라왔다. 조선의 군대는 이곳에서 모두 장렬히 순국했다. 둥글고 높은 손돌목돈대를 보면 드라마 〈미스터 션샤인〉 1회에서 그려진 '처참하고 무섭도록 구슬픈', 그러나 장엄했던 전투 장면이 떠오른다. 용머리처럼 길게 뻗은 암반은 예부터 천연의 요새였는데 조선 숙종 때 암반 위로 용두돈대를 세웠다. 당시에 사용했던 대포와 소포를 복원해두었다.

📍 인천 강화군 불은면 덕성리 833 🅿 가능 📞 032-930-7070
🕐 09:00~18:00, 해설시간 10:00~16:00(1시간 간격) ₩ 성인 1,500원, 어린이·청소년 1,100원

광성보

용두돈대

안해루

TIP 왕을 피신시킨 손돌의 죽음

전쟁이 나자 강화도로 피신하던 왕은 손돌이라는 뱃사공이 모는 배를 탔다. 험한 소용돌이 속으로 배를 모는 손돌이 자신을 배신한다고 여긴 왕은 그의 목을 벴다. 손돌은 죽기 전 바가지를 물에 띄우며 그대로 따라가라고 전했다. 무사히 바다를 건넌 왕은 잘못을 뉘우치며 장사를 지냈다. 그 바다를 손돌목, 그곳에 부는 바람을 손돌풍이라 한다.

손돌목돈대

섬으로 떠나는 시간 여행

육지와 동떨어졌던 섬들이 다리로 이어지면서 오래도록 품어왔던 옛이야기를 하나씩 풀어놓는다.
특별한 공간에 흐르는 느릿한 이야기가 다정하다. 오래된 공간을 새롭게 맞이하며 이색적인 시간을 여행한다.

시간을 거스른 옛 공장
조양방직

개항 이후 강화에선 1900년도 초부터 1970년대까지 방직 산업이 번성했다. 수공업으로 이뤄지던 방직 산업에 변화를 가져온 것은 직물 기계를 갖춘 조양방직의 등장이었다. 지금은 역사의 뒤안길로 사라진 조양방직이지만 건물은 카페로 변신하여 강화의 핫플레이스가 되었다. 삼각형 지붕이 삐죽삐죽 솟은 카페 건물로 들어서면 과거 공장임을 짐작케 하는 트러스트 구조로 된 천장이 시선을 사로잡는다. 1933년에 설립되어 우리나라에서 가장 오래된 근대식 방직 공장이었던 공간의 의미도 되살렸다. 방직 기계가 있던 작업대를 자연스럽게 테이블로 활용하고, 재봉틀을 올려둔 테이블도 그대로 사용한다. 1958년 문을 닫은 이후 방치되던 이 근대 건물은 카페로 재탄생하는 데만 일 년여의 시간이 걸렸다고 한다. 옛 이발소 의자에 앉은 어르신들이 추억을 나누며 함박웃음을 터뜨린다.

◎ 인천 강화군 강화읍 향나무길5번길 12 ⓟ 가능 ☏ 0507-1307-2192 ⏱ 11:00~20:00, 주말·공휴일 11:00~21:00(40분 전 주문 마감) ₩ 아메리카노 7,000원, 그린티라테 7,000원, 레몬에이드 8,000원

평화방직의 평화로움 만끽하기
소창체험관

1970년대까지 직물 산업이 번성했던 강화도에는 한 때 조양방직, 평화직물 같은 60여 곳의 직물 공장들이 있었다. 소창은 23수의 면직물로 일상에서 자주 접하는 직물이다. 염색공장이었던 옛 평화직물 터를 리모델링해 2017년에 소창체험관을 개관했다. 소창에 다양한 그림을 그려 손수건을 만드는 체험과 한복을 입고 사진을 찍는 체험이 인기다.

◎ 인천 강화군 강화읍 남문안길20번길 8 ⓟ 가능 ☏ 032-934-2500 ⏱ 10:00~18:00(브레이크 타임 12:00~13:00, 월요일 휴관) ₩ 입장료 무료, 한복체험 3,000원, 손수건 바느질 3,000원

1960년대 영화 속으로 들어온 기분
교동대룡리시장

#시장구경 #벽화골목 #추억여행

직접 짠 참기름과 직접 담근 고추장, 농사지은 각
종 작물을 파는 상점들이 옛 모습 그대로다. 옛 벽
지와 흰 타일이 그대로인 교동이발관, 먼지 쌓인
시계들이 가득한 황세환 시계방, 검정 고무줄이 주
렁주렁 걸린 잡화점이 향수를 자극한다. 개구쟁이
가 그려진 벽화들, 역대 대통령 선거 벽보들이 흥
미롭다. 과거의 풍경 속에서 부지런히 현재를 살아
가는 상인들의 모습이 활기차다.

📍 인천 강화군 교동면 교동남로 35 🅿 시장 맞은편 파머
스 마켓 뒤의 주차장 이용

고려와 조선의 역사가 깃든 유적
교동향교와 교동읍성

#최초의향교 #옛성벽 #문화유적

대룡시장 근처에 교동향교와 교동읍성이 있으니 간 김에 들러보자.
고려시대에 지은 교동향교는 공자상을 모신 우리나라 최초의 향교
다. 공자 앞에서 머리를 낮추라며 낮게 지은 대성전으로 들어서면 공
자의 초상과 최치원을 비롯한 국내 유현 18명의 신위를 볼 수 있다.
조선 인조 때 세 곳에 성문을 설치한 교동읍성은 남문인 유랑루를
중심으로 복원을 해두었다.

교동향교 📍 인천 강화군 교동면 교동남로 229-49
🅿 가능 📞 032-932-6931

교동읍성 📍 인천 강화군 교동면 읍내리 577 🅿 읍내리 복지회관 앞 주차
📞 032-930-3627

석모도 보문사

#석모도여행 #그윽한사찰 #여행그램

석모도의 보문사는 남해의 보리암, 양양의 홍련암과 함께 우리나라의 3대 관음 도량이다. 각양각색의 표정을 한 오백나한이 방문객을 맞이한다. 보문사의 백미는 눈썹바위 아래 있는 마애불상이다. 동틀 무렵 들려오는 보문사 앞바다의 파도 소리와 눈썹바위 아래로 내려다보는 석양은 예로부터 아름답기로 유명하다. 탁 트인 풍경을 눈에 담고 오는 길이 상쾌하다.

📍 인천 강화군 삼산면 삼산남로828번길 44
🅿 소형 2,000원, 승합 2,500원, 대형 5,000원
📞 032-933-8271 🕐 09:00~18:00
₩ 성인 2,000원, 청소년 1,500원, 어린이 1,000원
🏠 www.bomunsa.me

즐거운 물놀이와 근사한 낙조

석모도 민머루 해수욕장

#드라이브코스 #생태체험 #석양맛집

낙조가 무척이나 아름답다. 바다로 떨어지는 태양의 속도에 발맞춰 붉은 파도가 해변으로 밀려온다. 해가 진 후에도 여운이 남는다. 민머루 해수욕장 근처에 펜션과 편의점이 모여 있으니 하룻밤 머물면서 섬의 이야기를 들어도 좋다.

📍 인천 강화군 삼산면 매음리 874 🅿 가능
🏠 www.minmeoru-beach.co.kr

맛있는 먹거리와 강화도 특산물

강화풍물시장

#밴댕이회 #인삼막걸리 #시장구경

가까운 풍물시장에 들러 싱싱한 밴댕이를 회치는 빠른 손놀림도 구경하고, 사자발쑥의 싱그러운 향기도 맡고, 아삭아삭한 순무김치도 맛보자. 출출하면 2층 식당가의 밴댕이회무침을 추천한다. 밴댕이무침에 비벼 먹는 밥맛이 꿀맛이다.

📍 인천 강화군 강화읍 중앙로 17-9 🅿 가능 📞 032-934-1318 🕐 08:00~21:00(매달 첫째·셋째 주 월요일 휴무)

개항장을 품은 독특한 문화 산책
인천

인천은 1883년 개항 이후 우리 역사의 커다란 격동기를 헤치며 독특한 문화를 발전시킨 도시다. 중국풍의 거리인 차이나타운, 근대문화와 건축 양식이 고스란히 남아있는 인천개항누리길, 인천국제공항이 위치한 영종도와 아름다운 해수욕장들까지 당일치기로 다녀올 수 있어 더욱 좋다.

인천을 가장 멋지게 여행하는 방법	01 울긋불긋 차이나타운에서 **짜장면 맛보기**	02 배다리헌책방골목에서 **책 한 권 구입**	03 을왕리 해수욕장 거닐다 **예쁜 노을 감상**

THEME
01

차이나타운에 짜장면 먹으러 가자

짜장면이 특별한 날에만 먹는 음식이었던 시절이 있었다.
개학식이나 입학식 혹은 이삿날에 온 가족이 모여 앉아 짜장면을 먹던 추억이 생생하다.
'짜장면' 하나만으로도 여행의 테마를 잡을 수 있는 도시가 바로 인천이다.
추억의 짜장면을 떠올리며 인천 개항장 문화지구로 떠나보자.

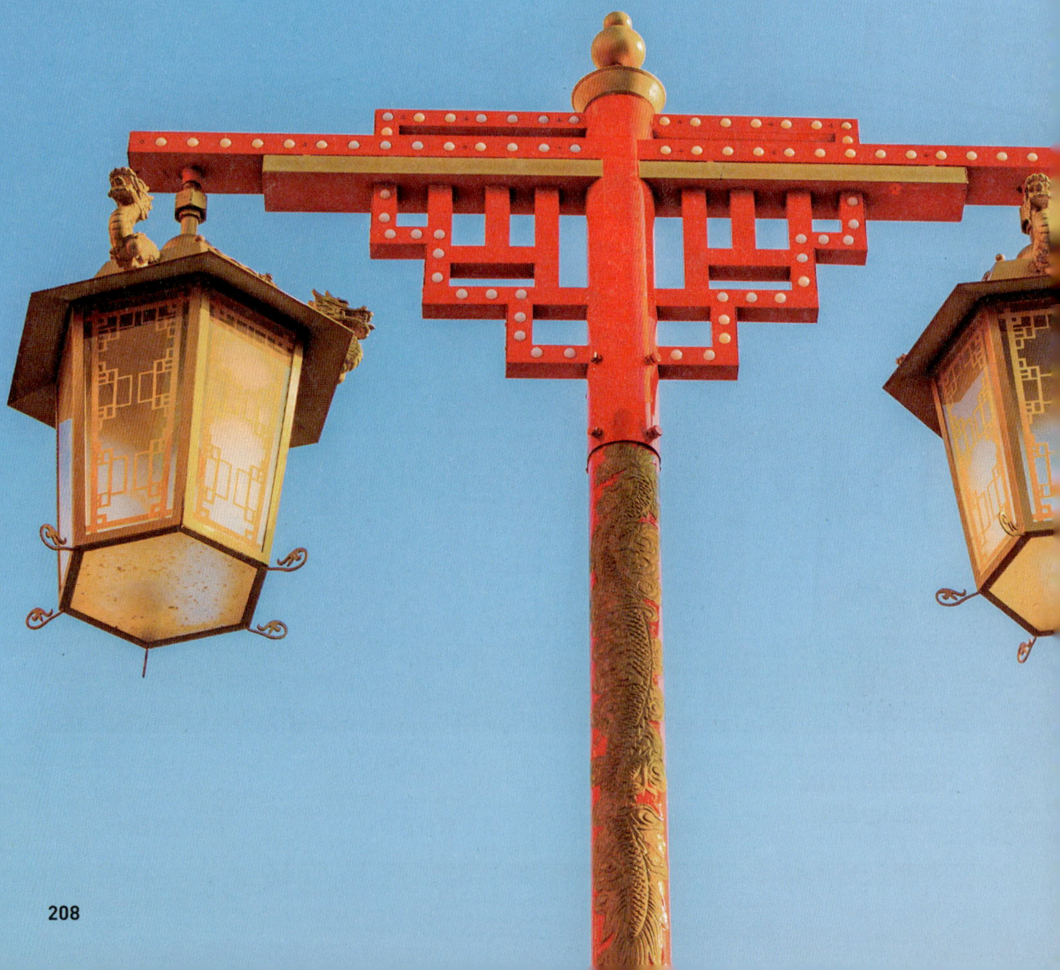

#130여년의역사 #공화춘 #짜장면

차이나타운

한국에서 가장 많은 화교가 살았던 곳이 바로 인천 차이나타운이다. 예전에는 중국에서 수입한 물건들을 파는 가게가 많았지만 최근에는 초기 정착민들의 2세와 3세들이 운영하는 중국 음식점들이 주를 이룬다. 삼국지 벽화 거리에는 '도원결의'나 '삼고초려' 같은 삼국지의 중요 장면이 벽을 따라 그려져 있고, 중국식 사당인 의선당은 중국의 명절인 춘절이나 중앙절에 화교들로 붐빈다. 한중문화관에 들어가면 다양한 전시물과 영상을 보면서 중국차를 시음하거나 중국식 의복을 입고 사진을 찍으며 중국의 문화를 체험할 수 있다. 자유공원을 오르면 인천상륙작전을 지시했던 맥아더 장군의 동상이 반긴다. 인천 시가지가 한눈에 내려다보이는 풍경 앞에서 잠시 쉬어가자.

인천 중구 차이나타운로26번길 12-17
북성동 차이나타운 공영주차장
www.ic-chinatown.co.kr

삼국지 벽화거리

한중문화관

자유공원

의선당

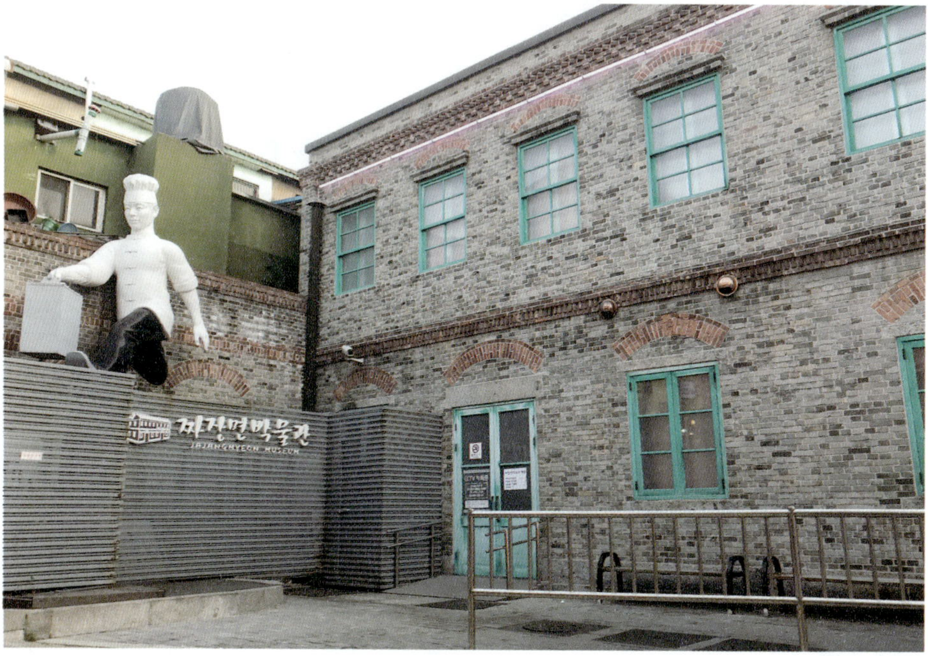

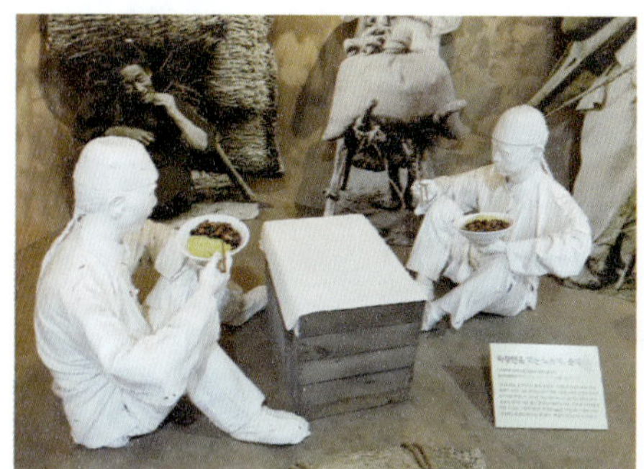

짜장면으로 살펴보는 근대 역사

짜장면박물관

#한국음식 #짜장면의역사 #등록문화재제246호

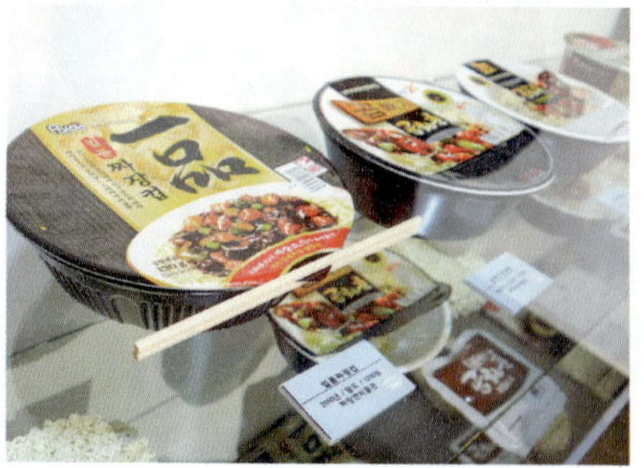

1880년대 인천 개항 이후 중국인들이 운영하는 중국요릿집들이 늘었고, 값싸고 맛있는 중국 음식을 먹기 위해 부두의 노동자들이 몰려들었다. 화교가 운영하던 공화춘에서는 한국인의 입맛에 맞는 짜장면을 만들어 팔기 시작했다. 짠맛이 강한 중국식 작장면과 달리 캐러멜과 양파를 넣은 짜장면은 특유의 달달한 맛으로 폭발적인 인기를 얻었다. 중국 산둥식으로 지은 당시 공화춘 건물이 짜장면박물관으로 탈바꿈했다. 인천항의 부두 노동자들이 짜장면으로 간단하게 식사를 하는 모습, 1930년대에 공화춘에서 실제로 쓴 식기와 가구를 전시했다. 짜장면 가격이나 배달통의 변천사, 공화춘의 주방까지 볼거리가 의외로 쏠쏠하다.

인천 중구 차이나타운로 56-14 Ⓟ 북성동 차이나타운 공영주차장 ☏ 032-773-9812 ⏲ 09:00~18:00(월요일 휴관) ₩ 성인 1,000원, 청소년 700원, 군인 500원, 어린이 무료

TIP 차이나타운의 통합 입장권

인천개항장 근대건축전시관, 인천개항박물관, 짜장면박물관, 대불호텔 전시관, 한중문화관 5개관을 모두 둘러보는 통합 입장권을 판매한다. 성인 3,400원, 청소년 2,300원, 군인 2,100원, 어린이 무료.

차이나타운 먹거리

울긋불긋한 차이나타운에 들어서면 빨간 탕후루를 파는 간식집이 제일 먼저 눈에 띈다. 꼬치에 꽂은 딸기에 달콤한 시럽을 발라 먹음직스럽게 보이지만, 단맛보다 신맛이 세고 시럽이 엿보다 더 끈끈하게 이에 달라붙어 호불호가 극명히 갈린다. 길거리 간식을 먹고 싶다면 화덕만두와 공갈빵을 추천한다. 200℃가 넘는 화덕에서 구워낸 만두는 바삭한 피 속에 뜨끈한 소가 들어 있어 겨울에도 사람들이 줄을 선다. 차이나타운 맛집 탐방의 백미는 짜장면집이다. 짜장면과 짬뽕으로 이름값을 하는 공화춘, 춘장을 직접 만들어 하얀 짜장이 유명한 연경, 유니짜장과 꿔바로우가 맛있다고 소문난 신승반점 중 어딜 가도 좋다.

십리향 화덕만두

📍 인천 중구 차이나타운로 50-2 📞 032-762-5888 🕐 12:00~20:00 ₩ 화덕만두 고기·고구마·단호박 개당 3,000원, 공갈빵 1봉지 5,000원

공화춘

📍 인천 중구 차이나타운로 43 📞 032-765-0571 🕐 10:00~21:30 ₩ 공화춘짜장면 12,000원, 삼선짬뽕 10,000원 🏠 www.gonghwachun.co.kr

신승반점

📍 인천 중구 차이나타운로44번길 31-3 📞 032-762-9467 🕐 11:10~21:00, 브레이크 타임 15:00~16:45 ₩ 유니짜장 11,500원, 찹쌀탕수육(소) 30,000원 🏠 www.ss-chinese.com

인천만의 독특한 문화 속으로

넓디넓은 인천이지만 독특한 골목을 찾아가 구석구석 살피는 재미가 있다. 한때는 성냥마을로 불리던
배다리헌책방골목, 여인숙골목이 변신한 배다리아트스테이, 개항기의 근대건축들이 변신한 인천아트플랫폼을
둘러보며 현재와 어우러지는 근대의 역사를 들여다 보자.

손때묻은 헌책부터 신간까지 다 있다
배다리헌책방골목

#서점여행 #헌책방 #책방나들이

헌책방 골목이라고 부르기엔 꽤 소박하게도 몇몇 서점들만이 남아 명맥을 잇고 있지만 골목의 개성을 뽐내기엔 충분하다. 오래된 전집류, 예술 서적들, 어린이 책과 사전들, 새 책처럼 보이는 신간들까지 다양한 책들을 정가보다 저렴하게 구입할 수 있다.

인천 동구 금곡로 18-10 공영주차장이용

성냥에 대한 작지만 알찬 박물관
배다리성냥마을박물관

#성냥마을 #배다리마을 #박물관여행

한국전쟁 이후 배다리 근처의 주민들은 생계를 위해 성냥갑을 만드는 부업을 했는데, 당시 집집마다 지붕 위에 풀칠한 성냥갑을 널어놓고 말리는 풍경이 펼쳐졌다고. 그 시절 집들이 선물로 인기였던 성냥에 대해 알아보는 작지만 재미있는 박물관이다.

인천 동구 금곡로 19 공영주차장 이용
 032-777-6130 09:00~18:00(월요일 휴무)
 무료

배다리여인숙 골목의 변신
잇다스페이스 작은미술관

#골목여행 #배다리아트스테이 #전시장나들이

배다리 마을은 개항 이후 외국인 조계지에서 밀려난 조선인들의 구심점 역할을 했다. 인천항에서 일하던 일용직 노동자들도 배다리의 여인숙에 머물며 숙박과 식사를 해결했다. 2015년 즈음 여인숙들이 모두 폐업한 후 카페와 전시장이 있는 복합 문화 공간으로 변신했다.

인천 동구 금곡로11번길 1-4 진도여인숙 공영주차장 이용 0507-1322-3834 빨래터카페 11:00~20:00, 작은미술관 11:00~19:00(월요일 휴무) 전시 무료, 아인슈페너 6,000원, 대추차 6,000원 @art_stay_1930

거대한 문화예술 공간의 탄생

인천아트플랫폼

#인천여행 #전시예술 #근대건축물

인천아트플랫폼은 1930~40년대에 지어진 건축물을 리모델링해서 창작스튜디오, 전시장, 공연장, 인천생활문화센터 등 총 13개 동의 규모로 조성한 거대 복합 문화 공간이다. 창고로 사용하던 층고 높은 건물인 B동의 1층과 2층을 활용해 주요 전시를 연다. 붉은 벽돌 외관을 그대로 살린 공연장인 C동은 퍼포먼스 공연이나 미디어아트 전시에도 사용된다. E, F, G동은 한때 인천 지역 예술가들의 '피카소 작업실'로 사용되던 공간으로 지금은 해외 입주 예술가들의 숙소와 스튜디오, 프로젝트 공간으로 이용하고 있다. H동은 일본 조계지의 1인 점포형 건물이었는데 인천생활문화센터 건물로 탈바꿈했다. 서점과 카페가 있어 예술을 즐기는 사람들의 사랑방 역할을 한다. 건축물 사이를 오가며 무료 전시와 볼거리를 마음껏 즐겨보자.

인천 중구 제물량로218번길 3 · 인천중구청주차장
0507-1487-1062 · 전시 11:00~18:00(월요일 휴무)
www.inartplatform.kr

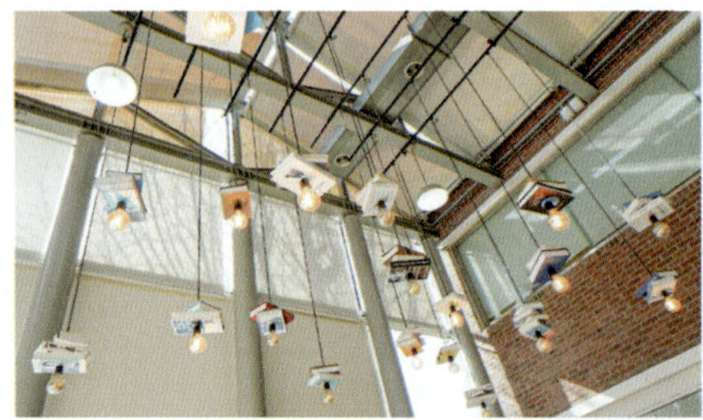

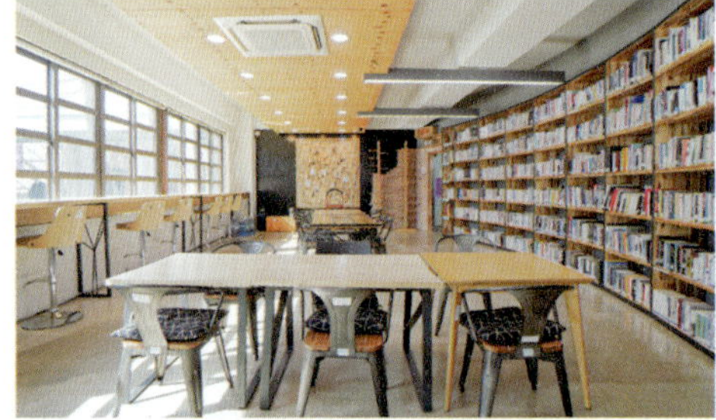

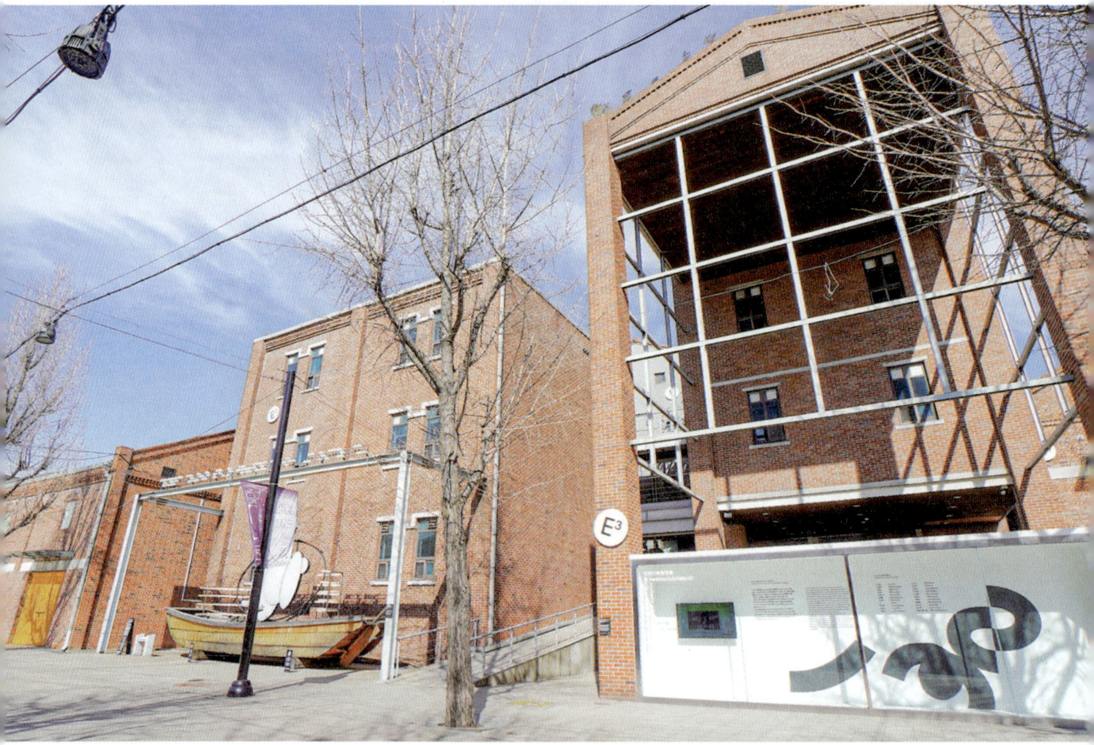

영종도에서 가장 북적이는 해수욕장 #인천해수욕장 #조개구이 #인천여행

을왕리 해수욕장

을왕리 해수욕장은 영종도에 공항이 생기기 이전에도 조개구이를 먹으러 가는 해변으로 유명했다. 서울에서 드라이브로 2시간이면 충분하니 아이들과 당일치기 해수욕을 계획하거나 근사한 낙조를 보러가도 좋다.

📍 인천 중구 용유서로302번길 16-15 🅿 가능
🏠 rwangni-beach.co.kr

선녀처럼 우뚝 서 있는 바위 #인천여행 #인천해수욕장 #조용한바다

선녀바위 해수욕장

서해의 해수욕장이라고 하면 썰물에 드러나는 드넓은 모래사장을 떠올리기 쉽지만, 선녀바위 해수욕장은 선녀처럼 우뚝 솟은 바위 앞으로 커다란 바위들이 듬성듬성 얼굴을 드러낸다. 굴 따는 아주머니와 갈매기들이 선녀바위 해수욕장만의 풍경을 만든다.

📍 인천 중구 을왕동 678-188 🅿 가능

을왕리 해수욕장과 왕산 해수욕장 사이

카페오라

#대형카페 #인천카페 #영종도카페

영종도에 새로 생긴 대형 베이커리 카페다. 야트막한 언덕에 위치해서 서해가 살짝 내려다보인다. 일부러 오기보다는 을왕리 해수욕장에 왔다가 커피 한잔 하고 싶을 때 들러보자. 빵은 버터와 계란을 많이 쓰지 않은 80년대의 옛날 빵 느낌이어서 호불호가 크다.

📍 인천 중구 용유서로 380 🅿 가능 📞 032-752-0888
🕙 10:00~21:00, 주말 09:00~22:00 ₩ 아메리카노 7,000원, 카페라테 7,500원 📷 @caffeora_

도시를 휘감은 고요한 기품
수원

수원화성은 도시의 풍경을 독특하게 만드는 일등공신이다. 어릴 적에나 보던 문방구와 이발소가 당당히 자리 잡은 골목 앞에는 수백 년의 역사를 지켜온 옹성이 서 있고, 시내버스가 신호를 기다리는 횡단보도 앞에는 시끌벅적한 도시의 소음 속에서도 고요한 기품을 자랑하는 거대한 성문이 자리한다. 수원화성길에는 교복을 입은 학생들이 삼삼오오 모여 있고 반려견을 끌고 산책 나온 어르신이 있다. 조상들의 삶의 지혜를 오롯이 담고 있는 문화유산이 아무렇지도 않게 우리의 삶 속에서 살아 숨 쉰다. 이보다 매력적인 여행지가 또 있을까.

방화수류정과 용연

자랑스러운 우리의 성벽
수원화성

#찬란한역사여행 #세계문화유산 #정조의꿈

 화성어차 타고 수원화성 한 바퀴

수원화성은 걸어서 둘러보아도 좋고, 화성어차를 타고 편안하게 설명을 들어도 좋다. 화성어차는 2개의 노선으로 운영한다. 연무대에서 출발하는 순환형 노선과 화성행궁에서 출발하는 관광형 노선이다. 각각 노선과 요금이 다르니 홈페이지에서 확인하고 여행을 계획하자.

시끌벅적한 도시를 휘감으며 고요한 기품을 자랑하는 곳, 수원화성은 유네스코 세계 문화유산으로 등재된 독보적인 성곽이다. 5.7km 길이의 성곽을 따라 둘레길이 펼쳐진다. 그저 걷는 것만으로도 수원화성의 눈부신 예술성과 아름다운 경관을 즐길 수 있다. 수원을 빙 둘러 지은 성곽이므로 어느 지점에서 시작해도 상관없다. 동암문, 동북포루, 북암문을 지나 방화수류정으로 향한다. 방화수류정에서 내려다보는 연못이 근사하다. 물길 위에 지은 화홍문을 지나 장안문까지 걸으며 북동치에 설치한 대포도 구경하자. 서북공심돈과 화서문까지 보고 나면 팔달산을 지나 팔달문까지 걸을지, 바로 화성행궁으로 향할지 행로를 정해야 한다. 화성행궁으로 가는 길에도 아기자기한 카페와 벽화 거리 등 볼거리가 많다.

📍 경기 수원시 장안구 영화동 320-2 🅿 연무대 주차장, 화홍문 공영주차장, 연무동 공영주차장 📞 031-290-3600 🕘 09:00~18:00(운영시간 이후 무료 관람 및 야간 관람 가능) 💰 성인 1,000원, 청소년·군인 700원, 어린이 500원 🏠 www.swcf.or.kr

화홍문

방화수류정에서 연무대 가는 길

돋보이는 규모와 격식을 갖춘
화성행궁

유여택

복내당

행궁은 임금이 지방에 머물 때 임시로 사용한 궁궐이다. 화성행궁은 조선시대의 대표적인 행궁이자 규모가 가장 큰 행궁으로 약 600칸에 이른다. 정조는 뒤주에 갇혀 세상을 떠난 아버지 사도세자의 무덤을 화성으로 옮기고 매년 참배를 하러 갔는데, 그때마다 화성행궁에 머물며 행사를 치렀다. 정조의 어머니 혜경궁 홍씨가 침전으로 사용하던 장락당, 정조가 머물던 복내당, 신하들을 접견하던 유여택 등 주요 건물이 잘 복원되어 있다. 화령전은 정조의 유지를 받들어 화성행궁 옆에 세운 정조의 영전으로 정조의 초상화를 볼 수 있다. 사도세자가 갇혔던 뒤주에 들어가 보는 이색적인 체험이 눈길을 끈다.

📍 경기 수원시 팔달구 정조로 825 **P** 가능 📞 031-290-3600 🕐 09:00~18:00, 5~10월 야간 개장 18:00~21:30 ₩ 성인 2,000원, 청소년·군인 1,500원, 어린이 1,000원 🏠 www.swcf.or.kr/?p=62

TIP 편리하고 저렴한 통합 입장권

수원화성, 화성행궁, 수원박물관, 수원화성박물관 입장권 4종을 통합 매표할 수 있다. 성인 3,500원, 청소년·군인 2,000원, 어린이 800원이다. 매주 월요일은 수원화성박물관 휴무일로 통합 입장권을 구매할 수 없다.

사도세자의 뒤주

장락당

화령전

수원화성박물관

수원화성을 지은 방법과 혜경궁 홍씨의 진찬연, 성곽 내부의 군사 시설들을 재현해 볼거리가 쏠쏠하다. 수원화성을 축조하던 당시 수원의 모습을 커다란 디오라마로 볼 수 있다. 2층 전시장에는 정조의 수원 행차를 8폭의 그림으로 담아낸 화성행행도가 걸려 있다. 행차의 규모와 사람들의 세세한 움직임까지 포착해낸 그림을 들여다보면 혀를 내두르게 된다.

📍 경기 수원시 팔달구 창룡대로 21 🅿 가능 📞 031-228-4242 🕐 09:00~18:00(월요일 휴관) ₩ 성인 2,000원, 청소년·군인 1,000원, 어린이 무료 🏠 hsmuseum.suwon.go.kr

행궁동 벽화마을

수원화성박물관에서 수원천로를 따라 걸으면 행궁동 벽화마을이 나타난다. 귀여운 고양이와 천사, 거대한 문어다리와 환상적인 물고기가 여기저기서 튀어나온다. 나혜석 생가 터 근처의 벽화 거리에는 나혜석이 남긴 작품들을 벽면에 재현하고, 예쁜 글귀와 창의적인 그림들을 남겨두었다. 안녕하세요길, 팔부자 거리 같은 개성 넘치는 골목을 놓치지 않고 싶다면 골목해설사와 동행하는 것도 좋다.

📍 경기 수원시 팔달구 화서문로72번길 9-6 🅿 화성행궁 주차장이나 수원화성박물관 주차장
📞 031-244-4519

푸짐하게 차려지는 쌈채소와 반찬
청산시골쌈밥

#수원맛집 #푸짐한쌈밥 #제육쌈밥

장안문 안쪽으로 위치한 쌈밥집이다. 청산제육쌈밥이 제일 인기 메뉴인데 달콤한 제육볶음에 12가지 쌈채소와 찌개가 한상 가득 차려진다. 묵은지 냉삼이나 우삼겹 메뉴는 철판에 직접 구워 먹는다. 밑반찬들도 다양하고 정갈하다. 대부분의 메뉴는 2인 이상 주문해야 하고 혼자서는 김치찌개, 된장찌개, 청국장 같은 찌개류 주문만 가능하다.

📍 경기 수원시 팔달구 신풍로 74 1층 🅿 가능
📞 031-243-8177 🕐 11:00~21:00(일요일 휴무)
💰 청산제육쌈밥 15,000원, 청국장 8,000원

만두도 맛있고 우육탕도 맛있고
수원만두

#만두맛집 #수원맛집 #중국식우육탕면

오랫동안 같은 자리를 지켜온 수원만두는 화교가 운영한다. 쫄깃한 찐만두, 커다란 왕만두도 맛있지만 바삭하게 튀겨낸 군만두가 일품이다. 단골이라면 만두만큼이나 우육탕면을 즐겨 시킨다. 청경채와 갖은 채소, 소고기가 어우러진 진하고 깔끔한 국물이 만두와 잘 어울린다.

📍 경기 수원시 팔달구 창룡대로8번길 6 🅿 가능 📞 031-255-5526 🕐 11:30~21:00 💰 우육탕면 9,000원, 군만두 9,000원

만두 마니아라면 바로 출동
연밀

#수원맛집 #만두맛집 #고수의향기

연밀은 메뉴가 온통 만두다. 육즙만두가 유명한데, 맛을 보면 육즙이 가득해서 그 이름값을 한다. 빙화만두는 소, 돼지, 양, 닭 등 다양한 소를 주문할 수 있다. 물만두를 좋아하는 사람이라면 삼치물만두, 고수물만두까지 여러 접시를 시켜 먹는다.

📍 경기 수원시 팔달구 창룡대로8번길 10 1층 🅿 수원화성박물관 주차장 📞 031-242-4990 🕐 11:30~21:00, 브레이크 타임 15:30~16:10(화요일 휴무) 💰 새우육즙만두 13,000원, 고기육즙만두 12,000원

양도 많고 맛도 좋은 치킨
수원통닭거리의 용성통닭 본점

#수원통닭 #치맥하는날 #치킨의참맛

수원의 통닭거리가 유명해진 건 영화에서 등장한 왕
갈비 치킨을 맛보러 오는 사람들의 입맛을 고루 만족
시키기 때문일 것이다. 용성통닭의 후라이드 치킨은
바삭바삭하고 양념 치킨은 고추장이 들어가 매콤달콤
하다. 왕갈비 치킨은 간장양념에 알싸한 마늘 향을 머
금어 독특하다. 닭발과 닭모래집 튀김을 서비스로 내
주는 인심도 좋다.

📍 경기 수원시 팔달구 정조로800번길 15 🅿 운호민영주차
장 혹은 제일주차장 📞 0507-1413-8226 🕐 11:00~23:00
(화요일 휴무) ₩ 후라이드 20,000원, 양념치킨 21,000원,
왕갈비치킨 23,000원

1976년부터 이어진 해장국집의 저력
유치회관

#선지해장국 #국물맛최고 #수원맛집

오래된 맛집은 메뉴가 단출하다. 유치회관은 해장국과
수육, 수육무침 세 가지 메뉴뿐이다. 우거지와 소고기가
푸짐하게 들어있는 해장국의 국물이 그야말로 시원하다.
선지를 못 먹는 사람을 위해 선지를 따로 담아주고 국물
은 리필해준다. 부추를 잔뜩 얹은 수육무침도 별미.

📍 경기 수원시 팔달구 효원로292번길 67 🅿 가능 📞 031-234
-6275 🕐 24시간 ₩ 해장국 12,000원, 수육무침 40,000원

단정한 카페에서 올데이 브런치
카페메이븐

#수원카페 #인스타카페 #브런치맛집

3층짜리 건물 전체를 카페로 잘 단장했다. 주문과 픽업은
1층에서 하고, 2층과 3층의 원하는 공간에 앉아 맛있는
브런치를 즐겨보자. 3층에서 루프톱으로 걸어 올라가면
수원화성이 내려다보이는 자리도 있다. 브런치플레이트
에 더치큐브라테를 곁들이면 기분 좋게 배부르다.

📍 경기 수원시 팔달구 창룡대로74번길 15 🅿 가능 📞 031-248
-7752 🕐 10:00~20:00(1시간 30분 전 브런치, 30분 전 주문 마
감) ₩ 더치큐브라테 8,000원, 브런치플레이트 19,000원
📷 @cafe.maven

미술관 옆 동물원 옆 과학관
과천

과천은 주말마다 들썩인다. 예술의 향기가 가득한 국립현대미술관, 수많은 동물과 교감하는 서울동물원, 신나는 놀이기구를 타는 서울대공원, 빠른 말들의 경주를 보는 경마공원, 놀이를 통해 과학을 배우는 국립과천과학관이 있다. 이 가운데 한 곳만 골라 둘러보아도 하루가 충분하다. 모처럼 가족 나들이에 나서는 날, 지치지 않고 알차게 하루를 보내보자.

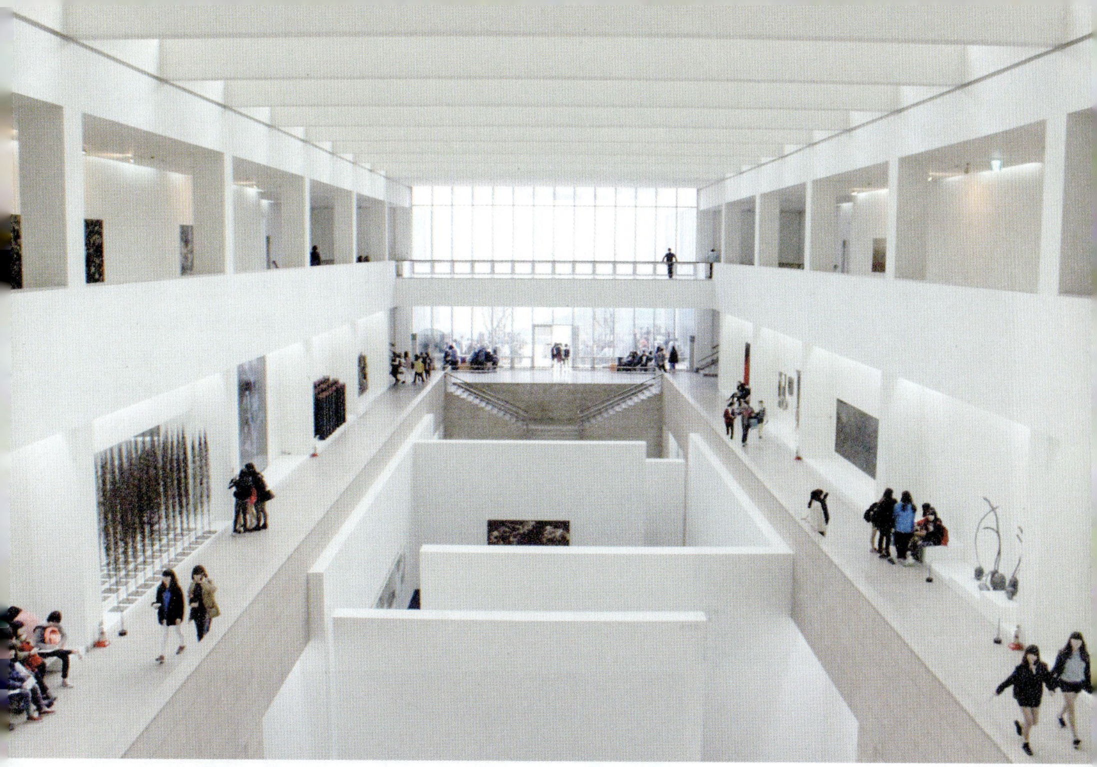

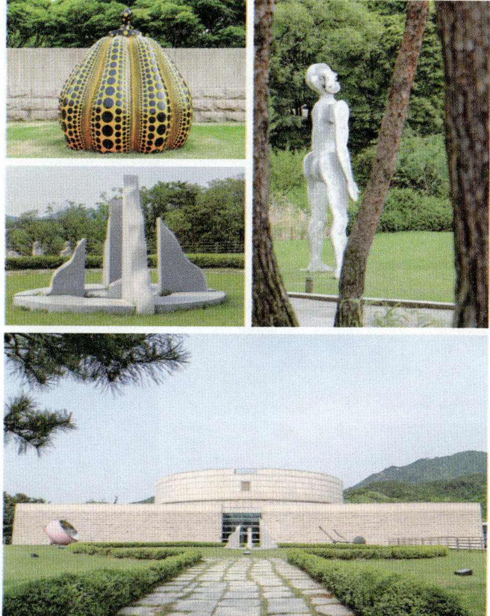

봄꽃처럼 피어나는 예술의 향기

국립현대미술관 과천

#미술관데이트 #야외공원 #가족나들이

미술관 입구에서 나지막한 노랫소리가 들려온다. 과천관의 랜드마크가 된 보로프스키의 〈노래하는 사람〉이라는 작품이다. 작가가 직접 녹음한 웅얼거리는 노랫소리는 우리네 할머니들의 옛이야기처럼 다정하면서도 서글프다. 쿠사마 야요이의 〈호박〉과 자비에르 베이앙의 〈말〉 설치물이 화사한 색깔로 관람객을 맞이한다. 기획전이 아니더라도 충분히 많은 작품을 만날 수 있으니 천천히 둘러보자. 1층의 어린이미술관은 아이들이 책을 보거나 그림을 그리고 블록 놀이를 할 수 있어 아이들의 예술 감각을 일깨운다. 야외 조각공원에서 작품들을 징검다리 삼아 오솔길을 걷다 보면 미술관 옥상의 탁 트인 전망을 만난다. 발아래 호수가 펼쳐지는 풍광이 시원하다.

경기 과천시 광명로 313 가능, 2시간 4,000원, 초과 30분당 1,500원 02-2188-6000 10:00~18:00(월요일 휴관) ₩관람료 3,000원 www.mmca.go.kr

서울대공원

창경궁 복원 사업으로 1984년 창경궁의 동물원과 놀이시설을 이곳으로 옮겼다. 서울대공원의 백미는 서울동물원이다. 넓은 사육장에서 포효하는 호랑이와 낮잠을 즐기는 사자들을 만나고 나면, 코끼리와 코뿔소, 하마와 기린 같은 덩치 큰 동물들이 줄줄이 나타난다. 운이 좋으면 코끼리가 샤워하는 모습이나 하마가 엄청나게 커다란 응가를 하는 놀라운 광경도 볼 수 있다. 공작마을에 들어가면 화려한 깃털을 뽐내는 공작새들이 중세시대의 귀족처럼 당당하다. 큰물새장에서는 눈앞에서 하늘을 나는 커다란 두루미와 펠리컨, 황새를 만날 수 있다. 열대조류관에서 앵무새의 재롱을 즐긴 다음 낙타와 사슴 같은 동물 친구들을 지나 식물원을 구경한다.

경기 과천시 대공원광장로 102 가능 02-500-7335 09:00~18:00, 5~8월 09:00~19:00, 11~2월 09:00~17:00(1시간 전 입장 마감) 동물원 입장료 성인 5,000원, 청소년 3,000원, 어린이 2,000원/ 테마 가든 입장료 성인 2,000원, 청소년 1,500원, 어린이 1,000원 grandpark.seoul.go.kr

TIP 스카이리프트 잘 타는 법

서울대공원에서 탈 수 있는 스카이리프트는 두 종류다. 하나는 주차장 앞 매표소에서 동물원까지 왕복하고, 하나는 동물원 입구에서 동물원 끝의 호랑이사까지 왕복한다. 동물원 입구에서 두 번째 리프트를 타고 호랑이사까지 올라가면 경사로를 지그재그로 내려오면서 관람이 가능하다.

놀이동산 부럽지 않은 체험 가득 #아이와함께 #실내놀이터 #체험여행

국립과천과학관

과학에 흥미가 없던 사람도 자주 찾고 싶게 만드는 과학관이다. 우주적 포스가 느껴지는 거대한 건물 안에 상설전시관만 7개다. 초등학교 3학년까지 입장 가능한 어린이탐구체험관은 키즈 카페와는 차원이 다른 규모로 뛰어놀며 과학의 원리를 몸으로 배운다. 무중력을 느끼는 등 53개의 체험을 할 수 있는 첨단기술관, 태풍 체험과 지진 체험을 할 수 있는 과학탐구관처럼 대부분의 전시관이 최신 과학 기술과 접목한 체험을 위주로 흥미롭게 꾸며졌다. 시간을 잘 맞추어 천체투영관과 천체관측소를 방문해 생생한 별자리를 바라보자. 맑은 날은 놀이터에서 과학의 원리가 담긴 놀이기구와 함께 뛰어놀기만 해도 신난다.

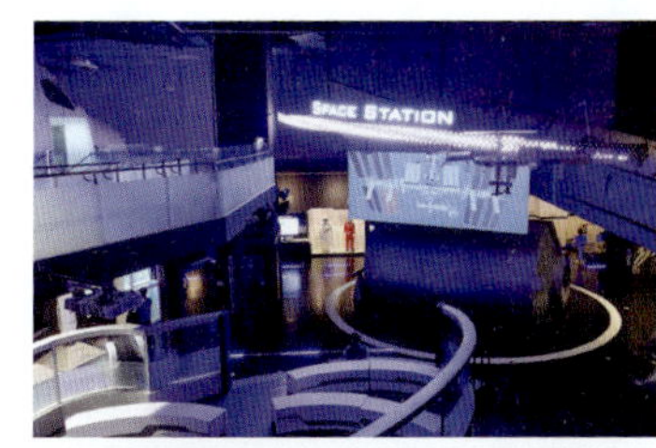

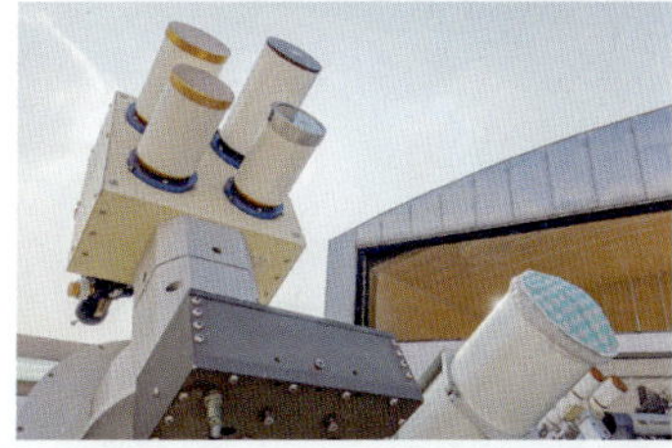

경기 과천시 상하벌로 110 Ⓟ 가능 02-3677-1500 09:30~17:30(1시간 전 발권 마감, 월요일·1월1일·명절 당일 휴관) ₩ 성인 4,000원, 어린이·청소년 2,000원, 명절 연휴 및 특정 공휴일 무료 개관 www.sciencecenter.go.kr

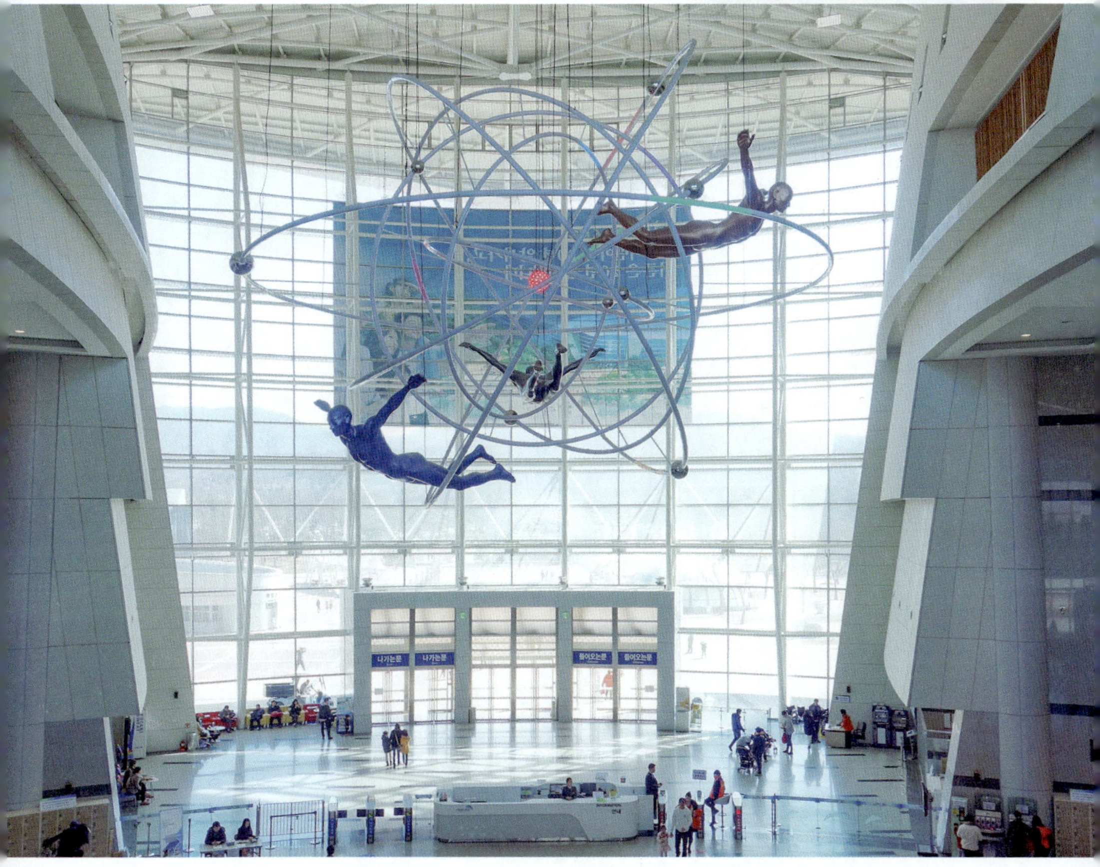

PART
04
진짜 충청도를 만나는 시간
KOREA

한눈에 보는 충청도

1,000년 전 백제로부터 물려받은 고아한 기상을 품고 서쪽으로는 바다, 동쪽으로는
태백산맥에 닿는다. 내륙의 바다 청풍호에서는 물안개가 피어오르고 서쪽 바다의 섬은
낙조로 빨갛게 물든다. 왕릉을 따라, 왕도를 따라 느릿느릿 여행해보자.

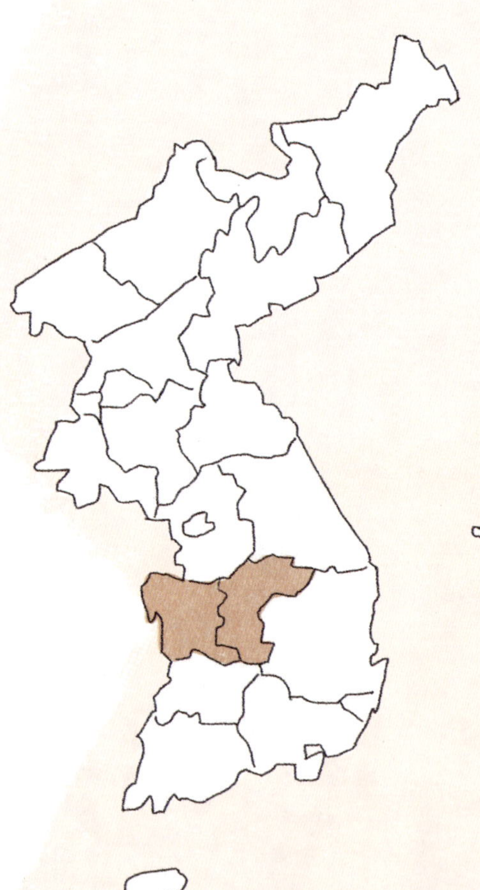

#대전 P.232
도시 여행자들을 불러 모으는
골목골목의 볼거리와 맛있는 먹거리
THEME 01 추억이 묻어나는 대전의 골목을 걷다 P.234
THEME 02 계절감이 벅차오르는 대전 근교 P.240

#단양 P.244
관동 8경과 함께 손꼽히는 우리나라 8경의 원조,
단양 8경을 찾아서.
THEME 01 남한강의 맑고 푸른 물 따라 P.246
THEME 02 영화 같은 풍경에 뛰어들다 P.250

#제천 P.254
비봉산 정상에서 내륙의 바다 청풍호를
내려다보면 그야말로 신선놀음.

#아산 P.260
엄마의 신혼여행지였던 아산,
알고 보니 임금의 여행지?

#태안·서산·당진 P.264
숨겨진 사막과 환상적인 일몰,
맛있는 해산물까지 서해는 참 아름답구나.
THEME 01 서해가 이렇게나 아름답구나 P.266
THEME 02 서해라고 바다만 멋진 게 아냐 P.270

#공주 P.274
작고 정다운 도시에서 왕의 숨결이 머무는
무령왕릉과 공산성을 거닐다.

#부여 P.278
화려하고 섬세한 백제의 문화유산이
꽃처럼 전설처럼 피어나고.

#서천·논산 P.284
사르락거리는 갈대밭과 온 세상의
동식물이 모인 국립생태원.

제천
단양
당진
서산
태안
아산
대전
공주
부여
논산
서천

충청도
추천 여행 코스

🛏 **추천 숙박** 태안과 서산의 아름다운 바닷가에는 어김없이 펜션이 들어서 있다. 최근 안면도 서쪽의 해변에는 풀빌라가 많이 늘었다. 안면도 옆 황도는 펜션촌으로 유명하다. 꽃지 해수욕장 앞의 아일랜드 리솜 리조트, 황도 앞의 나문재 펜션이 여전히 건재하다. 펜션을 예약할 때는 사진뿐만 아니라 사용자 리뷰를 꼼꼼하게 살펴 예약하자.

아미미술관 P.273
아미미술관에서 꽃처럼 사진찍기

차량 54분

간월암 P.269
물안개 걷힌 간월암의 자태 감상하기

차량 2분

점심 영양굴밥 P.269
간월암 근처에서 영양굴밥 맛보기

청산수목원 P.271
청산수목원에서 사랑스러운 계절 느끼기

차량 20분

차량 3분

팜카밀레 P.272
팜카밀레의 풍차 위에서 꽃밭 내려다보기

꽃게다리 P.269
바닷바람이 시원한
꽃게다리 올라가기

차량 16분

차량 20분

꽃지 해수욕장 P.268
꽃지 해수욕장에서
아름다운 석양 만나기

 ## 제천 여행 코스

추천 숙박 제천은 크게 의림지를 중심으로 한 제천 시내와 충주호를 둘러보는 청풍면으로 나뉘어 둘러볼 수 있다. 제천 시내 주변으로는 크고 작은 호텔과 모텔, 캠핑과 글램핑장이 있고, 충주호 쪽으로는 호수를 내려다보는 규모 있는 리조트와 레이크 호텔들이 많다. 클럽ES제천리조트, 청풍리조트레이크호텔 등이 여전히 저력을 뽐내고, 풀빌라, 펜션, 캠핑장과 글램핑장도 여럿이다.

의림지와 제림 P.258
의림지와 제림을 한 바퀴 둘러보기

도보 1분

점심 호반식당 P.259
맛있는 청국장과
곤드레 정식으로 점심 식사

차량 35분

청풍문화재단지 P.255
옛 모습 그대로인
청풍문화재단지 산책

도보 8분

청풍호 유람선 P.258
청풍호 유람선 타고 단풍놀이

차량 2분

청풍호반케이블카 P.256
청풍호반케이블카를 타고 비봉산 오르기

차량 14분

능강솟대문화공간 P.257
능강솟대문화공간에서 여유 부리기

차량 15분

저녁 송어회 P.259
제천의 별미 고소한 송어회 맛보기

CITY
14

자연과 어우러진 신나는 도시 여행
대전

한국의 중심부에 있는 과학도시이자 교통의 허브인 대전은 다채로운 매력으로 도시 여행자들을 불러 모은다. 엑스포과학공원이나 국립중앙과학관, 천문대 같은 과학 여행지에서부터, 도심의 허파인 한밭수목원을 산책하며 함께 둘러보는 멋진 미술관들, 관사촌과 옛 도청사 같은 근대 문화유산이 남아있는 원도심, 역사를 자랑하는 맛집과 빵집을 둘러보는 재미가 쏠쏠하다. 대전 외곽으로 나서면 대청호와 자연휴양림, 청남대까지 자연을 벗삼아 나들이하기에도 좋다.

대전을 가장 멋지게
여행하는 방법

01
두 개의 미술관을 엿보며
싱그러운 수목원을 산책

02
성심당 튀김소보로 맛보고
오래된 노포와 맛집 투어

03
대전 시티 투어 버스 타고
신나는 대청호 나들이

추억이 묻어나는 대전의 골목을 걷다

도시에는 역사가 묻어 있다. 대전의 원도심에는 추억을 간직한 골목들과 근대 문화유산으로
지정된 건물들이 고스란히 남아있다. 알록달록한 벽화마을에서부터 맨발로 걸을 수 있는 황톳길,
밤이면 더욱 찬란한 스카이로드까지 걸어서 여행해 보자.

테미오래

#골목여행 #사진여행 #대전구도심

'테미'는 이 지역의 옛 명칭이며, '오래'는 골목
에 대문을 마주한 집들이 있는 마을을 뜻하는
우리말이다. 아직도 대전 사람들에게는 관사
촌으로 익숙한 동네다. 옛 충청남도 도지사 공
관과 관사 건물이 모여있는 골목이 정겹다. 1호
관사의 테미체험관은 사진 찍기 좋고, 2호 관사
의 테미놀이터에는 아이들의 놀거리가 가득하
다. 5호 관사의 테미메모리에는 옛 추억이 넘실
거린다. 6호 관사의 테미갤러리를 둘러보고, 7
호 관사에서 커피 한잔을 즐겨보자.

📍 대전 중구 보문로205번길 13 🅿 가능(대형 버스
불가) 📞 042-335-5701 🕐 10:00~17:00(월요일
휴관) ₩ 무료 🏠 temiorae.com

대전근현대사전시관

#대전여행 #골목여행 #근대문화유산

대전을 대표하는 근대 문화유산이자 옛 충남도청사인 대전근현대사전
시관의 육중한 건물이 근사하다. 20세기 초부터 최근까지 약 100년에
이르는 대전의 근현대사를 꼼꼼하게 기록해 보여준다. 경부선과 호남
선이 개통되고 신흥도시로 발전하는 대전의 옛 모습들을 사진으로 엿
본다. 구한말의 구국운동과 일제강점기의 독립운동, 한국전쟁의 아픔
뿐만 아니라 폐허를 딛고 성장한 도시의 모습, 대전엑스포 같은 행사들
이 사진과 영상으로 펼쳐진다.

📍 대전 중구 중앙로 101 🅿 가능 📞 042-270-4537 🕐 10:00~18:00(월요일
휴관) ₩ 무료

공룡을 만나고 우주를 여행하다
국립중앙과학관

#아이와함께 #가족여행 #과학의도시

국립중앙과학관에 가면 볼거리도 많고, 체험할 거리도 많아서 모든 전시실을 둘러보려면 하루가 짧다. 주 전시실인 과학기술관에는 기초과학과 생활과학 전시가 많다. 자판기 동전 구별법, 과속측정법, QR 코드 만드는 법 같은 평소에 궁금했던 과학을 쉽게 접한다. 자연사관에서는 공룡의 골격과 다양한 동물들을 만난다. 인류관, 미래기술관, 생물탐구관, 별자리를 만나는 천체관과 천체관측소 외에도 야외의 과학놀이터, 과학공원에서 알찬 시간을 보낸다.

📍 대전 유성구 대덕대로 481 🅿 가능 📞 042-601-7979 🕐 09:30~17:30(월요일, 신정 및 명절 당일 휴관) Ⓦ 무료, 창의나래관, 천체관, 꿈아띠체험관은 유료로 각각 성인 2,000원, 유아·어린이·청소년 1,000원, 대전오월드와 대전아쿠아리움 입장료 상호 할인 🏠 www.science.go.kr

---

대전을 대표하는 예술 작품들
대전시립미술관

#미술관나들이 #열린수장고 #대전여행

대전예술의전당과 이응노미술관, 한밭수목원을 이웃한 대전시립미술관으로 향하는 길은 계절마다 새롭고 설렌다. 1998년 개관 이후 근현대와 동시대의 미술 작품 1,400여 점을 수집한 대전시립미술관은 지역을 대표하는 미술관답게 대전과 충청 지역을 대표하는 작가들을 육성하고, 전시를 기획한다. 열린수장고는 작품을 보관하는 수장고의 기능을 확장해 관람객이 소장품을 더 가깝게 관람할 수 있도록 개방했다. 백남준의 〈프랙탈 거북선〉도 놓치지 말고 관람하자.

📍 대전 서구 둔산대로 155 🅿 가능 📞 0507-1378-7370 🕐 본관 10:00~19:00, 열린수장고 10:00~18:00(월요일 휴관) Ⓦ 전시별 상이, 일반 전시 성인 500원, 청소년·군인 300원, 경로·어린이 무료, 열린수장고&창작센터 관람 무료 🏠 www.daejeon.go.kr/dma/

이응노미술관

#이응노화백 #미술관여행
#대전미술관

한국 현대미술사의 거장인 이응노 화백의 작품을 전시하는 근사한 미술관이다. 아름다운 미술관 건물에 켜켜이 드리워진 그림자가 멋스럽다. 프랑스에서 주로 활동한 작가의 '문자 추상', '군상' 시리즈를 대표하는 작품이 고요한 벽에 걸렸다. 파리에서 파리동양미술학교를 설립하고 프랑스인들에게 서예와 동양화를 가르치던 화백의 사진도 보인다. 상설전 외에 수시로 볼만한 기획전이 열린다. 전시 교체 기간에는 휴관하니 확인하고 방문하자.

◎ 대전 서구 둔산대로 157 ⓟ 둔산대공원 3,4번 주차장 ☏ 042-611-9800 ⏲ 10:00~18:00, 3~10월 10:00~19:00(월요일 휴관) ₩ 기획전 성인 1,000원, 청소년·어린이 600원, 상설전 성인 500원, 청소년·어린이 300원 ⌂ www.leeungnomuseum.or.kr

한밭수목원

#도심속오아시스 #걷기여행 #대전시내여행

한밭수목원은 대전엑스포시민광장을 가운데 품고 서원과 동원으로 나뉜다. 사방에 입구가 있어 어디서든 수목원으로 들어서기 좋다. 계절 따라 바뀌는 경치에 홀려 수목원으로 들어오면 넓은 면적에 다양한 풍경이 펼쳐져 오래도록 발품을 팔 각오를 해야 한다. 장미원, 단풍나무원, 낙우송길, 수생식물원을 걸어보자. 원두막과 놀이터, 카페 같은 편의 시설도 잘 갖춰져 있다. 열대식물원, 천연기념물 센터, 곤충박물관 같은 실내 전시도 볼만하다.

◎ 대전 서구 둔산대로 169 ⓟ 가능 ☏ 042-270-8452 ⏲ 07:00~19:00, 4~10월 05:00~21:00, 열대식물원 09:00~18:00(동원과 열대식물원은 월요일 휴무, 서원은 화요일 휴무) ₩ 무료 ⌂ www.daejeon.go.kr/gar

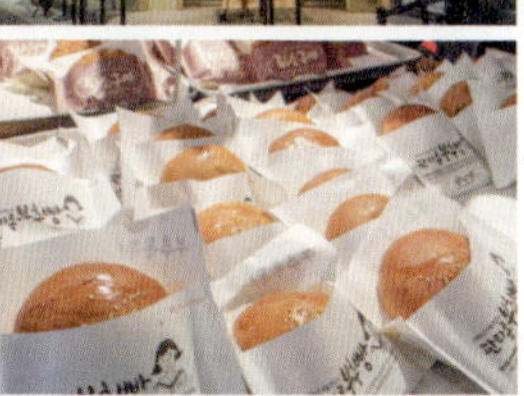

대전에서만 맛보는 빵

성심당

#빵지순례 #여행기념품 #대전역맛집

언제부터인지 '대전하면 성심당', '대전 여행 기념품은 성심당의 튀김소보로'라는 공식이 자연스럽게 자리 잡았다. 1956년 대전역 앞의 작은 빵집으로 시작한 성심당은 아무리 손님이 많아도 지점을 내지 않겠다는 대전만의 향토 기업이다. 맛있고 가성비 좋은 튀김소보로와 딸기 시루, 망고 시루 같은 인기 제품을 맛보기 위해 본점과 케익부띠끄가 있는 중앙로에 매일 긴 줄이 늘어선다. 튀김소보로는 대전역점에서도 구매 가능하니, 여행 동선을 잘 살펴 방문하자.

📍 (본점) 대전 중구 대종로480번길 15 (케익부띠끄) 대전 중구 대종로 480 (대전역점) 대전 동구 중앙로 215 대전역사 2F 🅿 대전 중구 대종로 474(1만 원 이상 구매 시 1시간 주차권 증정) 📞 1588-8069 🕐 본점 08:00~22:00, 케익부띠끄 08:00~21:30, 금·토요일 08:00~22:00, 대전역점 07:00~22:30 ₩ 튀김소보로 1,700원, 튀소구마 1,700원 🏠 www.sungsimdang.co.kr

---

풍경마저 맛있는 한옥카페   #대전핫플 #대전카페 #한옥카페

두두당

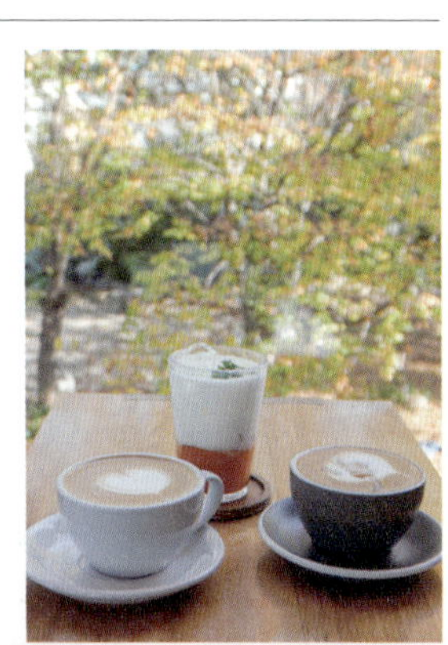

대전에서 청주로 올라가는 길목, 대청호 근처에 산뜻한 한옥카페가 반긴다. 큰 창문으로 들어오는 환한 햇살이 카페의 구석구석을 비춘다. 3층엔 뒷마당이 내려다보이는 창가 자리가 오붓하게 마련되어 있고, 카운터가 위치한 2층에는 테라스에도 테이블이 놓였다. 1층에는 여럿이 앉아서 담소를 나누기 좋은 널찍한 자리가 있다. 1층을 통해 뒷마당으로 나가면 바람이 솔솔 부는 야외 자리에 앉아 나들이 기분을 느낄 수 있다. 크로플과 브런치를 즐기기 좋다.

📍 대전 대덕구 대청로 234 🅿 가능 📞 042-933-0086 🕐 10:30~22:00 ₩ 코코넛커피 7,000원, 카페라테 6,500원, 시나몬크로플 12,000원 📷 @cafe.doodoodang

대전의 명물 두부두루치기
진로집

대전 구도심의 작은 골목에 위치한 진로집은
언제 가도 사람이 많다. 진로집의 두부두루치
기를 맛보면 사람들이 왜 줄을 서서 먹는지 이
해가 간다. 순한 맛은 두부의 고소한 맛이 느껴져
서 좋고, 중간 매운맛은 매콤하고 칼칼해서 좋다. 양념
이 입에 맞으면 칼국수 사리를 추가해 보자. 두부오징어 한 접시에는
오징어가 푸짐하게 담기고, 수육도 잡내 없이 깔끔하다.

📍 대전 중구 중교로 45-5 🅿 대흥동 제1 노상 공영 주차장 📞 042-226-
0914 🕐 11:30~22:00, 브레이크 타임 15:00~16:30(화요일 휴무) ₩ 두부
두루치기(소) 13,000원, 두부오징어 18,000원, 수육(소) 18,000원

35년 전통의 콩나물밥
왕관식당

하루에 딱 2시간만 여는 밥집이다. 점심시간에 맞춰 식
당 안으로 들어서면 콩나물밥의 고소한 냄새가 가득하
다. 콩나물밥에 양념장만 비벼도 맛있는데 고소한 육회
까지 곁들이니 그야말로 한 그릇 뚝딱이다. 육회를 좋
아한다면 1인당 한 접시는 먹어줘야 든든하다.

📍 대전 동구 선화로196번길 6 🅿 가능 📞 042-221-1663
🕐 12:00~14:00(일요일 휴무) ₩ 콩나물밥 6,000원, 육회
(소) 7,000원, 육회(대) 10,000원

물총조개가 듬뿍
오씨칼국수

대전역 근처에는 오래된 칼국수집이 많다. 그중에서도
오씨칼국수는 개운하고 깔끔한 국물에 물총조개를 듬
뿍 넣어 단골이 많다. 물총조개의 매력에 빠졌다면 푸
짐한 물총탕을 시켜보아도 좋겠다. 진짜 감자를 갈아
만든 순감자전도 칼국수와 곁들여 먹기 좋은 별미다.

📍 대전 동구 중앙로204번길 75 갑을회관 🅿 중앙시장 주차빌
딩 공영 주차장 📞 042-255-0850 🕐 10:30~20:30, 브레이
크 타임 16:00~17:00(수요일 휴무) ₩ 물총칼국수 10,000원,
물총탕 16,000원, 순감자전 11,000원 📷 @ossikalguksu

계절감이 벅차오르는 대전 근교

타박타박 대전의 원도심을 걷다가 잊기 쉬운 계절감을 찾아 떠나보자.
대전 근교에는 전국에서 내로라하는 근사한 여행지가 잔뜩이다.
봄이면 계족산 황톳길과 대청호의 벚꽃길을 누비고,
가을이면 장태산 자연휴양림의 메타세쿼이어와 청남대의 단풍을 만나러 가자.

계족산 황톳길

황톳길의 진정한 매력은 보드라운 황토를 맨발로 걸어봐야 안다. 계족산 둘레길 총 14.5km에 전국에서 질 좋은 황토 2만여 톤을 가져와 깔았다. 용기를 내어 신발을 벗고 맨발로 걸으면서 발가락 사이를 간질이는 황토의 질감을 느껴보자. 입구의 세족장 옆에 신발장이 있어서 신발을 벗어두고 홀가분하게 걸을 수 있다. 걷다 보면 곳곳에서 세족장을 만날 수 있다. 큰 경사가 없이 완만한 둘레길을 쉬엄쉬엄 한 바퀴 돌면 4시간 정도 걸린다. 둘레길 대신 계족산성까지 올라가는 등산코스를 선택하면 해발 420m의 계족산성에서 대청호와 대전 시내를 내려다볼 수 있다. 계족산성까지 다녀오는 데는 왕복 2~3시간 정도. 5월에는 계족산맨발축제가 열려 다양한 체험이벤트와 숲속음악회를 즐길 수 있고, 4월부터 10월까지는 다채로운 주말 프로그램이 열린다.

📍 대전 대덕구 장동 464-1 🅿 장동산림욕장 임시주차장
📞 042-608-5163

장태산 자연휴양림

가을이면 짙은 오렌지색으로 물드는 메타세쿼이아 숲이 찬란하다. 보통 키가 35m 정도로 자란다는 메타세쿼이아 나무들을 올려다보기엔 아쉬워서 나무 사이로 길을 냈다. 지상 10~16m 높이에 놓인 스카이웨이에서 나무와 눈높이를 맞춰 걸으니 숲의 아름다운 모습에 절로 탄성이 나온다. 스카이웨이를 지나면 나선형으로 빙글빙글 돌며 걷는 스카이타워와 출렁다리가 이어진다. 예쁜 생태연못을 가로지르는 길도 화사하고, 메타세쿼이아산림욕장의 고즈넉한 분위기도 평화롭다. 산림욕장의 시원한 나무 아래 평상과 벤치들을 두어 도시락을 먹거나 편안하게 쉴 수 있다. 선베드에 누워서 하늘을 올려다보면 메타세쿼이아 나무가 까마득하다. 산림욕장 어귀에 막걸리와 김치전을 파는 구멍가게도 있으니 출출함을 핑계로 들러보자. 1972년부터 장태산 기슭 24만여 평에 20만 그루의 나무를 심고 가꾼 고 임창봉씨의 나무 사랑에 감사한 마음이 든다.

📍 대전 서구 장안로 461 🅿 가능 📞 042-270-7885
🕐 09:00~18:00, 11~2월 09:00~17:00, 7~8월 09:00~19:00
🆆 무료 🏠 www.jangtaesan.or.kr

대청호500리길

대전에 봄이 오면 대청호의 벚꽃길을 걷자. 대청호는 소양호와 충주호 다음으로 한국에서 3번째로 큰 규모의 호수다. 1980년에 대청댐이 지어지면서 생긴 거대한 호수는 대전과 청주, 옥천, 보은까지 걸쳐져 있다. 대청호를 휘감아 도는 구불구불한 둘레길을 따라 드라이브를 해도 좋고, 대청호500리길을 따라 트레킹을 해도 좋겠다. 총길이가 220km가 넘는 대청호500리길은 무려 27개 구간으로 나뉜다. 그중에서도 대전에서 제일 가깝고 아름다운 구간으로 손꼽히는 길이 바로 4구간인 호반낭만길이다. 약 10km 거리에 자박자박 걷기 좋은 흙길과 나무로 된 데크길이 잘 조성되었다. 이름만큼이나 낭만적인 길을 따라 걸으면 새파란 물빛이 황홀할 지경. 4구간의 대청호반자연수변공원이나 명상공원에 꽃들이 만발하는 계절, 화사한 기운을 온몸으로 만끽해 보자.

📍 대전 동구 추동 680 🅿 대전 동구 마산동 551-4 공영주차장 📞 042-251-0000

청주

2003년에 개방된 대통령의 별장

청남대

#대통령별장 #대청호 #사계절여행지

우리나라의 역대 대통령들이 휴가를 보냈던 대통령 별장이다. 대전에서 차로 1시간 이내의 거리에 있어 대전 시민들이 즐겨 찾는 대통령 테마 관광지다. 대청호를 내려다보는 너른 부지에 대통령 별장 본관 및 별관, 대통령 기념관, 대한민국 임시정부 기념관, 오각정, 초가정 같은 건물들이 남아 있고, 골프장, 양어장, 야외 수영장, 하늘정원, 음악분수와 14km에 걸친 산책길을 둘러볼 수 있다. 북쪽에 위치한 전망대에 오르면 대청호와 어우러진 청남대의 풍경이 한눈에 들어온다. 싱그러운 메타세쿼이아 나무 밑에서 음악 분수를 바라보는 시간도 좋고, 민주화의 길을 걷다가 만나는 호숫가의 석양도 근사하다. 해마다 봄이면 '영춘제'가 열려 봄꽃과 함께 다양한 공연을 즐길 수 있고, 가을이면 국화와 단풍 축제가 열려 다채로운 공연과 전시를 경험할 수 있다.

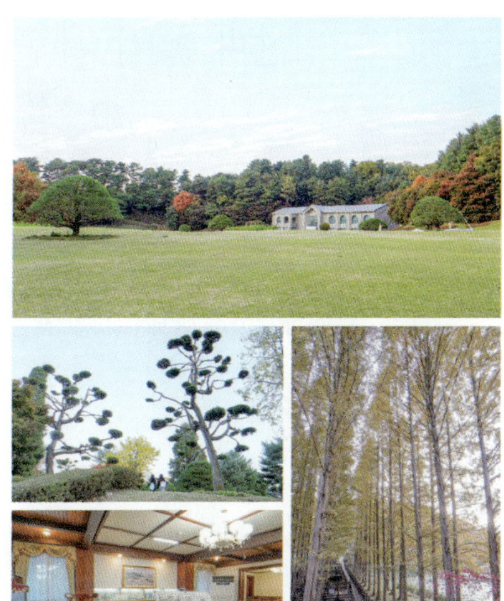

충북 청주시 상당구 문의면 청남대길 646 Ⓟ가능 043-257-5080 09:00~18:00, 12~1월 09:00~17:00(1시간 30분 전 발권 마감) ₩성인 6,000원, 청소년·군인 4,000원, 어린이·경로 3,000원 (대전, 세종, 충청도민 1,000원 할인) chnam.chungbuk.go.kr

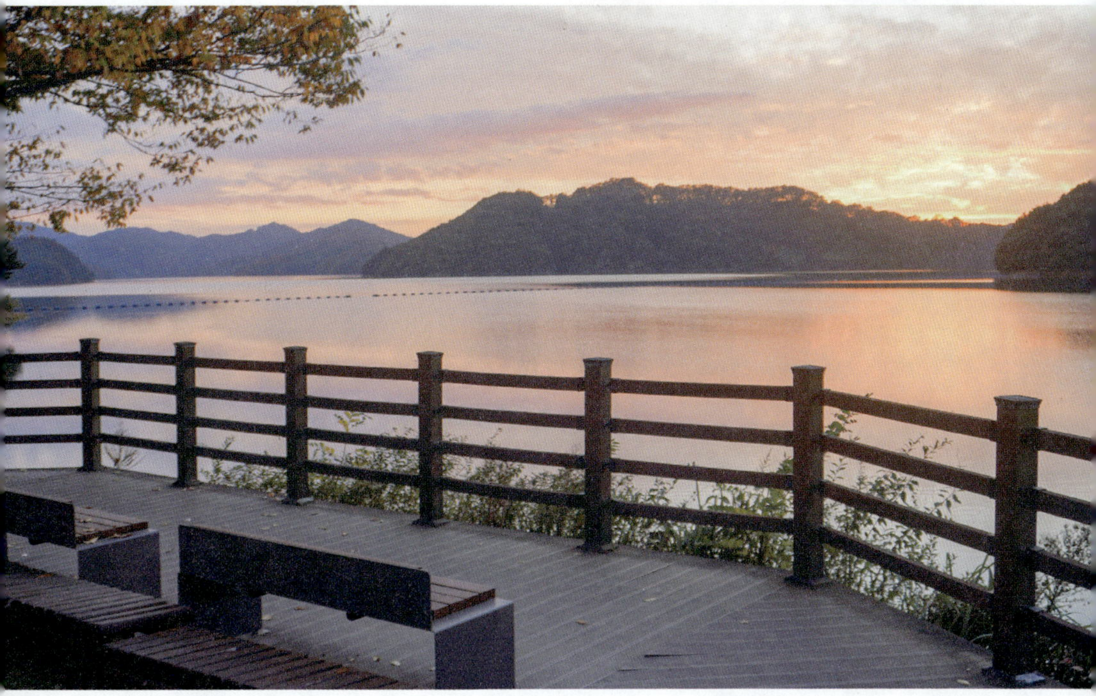

CITY

15

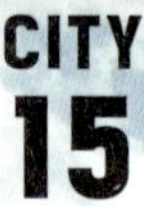

산과 물이 어우러져 아름다운 곳

단양

예부터 우리나라에서 아름다운 풍경을 꼽으라면 관동 8경과 함께 단양 8경을 꼽았더랬다. 요즘이야 어디를 가든 좋은 경치에 8경이라는 말을 붙이지만, 단양이야말로 전국 8경의 원조다. 산과 물이 어우러져 어디를 보아도 아름다운 단양은 레저와 관광의 천국이기도 하다.

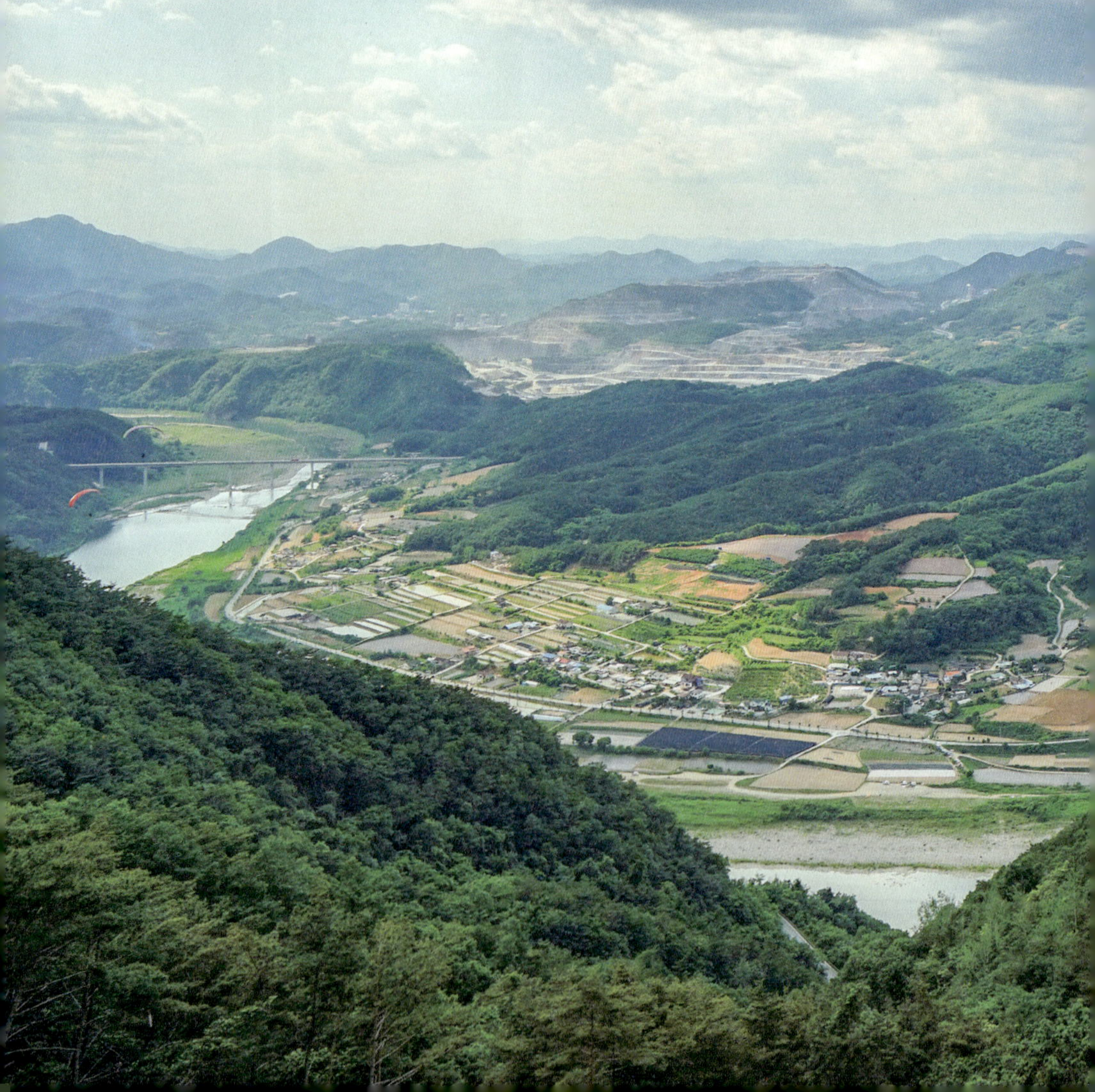

단양을 가장 멋지게
여행하는 방법

01
가슴이 뻥 뚫리는 풍경
패러글라이딩 해봤니?

02
물 따라 유유자적
선암계곡 드라이브

03
남한강을 내려다보는
만천하 스카이워크 즐기기

남한강의 맑고 푸른 물 따라

굽이굽이 흐르는 남한강 옆으로 소백산과 금수산 자락이 펼쳐진다. 소백산의 물줄기는
다리안폭포로 떨어져 남한강으로 흘러가고, 월악산의 물줄기는 선암계곡 바위들을 어루만지며
남한강에 합류한다. 도담삼봉을 스친 투명한 강물이 청풍호수로 스며든다.

강물 위로 솟아오른 3개의 봉우리
도담삼봉과 석문

#근사한경치 #단양8경 #그중의으뜸

유유히 흐르는 남한강의 물결 위로 3개의 봉우리가 우뚝하다. 단양 8경 중 제1경으로 꼽히는 도담삼봉은 김홍도와 정선 같은 화가들이 앞다투어 화폭에 담은 아름다운 봉우리다. 삼도정이라 불리는 정자의 모습도 멋스럽다. 정도전은 도담삼봉의 경치를 얼마나 사랑했는지 자신의 호를 삼봉이라 지었고, 마음이 흔들릴 때마다 도담삼봉의 정자에 올랐다고 한다. 도담삼봉에서 20분 정도 올라가면 아시아 최대 크기를 자랑하는 석문이 나온다. 오래전 석회암 동굴의 천장이 무너지면서 입구 쪽의 돌만 남아 무지개다리처럼 생긴 문을 만들었다. 거대한 석문의 모습 자체가 장관인 데다 석문을 통해 보이는 건너편 마을이 마치 도원경 같다.

📍 충북 단양군 매포읍 삼봉로 644 🅿 가능, 소형 3,000원, 대형 6,000원 📞 043-422-3037 🕐 09:00~18:00

선암계곡의 하선암·중선암·상선암

#좋은날 #계곡놀이 #드라이브

반짝이는 햇살에 갈대가 춤을 추고 초록이 물드는 계곡 아래 바위들이 뽀얀 자태를 자랑한다. 단양 시내에서 선암계곡까지 단양천을 따라 내려가는 길이 환상적이다. 드라이브를 하다 보면 하선암, 중선암, 상선암의 표지판을 차례로 만난다. 보이는 순서대로 지어놓은 이름 같지만 이래 봬도 단양 8경 가운데 3경을 차지하는 바위들이다.

하선암

♥ 충북 단양군 단성면 선암계곡로 1337 하선암
☎ 043-422-1146

중선암

♥ 충북 단양군 단성면 가산리 산76-1 ☎ 043-422-1146

상선암

♥ 충북 단양군 단성면 가산리 769-1 ☎ 043-422-5062

전통 방식의 도자기 생산지

방곡 도깨비마을

#도깨비마을 #도자기마을 #체험마을

선암계곡의 경치에 홀려 내려오면 방곡리다. 마을 이름은 마실을 다녀오던 마을 사람들이 도깨비에게 홀렸는지 늦은 밤에 나무를 붙잡고 씨름하는 일이 종종 있었다고 하여 붙여졌다. 소나무 장작으로 도자기를 굽는 전통 장작가마 방식을 600년이 넘도록 이어온다. 도예전시관과 도자판매장, 도예교육원을 상설 운영한다.

♥ 충북 단양군 대강면 선암계곡로 133 방곡도예전시관 Ⓟ 가능
☎ 043-422-5010 ◷ 09:00~18:00

소백산 자락에서 보내는 시원한 하루

다리안관광지

#지질공원 #캠핑 #계곡물놀이

다리안 폭포는 용이 승천했다는 전설이 전해질 정도로 물빛이 아름답다. 원두막과 캠핑장, 돔하우스에서 묵으며 삼림욕을 하고, 황톳길을 걸으며 피로를 푼다.

♥ 충북 단양군 단양읍 소백산등산길 12 Ⓟ 가능, 3,000원
☎ 043-423-1243 ◷ 24시간, 원두막과 돔하우스 퇴실시간 11:00, 야영 데크 퇴실시간 12:00 ₩ 원두막 1박 35,000원, 야영 데크 1박 35,000 ~40,000원, 돔하우스 1박 60,000원
⌂ camp.dytc.or.kr

충주호관광선 장회유람선

#유람선 #계절여행 #휴게소뷰

옥순대교와 청풍대교, 청풍문화재단지와 수경분수를 돌아보는 뱃놀이를 해볼까. 뱃전에서 단양 8경인 옥순봉과 구담봉을 구석구석 뜯어보는 재미가 있다. 장회나루가 특별히 좋은 점은 높은 언덕에 위치한 휴게소! 퇴계 이황과 두향이의 전설로 꾸민 테마공원이 널찍하다. 소나무 그늘에 앉아 호수를 유람하는 사람들만 구경해도 같이 뱃놀이를 하는 기분.

충북 단양군 단성면 월악로 3825-31 가능 043-421-8615~6 09:00~18:00 장회나루-청풍나루 왕복 성인·청소년 19,000원, 어린이 12,000원/편도 성인·청소년 14,000원, 어린이 8,000원, 온라인 예매 시 할인
www.chungjuho.com

아이도 어른도 즐거운 곳
다누리아쿠아리움

#수족관 #사계절여행지 #가족나들이

국내외 민물고기 319종 3만 여 마리를 전시하는 대규모 아쿠아리움. 대형 수조 속 철갑상어나 쏘가리 같은 거대한 물고기들도 인상적이지만, 4D 체험관에서 만나는 아기 거북이와 펭귄의 모험도 놓치기 아쉬우니 꼭 챙겨보자.

충북 단양군 단양읍 수변로 111 가능 043-423-4235 09:00~18:00(1시간 전 발권 마감, 월요일 휴무) 성인 18,000원, 청소년 8,000원, 65세 이상·어린이 7,000원
www.danyang.go.kr/aquarium

초록 이끼가 싱그러운 길
이끼터널

#사진여행 #터널은아니지만 #초록초록

길 양쪽의 높은 축대를 초록색 이끼가 뒤덮었다. 머리 위로 자란 나무들이 초록 터널을 완성한다. 이끼터널을 찾는 여행자들이 많아지면서 이끼가 많이 줄었다. 사진을 찍을 때 이끼를 건드리지 않게 주의하자. 도로에 갓길이 없으니 안전하게 주차한 후에 차를 조심하며 둘러보자.

충북 단양군 적성면 애곡리 129-2
수양개선사유물전시관 주차장

영화 같은 풍경에 뛰어들다

영화 속 아름다운 배경을 보면 어딜까 궁금해진다. 단양에는 영화 촬영지도 많고, 영화 같은 풍경도 많다.
영화 〈내부자들〉의 배경이었던 새한서점, 드라마 〈태왕사신기〉, 〈보보경심 려〉 등을 촬영한 온달관광지를 둘러보고,
카페산과 만천하 스카이워크를 걸으며 나만의 인생 영화를 찍어보자.

'패러글라이딩 활공장' 옆 카페

카페산

#패러글라이딩 #데이트코스 #풍경이다했다

패러글라이딩을 즐기는 사람들 사이에서 알음알음 알려졌던 카페가 단양 여행의 필수 코스로 등극했다. 봉우등 능선에서 내려다보이는 단양 풍경이 그만큼 아름답기 때문. 산 아래를 굽어보는 야외 좌석에 앉으려면 아침 일찍 가야 할 정도로 방문하는 사람이 많다. 최근 리모델링으로 1층에 베이커리 공간을 넓히고, 2층과 옥상 정원을 단장했다. 쌀쌀한 날은 빵 냄새로 가득한 1층이나 통유리로 둘러싸인 2층 내부가 아늑하다. 옥상으로 올라가면 아기자기하게 가꾼 정원이 있어 반갑다. 옥상에 올라가서 패러글라이딩을 준비하고 하늘로 뛰어드는 사람들을 구경하는 재미가 쏠쏠하다. 카페산으로 오르내리는 도로가 꽤 좁고 험하니 운전할 때 조심하자.

충북 단양군 가곡면 두산길 196-86
가능 0507-1353-0868
09:30~18:30, 주말·공휴일 09:30~19:00
아메리카노 6,500원, 카페라테 7,000원
www.sann.co.kr

만천하 스카이워크

#근사한전망 #남한강뷰 #인스타핫플

남한강을 내려다보는 절벽 위에 콜럼버스의 달걀처럼 만천하 스카이워크가 섰다. 꼭대기에는 발밑이 유리로 된 포토존 세 곳이 삐죽하게 튀어나왔다. 포토존에 서면 저 멀리 소백산의 연화봉부터 단양 시내까지 한눈에 내려다보인다. 만천하 스카이워크의 하단에는 시속 50km로 활강하는 길이 980m의 집와이어 탑승장이 있다. 신나는 액티비티를 더 원한다면 알파인코스터와 만천하슬라이드도 체험해보자.

📍 충북 단양군 가곡면 옷바위길 10 🅿 가능. 주말에는 주차장에 주차 후 셔틀버스 이용 📞 043-421-0015 🕐 3~11월 09:00~18:00, 12~2월 09:00~17:00 (1시간 전 발권 마감, 월요일 휴무, 하절기 야간개장 09:00~22:00, 현장 상황에 따라 조기 마감) ₩ 스카이워크 입장료 성인 4,000원, 청소년·어린이·65세 이상 3,000원, 짚와이어 30,000원, 알파인코스터 18,000원, 만천하슬라이드 13,000원 🏠 www.mancheonha.com

온달동굴

온달관광지

#소백산국립공원옆 #여기는고구려 #가족나들이

바보로 알려진 온달은 실제 고구려의 장군이었다. 단양은 옛 고구려 영토이기도 하다. 온달이 수련한 동굴은 온달동굴로, 그가 쌓은 성은 온달산성으로 남아 있다. 지금은 3만여 평에 이르는 일대가 모두 온달관광지가 되었다. 삼국시대를 떠올리게 하는 예스러운 건축물과 연못을 둘러싼 정원은 드라마 세트장을 겸해 꽤나 볼만하고, 수나라와 당나라 시대극 촬영을 위해 조성한 황궁이나 저잣거리는 중국풍을 곁들여 이색적이다.

📍 충북 단양군 영춘면 온달로 23 🅿 가능 📞 043-423-8820 🕐 3~11월 09:00~18:00, 12~2월 09:00~17:00(1시간 전 입장 마감) ₩ 성인 6,000원, 청소년 4,500원, 어린이 3,500원, 65세 이상 3,500원

TIP 온달문화축제에서 개성 있는 사진을!

매년 10월에 온달문화축제가 열린다. 축제 기간에는 무료입장이며, 고구려시대 복식도 무료로 대여해준다. 당시 스타일의 복식을 갖춰 입은 사람들과 축제를 즐기다 보면 마치 고구려시대를 거니는 듯하다.

대산원조마늘순대

순대가 다 순대 맛인 줄 알았더니 마늘순대는 다르구나 싶다. 혼자 가면 마늘순대국밥을, 여럿이 간다면 곱창순대전골을 맛보자. 잡내는 싹 잡고 곱창과 순대의 쫄깃하고 고소한 맛은 살렸다. 진한 국물도 좋다. 모둠 순대의 각종 내장이 무척 신선해서, 평소에 내장을 안 먹던 사람도 집어먹게 만든다.

📍 충북 단양군 단양읍 도전5길 25 1층 🅿 단양구경시장 공영주차장 혹은 하상공영주차장 📞 0507-1349-4350
🕐 08:30~20:00 ₩ 곱창순대전골 (중) 28,000원, 모둠 순대 15,000원

마늘로 유명한 단양의 시장
#맛집찾아 #구경시장 #마늘이다했다

단양구경시장 마늘만두와 마늘순대

마늘 산지로도 유명한 단양이다. 시장에는 여기저기 크고 작은 마늘이 널렸다. 마늘순대와 순댓국, 마늘치킨, 마늘빵 등 마늘을 넣은 다양한 먹거리가 유혹적이다. 한입 베어 물면 즙이 쫙 퍼지는 마늘만두는 놓치지 말자.

단양구경시장
📍 충북 단양군 단양읍 도전5길 31 🅿 단양구경시장 공영주차장 혹은 하상 공영주차장
📞 043-422-1706 🕐 09:00~18:00

단양마늘만두
📍 충북 단양군 단양읍 도전4길 26 📞 043-423-0955 🕐 10:00~19:00(매진 시 마감)
₩ 새우마늘만두 8개 7,000원, 떡갈비마늘만두 8개 7,000원, 김치마늘만두 8개 7,000원

청풍호의 숨은 비경을 찾아서
제천

엷은 물안개가 호수를 한 바퀴 휘감는 동안 하늘이 호수를 닮아 파랗게 물든다. 청풍호 유람선을 타고 옥순봉과 구담봉, 금수산을 둘러본 다음 청풍문화재단지를 산책한다. 청풍모노레일을 타고 비봉산 정상에 오르면 여행의 맛이 산다. 제천에 오길 참 잘했다.

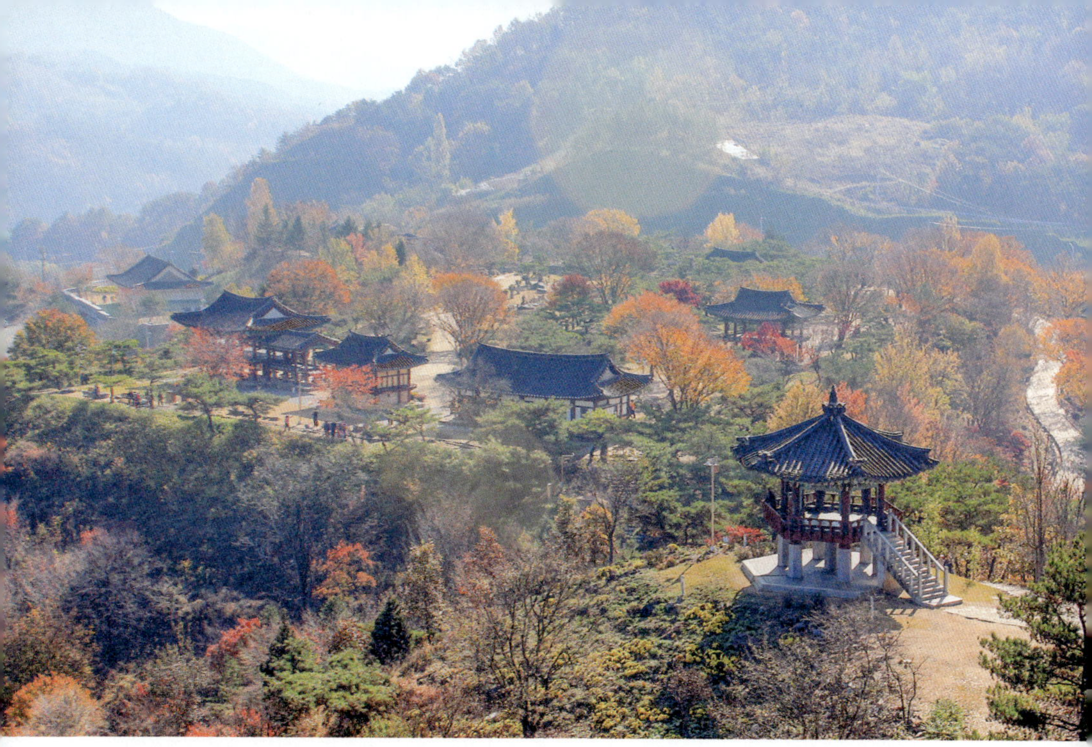

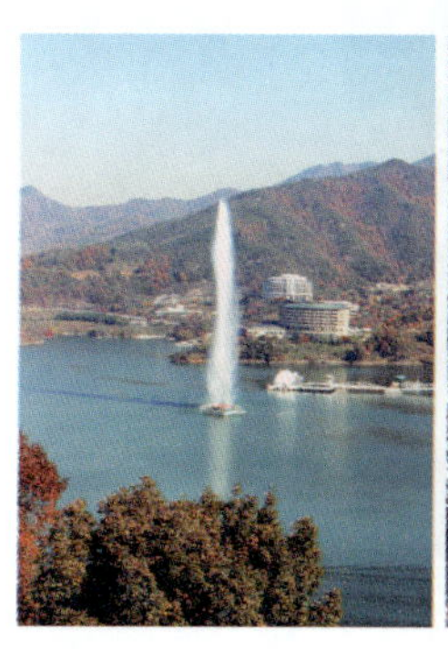

수몰될 뻔한 문화재를 한 곳에

청풍문화재단지

#사진여행 #가족나들이 #청풍호

충주댐을 건설하면서 넓은 호수도 생기고 유람선도 다니게 되었지만 청풍면 일대의 크고 작은 집들은 물속에 잠겼다. 호수 속에 잠들 뻔한 문화유산을 모아 청풍문화재단지를 세웠다. 복원한 단지에는 향교, 관아, 민가, 석물군 등 43점의 문화재와 1,600여 점의 생활 유물이 남아 있다. 팔영루를 지나 안으로 들어가 반시계 방향으로 관람을 시작한다. 황석리 고가, 도화리 고가, 후산리 고가를 차례로 살핀다. 연리지 앞에서는 사진을 찍는 가족들, 커플들이 분주하다. 가장 높은 곳에 위치한 망월루까지 쉬엄쉬엄 오른다. 호수를 내려다보며 물속 세상을 상상한다. 흰 물보라를 그리며 유람선이 지난다.

충북 제천시 청풍면 청풍호로 2048 Ⓟ 가능 043-641-5532 3~10월 09:00~18:00, 11~2월 09:00~17:00 ₩ 성인 3,000원, 청소년·군인 2,000원, 어린이 1,000원

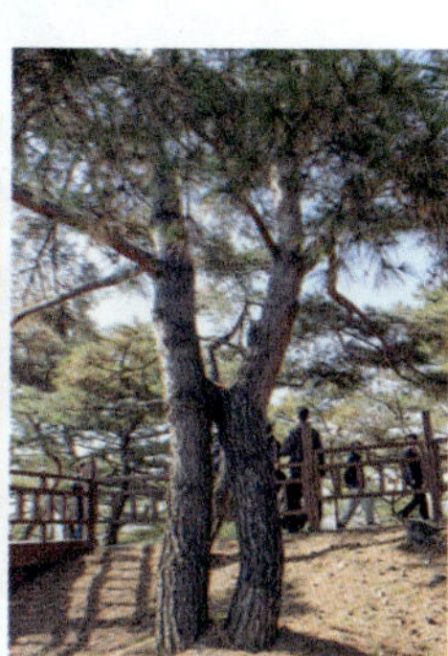

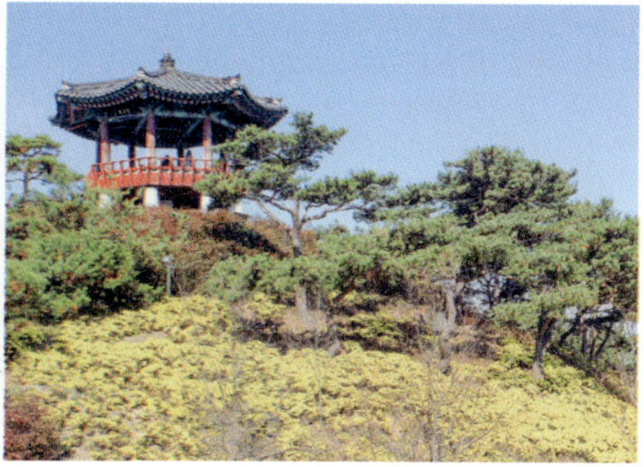

청풍호반케이블카와 청풍호관광모노레일

비봉산 꼭대기에 오르면 여기가 호수인지 바다인지 그저 감탄만 나온다. 유람선을 타고 가까이서 바라보는 호수도 좋지만 높은 곳에서 바라보는 호수도 근사하다. 사방으로 호수와 산자락이 펼쳐져 청풍호를 왜 '내륙의 바다'라고 하는지 이해가 간다. 약 500m 높이의 산 정상까지 모노레일이나 케이블카를 타고 편안하게 오를 수 있다니 감사할 따름. 케이블카 탑승장과 모노레일 탑승장이 다르니 잘 살펴서 출발하자. 무엇을 타든 비봉산 정상의 전망대로 향한다. 6명이 탑승하는 모노레일은 깎아지른 산을 무인으로 운행해 케이블카보다 더 스릴 있다. 전망대에는 카페와 편의점이 있으니 여유롭게 머물다 가자.

청풍호반케이블카 물태리역

📍 충북 제천시 청풍면 문화재길 166　ⓟ 가능　📞 043-643-7301
🕐 09:30~18:00, 주말과 성수기에 따라 매월 운영시간 변동
🏧 일반 캐빈 성인·청소년 18,000원, 어린이 14,000원, 만 36개월 미만 무료　🏠 www.cheongpungcablecar.com

청풍호관광모노레일

📍 충북 제천시 청풍면 청풍명월로 879-17　ⓟ 가능　📞 043-653-5120　🕐 09:30~16:00(월요일, 12~2월 휴무), 주말과 성수기에 따라 매월 운영시간 변동　🏧 성인·청소년 12,000원, 어린이·65세 이상 9,000원, 만 36개월 미만 탑승 불가　🏠 www.cheongpungcablecar.com

청풍랜드

#액티비티 #조각공원 #수경분수

청풍랜드는 도전과 모험을 좋아하는 이들의
세상이다. 청풍호반을 내려다보며 62m 높이
에서 번지점프를 할 수도 있고, 왕복 1.4km인
집라인을 타고 호수를 건널 수도 있다. 휴일이
면 신나는 비명이 울려 퍼진다. 164m 높이의
수경분수를 가장 가까이서 만나보자. 유명 조
각가들의 조각 작품 30점을 만나는 호수 길도
상쾌하다.

📍 충북 제천시 청풍면 청풍호로50길 6　🅿 가능
📞 043-648-4151　🕐 10:00~18:00, 브레이크 타
임 12:00~13:00(12~2월 휴무, 날씨에 따라 홈페
이지에 휴무 공지)　₩ 번지점프 60,000원, 집라인
35,000원, 이젝션시트 25,000원, 빅스윙 25,000원
🏠 www.cheongpungland.com

능강솟대문화공간

#느린여행 #희망의솟대 #자연풍경

솟대를 만나면 자연스럽게 시선이 하늘로 향한다. 하늘을 바라보면 희
망이 솟는다. 우리나라의 유일한 솟대 테마 미술관으로 2005년에 개관
한 솟대문화공간은 조용한 희망을 품은 공간이다. 이곳의 솟대를 자세
히 살펴보면 새의 몸통에 해당하는 부분을 인위적으로 만들지 않아 같
은 모양이 하나도 없다. 꽃과 나비, 갈대와 500여 점의 솟대의 조화 속
에서 자연을 만끽한다.

📍 충북 제천시 수산면 옥순봉로 1100　🅿 가능　📞 043-653-6160
🕐 10:00~18:00(월요일 휴무, 전화 문의)

육지 속의 바다 청풍호 유람
충주호관광선 청풍나루

청풍나루와 장회나루 사이를 대형 유람선과 쾌속선이 운항한다. 유람선에 오르면 청풍호의 푸른 물결 위로 투명한 바람이 불어오고, 배의 속도에 맞추어 풍경이 흘러간다. 퇴계 이황 선생이 "비가 온 뒤에 솟아나는 옥빛의 대나무순 같다"고 한 옥순봉, 바위가 거북이를 닮았다고 해서 구담봉이라 불리는 석벽을 감상한다.

📍 충북 제천시 청풍면 문화재길 54 🅿 가능 📞 043-647-4566 🕐 09:00~18:00 ₩ 청풍나루-장회나루 왕복 성인·청소년 19,000원, 어린이 12,000원/ 편도 성인·청소년 14,000원, 어린이 8,000원(대형선 기준 왕복 1시간 30분, 편도 45분 소요), 온라인 예매 시 할인
🏠 www.chungpoongho.co.kr

TIP 유람선 이렇게 타세요!

운항시간이 자주 변동되니 꼭 전화로 문의하자. 호수가 크고 코스가 다양해서 나루를 잘 확인해야 한다. 매표 후 유람선을 타기까지 시간이 많이 남으면 청풍문화재단지를 먼저 관람하는 것도 방법이다. 청풍나루-장회나루 왕복 코스가 가장 인기다.

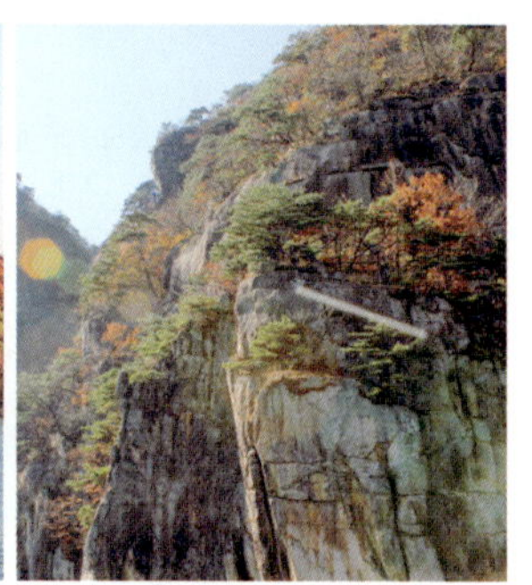

우리나라 최초의 인공 저수지
의림지와 제림

잔잔한 호수 같은 의림지는 알고 보면 유서 깊은 저수지다. 삼한시대에 축조한 우리나라에서 가장 오래된 수리 시설에서 여름엔 보트를 타고, 겨울엔 빙어를 잡는다. 제림은 의림지를 둘러싼 버드나무와 소나무 숲을 말한다. 수백 년의 세월을 간직한 제림 사이에 나무 데크를 두어 한 바퀴 걷기 좋다. 또한 의림지의 명물 용추폭포에 유리 바닥 전망대를 지어 새로운 야경 명소로 각광을 받고 있다.

📍 충북 제천시 모산동 241 🅿 가능 📞 043-651-7101

천년 고찰의 멋스러움

정방사

#풍경맛집 #화장실뷰도멋짐 #천년고찰

신라시대에 의상대사의 지팡이가 날아가 꽂힌 땅에 절을 세웠다. 웅장한 암벽 의상대 아래 다소곳하게 들어선 절이 아늑하다. 비단에 수를 놓은 듯 아름답다는 금수산 자락 끄트머리, 청풍호가 내려다보이는 절 앞마당에 서면 여기까지 올라온 수고가 아깝지 않다. 절 뒤편 약수터에서 약수를 한잔 마시고 숨을 돌린다. 해수관음상이 바다 같은 호수를 내려다본다.

◉ 충북 제천시 수산면 옥순봉로 12길 165 ℗ 정방사 바로 아래 주차장이 있으나 외길이니 조심하자 ☏ 043-647-7399

맑은 물에서 자란 민물고기

송어회와 향어회

#송어회맛집 #비빔회 #송어회

산으로 둘러싸인 제천의 주민들은 민물고기를 많이 먹었다. 충주호가 생긴 후 향어와 송어의 가두리 양식이 더 활발해졌다. 청풍호 근처에는 여전히 송어회와 향어회를 파는 집이 많다. 고소한 콩가루 비빔회로 먹는 맛이 좋다.

청풍황금송어 ◉ 충북 제천시 금성면 청풍호로 39길 25 ℗ 가능 ☏ 0507-1335-4769 ⊕ 10:00~20:50 ₩ 송어회 1.5kg 51,000원, 2kg 68,000원

소박하고 담백한 백반집

호반식당

#제천맛집 #곤드레나물밥 #가정식백반

1998년 문을 연 이래 매일 먹어도 질리지 않을 것 같은 담백한 곤드레밥과 구수한 청국장을 선보인다. 정갈하게 차린 반찬 하나하나가 다 맛있다.

◉ 충북 제천시 의림대로 558 ℗ 가능 ☏ 043-644-7632 ⊕ 11:00~16:00(30분 전 주문 마감, 월요일 휴무) ₩ 생곤드레정식 15,000원, 청국장 백반 11,000원 ◉ @hobansikdang

CITY
17
임금의 여행지, 엄마의 신혼여행지
아산

온양온천, 도고온천, 아산온천이 몰려 있는 아산은 예로부터 임금의 여행지였다. 30여 년 전까
지는 삽교천과 현충사를 둘러보고 온양온천에서 머무는 신혼여행 코스이기도 했다. 요즘은 갈
대가 춤추는 영인산 자연휴양림과 초가지붕에서 둥근 박이 익어가는 외암민속마을, 연못과 조
경이 아름다운 현충사에 관광객이 몰린다.

외암민속마을

기와지붕, 초가지붕 할 것 없이 주홍색 감이 주렁주렁 늘어졌다. 6km에 달하는 자연석 돌담은 열렸다 닫혔다 하며 길을 드러낸다. 돌담 위로는 탐스러운 박과 호박이 열렸다. 마을 길을 따라 걷다 보면 직접 담근 장을 파는 집도 있고, 엿 만들기 체험이나 천연 염색 체험을 할 수 있는 집도 있다. 충청지방 고유의 격식을 갖춘 반가의 고택과 초가, 돌담, 정원을 옛 모습 그대로 간직한 마을에는 아직도 사람들이 거주한다. 중요민속문화재 236호로 지정된 외암마을에는 가옥 주인의 관직명이나 출신지 이름을 따서 참판 댁, 감찰 댁, 교수 댁, 종손 댁처럼 택호가 정해져 있다. 그야말로 살아 있는 민속박물관이다.

📍 충남 아산시 송악면 외암민속길 5 🅿 가능 📞 041-541-0848 🕐 하절기 09:00~17:30, 동절기 09:00~17:00 🏧 성인 2,000원, 어린이·청소년·군인 1,000원, 민박 이용 시 무료 입장, 민박 예약 필수 🏠 www.oeam.co.kr

온양민속박물관

#볼거리가득 #생활문화 #박물관나들이

사립박물관인데도 정성껏 꾸며두어 볼거리가 많다. 한국인의 전통 생활 문화사를 한눈에 보고, 듣고, 체험하기에 손색이 없다. 한국인의 삶, 한국인의 일터, 한국 문화와 제도로 이어지는 널찍한 전시실을 돌아보면서 우리 민족이 오랜 세월 지켜온 민속 문화를 공부할 수 있다. 아이와 함께라면, 깊이 있는 관람을 원한다면 온양민속박물관 애플리케이션을 다운받아 전시 해설을 들어보자.

📍 충남 아산시 충무로 123 🅿 가능 📞 041-542-6001 🕐 10:00~17:30(1시간 전 매표 마감, 월요일 휴무, 공휴일인 경우 운영) ₩ 성인 8,000원, 청소년·군인 5,000원, 어린이 4,000원, 65세 이상 1,000원 🏠 www.onyangmuseum.or.kr

영인산 자연휴양림

#계절감뿜뿜 #갈대밭 #액티비티

예로부터 산이 영험하다고 해서 '영인산'이라 불렀다. 영인산 자연휴양림 수목원의 습지지구에서는 하루 종일 은빛 갈대가 춤을 춘다. 확 트인 잔디광장에서는 그늘마다 돗자리를 펴고 여유를 즐긴다. 맑은 날이면 정상에서 서해와 아산만방조제까지 볼 수 있다. 숲속 야영장은 야외에서 하룻밤을 지새우려는 캠핑족들의 차지다. 짜릿함을 즐긴다면 산림박물관에서 1분 만에 주차장까지 돌아올 수 있는 집라인 스카이어드 벤처를 추천한다.

📍 충남 아산시 영인면 아산온천로 16-26 🅿 중소형 3,000원, 대형 4,000원 📞 041-538-1958 🕐 08:00~18:00(숲속 야영장과 스카이워크는 월요일 휴무) ₩ 입장료 성인 2,000원, 청소년·군인 1,500원, 어린이 1,000원/ 스카이어드 벤처 성인 10,000원, 청소년·군인 7,000원, 어린이 5,000원 🏠 forest.asanfmc.or.kr

현충사

#충무공이순신 #산책로 #아이와함께

숙종이 현충사라는 현판을 내렸다. 일제 강점기에 충무공의 묘소가 은행 경매로 넘어갈 위기에 처했는데, 전국 각지에서 성금을 모아 1932년에 현충사를 다시 세웠다. 정려에는 충무공을 포함한 다섯 분의 편액이 모셔져 있다. 현충사 본전으로 가는 길에는 소나무들이 위대한 인물에게 존경을 표하듯 납작 엎드렸다. 충무공의 옛집도 고스란히 보존되어 있다.

📍 충남 아산시 염치읍 현충사길 48 🅿 가능 📞 0507-1406-4600 🕐 3~10월 09:00~18:00, 11~2월 09:00~17:00(1시간 전 입장 마감, 월요일 휴관) 🏠 hcs.cha.go.kr

지중해풍으로 꾸민 작은 마을

아산 지중해마을

#감성충만 #카페놀이 #사진놀이

현충원에서 약 10분 거리에 마을 전체를 유럽풍으로 조성한 지중해마을이 있다. 볼거리가 많은 곳은 아니지만 깔끔한 점심 식사나 커피 한잔을 핑계로 들르기에는 괜찮은 곳이다.

📍 충남 아산시 탕정면 탕정면로8번길 55-7 🅿 주말엔 차 없는 거리로 변한다. 가장 가까운 주차장은 충남 아산시 탕정면 명암리 686-1 📞 041-547-2246

정갈하고 푸짐한 백반정식

시골밥상 마고

#백반정식 #맛집인정 #가족여행

백반정식만 시켜도 수육과 묵전, 소불고기 뚝배기와 된장국, 강된장, 보리비빔밥까지 한정식 한 상을 받은 것처럼 푸짐하다. 정갈하고 맛있다.

📍 충남 아산시 송악면 송악로 521-7 🅿 가능 📞 041-544-7157 🕐 11:00~19:00, 토·일요일 10:30~19:30 ₩ 마고정식(2인 이상) 20,000원, 한방수육 25,000원, 토종한방백숙 70,000원

서해의 아름다움을 마주하다
태안·서산·당진

짙푸르게 넘실대는 청량한 동해나 아기자기한 섬들이 기웃거리는 남해만큼 서해도 매력적이다.
붉게 물드는 일몰과 부드러운 모래, 해루질하기 좋은 뻘, 대하와 꽃게 축제가 반갑다. 새로 생긴
산뜻한 카페와 농원에서 액자에 넣어 간직하고픈 서해의 풍경을 만난다.

서해를 가장 멋지게
여행하는 방법

01
잔잔한 바다를 바라보며
붉은 노을 감상

02
서해의 해산물을 실컷
조개와 새우 구워 먹기

03
수목원과 농원에서
사진 놀이로 계절 만끽

THEME 01

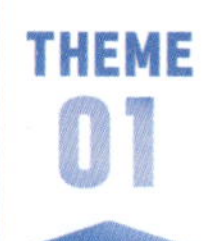

서해가 이렇게나 아름답구나

물빛도 곱고 모래도 고운 서해는 밀물과 썰물이 바뀔 때마다 다양한 모습으로 변신한다. 수심이 낮아 아이와 함께 물놀이를 하기에도 좋고, 작은 게와 조개를 잡으며 깔깔거리기도 좋다. 바다를 붉게 물들이는 일몰은 또 얼마나 낭만적인지. 가까워서 더 좋은 바다로 지금 당장 출발해보자.

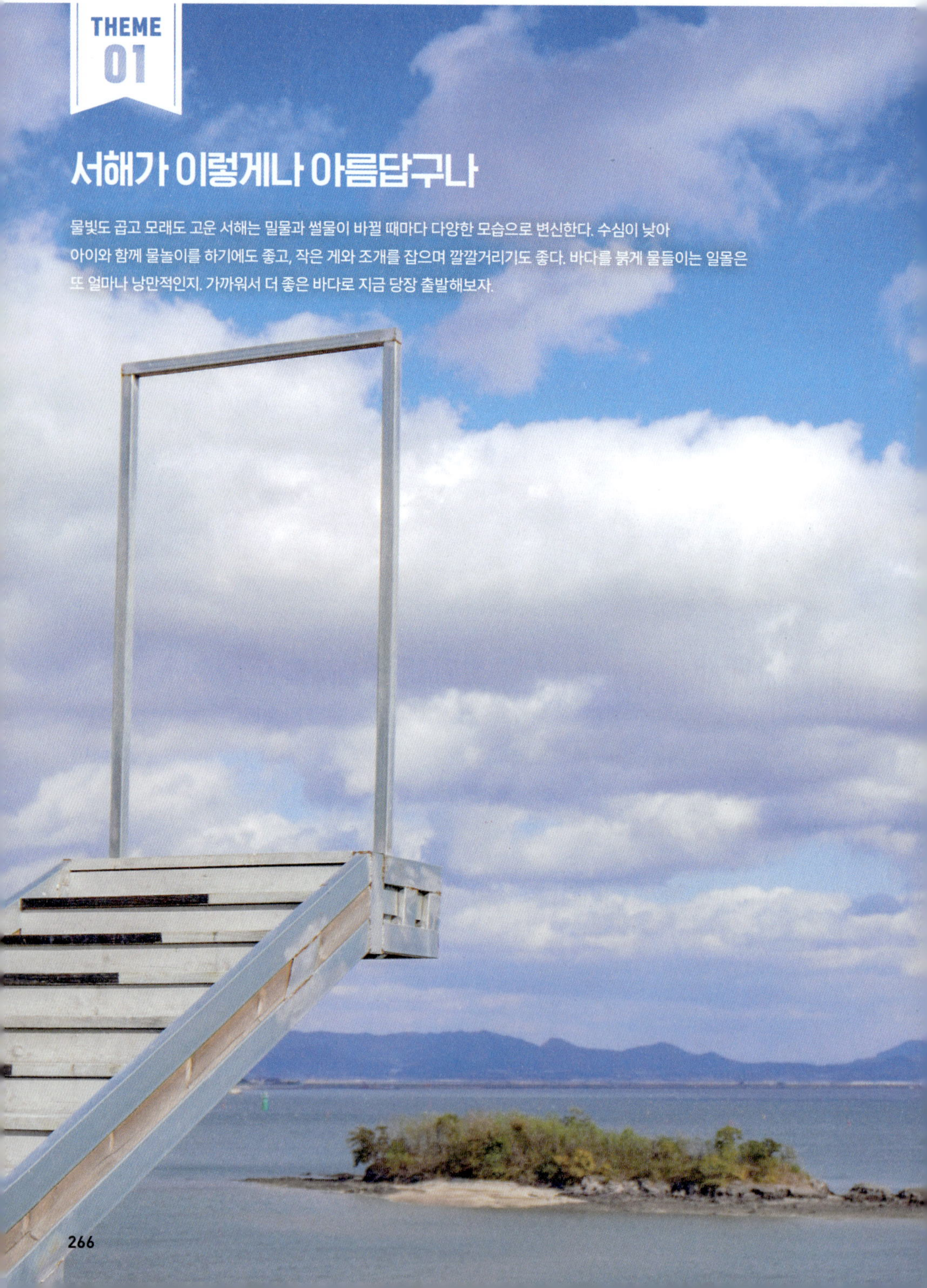

만리포 해수욕장

#맑고청량한바다 #여름해변 #출렁다리

길고 긴 모래밭이 천 리보다 더 길어 만리포라 불렀다.
해운대 해수욕장의 길이가 2km가 안 되는데 만리포
해수욕장은 2.5km 정도이니 이름값을 톡톡히 하는 셈
이다. 모래가 희고 고운 데다 물도 맑고 수심이 완만해
서 물놀이를 하기에 참 좋다. 대천 해수욕장, 변산 해수
욕장과 함께 서해안의 3대 해수욕장으로 손꼽히는 만
큼 호텔과 펜션, 캠핑장 같은 다양한 숙박 시설을 갖췄
다. 북쪽 해안에는 최근에 바다 위로 지나는 집라인과
작은 출렁다리가 놓여 여름철 액티비티를 즐기기에 제
격. 출렁다리를 따라 걸으면 서해가 얼마나 푸르른지
놀라게 된다. 만리포의 북쪽으로 조용하고 아기자기한
천리포 해수욕장과 백리포 해수욕장이 이어진다.

📍 충남 태안군 소원면 모항리 1436 🅿 가능
📞 041-672-9662

신두리 해수욕장과 신두리 해안 사구

#길고긴해변 #천연기념물 #사막뷰

길이가 3km에 달하는 길고 긴 해수욕장이지만 찾는
사람이 많지 않아 굉장히 한적하다. 그도 그럴 것이 바
다를 바라보며 펜션이 죽 늘어서서 프라이빗 해변처럼
사용한다. 썰물에는 폭이 200m에 이르는 모래밭이 훨
씬 넓어져서 성수기에도 그리 북적이지 않는다. 덕분에
서해의 붉은 노을을 광활하게 만끽할 수 있다. 최근에
는 신두리 오토캠핑장에서 차박을 하는 사람도 늘었다.
신두리 해수욕장 북쪽에 천연기념물로 지정된 우리나
라 최대의 사구가 펼쳐진다. 바닷바람에 실려온 모래가
언덕처럼 쌓여 작은 사막을 만들어냈다. 사람들의 발길
에 사구가 무너지는 걸 방지하기 위해 통행로를 만들었
다. 통행로만 다녀도 예쁜 사진을 남기기에 충분하다.

📍 충남 태안군 원북면 신두해변길 199 🅿 가능
📞 041-670-2114

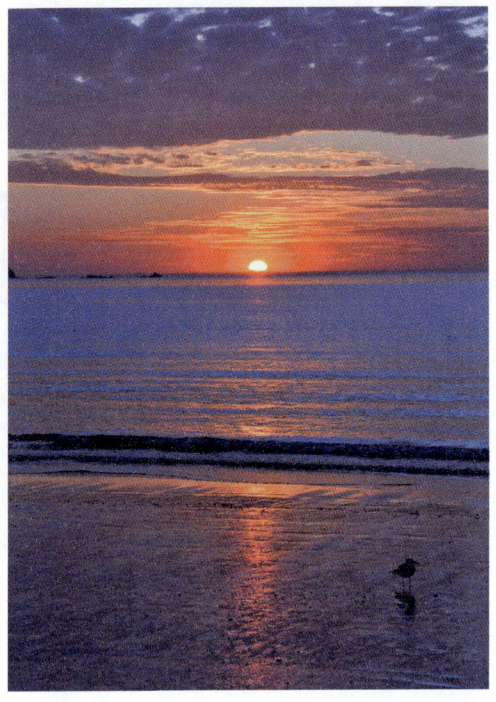

꽃지 해수욕장

#할매할배바위 #일몰맛집 #가족여행

꽃지 해수욕장은 모래가 고운 해수욕장으로 잘 알려졌지만 태안 8경에 드는 할배바위, 할매바위의 낙조가 아름답기로도 유명하다. 물이 빠지면 바위 앞까지 걸어가며 해루질을 하고 물이 들어오면 해수욕을 즐긴다. 해안선의 길이가 약 5km에 달해 꽃지 해수욕장의 소나무 숲을 끼고 달리는 드라이브 코스도 유명하고, 산악바이크를 즐기는 사람도 많다.

📍 충남 태안군 안면읍 승언리 339-272 🅿 가능

솔섬을 감싸 안는 붉은 노을
운여 해변

#노을맛집 #사진맛집 #캠핑

해가 바다를 붉게 물들이고 밀물이 솔섬을 감싸면 한없이 너그러운 풍경을 만난다. 운여 해변은 숙박 시설이 갖춰지지 않아 근처 장삼포나 샛별 해수욕장에 비해 찾는 사람이 별로 없었다. 최근 사진 찍는 사람들이 운여 해변의 아름다운 일몰을 널리 알리면서 근처 소나무 숲에서 캠핑을 하거나 차박을 하는 사람이 늘었다.

📍 충남 태안군 고남면 장삼포로 535-57 🅿 가능

백사장항과 꽃게다리

가을의 백사장항은 여름의 백사장 해수욕
장보다 인기다. 대하 축제가 열리기 때문.
길가에는 대하튀김이 크기별로 다양하고,
시장에서는 손바닥만 한 대하가 펄떡인다.
집집마다 대하를 소금에 구워 먹는 사람들
이 줄을 선다. 바닷가에서는 가두리를 세워
손으로 대하를 잡는 이벤트가 열린다. 꽃게
다리에서 드르니항과 백사장항까지 시원
하게 펼쳐진 풍경도 맛보자.

📍 충남 태안군 안면읍 백사장1길 126 🅿 백사
장어촌계수산시장 주차장

바다 위에 피어난 섬 속의 섬
간월암

#간월도 #작은절 #굴맛집

간월암은 하루에 두 번, 썰물 때만 걸어서 닿을 수 있는 작은 암자다. 무학도
사가 이곳에서 달을 보고 도를 깨쳤다 하여 간월암이라 한다. 수령이 200
년이나 되는 사철나무가 맞아주는 법당 앞에서는 바다 건너 황도까지 아스
라이 보인다. 밀물이 밀려오면 간월암은 한 송이 연꽃처럼 섬으로 피어난다.
물 위로 둥실 떠오른 간월암은 해무가 짙은 날이면 더욱 몽환적이다.

📍 충남 서산시 부석면 간월도1길 119-29 🅿 가능 📞 041-668-6624

🔴 TIP 굴 요리 먹고 가세요

간월도는 임금님께 진상하던 어리굴젓으로도
유명하다. 간월도 근처에는 울엄마영양굴밥,
큰마을영양굴밥, 맛동산 같은 굴밥집이 즐비하
다. 굴밥정식을 시키면 서울의 부자들이나 먹
는 귀한 음식이었던 어리굴젓이 함께 나온다.
큼지막한 굴이 쏙쏙 박힌 굴전도 별미다.

서해라고 바다만 멋진 게 아냐

서해와 안면도는 새우와 조개를 구워 먹으며 석양을 즐기는 바다 여행지로
유명하지만 섬 안쪽으로 깊숙하게 들어갈수록 색다른 매력을 내보인다.
태안과 서산과 당진에서 팜파스와 핑크뮬리가 하늘거리는
수목원, 허브농원, 개성을 뽐내는 카페와 미술관으로 떠날 시간!

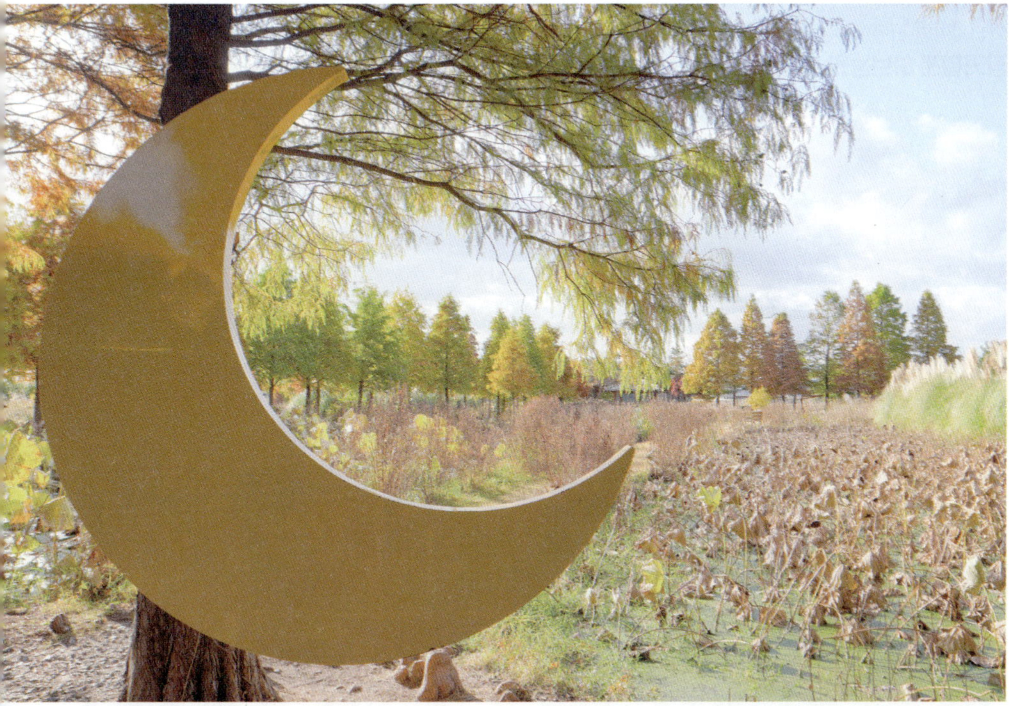

사뿐사뿐 연꽃과 하늘하늘 팜파스

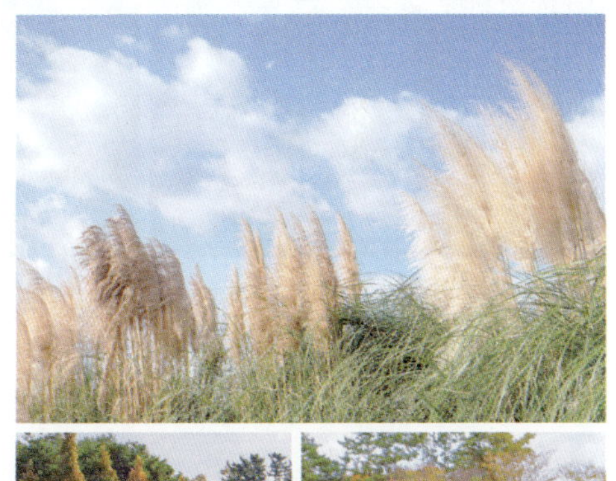

청산수목원

#가을여행지 #수목원 #사진여행

하얗고 보송보송한 팜파스가 파란 하늘을 이고 섰다. 남아메리카의 팜파스 지역에서나 볼 수 있던 커다란 풀이 최근 원예 식물로 인기가 높아져 사진여행이 풍성해졌다. 팜파스 축제 덕분에 더욱 유명해진 청산수목원은 여름이면 연못에 가득한 연꽃이 화려하고, 가을로 접어들면 핑크뮬리와 팜파스풀이 어우러진다. 황금삼나무길은 계절과 상관없이 근사한 포토존이다. 붉은 잎이 꽃처럼 흐드러진 홍가시나무길을 따라 삼족오미로공원으로 접어들면 숨겨진 고구려 고분 벽화를 찾는 재미가 쏠쏠하다. 유아차를 끌 수 있을 만큼 잘 정비되었지만 곳곳에 흙길이 있어 비온 뒤에는 땅이 질척하니 신발을 잘 골라 신자.

충남 태안군 남면 연꽃길 70 Ⓟ가능 ☏0507-1324-0656
6~10월 08:00~19:00, 4~5월 09:00~18:00, 11~3월 09:00~17:00(일몰 1시간 전 입장 마감) ₩시즌별 요금 상이. 성인 9,000~13,000원, 어린이·청소년 7,000~10,000원, 유아(3~7세) 6,000~8,000원, 경로·유공자 7,000~11,000원
www.greenpark.co.kr

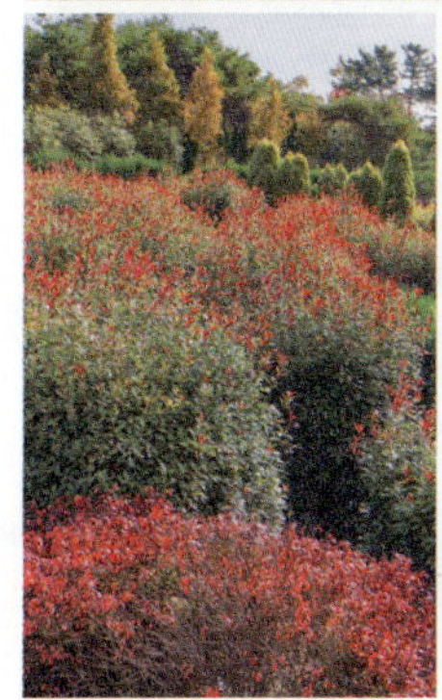

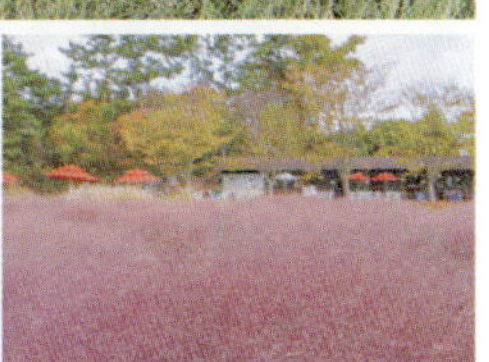

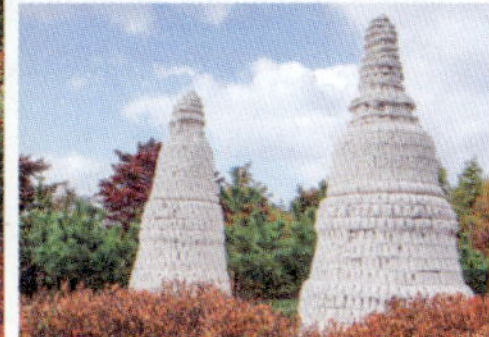

아기자기한 정원에서 허브 파티

팜카밀레 허브농원

#허브농원 #사진맛집
#반려견과나들이

강한 향기가 인상적인 허브부터 소박한 꽃잎을 드리운 야생화까지 자연스럽게 어우러진 농원이다. 여름이면 탐스러운 수국, 가을이면 잘 자란 팜파스가 반겨준다. 어린 왕자의 정원, 라벤더 가든, 캐모마일과 세이지 가든, 워터 가든 등으로 이어지는 정원 산책로가 아기자기하다. 곳곳에 작은 조각상과 분수, 벤치가 놓여 사진 찍기 좋다. 핑크뮬리가 하늘거리는 정원을 지나 바람의 언덕을 오른다. 풍차 전망대에 오르면 한쪽으로는 넓은 허브농원, 한쪽으로는 몽산포 앞바다가 내려다보인다. 아이들이 좋아할 나무집과 족욕을 할 수 있는 카페, 허브숍 같은 편의 시설을 잘 갖췄다.

📍 충남 태안군 남면 우운길 56-19 🅿 가능 📞 041-675-3636 🕐 3·4·8·9·10월 09:00~18:00, 6~7월 08:30~19:00, 11~2월 09:00~17:30(1시간 전 매표 마감, 11~3월 화요일 휴무) ₩ 시즌별 요금 상이. 성인·청소년 6,000~13,000원, 어린이 3,000~6,000원, 유아 2,000~5,000원, 소형견 4,000원, 대형견 6,000원 🏠 www.kamille.co.kr

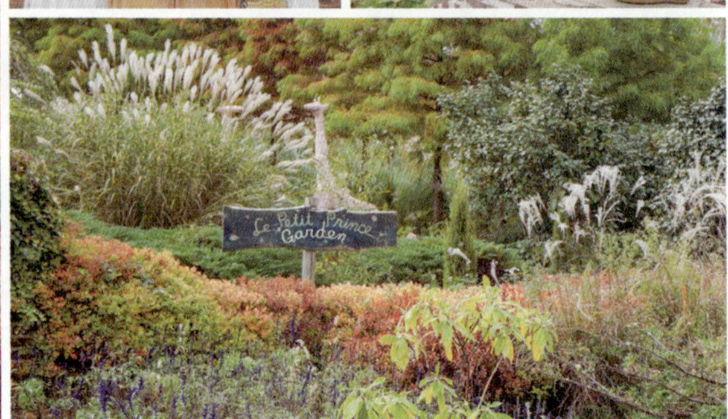

펜션만큼 유명해진 예쁜 카페

#뮤지엄은아니고 #카페놀이 #족욕카페

모켄뮤지엄 카페

여러 건축상을 휩쓴 데다 드라마 촬영지로 잘 알려진 펜션이어서 카페도 덩달아 유명해졌다. 1층은 족욕 카페로 운영하고, 2층에는 통유리로 된 실내 자리와 인디언 텐트를 친 야외 좌석이 있다. 잔디마당에는 빈백 소파와 오두막이 있어 반려견과 함께 가도 좋다. 다만 오가는 도로에 움푹 파인 곳이 많으니 운전을 조심하자.

📍 충남 태안군 남면 곰섬로 129-87
🅿 가능 📞 010-9293-4275 🕐 10:00~20:00
₩ 아메리카노 7,000원, 자몽에이드 8,000원, 족욕 8,000원
🏠 www.moken.co.kr

아미미술관

#환상적인 #작품의세계 #사진여행

나무가 우거진 길을 따라 들어가면 폐교였던 건물이 산뜻하게 단장하고 관람객을 맞이한다. 교실마다 새로운 작품들이 다채롭게 펼쳐진다. 몽환적인 분홍색 깃털이 간질거리는 복도를 지나, 푸른색 영감이 가득한 교실, 흰 눈 쌓인 나무를 연상시키는 교실을 들락거린다. 환상의 세계를 빠져나와 햇살이 내리쬐는 건물 밖에 서면 어린 시절 동심을 불러일으키는 예쁜 그림들을 만난다. 아담한 미술관이지만 사진 찍기를 좋아하는 사람에겐 무척 만족스러운 장소다.

📍충남 당진시 순성면 남부로 753-4 🅿가능 📞0507-1412-1556 🕙10:00~18:00 🚾성인 7,000원, 24개월~청소년·군인·70세 이상 5,000원 🏠amiart.co.kr

카페피어라

#계절여행 #당진여행 #카페여행

카페피어라의 앞마당은 계절별로 옷을 갈아입는다. 봄에는 연분홍 벚꽃길이 화사하고, 여름에는 짙푸른 청보리밭이 펼쳐진다. 가을에는 소금을 뿌린 듯한 메밀꽃밭이, 겨울에는 하얀 눈밭이 포토존이 되어 손님들을 맞이한다. 널따란 마당을 끼고 짧은 산책로를 걸으며 계절이 주는 기쁨을 느낀다. 실내 좌석은 야외의 좌석만큼 인기 있진 않지만, 넓은 개방감을 즐기며 따끈한 커피와 함께 맛있는 케이크를 맛보는 사람들로 연신 붐빈다.

📍충남 당진시 합덕읍 합덕대덕로 502-24 🅿가능 📞0507-1412-1556 🕙10:30~19:30 🚾아메리카노 6,000원, 당근케이크 7,500원 📷@cafepiora

왕의 숨결이 어린 왕릉을 걷다
공주

작은 도시 공주는 역사의 숨결이 은은히 배어 고즈넉하다. 송산리 고분군, 무령왕릉, 공산성 같
은 세계 문화유산과 중동성당, 풀꽃문학관 같은 근대 역사 유적이 시내 곳곳에 자리하고 있다.
초록빛 싱그러운 공주의 구석구석을 누벼보자.

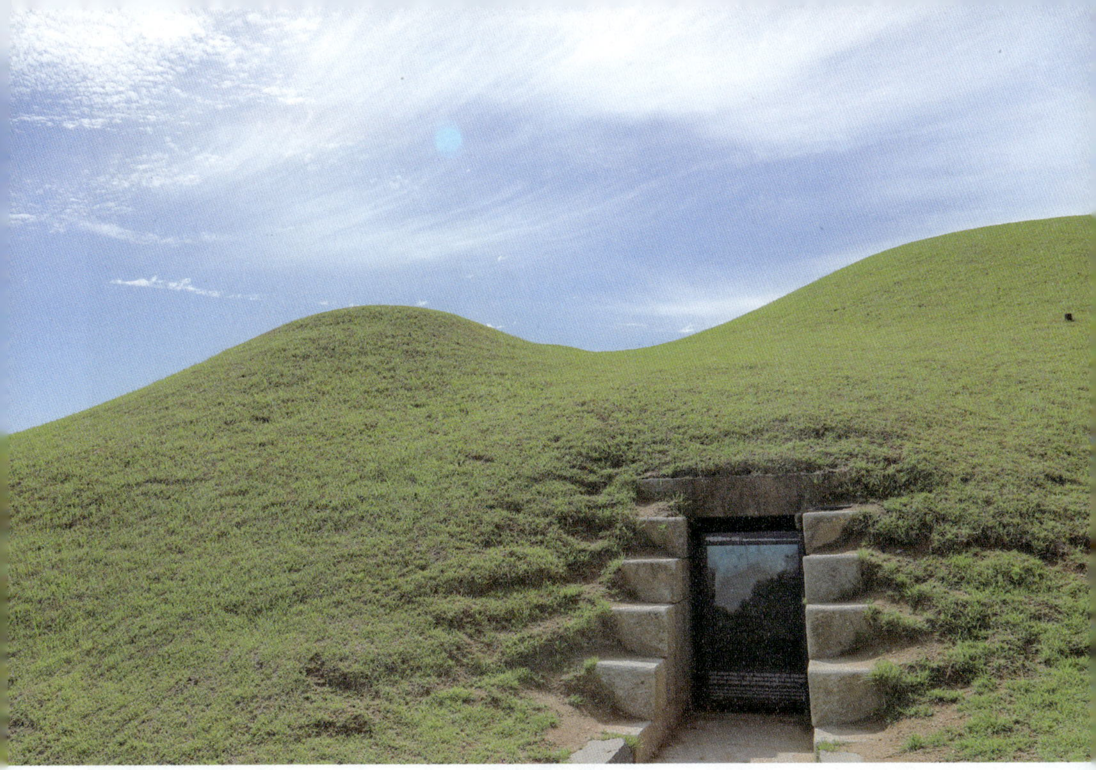

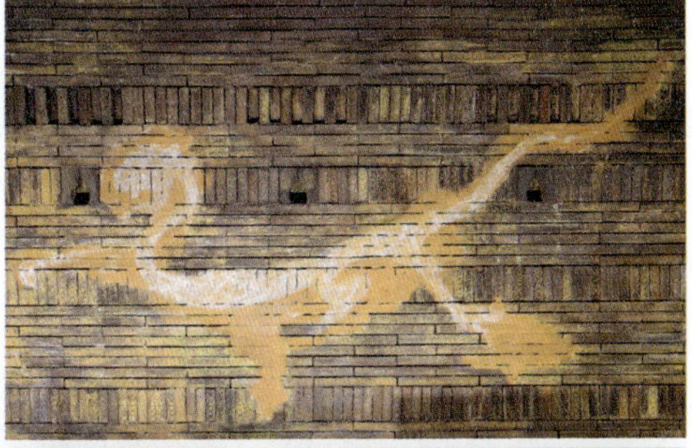

백제사의 열쇠, 송산리 고분군

공주무령왕릉과 왕릉원

#백제시대왕릉 #사신도 #역사여행

송산리 고분군에는 웅진시기 백제의 왕과 왕족들이 묻혔다. 7기의 고분 중 묻힌 사람의 신분을 알 수 있는 유일한 왕릉이자 도굴되지 않은 왕릉인 무령왕릉이 이곳에 있다. 실제 무령왕릉의 크기를 그대로 반영한 모형 전시관에서는 벽돌로 쌓아올린 무덤들의 내부를 구체적으로 재현해 신비로운 분위기가 느껴진다. 또한 무령왕릉을 축조하는 과정을 디오라마로 자세히 구현해 이해를 돕는다. 연꽃무늬가 새겨진 벽돌, 사신도 벽화도 흥미롭다. 올록볼록한 봉분을 따라 바깥 산책로를 걸으며 당시 무덤 주인의 모습을 짐작해본다. 소나무를 스치며 불어오는 바람은 1,500여 년 전 백제시대로부터 맴도는 바람인지도 모른다.

충남 공주시 왕릉로 37 가능 041-856-3151
09:00~18:00, 11~2월 09:00~17:00(30분 전 입장 마감)
₩ 성인 3,000원, 청소년 2,000원, 어린이 1,000원 / **3개소 통합권**(무령왕릉과 왕릉원, 공산성, 석장리유적) 성인 6,000원, 청소년 4,000원, 어린이 2,000원 www.gongju.go.kr/tour/

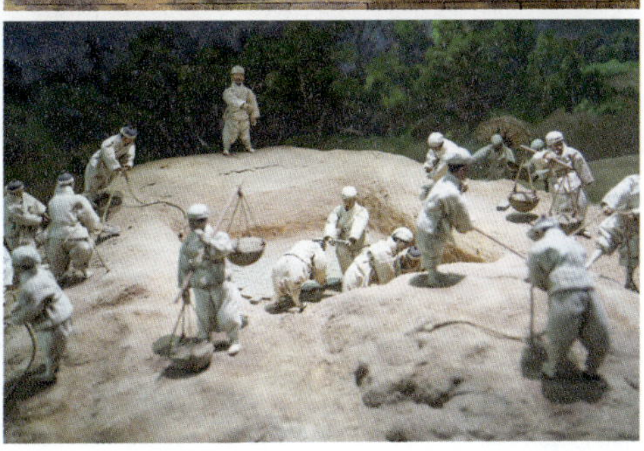

공산성

#공주여행 #산성산책 #금강

금강을 굽어보는 공산성은 부여로 천도하기 전까지 웅진 백제를 지킨 왕성이다. 백제시대에는 웅진성으로 불렸으나 고려시대 이후 공산성으로 불렸다. 해발 110m의 능선을 따라 흙으로 쌓아 올린 산성이었으나 조선 선조 때 지금과 같은 석성으로 개축했다. 공주 시내에서 볼 때는 성벽이 그리 크지 않아 보이지만 금강을 따라 금서루, 공북루, 만하루까지 성벽길이 길게 이어진다. 왕궁지를 비롯해 백제시대의 연못, 고려시대 때 창건한 영은사, 조선시대 인조가 머물렀던 쌍수정, 사적비가 성벽 안에 아늑하게 자리 잡았다. 산성이 간직한 역사를 따라 걸어보자.

📍 충남 공주시 금성동 53-51 🅿 가능 📞 041 -856-7700 🕐 09:00~18:00, 11~2월 09:00~ 17:00(30분 전 입장 마감) 💵 성인 3,000원, 청소년 2,000원, 어린이 1,000원, 3개소 통합권 (무령왕릉과 왕릉원, 공산성, 석장리유적) 성인 6,000원, 청소년 4,000원, 어린이 2,000원 🏠 www.gongju.go.kr/tour

국립공주박물관

#역사여행 #고대문화 #화려한금관

무령왕릉에서 출토된 4,600여 점의 유물, 대전과 충남 지역에서 출토된 9만여 점의 문화재를 전시한다. 무령왕릉을 지키던 상상의 동물 진묘수가 관람객을 반기는데, 이는 국내에 하나밖에 없다. 황금으로 빛나는 세련된 금제 관장식, 무덤을 지키던 석수 등을 둘러보고 나면 우리의 고대 문화에 대해 뿌듯한 자부심이 생긴다.

📍 충남 공주시 관광단지길 34 🅿 가능 📞 041-850-6300 🕐 09:00~18:00(월요일·1월 1일·명절 당일 휴관) 💵 무료 🏠 gongju.museum.go.kr

자연과 조화를 이룬 한옥 숙박
공주 한옥마을

오래된 역사를 품은 장소라기보다 가족 단위 숙박동을 한옥으로 만들어둔 관광지다. 내부는 현대식으로 단장했으며, 오토캠핑장, 야외 바비큐장과 역사체험 놀이터, 전통문화체험관 등 다양한 시설도 갖추고 있다. 숙박하지 않더라도 짧은 고샅길에서 사진을 찍거나 예스러운 소품을 구경하기에 좋다.

📍 충남 공주시 관광단지길 12 🅿 가능
📞 0507-1433 -2828 🕐 숙박 110,000~290,000원
🏠 www.gongju.go.kr/hanok/

북적북적한 전통시장의 향수
공주 산성시장

#시장구경 #시장먹방 #밤막걸리

공주의 중심가에 자리한 산성시장은 평일 낮에도 활기차다. 얼음 위에 누워 있는 고등어와 꽁치, 삼치들이 반짝이고 각종 잡곡이 담긴 바구니가 알록달록하다. 45년 전통의 청양분식에서 잔치국수 한 그릇 뚝딱하고 카페 마루에서 공주산 밤막걸리 한 병 사들고 나오면 부자가 된 기분이다.

📍 충남 공주시 용당길 22 산성시장 고객지원센터
🅿 공주 산성시장 공영주차장 📞 041-856-5427
🕐 하절기 08:00~20:00, 동절기 08:00~19:00

싱그러운 자연의 색감
공주 메타세쿼이아길

공주 시내로 들어서기 전 정안천 생태공원에 들러 메타세쿼이아를 만난다. 약 500m 길이의 그리 길지 않은 산책로에 여유로움이 가득하다. 메타세쿼이아길 아래로 연못을 따라 수생길이 이어진다. 백련, 홍련, 수련이 색을 뽐내는 여름은 화려하고, 낙엽이 소복한 가을은 붉게 물들어 운치 있다. 곳곳에 놓인 정자나 벤치에 앉으면 요란한 풀벌레 소리가 정겹다.

📍 충남 공주시 의당면 청룡리 918 🅿 공영주차장

CITY
20

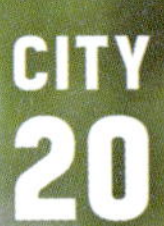

연꽃으로 피어나는 백제의 향기

부여

문학 시간에 배운 〈서동요〉라든가 국사 시간에 들은 삼천 궁녀 이야기를 떠올려보자. 멀기만 했던 부여가, 백제가 가까워진다. 궁남지에 연꽃이 흐드러지면 부여로 떠나볼까. 백마강 흐르는 부여에서 백제시대의 웅장하면서도 섬세한 기운을 느낄 수 있을 테니.

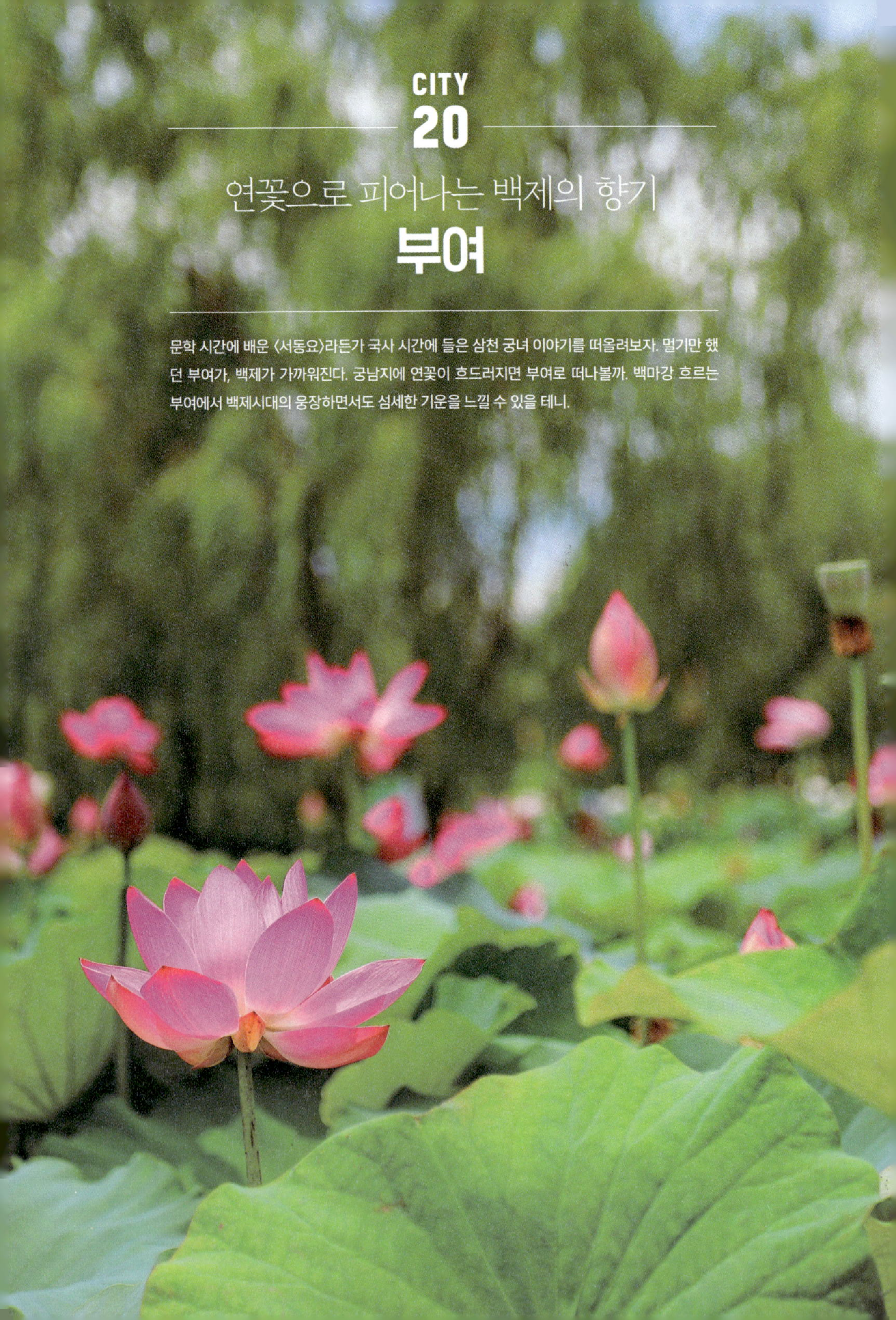

1,000년의 시간을 피워내는 연꽃

궁남지

여름이면 연꽃이 흐드러지게 피어나는 궁남지는 백제 무왕이 만든 우리나라의 가장 오래된 인공 연못이다. 궁남지를 사부작사부작 걷다 보면 연못에서 배를 띄우고 놀던 무왕과 선화 공주가 생생하게 살아난다. 백제의 무왕은 어릴 적 마를 파는 상인 서동으로 위장해 신라로 잠입했다가 신라 진평왕의 셋째 딸인 선화 공주와 사랑에 빠졌다. 서동은 꾀를 내어 저잣거리 아이들에게 선화 공주가 남몰래 서동과 정분을 통했다는 소문을 퍼뜨렸고, 선화 공주와 함께 백제로 돌아올 수 있었다는 이야기가 전해진다. 해 지기 전에 궁남지 바깥쪽을 한 바퀴 돌며 연꽃을 구경하고, 해가 진 후 궁남지 안쪽 연못가에서 반짝이는 야경을 감상하면 좋다.

📍 충남 부여군 부여읍 동남리 152-1 🅿 가능
📞 041-830-2880

백제문화단지와 백제역사문화관

백제문화단지는 부여로 천도 후 백제 문화의 절정을 이룬 사비시대의 왕궁 모습을 그대로 보여준다. 무려 1,000년 전에 이렇게 웅장하고 섬세한 건축물을 지었다는 사실이 놀랍다. 정양문을 지나 백제문화단지 안으로 들어서면 엄청난 규모의 사비궁이 나타난다. 사비궁 옆에는 왕실 사찰인 능사가 있는데, 발굴된 유적과 동일한 크기로 재현했다. 능사에 있는 38m 높이의 거대한 5층 목탑도 놓치지 말아야 할 볼거리. 능사에서 나와 귀족 계층 무덤인 고분공원을 둘러본 후 제향루로 가자. 제향루에서 아래를 내려다보면 위례성과 생활문화마을이 한눈에 들어온다. 위례성은 백제 한성 시기의 도읍 모습을, 생활문화마을은 사비시대의 계층별 주거 유형을 보여준다.

◎ 충남 부여군 규암면 백제문로 455 ℗ 가능 ☎ 041-408-7290
◷ 3~10월 09:00~18:00, 11~2월 09:00~17:00, 4~11월 금~일요일 야간 개장 하절기 18:00~22:00, 동절기 17:00~22:00(주간 월요일 휴무, 야간 월~수요일 휴무, 여름 성수기 휴무일 없음, 홈페이지 확인) ₩ 성인 6,000원, 청소년·군인 4,500원, 어린이 3,000원/ 야간 개장 성인 6,000원, 청소년·군인 5,000원, 어린이 4,000원/ 백제역사문화관만 관람 시 성인 2,000원, 청소년 1,500원, 소인 1,000원 ⌂ www.bhm.or.kr

사비궁

제향루

생활문화마을

사비시대 고분

백제역사문화관

TIP 백제역사문화관의 3D 상영관

백제문화단지 관람료에는 백제역사문화관 관람료가 포함되어 있다. 백제역사문화관은 백제문화단지의 정양문을 나오면 바로 보인다. 1층과 2층 전시실에 백제시대의 생활 문화를 생생하게 재현해놓았다. 시간이 맞는다면 3D 상영관의 〈사비의 꽃〉도 관람하자. 은근히 감동적인 작품이다.

백제의 슬픔을 지켜본 백마강과 낙화암

낙화암과 부소산성

#부소산성 #백마강따라 #역사여행

부소산 옆으로 백마강이 휘감아 돈다. 백마강은 부여 지역을 지나는 금강 물줄기를 일컫는 다른 이름이다. 나당연합군이 침공했을 때 백제 여인들이 적의 손에 죽지 않겠다며 부소산 바위 위에 올라 강물에 몸을 던졌다는 기록이 《삼국유사》에 전해진다. 그 모습이 마치 꽃이 날리는 모습 같았다고 하여 낙화암이라는 이름이 붙었다. 백화정이라는 정자는 1929년에 세웠다. 낙화암에 가는 방법은 2가지. 낙화암까지 뱃길로 가면 바위 절벽에 '낙화암落花岩'이라고 새긴 조선 후기 문신 송시열의 글씨를 볼 수 있다. 부소산에 쌓은 성인 '부소산성'을 통해서 가면 옛 백제 왕자들의 산책로를 따라 삼충사와 반월루, 사자루를 지나 낙화암과 고란사에 닿는다.

부소산성 낙화암

충남 부여군 부여읍 관북리 77 ○ 가능 ☏ 041-830-2884 ⏱ 하절기 09:00~18:00, 동절기 09:00~17:00 ₩ 성인 2,000원, 청소년·군인 1,100원, 어린이 1,000원 ⌂ www.buyeo.go.kr

구드래나루터 선착장

충남 부여군 부여읍 나루터로 72 ○ 가능 ☏ 041-835-4689 ⏱ 하절기 09:00~18:00, 동절기 09:00~17:00 ₩ 고란사 선착장까지 왕복 성인·청소년 11,000원, 3세 이상 유아·어린이 7,000원, 낙화암 입장료 별도

고란사

충남 부여군 부여읍 부소로 1-25 고란사 선착장 앞 ☏ 041-835-2062

TIP 고란사의 약초 고란초

전설에 따르면 백제의 임금이 고란사 바위틈에서 흐르는 약수를 즐겼다. 약수터 주변에 자란 기이한 풀을 고란초라고 불렀는데, 고란사에서 떠온 약수임을 증명하기 위해 고란초 잎을 띄워 가져갔다고 한다. 이 약수를 마시면 3년씩 젊어진다고 하니 고란사에 들러 한 모금 맛보자. 약수를 들이키다 갓난아기가 되었다는 할아버지의 이야기도 이곳에서 유래한다.

정림사지

#탑돌이 #사비백제 #역사여행

정림사지는 백제의 사비도성 중심에 건립된 사찰 터다. 규모와 위치, 출토된 유물로 미루어 정림사가 백제의 상징적 사찰이었던 것으로 보고 있다. 국보 제9호인 정림사지 5층 석탑과 보물 제108호인 석조여래좌상이 남아 있다. 높이가 5.6m에 달하는 석불의 미소가 그윽하다. 정림사지박물관이 실감형 ICT 기술을 이용한 최첨단 멀티미디어 박물관으로 거듭났으니 신나게 둘러보자.

충남 부여군 부여읍 정림로 83 P 가능 041-832-2721 정림사지 24시간, 정림사지 박물관 09:00~18:00, 동절기 09:00~17:00(1시간 전 입장 마감, 월요일 휴관) W 무료 www.jeongnimsaji.or.kr

보고 또 봐도 자랑스러운 백제 문화

국립부여박물관

#자랑스러운 #문화유산 #금동대향로

선사시대에서부터 사비시대에 이르는 백제의 찬란한 유물 1,000여 점을 전시했다. 4개의 상설전시실과 야외전시장에서 금동관음보살, 용무늬벽돌 등 섬세하고 아름다운 백제의 문화를 만난다. 특히 국보 287호인 백제금동대향로는 아찔할 만큼 아름답다. 백제의 전통적인 세계관과 도가 사상이 섬세하고 정교하게 표현된 이 향로 하나만 보고 나와도 만족스럽다. 매시간 정시에 로비에서 상영하는 디지털 실감 콘텐츠를 놓치지 말자.

충남 부여군 부여읍 금성로 5 P 가능 041-833-8562 09:00~18:00 (월요일·1월 1일·명절 당일 휴무) W 무료 buyeo.museum.go.kr

백제금동대향로
ⓒ국립부여박물관 소장

연잎의 향이 은은하게 밴 #부여맛집 #연잎밥 #가족여행

연잎밥

부여는 연꽃만큼이나 연잎밥도 유명하다. 찹쌀과 잡곡, 견과류와 대추를 연잎에 싸서 찐 밥은 연 향이 은은하게 배어나 다른 반찬이 없어도 맛있다. 누룽지를 좋아하는 사람은 연돌솥밥, 쫄깃하게 씹히는 찰밥을 좋아하는 사람은 연잎밥을 먹어보자.

솔내음레스토랑

📍 충남 부여군 부여읍 나루터로 39 ℗ 가능 ☎ 041-836-0116 🕐 11:10~20:00, 브레이크 타임 14:30~17:10(화요일 휴무) ₩ 백련정식 1인 22,000원, 연정식 1인 25,000원, 연화정식 1인 28,000원

구드래나루터 앞의 오래된 맛집 #부여맛집 #막국수맛집 #줄을서시오

장원막국수

멀리서 봐도 오래된 맛집의 분위기가 물씬 난다. 시골집을 개조해 방마다 좌식 테이블을 놓고 손님을 받는다. 새콤달콤한 국물의 감칠맛이 살아있는 시원한 막국수에 편육을 곁들이면 맛이 기가 막히다.

📍 충남 부여군 부여읍 나루터로62번길 20 ℗ 가능 ☎ 041-835-6561 🕐 11:00~17:00(화요일 휴무) ₩ 막국수 9,000원, 편육 21,000원

칼국수도 만두도 맛있다 #부여맛집 #칼국수 #만두맛집

궁남손칼국수

혼자 여행할 때는 1인분의 음식을 파는 맛집이 소중하다. 손으로 반죽한 국수는 부드럽고 멸치 육수를 사용한 국물은 진하고 고소하다. 실하게 쪄낸 만두는 포장 각.

📍 충남 부여군 부여읍 궁남로 12 ℗ 부여군청 주차장 혹은 골목 주차 ☎ 041-835-2162 🕐 11:00~20:00(일요일 휴무) ₩ 손칼국수 8,000원, 열무비빔국수 8,000원, 만두 7,000원

느긋한 풍경 속 자연을 거닐다
서천·논산

자연을 벗 삼아 한가로운 시간을 즐기고 싶다면 서천이 제격이다. 넓디넓은 갈대밭을 누비며 바람의 소리를 들어도 좋고, 장항 스카이워크를 따라 걸으며 바다 내음을 한껏 맡아도 좋다. 자랑스러운 역사를 담은 한산모시관과 전 세계의 동식물을 만날 수 있는 국립생태원도 둘러보자.

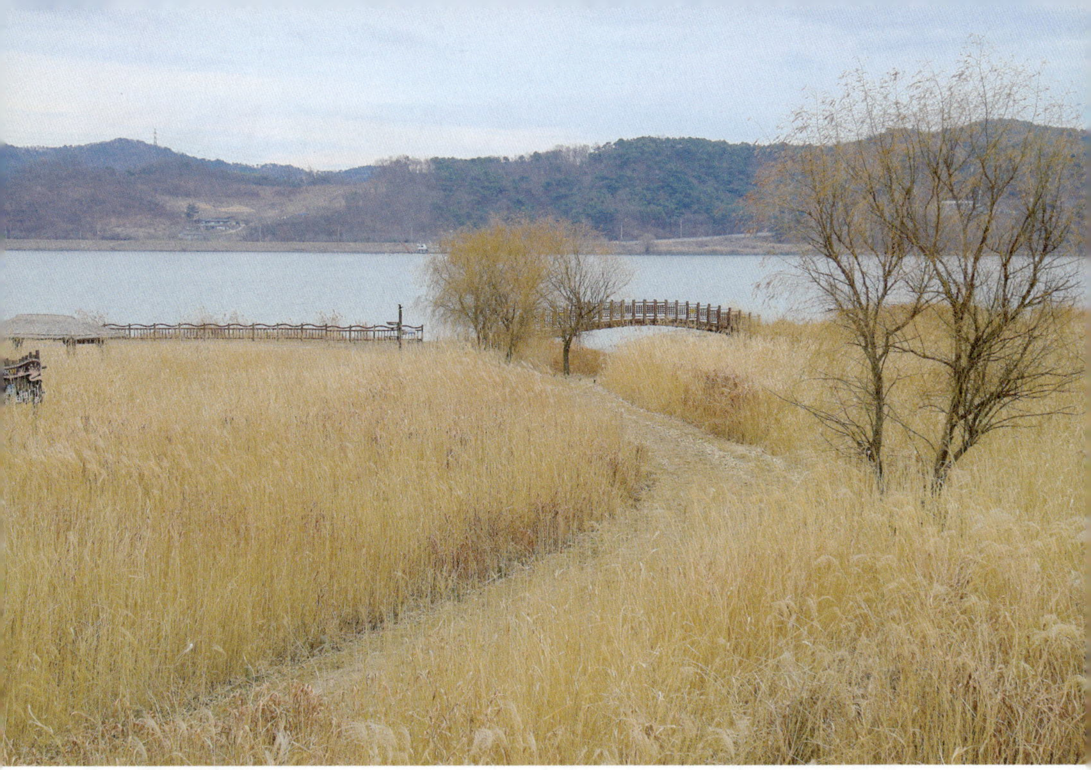

자연의 품속을 거닐다

#낭만여행 #영화촬영지 #인생사진

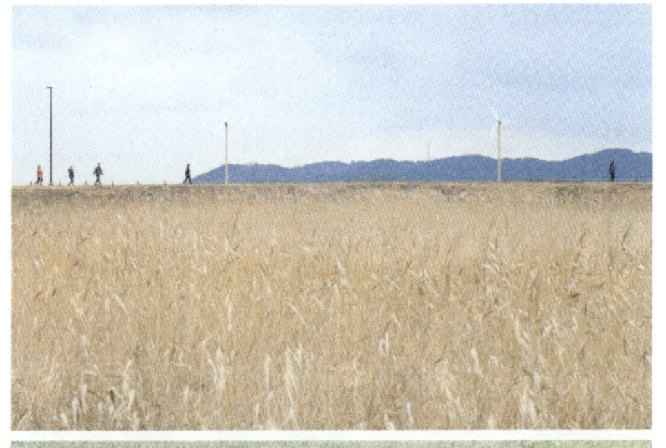

신성리 갈대밭

갈대숲이 사랑스럽다. 물안개가 자욱한 날엔 촉촉하게 물기 머금은 들판의 고요함도 운치 있다. 워낙 물이 들락날락해서 농사 짓기 어려운 습기 머금은 땅이지만 갈대가 자라기엔 딱 좋다. 너비가 약 200m, 길이가 1.5km 정도로 규모가 커 순천의 순천만과 해남의 고천암호, 안산의 시화호와 함께 국내 4대 갈대밭으로 꼽힌다. 봄에 갈대를 소각하지만 여름이 지나면 어느새 갈대가 벌써 사람 키를 넘어선다. 9월부터 초록빛 갈대꽃이 슬며시 은빛으로 물들고, 10월이 지나면 황금빛 갈대가 사그락사그락 춤을 춘다. 숱한 드라마와 영화의 촬영지이자 철새들의 보금자리를 찬찬히 걷다 보면 어느새 발걸음도 춤을 춘다.

충남 서천군 한산면 신성리 125-1 Ⓟ 가능
041-950-4018

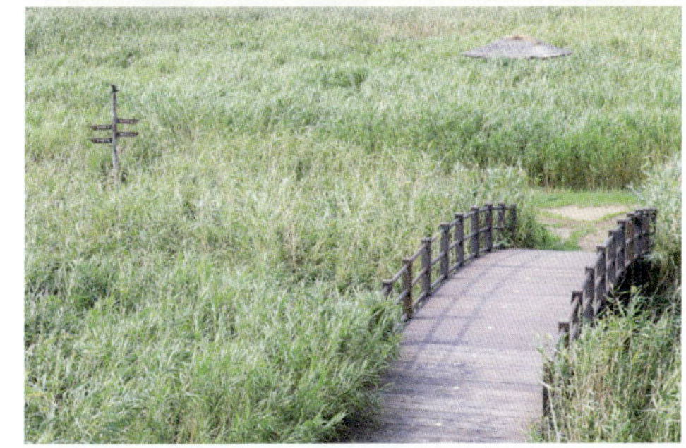

국립생태원

#신나는놀이터 #동·식물원 #가족나들이

온대, 열대, 사막, 극지방, 지중해 지역 등 다양한 기후대별 동식물을 한데 모은 거대한 규모의 동식물원이다. 사막여우부터 아쿠아리움에서나 보던 물고기들, 극지방에서 사는 펭귄들을 둘러보면 반나절이 부족할 정도. 극지관처럼 동물 모형의 비중이 큰 전시관도 있지만 호기심 많은 아이들에게는 문제가 되지 않는다. 수생식물원과 사슴생태원, 어린이 놀이터도 있어 온종일 시간을 보내도 좋다.

📍 충남 서천군 마서면 금강로 1210 🅿 가능, 전기차 무료 📞 041-950-5300 🕐 3~10월 09:30~18:00, 11~2월 09:30~17:00(월요일 휴관) 💳 성인 5,000원, 청소년 3,000원, 어린이 2,000원 🏠 www.nie.re.kr

한산모시는 왜 우수한가
한산모시관

#인류무형문화유산 #전통직물 #모시짜기

서천군의 한산면에서 유래된 우리 모시의 역사는 무려 1,500여 년이다. 한산모시관에서 유네스코 인류무형문화재로 등재된 장인들의 솜씨와 모시의 아름다움을 발견한다.

📍 충남 서천군 한산면 충절로 1089 🅿 가능 📞 041-951-4100 🕐 3~10월10:00~18:00, 11~2월 10:00~17:00 💳 성인 1,000원, 청소년·군인 500원, 어린이 300원 🏠 www.seocheon.go.kr/mosi.do

TIP 한산모시로 만드는 별미

서천에 간 김에 고소한 모시전에 모시된장으로 끓인 된장찌개로 식사를 해보자. 모시 잎을 잘게 썰어 넣고 부친 모시전, 집집마다 개성 있게 담그는 한산소곡주와 달콤한 소를 잔뜩 넣은 모시송편도 서천의 별미.

탁 트인 바다 위를 걷는 기분
장항 스카이워크

#맥문동축제 #기벌포해전전망대 #서천바다

삼국을 통일한 신라가 크고 작은 전투를 스물두 번이나 벌인 끝에 당나라의 수군을 마지막으로 물리친 곳이 바로 여기, 기벌포다. 15m 높이에서 청량한 솔숲과 끝 모를 수평선을 바라보며 바다 위를 걷는다.

📍 충남 서천군 장항읍 장항산단로34번길 122-16 🅿 송림을 둘러싼 주차장 네 곳이 있다. 제3주차장에서 가깝다. 📞 041-956-5505 🕐 4~9월 09:30~18:00, 10~3월 09:30~17:00, 4~9월 주말 09:00~19:00(30분 전 입장 마감, 월요일 휴무) 💳 1인 4,000원 (서천사랑상품권 2,000원권 제공)

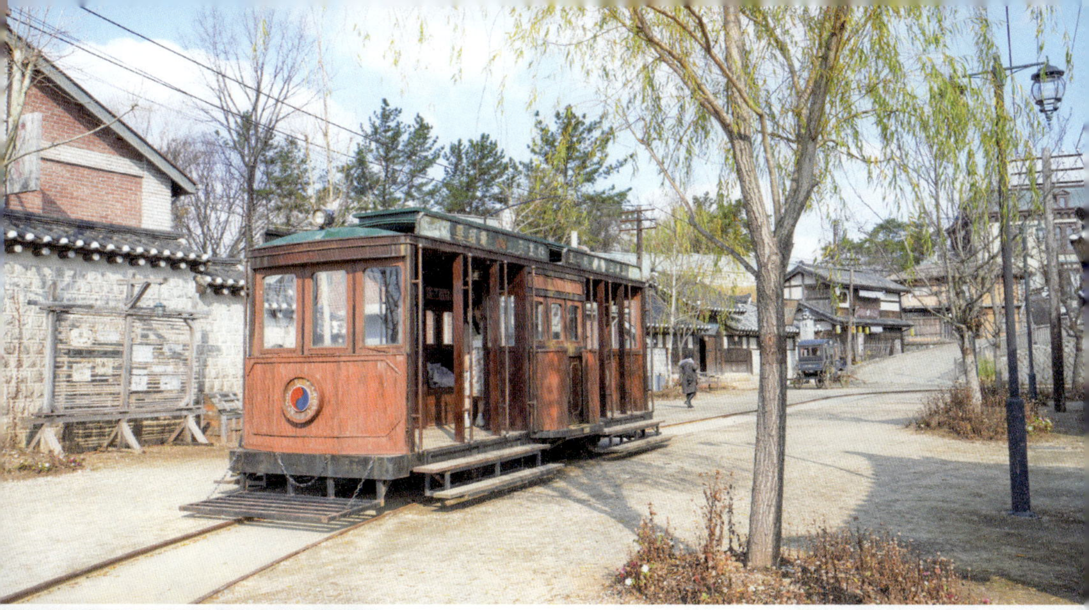

개화기 한성으로 떠나는 시간 여행

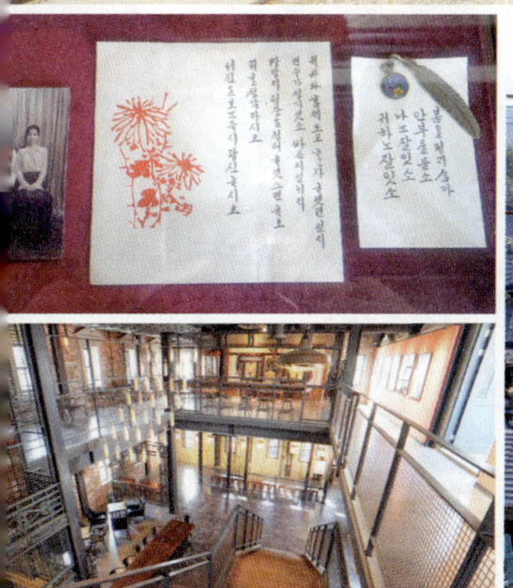

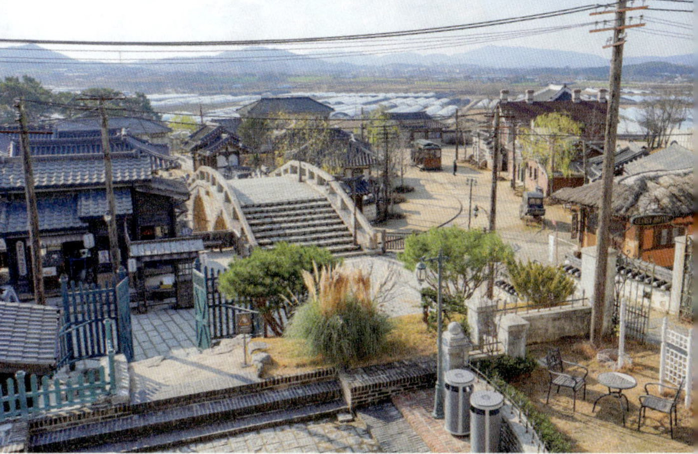

선샤인스튜디오

#인스타핫플 #드라마촬영지 #논산여행

개화기 한성에 발을 딛는다. 보신각 옆으로 우리나라 최초의 전기 회사인 한성전기 건물이 우뚝하다. 이제는 사라진 전차가 문방구 앞을 지난다. 전통 한옥의 마당집과 2층으로 된 적산가옥이 사이좋게 시대를 그려낸다. 글로리호텔로 들어서면 개화기 스타일로 차려입은 사람들이 인사를 한다. 한약방과 불란셔제빵소, 전당포 '해드리오'가 그대로 남아 있다. 드라마 〈미스터 션샤인〉을 본 사람이라면 구슬픈 OST에 섞인 주인공들의 내레이션이 들려올 때 울컥할지도 모른다. tvN 예능 프로그램 〈대탈출〉을 시청했다면 구석구석 남아 있는 자취에 웃음이 절로 날 테다. 볕 좋은 날은 양품점에서 의상을 빌려 입고 개화기 한성으로 나들이를 가자.

충남 논산시 연무읍 봉황로 90 Ⓟ 가능 ☎ 1811-7057 ⏰ 10:00~18:00(30분 전 입장 마감, 수요일 휴무) ₩ 성인 10,000원, 청소년 8,000원, 36개월 이상 어린이·경로 6,000원 🏠 www.sunshinestudio.co.kr

PART
05

진짜 전라도를 만나는 시간

KOREA

한눈에 보는 전라도

삼천리금수강산에 지분이 있다면 가장 크게 차지하는 곳은 전라도가 아닐까.
전라도는 우리나라에서 가장 넓고 풍요로운 농토와 서해에서 남해로 이어지는 아름다운 바다를 품는다.
지리산에서 다도해로 이어지는 수려한 풍경에 문화유산이 곳곳에 스며든 데다 곡식과 해산물이
풍부하니 식도락의 천국일 수밖에. 전라도 여행은 여행 초보부터 고수까지 두루 만족시킨다.

#전주 P.294
한복 곱게 차려입고 한옥마을을 거닐며
전통의 맛과 멋을 즐겨요.

#완주 P.316
만경강이 평야를 따라 꿀처럼 흐르는 풍요로운 땅.

#군산 P.324
타임머신이 필요 없는 군산 원도심에서
시간 여행자로 변신!

#광주 P.330
옛 선교사들이 살던 마을부터
민주화 운동의 역사를 따라 타박타박.

#목포 P.336
유달산 위로 날으는 케이블카에서
다도해의 정취가 물씬.

#담양 P.342
메타세쿼이아와 대나무에 스치는
바람 소리로 초록빛 힐링.

#남원 P.348
춘향이와 몽룡이의 절절한 사랑 이야기가
낭만을 짓는 도시.

#순천 P.352
넓은 갈대밭으로 펼쳐지는
황금빛 노을 한 모금, 넉넉한 국밥 한 그릇.

#여수 P.358
〈여수 밤바다〉를 흥얼거리며
푸른 바다의 낭만을 즐기러 가자.

전라도
상세 지도
초원사진관
군산
완주
전주
남원
담양
광주
순천
목포
여수
291

전라도 추천 여행 코스

 여수 여행 코스

🛏 **추천 숙박** 아마도 우리나라에서 가장 풀빌라가 많은 곳이 여수가 아닐까 싶도록 여수를 빙 둘러싼 바닷가에는 고급스러움을 뽐내는 수많은 호텔과 리조트, 풀빌라들이 늘어섰다. 가고 싶은 숙박지가 많겠지만, 여수가 의외로 넓으니 이동 시간과 동선을 고려해서 숙소를 고르자. 오동도 앞에 소노캄 여수, 여수 베네치아 호텔, 신라스테이 여수 등이 있고, 거북선 대교 양쪽으로 다양한 펜션과 중급 호텔들이 있다. 이순신 광장을 중심으로 한 중앙동에는 가성비 좋은 게스트 하우스와 모텔들을 찾아볼 수 있다.

향일암 P.367
향일암에서 아침 햇살 듬뿍 받기

차량 23분

모이핀 오션 P.363
푸른 바다가 펼쳐진 모이핀에서 커피 한 잔

차량 2분

여수 예술랜드 P.363
여수 예술랜드에서 산책하기

차량 6분

[점심] **황금게장** P.370
무한 리필되는 돌게장에 밥 비벼 먹기

차량 7분

여수 해상케이블카 P.362
여수 해상케이블카를 타고 여수 시내 내려다보기

차량 12분+동백열차 5분

오동도 P.366
오동도의 구석구석 신나게 탐험하기

동백열차 5분+차량 5분

[저녁] **여수 낭만포차 거리** P.369
여수 낭만포차 거리에서 여수삼합 맛보기

추천 숙박

목포역(KTX) 근처에 크고 작은 호텔과 모텔이 많다. 산뜻한 게스트 하우스나 고급스러운 독채 펜션도 여럿이다. 평화광장 근처에는 오션 뷰의 관광호텔과 새로 지은 숙박 시설들이 늘어섰다. 도심을 누비며 도보 여행을 하기엔 목포역 근처, 차량으로 종횡무진 하려면 평화광장 근처를 알아보자. 인기 있는 숙소는 빨리 예약이 찬다. 목포 여행을 계획한다면 숙소 예약을 서두르자.

김대중 노벨평화상기념관 P.339
김대중 노벨평화상기념관에서 자랑스러워하기

도보 2분

삼학도 P.340
삼학도 무장애 나눔길 따라 걷기

차량 8분

목포근대역사관 P.338
목포근대역사관에서 항구도시 목포 바로 알기

차량 4분

유달산조각공원 P.339
유달산조각공원 거닐며 목포 시내 내려다보기

차량 5분

점심 독천식당 P.341
독천식당에서 낙지 요리 맛보기

차량 7분

목포해상케이블카 P.337
목포해상케이블카 타고 고하도까지 날아가기

차량 19분

목포자연사박물관 P.340
목포자연사박물관에서 거대한 공룡 만나기

차량 8분

갓바위와 평화광장 P.338
갓바위와 사진 찍고 평화광장 분수 쇼 보기

차량 4분

저녁 인동주마을 P.341
인동주마을에서 홍어삼합 배불리 먹기

CITY
22
꽃심을 품은 도시
전주

전주에는 한옥, 한식, 한복에 이르는 전통문화의 의식주가 고스란히 남아 있다. 도심 속 넓은 한
옥마을에서는 고운 한복을 입은 여행자들이 전통문화를 즐긴다. 옛 선비들의 멋과 풍류를 느끼
며 한옥 스테이를 하고, 전주비빔밥과 막걸리를 맛본다. 전주의 꽃심을 마음에 듬뿍 채운다.

전주를 가장 멋지게
여행하는 방법

01
한복 곱게 차려입고
한옥마을에서 하룻밤

02
전통적인 도시에서
레트로 감성 사진을!

03
국밥집부터 가맥까지
하루 여섯 끼는 기본

고운 한복 차려입고 한옥마을 나들이

전주 한옥마을을 중심으로 경기전에서부터 전주향교, 오목대, 청연루까지 모두 걸어서 둘러볼 수 있다.
길거리에 한복을 빌려주는 가게도 많고, 하루를 머물면 촬영용 한복을 빌려주는 한옥 스테이도 많다.
한복을 곱게 차려입고 사뿐사뿐 한옥마을을 걷다 보면 여행하는 기분이 곱절로 즐겁다.

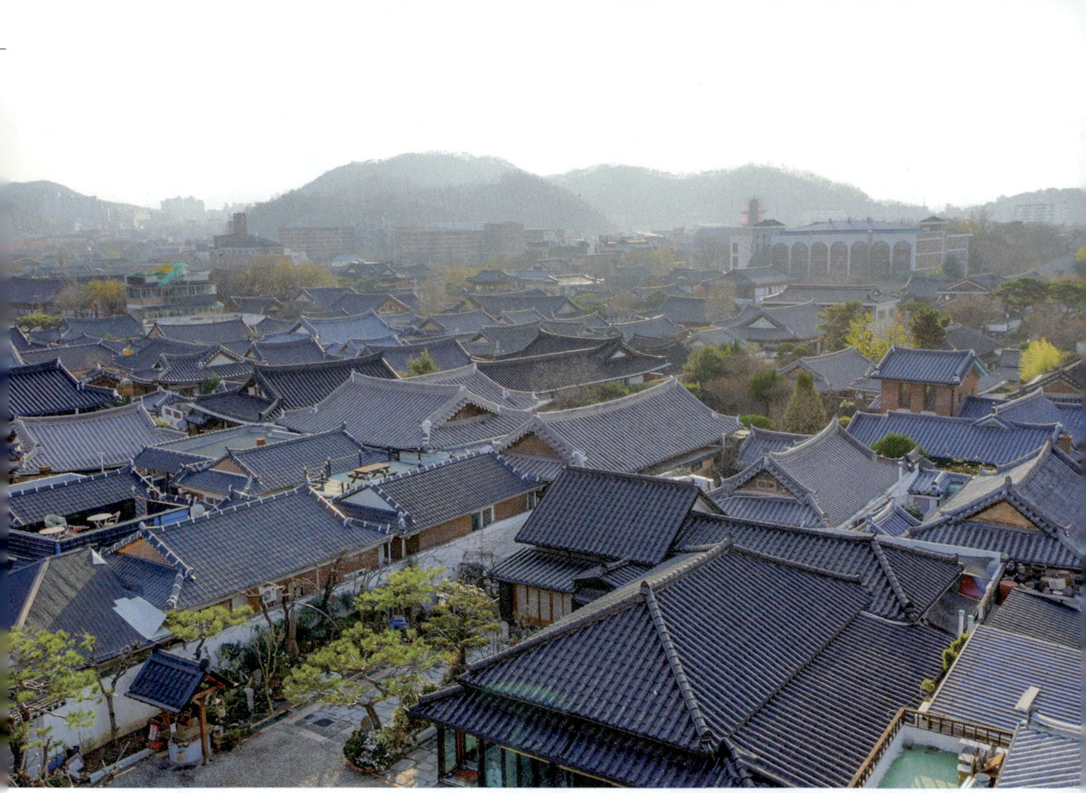

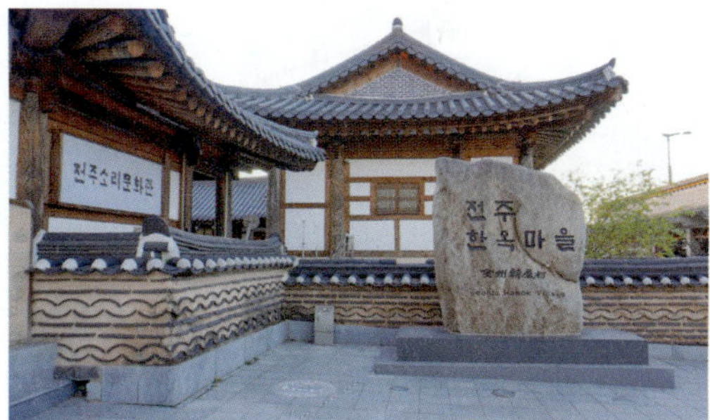

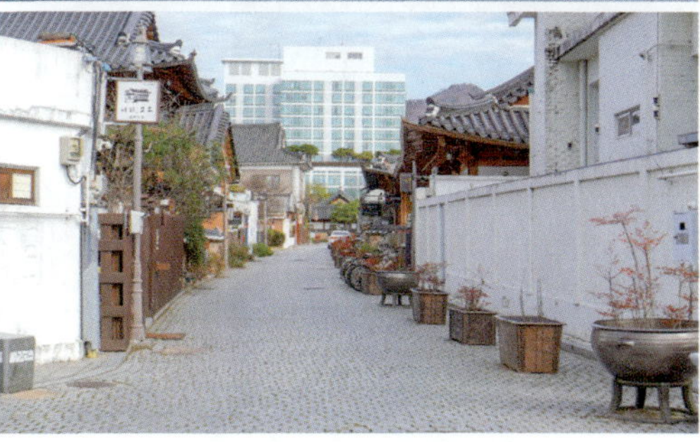

국내 최대 규모의 전통 한옥촌

#전통마을 #한옥마을 #한옥스테이

전주 한옥마을

멋스러운 기와집 아래 고운 한복을 차려입은 여행자들의 웃음소리가 흩날린다. 1910년부터 지은 700여 채의 한옥이 품위 있게 늘어선 골목을 따라 임금의 어진을 모신 경기전과 어진박물관, 은행나무가 근사한 전주향교, 조선의 태조 이성계가 잔치를 벌였다는 오목대를 비롯해 전주김치문화관, 전주소리문화관, 전주전통술박물관 등 다양한 전통문화 시설이 늘어섰다. 꼼꼼하게 보려면 완판본문화관이나 동학혁명기념관까지 시간 가는 줄 모르고 돌아보게 된다. 판소리 공연을 감상하거나 모주 담그기 체험도 할 수 있다. 근사한 카페와 식당, 숙박 시설도 즐비하다. 한옥마을에서 하룻밤 묵으면 근처의 남부시장, 객리단길, 자만 벽화마을까지 찬찬히 걸어서 돌아보기에 충분하다.

전북 전주시 완산구 기린대로 99 P 전주 한옥마을 공영주차장 063-282-1330 hanok.jeonju.go.kr

경기전

어진은 왕의 초상화를 일컫는 말이지만, 그 자체로 왕실의 영원한 존속을 염원하는 상징이었다. 경기전은 조선을 건국한 태조의 어진을 모시기 위해 지은 건물로 전국에 유일하게 남아 있는 진전이다. 경기전 앞에는 하마비를 세웠다. 하마비 앞을 지날 때는 신분에 상관없이 모두가 말에서 내려 예를 갖춰야 했는데, 태조의 어진이 있는 경기전 앞이기 때문이었다. 경기전 정문에서 본전까지 길게 뻗은 길은 여전히 위엄 있다. 경기전 안에는 전주 이씨 시조의 위패를 봉안한 조경묘, 세계 기록유산으로 남은 조선의 실록을 보관한 전주사고가 있다. 태조 어진의 진본 및 조선 왕들의 어진과 영정, 가마를 보관하는 어진박물관도 경기전 안에 있다. 한복을 입은 관람객을 맞는 대나무 숲이 고아하다.

📍 전북 전주시 완산구 태조로44 경기전 경내　🅿 전주 한옥마을 공영주차장
📞 063-281-2788　🕐 09:00~18:00, 6~8월 09:00~20:00(1시간 전 입장 마감)
₩ 성인 3,000원, 청소년·군인·대학생 2,000원, 어린이 1,000원

전주향교

#가을의은행나무 #인생사진 #드라마촬영지

고려 말에 창건한 전주향교는 조선 선조 때 지금의 자리로 옮겼다. 만화루와 일월문을 지나 향교로 들어서면 공자를 비롯한 다섯 성인의 신위를 모신 대성전이 우뚝하다. 향교에는 보통 벌레를 타지 않아 강직한 선비 정신을 상징하는 은행나무를 심는다. 대성전과 명륜당 앞에 수령 400년이 넘는 은행나무들이 멋지게 서서 여행자들을 품는다.

전북 전주시 완산구 향교길 139 ❷ 가능 ☎ 063-288-4544 ◷ 09:00~18:00, 동절기 10:00~17:00(월요일 휴무) ⌂ www.jjhyanggyo.or.kr

한옥마을을 한눈에 내려다보는 언덕   #작은전망대 #역사여행 #작은언덕

오목대

고려의 이성계 장군이 남원의 황산에서 금강으로 침입한 왜구를 무찌르고 돌아오는 길에 개선 잔치를 벌인 곳이다. 이곳에서 이성계는 한나라를 세운 유방의 〈대풍가〉를 읊으며 새 나라를 세울 야심을 비쳤다고 전한다. 이성계는 조선왕조를 개국하고 나서 여기에 정자를 짓고 이름을 오목대梧木臺라 했다. 한옥마을을 내려다보는 나지막한 언덕에 위치해 풍경이 좋다.

전북 전주시 완산구 기린대로 55 ❷ 전주 한옥마을 공영주차장 혹은 한옥마을 노상 공영주차장 ☎ 063-281-2114

최명희문학관

전주에서 나고 자란 최명희 작가의 삶을 엿볼 수 있다. 작가의 친필 원고, 지인들에게 보낸 편지와 엽서, 생전의 인터뷰에서 추린 말을 담았다. 최명희 작가의 《혼불》은 원고지 1만 2,000장에 17년간 써 내려간 대하소설로 1930년대 몰락해 가는 전북 남원의 양반가가 배경이다.

📍 전북 전주시 완산구 최명희길 29　🅿 전주 한옥마을 공영주차장　📞 063-284-0570　🕙 10:00~18:00(월요일·명절 당일 휴무)　🏠 www.jjhee.com

바람의 숨결이 시작되는 곳

전주부채문화관

#장인정신 #감동영상 #전주한옥마을

180도로 활짝 펼쳐지는 접선은 우리나라 부채의 특징이다. 우리 선조들은 합죽선이 만드는 반원의 공간 안에서 시와 그림으로 안부를 전하고 천지만물을 품었다. 100번이 넘는 손길을 거쳐 완성된 부채 장인들의 작품이 경이롭다.

📍 전북 전주시 완산구 경기전길 93　🅿 전주 한옥마을 공영주차장　📞 0507-1415-1774　🕙 10:00~18:00(월요일 휴관)　🛒 단선 부채 그리기 체험 7,000~12,000원, 접선 부채 그리기 체험 10,000~15,000원, 태극선 5,000원　🏠 blog.naver.com/jeonjufan

전주에서 발간된 책들을 만나다

완판본문화관

#전주의책문화 #완판본전시 #고서전시

전주의 옛 이름은 완산. 이곳에서 발간된 책과 판본을 완판본이라 한다. 전주는 한지와 목판이 넉넉하고 수공업자가 많아 출판하기 좋은 조건이었다. 서울과 비교해도 판본의 종류와 규모가 뒤지지 않는다. 완판본문화관에서는 춘향전, 구운몽 같은 고소설을 비롯해 다양한 완판본을 시기별로 전시한다.

📍 전북 전주시 완산구 전주천동로 24　🅿 가능　📞 063-231-2212　🕙 3·4·5·11월 10:00~18:00, 6~10월 10:00~20:00, 12~2월 10:00~17:00(월요일 휴무)　🛒 관람료 무료, 목판 인쇄 체험 4,000원, 옛 책 만들기 체험 20,000원　🏠 wanpanbon.modoo.at

선비들이 익혔던 육예를 배워요
전주동헌·전통문화연수원

#전주동헌 #선비길 #문화산책

옛 관아였던 동헌과 유서깊은 고택이 오도카니 섰다. 조선
시대 판관의 업무 공간이었던 동헌은 지금의 시청에 해당하
는데, 일제가 강제로 관아 건물들을 철거할 때 팔려갔다가
2007년 전주향교 옆으로 돌아온 소중한 문화유산이다. 목재
의 가공 수준이 아주 정교해 건축적인 가치가 높은 안채와 사
랑채, 별채 등은 선비의 의례를 배우는 전통문화연수원의 숙
소로 사용한다.

📍 전북 전주시 완산구 향교길 119-6 전주동헌　🅿 전주 한옥마을 공
영주차장　📞 063-281-5271　🕘 09:00~18:00
🏠 www.dongheon.or.kr

대사습놀이의 전통을 잇다
전주대사습청

#야경맛집 #상설공연 #전통문화

전주소리문화관이 전주대사습청으로 변신해 전주대사
습놀이의 자료를 수집하고 전통을 계승한다. 넓은 놀이
마당 한쪽에는 고무신을 조각해둔 작은 연못과 북이 놓
인 정자도 있다. 토요상설공연이 열린다.

📍 전북 전주시 완산구 한지길 56　🅿 전주 한옥마을 공영주차장
📞 063-288-0771　🕘 09:00~18:00(월요일 휴관)
🏠 jjdssch.or.kr

TIP　명창의 고무신

전주대사습청 연못에는 왜 고무신
이 놓여 있을까. 옛 명창들은 고무
신을 벗어놓고 소리 공부를 했다.
한 장단이 끝날 때마다 고무신에
모래알을 하나씩 넣었는데, 벗어
둔 고무신에서 풀이 돋아날 정도
로 오랜 시간 소리 공부를 해야 득
음할 수 있었다고 전한다.

우리 술의 역사와 풍미
전주전통술박물관

#체험학습 #예약필수 #전통주

가양주家釀酒란 집에서 빚은 술을 뜻한다. 누룩, 쌀, 물로
만 술을 빚는다 해도 지역과 사람의 손맛에 따라 술맛은
분명 다를 터. 전주전통술박물관은 수천 년 이어진 한국
의 재료들로 만드는 전통 가양주의 술 빚기 과정과 술 빚
는 도구들을 전시하고 다양한 전통주를 판매한다.

📍 전북 전주시 완산구 한지길 74　🅿 전주 한옥마을 공영주차장
📞 063-287-6305　🕘 10:00~18:00(12:00~13:00 휴식, 월요일
휴무)　₩ 입장 무료, 모주 거르기 체험 20,000원
📷 @urisul2024

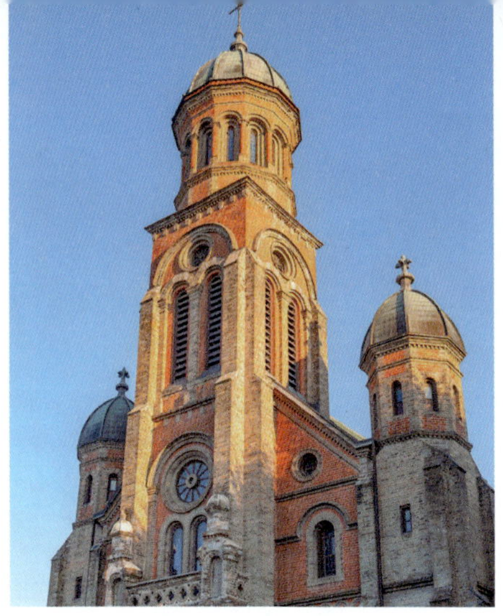

한옥마을의 아름다운 성당
전동성당

#전주의역사 #순교성지 #사진여행

풍남문 밖 전동은 18세기부터 천주교도를 박해하고 처형했던 곳이다. 순교의 뜻을 기리기 위해 1900년대 초 보두베 신부가 성당 건립에 착수했고, 서울 명동성당을 설계한 프와넬 신부가 건축을 맡았다. 순교자들의 선혈이 어린 성곽의 돌로 주춧돌을 세우고 회색과 붉은색 벽돌로 마무리했다. 로마네스크 양식으로 지은 성당은 아름답기 그지없다. 미사를 드리는 사람들이 있으니 조용히 관람하자.

📍 전북 전주시 완산구 태조로 51　🅿 전주 한옥마을 공영주차장
📞 063-284-3222　🕐 09:00~17:00　🏠 www.jeondong.or.kr

넓은 대청마루에 전주천을 품다
청연루

#바람이좋아 #여름여행 #느린여행

전주천을 가로지르는 남천교 위 팔각지붕의 한옥 누각이 웅장하다. 정면이 9칸으로 길이가 약 30m에 달한다. 마루에 앉으면 전주천의 갈대를 간질이던 바람이 상쾌한 인사를 건넨다. 아이들이 볼 수 있는 동화책을 비치해 아이와 함께 가더라도 오래 앉아 있기 좋다. 저녁이면 환하게 불을 켜고 야경을 즐기는 시민들을 반갑게 맞는다.

📍 전북 전주시 완산구 동서학동 940-2　🅿 교동 주차장 혹은 전주천서로 노상 공영주차장

조선시대 전라도의 중심 관청
전라감영

#달밤투어 #그림자투어 #역사여행

전라도와 제주도를 관할하던 관찰사가 거주하던 관청으로 한국 전쟁 때 소실되었다가 최근 복원했다. 집무실인 선화당, 주거 공간인 연신당, 가족의 처소인 내아, 누각인 관풍각을 둘러볼 수 있다. 건물 내부에 디지털 전시가 잘 돼있어 볼거리가 쏠쏠하다. 저녁이면 조명이 켜져 운치 있고, 야간 해설 투어를 진행하니 참여해 보자.

📍 전북 전주시 완산구 전라감영로 55　🅿 불가　📞 063-281-5356　🕐 09:00~21:00　₩ 무료

인스타 셀럽들의 사진 놀이

전주에 간 김에 전통문화를 이어가는 한옥마을뿐만 아니라 젊은 감각이 살아나는 여행지도 함께 둘러보자. SNS에 예쁜 사진들이
올라와 더욱 눈길을 끄는 곳들을 소개한다. 커플들의 데이트 코스로도 좋고 아이와 나들이하기에도 좋다.

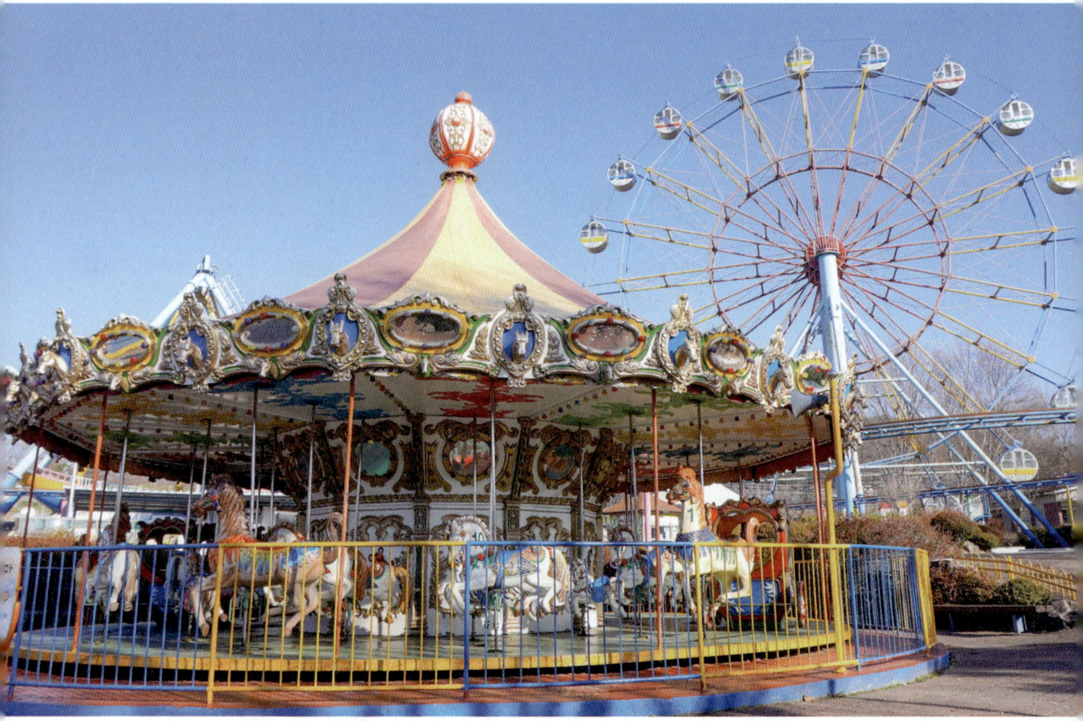

카메라 하나 들고 동물원 산책

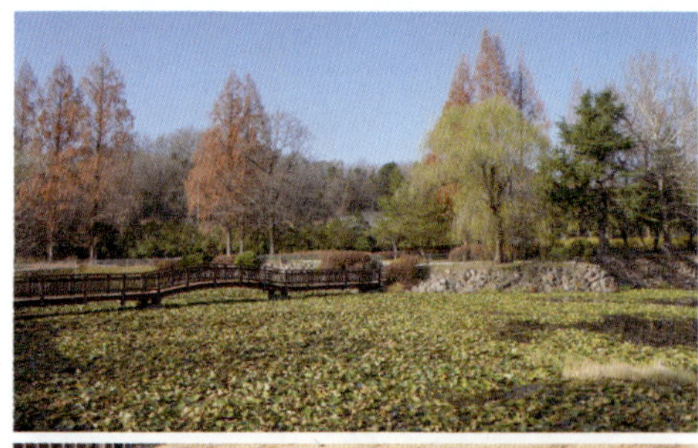

전주동물원과 드림랜드

#사진여행 #아이와함께 #커플여행

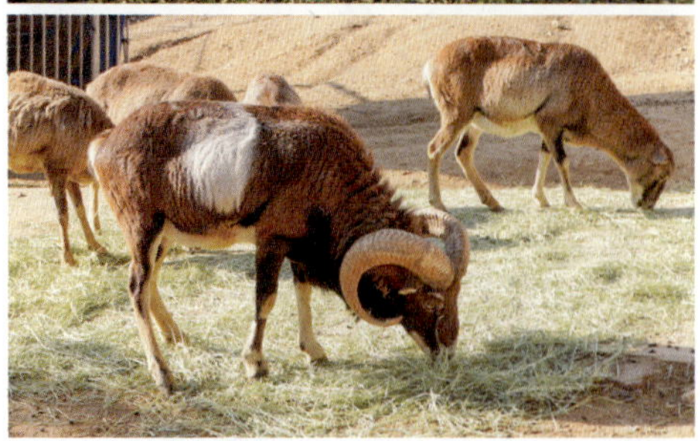

전주동물원은 지난 40년 동안 도심에서 가까운 생태 동물원으로 자리매김했다. 사자와 호랑이 같은 맹수들, 친근한 얼룩말과 원숭이, 코끼리와 큰뿔소 같은 거대한 동물들, 호기심 많은 앵무새들이 관람객을 맞는다. 동물원 곳곳의 사육사가 정성스럽게 손 글씨로 작성한 설명에서 동물을 사랑하는 마음도 엿본다. SNS에서 커플 사진의 성지로 떠오른 드림랜드는 전주동물원 안에 있는 작은 놀이공원이다. 20세기 감성의 알록달록한 회전목마와 대관람차 앞에서 화사한 사진을 남길 수 있다. 아이들을 위한 놀이기구가 많아 가족 나들이를 하기에도 좋다. 벚꽃 흩날리는 봄날에도, 단풍이 물든 가을날에도 참 예쁘다.

전북 전주시 덕진구 소리로 68 Ⓟ 가능, 1,000원 063-281-6759 3~10월 09:00~19:00, 11~2월 09:00~18:00(1시간 전 매표 마감) ₩ 성인 3,000원, 청소년·군인 2,000원, 어린이 1,000원/놀이기구 1기종 성인 3,000원, 청소년 2,500원, 3세~어린이 2,000원 zoo.jeonju.go.kr

상상의 세계가 펼쳐지는 문화 예술 플랫폼
팔복예술공장

#예술감성 #전시장 #도시재생

카세트테이프를 만들던 공장이 문을 닫은 지 25년 만에 리모델링을 거쳐 2018년 복합 문화 공간으로 거듭났다. 대충 쌓아 올린 것처럼 보이는 컨테이너들 사이에 전시 공간과 카페가 있다. 한쪽에서는 상주하는 예술가들이 작업을 하고, 한쪽에서는 공간별로 핫한 전시가 열린다. 아이부터 어른까지 누구에게나 풍부한 상상력을 기를 수 있는 다양한 예술 체험을 제공한다.

📍 전북 전주시 덕진구 구렛들 1길 46 🅿 가능
📞 063-211-0288 🕐 전시장 10:00~17:30(월요일·명절 당일 휴무) 🏠 www.palbokart.kr

여름날 호수를 가득 메우는 연꽃
전주덕진공원

#대학교옆 #공원산책 #여름여행

덕진공원은 후백제시대에 조성되었다는 전설이 내려오는 호수공원이다. 호수 한가운데로 길게 뻗은 다리 위를 사뿐사뿐 걸어 들어가면 연화정을 만난다. 여름이면 분홍 연꽃과 길게 자란 초록 연잎이 더욱 싱그럽다. 오리 배를 띄운 사람들도 종종 보인다. 호수 주위로 늘어선 벚나무와 버드나무도 운치를 더한다. 2020년 겨울에 연화교를 재건축한 후 연화정이 연화정도서관으로 탈바꿈했다.

📍 전북 전주시 덕진구 권삼득로 390 🅿 가능
📞 063-239-2607 🕐 공원 24시간, 연화정도서관 10:00~19:00(월요일 휴무) 📷 @deokjinpark

자만 벽화마을

#벽화마을 #전주여행 #사진여행

자만 벽화마을
- 전북 전주시 완산구 교동 50-158
- 전주 한옥마을 공영주차장 혹은 한옥마을 노상 공영주차장

꼬지따뽕 카페
- 전북 전주시 완산구 자만동 1길 1-8
- 전주 한옥마을 공영주차장 혹은 한옥마을 노상 공영주차장 📞 010-5667 -2831 🕐 09:30~미정(비정기 휴무)
- ₩ 자몽에이드 6,000원, 청귤에이드 6,000원, 블루베리스무디 6,000원

정취 그윽한 한옥마을에서 오목대를 지나 길 하나만 건너면 알록달록한 딴 세상이 펼쳐진다. 2020년 새로운 벽화로 옷을 갈아입은 자만 벽화마을이다. 누군가의 생활 공간인 마을인지라 조용히 벽화를 구경하며 사색에 잠기기 좋다. 1시간쯤 마을을 꼼꼼히 둘러보았다면 E.T가 앉아 있는 카페를 찾자. 테라스에서 멀리 내려다보이는 한옥마을이 비현실적으로 보일 만큼 알록달록한 동화 나라가 펼쳐진다.

#시장구경 #젊은시장 #전주여행
남부시장 청년몰

전국의 쌀 가격을 좌지우지했던 전주의 남부시장은 호남평야에서 생산되는 쌀 집산지로 유명했다. 예전의 명성을 유지하기 위한 노력의 일환으로 시장 2층에 청년몰을 세워 젊은이들을 불러 모았고, 한옥마을 관광객을 위한 야시장을 열어 활기를 되찾았다. 청년몰에는 개성 넘치는 가게들이 맛있는 음식과 예쁜 기념품을 판다. 아기자기한 서점부터 펍까지 소소한 재미를 찾아보자.

- 전북 전주시 완산구 풍남문 2길 53
- 남부 유료 주차장 📞 063-288-1344
- 🕐 17:00~23:00(가게별 상이)
- 📷 @chungnyunmall

THEME 03

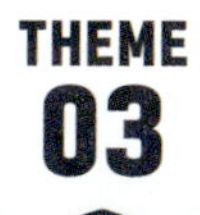

전주비빔밥에 고소한 모주 한잔

전주에는 한국을 대표하는 음식이 수두룩하다. 달걀노른자 살포시 얹은 전주비빔밥과 해장하기 딱 좋은 콩나물국밥으로 시작해 출출할 때 간식으로 먹어도 좋은 육전과 초코파이, 막걸리 한 상으로 마무리하면 여행 내내 잔칫집에 초대받은 기분이다.

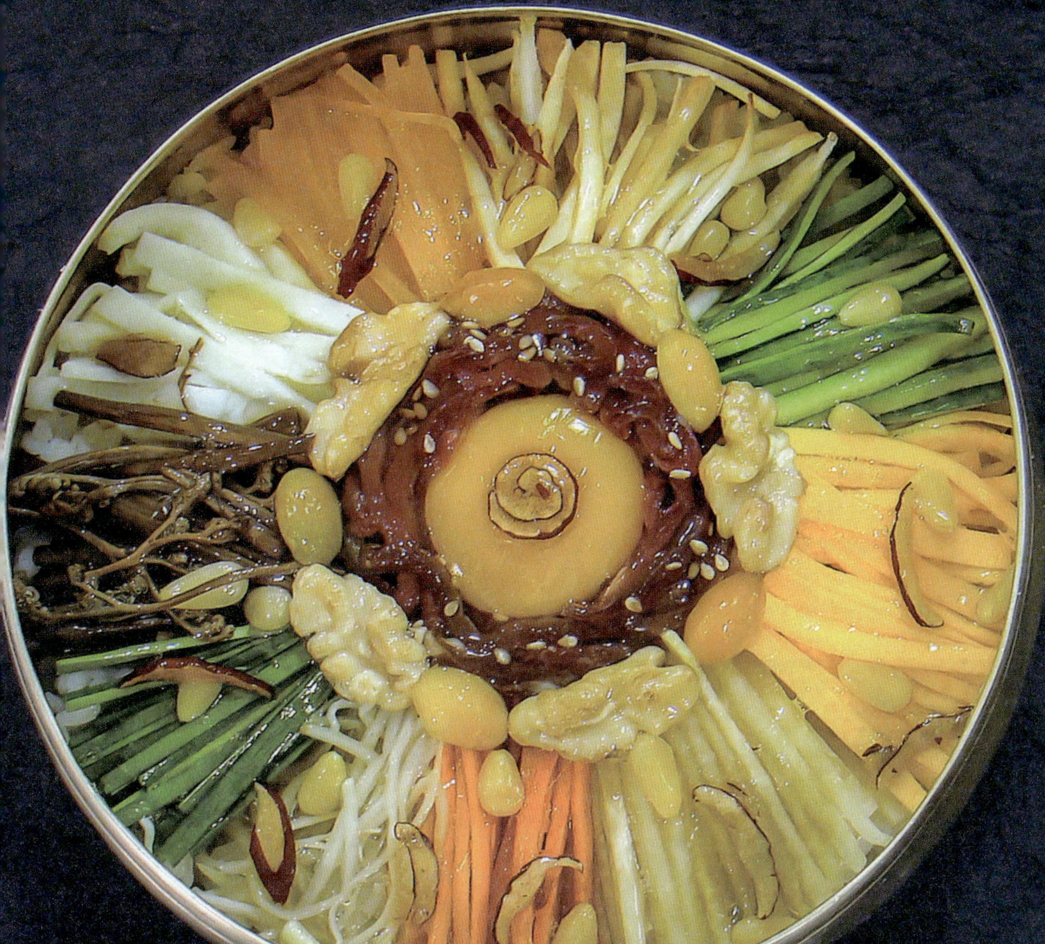

고명 하나하나에 정성 가득
성미당

알록달록한 나물 고명을 얹고 육회와 깨소금도 큰 숟가락으로 담는다. 물기 쏙 뺀 버섯과 솔솔 뿌린 견과류가 오독한 식감을 더한다. 달걀노른자 위에 얹은 꽃 모양 대추 조각이 화룡점정. 고추장을 적당히 얹어 간이 딱 맞아 한 그릇 뚝딱 비우게 된다. 시원한 백김치를 곁들이면 뒷맛도 깔끔하다. 50년 이상 전주비빔밥의 명성을 이어온 맛집답다.

📍 전북 전주시 완산구 전라감영 5길 19-9
🅿 가능 📞 0507-1439-8800 🕐 11:00~ 20:00, 평일 브레이크 타임 16:00~17:30 (월요일 휴무) ₩ 전주전통육회비빔밥 18,000원, 전주전통비빔밥 16,000원
🏠 seongmidang.modoo.at

더욱 고소하고 진한 피순대
조점례 남문피순대

속초에 아바이순대, 천안에 병천순대가 있다면 전주에는 피순대가 있다. 선지를 넉넉히 넣은 피순대는 특유의 고소한 맛이 강하다. 전라도에서는 피순대나 막창순대를 초고추장에 찍어 먹는다. 조점례 남문피순대의 순대국밥에는 뚝배기 가득 피순대와 머리 고기를 넣어줘 굉장히 푸짐하다. 국물이 얼얼할 정도로 매우니 먹기 전에 다대기를 조금 덜어내 맵기를 조절하자.

📍 전북 전주시 완산구 전동 3가 2-198
🅿 남부 유료 주차장
📞 063-232-5006 🕐 06:00~22:00
₩ 순대국밥 10,000원, 암뽕순대국밥(특) 12,000원, 피순대(소) 15,000원

하루에 정성 담아 300그릇만

삼백집 전주본점

70여 년 전, 간판도 없이 콩나물국밥을 팔던 할머니는
아무리 손님이 많아도 하루에 300그릇 이상 팔지 않았
다. 손님들이 간판 없는 국밥집을 일러 삼백집이라 했
다. 만화가 허영만이 《식객》에 소개한 맛집이다. 국밥
에 달걀을 넣는 걸로는 성에 차지 않아 반숙 달걀 프라
이를 더 내주는 인심도 여전하다.

📍 전북 전주시 완산구 전주객사 2길 22　🅿 가능　📞 063-284
-2227　🕐 06:00~22:00(명절 당일 12:00 오픈)　🏧 삼백집콩
나물국밥 8,000원, 한우선지온반 11,000원, 모주 3,000원
🏠 www.300zip.com

메뉴가 다양한 콩나물국밥 프랜차이즈

현대옥 전주본점

현대옥에선 취향에 맞게 콩나물국밥을 고른 후 오징
어 사리를 별도로 주문해보자. 콩나물 반, 오징어 반이
어서 더욱 감칠맛 도는 콩나물국밥이 나온다. 본점에는
서빙 로봇을 들여놓았는데, 뜨거운 뚝배기류는 종업원
이 테이블로 옮겨준다. 아이와 함께 방문한다면 뜨거운
음식을 들어 올릴 때 각별히 조심하자.

📍 전북 전주시 완산구 화산천변 2길 7-4　🅿 가능　📞 0507-
1435-0020　🕐 24시간　🏧 콩나물국밥 9,000원, 오징어 사리
3,500원, 오징어튀김한접시 12,000원
🏠 www.hyundaiok.com

한옥마을 수제 만두의 참맛

다우랑

얇은 만두피 안에 좋은 재료가 아낌없이 들어간 수제
만두가 종류별로 놓였다. 만두를 줄을 서서 먹을 일인
가 싶지만 다우랑의 만두 맛을 보고 나면 납득이 간다.
매일 아침부터 저녁까지 매장 안쪽에서 만두를 직접 빚
고 쪄낸다. 통통한 새우가 씹히는 새우만두, 매콤한 김
치만두, 고소한 부추만두가 인기다.

📍 전북 전주시 완산구 태조로 33　🅿 전주 한옥마을 공
영주차장　📞 0507-1482-5009　🕐 10:00~21:00, 금·
토요일 10:00~21:30　🏧 새우만두 3,500원, 부추만두
2,500원, 김치만두 2,500원　📷 @dawoorang_mandu

교동육전

한옥마을의 경기전 맞은편에 육전 거리라고 할 만큼 육전을 파는 가게들이 몰려 있다. 교동육전은 주문과 동시에 생고기를 꺼내 달걀물에 담갔다가 철판에 바로 굽기 시작한다. 돼지고기보다는 소고기육전이 인기. 뜨끈한 육전과 느끼함을 잡아주는 파무침을 함께 먹으면 눈이 번쩍 뜨인다.

📍전북 전주시 완산구 태조로 25 Ⓟ 전주 한옥마을 공영주차장 📞0507-1352-3414 🕐 10:00~22:00 ₩ 소고기육전 12,000원, 돼지고기육전 10,000원, 식혜 3,000원

서민갑부마왕육전

전주 야시장에서부터 시작한 육전 가게가 한옥마을 중심으로 이전했다. 교동육전과 마주 보는 길에 본점이 있고, 경기전 앞의 큰길에 분점이 있다. 분점에서 육전을 구입하면 본점의 야외 테라스에서 먹을 수 있다. 교동육전과 육전 맛은 비슷하지만 서민갑부마왕육전에서는 돼지고기로 육전을 만들고, 파무침 대신 양파무침을 곁들인다.

📍전북 전주시 완산구 태조로 25-8 Ⓟ 전주 한옥마을 공영주차장 📞 0507-1352-9914 🕐 11:00~21:00, 주말 10:00~22:00(10분 전 주문 마감) ₩ 육전 12,000원, 왕새우전 12,000원

외할머니솜씨

여름뿐만 아니라 1년 내내 판매하는 옛날 흑임자 팥빙수가 인기인 한옥 디저트 카페다. 중학교와 고등학교 앞에 위치해 학생과 여행자 모두에게 사랑받는다. 계절별로 파시솜솜빙수, 망고빙수, 딸기빙수를 맛볼 수 있다. 진한 맛이 우러나 달콤쌉싸름한 궁중쌍화탕이나 새콤한 오미자차도 별미다.

📍전북 전주시 완산구 오목대길 81-8 Ⓟ 전주 한옥마을 공영주차장 📞 063-232-5804 🕐 11:00~18:00, 주말 11:00~21:00 ₩ 옛날흑임자팥빙수 11,000원, 외솜수정과 8,000원, 궁중쌍화탕 12,000원

옛 풍년제과의 명성을 이어가는
PNB 한옥마을 3호점

전주의 수제 초코파이는 여행자들이 한 번쯤 꼭 맛보는 별미다. 1951년에 풍년제과를 열어 맛있는 센베이를 만들어 팔았던 PNB는 3대째 가업을 잇고 있다. 하얀 크림과 딸기잼이 들어 있는 촉촉한 초코빵을 딱딱한 초콜릿으로 코팅한 수제 초코파이는 무려 1978년에 개발한 메뉴. 최근엔 딸기, 치즈, 녹차 맛을 더한 초코파이도 인기다. 한옥마을에만 3개의 지점이 있다.

📍전북 전주시 완산구 어진길 42 🅿️전주 한옥마을 공영주차장 📞063-283-5858
🕐08:30~21:30 ₩초코파이 2,300원, 크림치즈초코파이 2,500원, 생강전병 9,000원
🏠www.pnb1951.com

쫀득쫀득 달콤 고소한 수제강정
한옥수제강정

#수제강정 #강정맛집 #말랑말랑간식

강정에 진심인 주인장이 100% 옥수수 전분으로 만든 물엿으로 강정을 만들어서 딱딱하지 않고 한 달 내내 말랑말랑하다. 참깨, 검은깨, 땅콩 같은 견과류 강정도 인기가 많다.

📍전북 전주시 완산구 태조로 37 101호 🅿️전주 한옥마을 공영주차장 📞010-3913-3210 🕐10:00~18:00(우천 시, 장마철 휴무) ₩알알이 강정 8,000원, 견과류 강정 10,000원, 견과류 강정 4개 30,000원

모주 맛이 살아있는 달콤한 아이스크림
모주랑

#전주모주 #은은한계피맛 #한옥마을맛집

모주의 독특한 한약재 향과 은은한 계피 향을 좋아하는 사람이라면 모주랑에 들러보자. 달콤한 모주 아이스크림을 부드러운 쿠키 받침에 담은 뒤 땅콩엿을 갈아 솔솔 뿌려준다.

📍전북 전주시 완산구 은행로 79 🅿️전주 한옥마을 공영주차장 📞063-231-9007 🕐10:00~22:00 ₩모주 아이스크림 3,000원, 불에구워먹는아이스크림 4,000원

한옥마을을 내려다보는 뷰
전망

건물 바깥에서 바로 연결되는 엘리베이터를 타고 5층으로 올라간다. 아늑한 분위기의 실내에 푹신한 의자가 놓여 편안하다. 6층에는 또 다른 넓은 실내 공간과 야외 테라스가 있다. 한옥마을이 내려다보이는 테라스에서 인생 사진을 남기려는 사람들이 줄을 선다. 한옥마을과 가장 가까운 고층 카페여서 전망이 참 좋다. 커피 맛도 좋아 만족스럽다.

📍 전북 전주시 완산구 한지길 89 🅿 전주 한옥마을 공영주차장 📞 0507-1400-6106 🕐 09:00~23:00 ₩ 아메리카노 6,000원, 카페라테 6,500원, 차 6,500원 🏠 jeonmangnet.modoo.at

은근한 분위기의 한옥 카페
차경

경기전을 둘러싼 돌담 앞에 자리한 우아한 한옥 스타일 카페다. 카페 이름에 걸맞게 유리창을 크게 내어 풍경을 들였다. 소품 하나하나가 나무색과 어울려 분위기가 차분하다. 에스프레소에 우유와 버터크림을 올린 달콤한 차경커피에 직접 만들어 달지 않은 수제 양갱을 맛본다. 차를 마시는 동안 풍경에 천천히 녹아든다.

📍 전북 전주시 완산구 경기전길 61 🅿 전주 한옥마을 공영주차장 📞 0507-1328-4820 🕐 화~금요일 11:00~20:00, 토요일 10:30~21:00, 일요일 10:30~20:00(월요일 휴무) ₩ 차경커피 6,800원, 아메리카노 5,500원, 팥양갱 3,000원, 흑임자양갱 3,000원 📷 @cafechakyung

이르리

#한옥마을핫플 #한옥카페 #전주핫플

주문을 하는 카운터를 지나 ㅁ자형 한옥 안으로 들어서면 배롱나무가 마당 한가운데서 유유히 맞아준다. 꽤 큰 대갓집이었을 듯한 한옥을 개조한 카페 이르리에는 매력적인 공간이 여럿이다. 한복을 곱게 차려 입고 바람이 솔솔 부는 마루에서 차 한잔을 나누면 한옥마을의 정취가 살아난다. 한옥의 방 한 칸을 오롯이 차지할 수 있는 공간, 바람이 솔솔 드나드는 야외 자리, 통유리로 풍경을 감상할 수 있는 평상이 있으니 마음에 드는 곳에 앉아 인생 사진을 남겨보자. 내부에는 신발을 벗고 앉을 수 있는 좌식 테이블 석도 있고 높이가 편안한 입식 테이블도 있다. 떡 크로플과 팥빙수 같은 디저트도 맛있다.

📍 전북 전주시 완산구 은행로 69 🅿 전주 한옥마을 공영주차장 📞 0507-1363-1528 🕐 09:00~23:00(30분 전 주문 마감) ₩ 아메리카노 6,500원, 크로플 16,000원, 밀크 팥빙수 19,000원 📷 @ireuri_cafe.jeonjuhanok

가성비 좋은 맛있는 가맥집

전일갑오

한낮에도 가맥을 즐기는 사람들이 듬성듬성 테이블을 차지하고 있다. 전일갑오의 인기 메뉴인 황태는 지금까지 먹었던 먹태를 싹 잊게 만들 정도로 크고 실하다. 먹기 좋게 찢은 포실하고 두툼한 황태가 스펀지케이크처럼 입에서 녹는다. 당근과 햄, 파를 넣어 부쳐낸 달걀말이도 황태 못지 않게 두툼하다.

전북 전주시 완산구 현무2길 16 불가 063-284-0793 15:00~01:00(일요일 휴무) 황태포 13,000원, 달걀말이 8,000원, 병맥주 3,500원

어른이라서 다행이야

바 차가운 새벽

바는 작지만 벽을 빼곡하게 채운 술 컬렉션에 주인의 내공이 담겼다. 주인장이 직접 만든 어른만 즐길 수 있는 아이스크림 메뉴가 있는데 아이리시 크림 리큐르가 들어가 도수가 6도 정도 된다. 여섯 가지 맛의 리큐어 중 하나를 골라 아이스크림 위에 조금씩 부어 먹는다.

전북 전주시 완산구 풍남문 2길 53 남부시장 청년몰 남부 유료 주차장 0507-1372-1412 17:00~23:00, 금·토요일 15:00~23:00(일요일 휴무) 어른의 아이스크림 8,000원, 무알코올칵테일 4,000원, 칵테일 8,000원 @barcolddawn

전주의 풍류를 즐기는 또 다른 방법

노매딕 비어가든

#전주수제맥주 #노매딕브루잉 #맥주맛집

전주에 왔다고 꼭 막걸리를 마실 필요가 있나. 전주의 수제 맥주 브루어리인 노매딕 브루잉에서 만든 맥주를 이곳에서 맛볼 수 있다. 다양한 시그니처 에일과 시즈널 맥주가 있으니 배를 비우고 가자. 감자튀김이 얼마나 바삭한지, 다른 메뉴를 안 먹어봐도 맛있음이 짐작된다. 초록 정원이 맞아주는 낮에 와도 좋고, 조명이 은은한 밤에 와도 좋다.

📍 전북 전주시 완산구 향교길 57 🅿 전주 한옥마을 공영주차장 📞 0507-1492-2315 🕒 15:00~24:00 ₩ 글램핑 크림에일 7,000원, 아메리칸 IPA 9,000원 📷 @nomadicbeergarden

---

전주 젊은이들의 사랑방

달팽이포차

#전주가맥 #전주에선테라 #푸짐한안주

좁은 복도를 지나 실내로 들어오면 넓은 자리에 여러 테이블과 커다란 술 냉장고가 있다. 전주의 젊은이들이 모여 푸짐한 안주를 주문하고, 술을 직접 가져다 먹는 가맥 집이다. 현재 리뉴얼 중.

📍 전북 전주시 완산구 전주객사2길 53 🅿 근처 민영주차장
📞 0507-1366-0905 🕒 18:00~03:00, 금·토요일 18:00~04:00(일요일 휴무) ₩ 닭강정 16,900원, 두부김치 16,900원, 맥주 4,500원 📷 @dalpeng2_

레트로 감성 막걸리 펍

다가양조장

#막걸리맛집 #젊은감성 #객리단길맛집

다가양조장에서 새참을 시키면 보쌈과 골뱅이무침, 부침개가 골고루 나온다. 전국의 맛있는 막걸리를 모아 두었다. 볶음밥부터 국물까지 온갖 안주를 끊임없이 내어주는 서비스가 감동이다.

📍 전북 전주시 완산구 전주객사1길 5 🅿 근처 민영주차장
📞 063-231-5210 🕒 17:00~02:00(월요일 휴무) ₩ 새참 39,000원, 부침개 13,000원 📷 @gong.vely

만경강이 꿀처럼 흐르는 풍요로운 땅
완주

대둔산과 모악산 같은 아름다운 산들이 에워싼 완주는 전주시를 동그랗게 품는다. 호남평야의 젖줄인 만경강이 굽이굽이 서해로 흘러가며 온갖 농작물들을 무럭무럭 키워낸다. 예부터 자연이 풍요로운 땅이어서 그런지 구석구석 볼거리도 풍부하다.

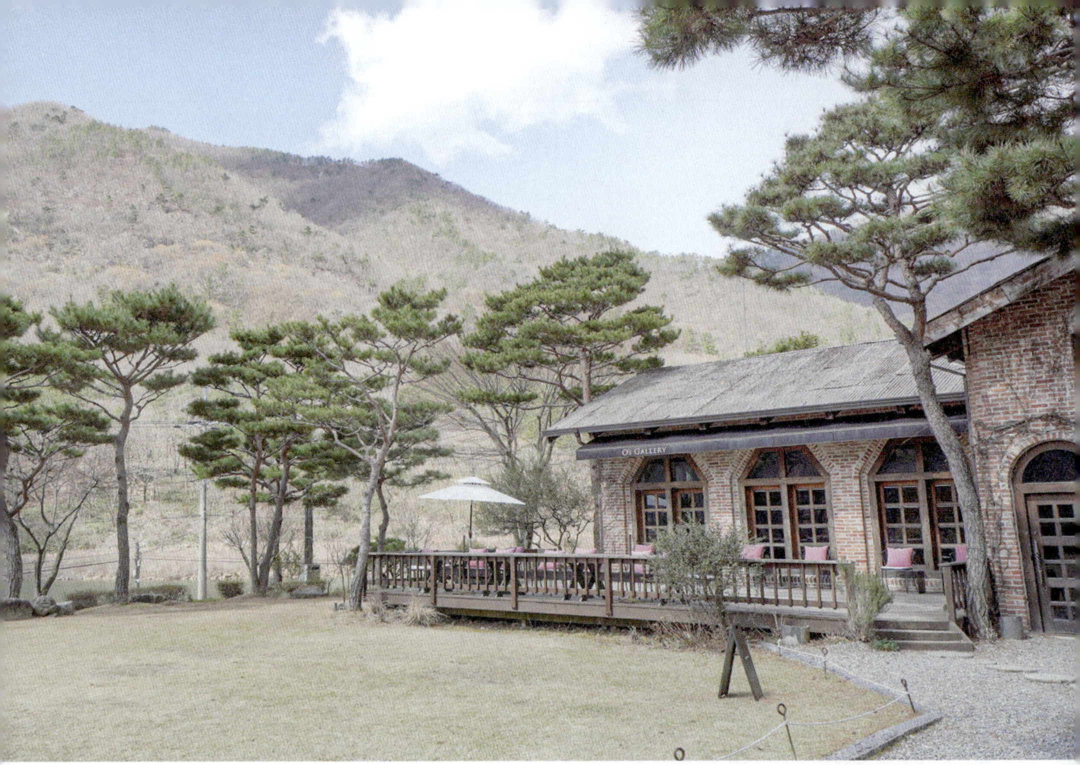

잔잔한 풍경 속에서 잠시 힐링 #뷰맛집 #완주핫플 #힐링카페

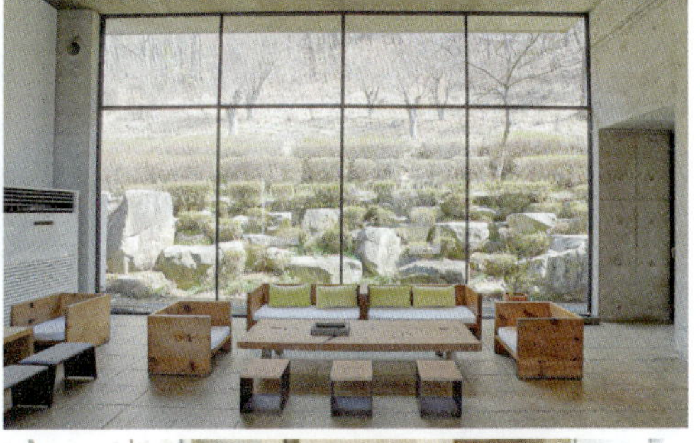

오스갤러리

오스갤러리는 오성제 저수지를 제집 마당처럼 끌어안은 갤러리이자 카페다. 타박타박 바닥돌을 즈려밟으며 초록 마당을 지나면 붉은 벽돌 건물과 모던한 회색빛 건물 입구가 보인다. 마당은 완주의 평온함을 끌어모아 풀어놓은 듯 여유롭다. 나른한 햇살과 시원한 바람을 맞으며 푸른 저수지를 바라보고 있으면 세상 부러울 것이 없다. 야외에 놓인 테이블에서 바라보는 물빛도 좋고, 실내에서 통유리 너머로 내다보는 정원도 근사하다. 계절별로 미묘한 운치를 느끼며 힐링할 수 있는 공간이다. 갤러리라는 이름에 걸맞게 실내의 한쪽 공간을 전시실로 오픈한다. 설치미술이나 조각, 사진과 회화작품까지 다양한 전시를 풀어낸다. 커피의 종류가 다양하고, 마리아쥬 프레르나 TWG 같은 차도 준비되어 있다.

전북 완주군 소양면 오도길 24 Ⓟ 가능
0507-1406-7116 09:30~19:00(30분 전 주문 마감)
₩ 아메리카노 5,000~6,000원, 핸드 드립 커피 10,000원
@os_gallery_

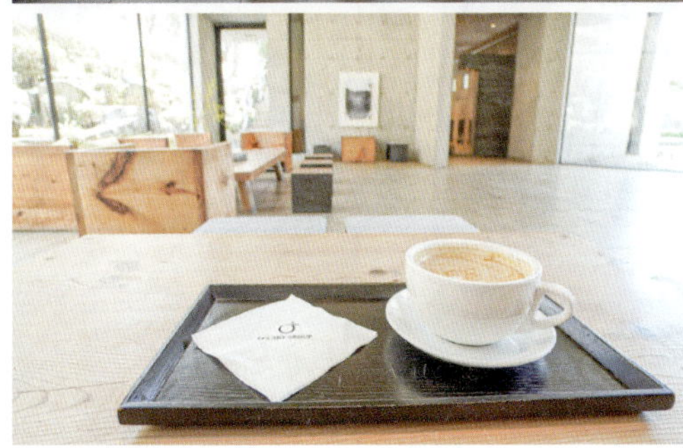

소양고택과 두베카페

소양고택은 고창과 무안에 있던 130년 된 고택 3채를 이축해서 고택 스테이를 운영한다. 고택 사이사이로 난 골목을 거닐며 오성한옥마을의 정취를 즐길 수 있다. 가장 높은 곳에는 180년 된 고택인 제월당이 있다. 문을 위로 올려 들어 마당에서 불어오는 바람을 맞이한다. 사랑채라 불리는 혜온당은 누마루가 있어 계절감을 만끽할 수 있다. 가희당, 후연당은 조용히 쉬기 좋다. 소양고택에서 운영하는 두베카페는 SNS에서 워낙 유명해진 장소여서 주말이면 사진을 찍으러 오는 사람들이 많다. 연못 위로 징검다리가 놓이고 열린 창문 너머 소나무가 인사를 한다. 모던한 건축물과 자연이 조화롭다. 카페 주위로 도심에서는 느낄 수 없는 한가로움이 가득하다. 카페 옆에는 플리커 책방이 있어 고택에 머무는 사람들에게 책을 대여해 준다.

📍 전북 완주군 소양면 송광수만로 472-23 🅿 가능 📞 0507-1438-5222 🕐 10:00~18:30(30분 전 주문 마감) ₩ 아메리카노 8,000원, 클래식크림라테 9,000원 🏠 www.stayhanok.com

종남산 산자락이 연못을 수놓고

아원고택과 아원갤러리

#뷰맛집 #오성한옥마을 #갤러리산책

오성한옥마을에서 가장 높은 곳에 자리 잡은 아원은 '우리들의 정원'이라는 뜻이다. 진주와 정읍의 고택을 옮겨 종남산 능선을 마주했다. BTS가 한복을 입고 화보를 촬영한 이후 더욱 유명해졌다. 아원고택에는 250년 된 한옥만 있는 게 아니라 현대적인 느낌의 미술관과 생활관이 함께 있다. 만사를 제쳐놓고 쉼을 얻는다는 만휴당은 다층적인 풍경을 가졌다. 연못에서 종남산에 이르는 시원한 풍경이 일품이다. 사랑채와 안채 뒤로는 누드 콘크리트로 지어진 별채가 있다. 별채 뒤로 아원갤러리까지 대나무 숲이 이어져 산책하기 좋다. 아원갤러리에서는 1년에 2~3번 현대미술초대전을 연다. 갤러리의 천장이 열리면 그랜드 피아노 옆의 실내 연못 위로 빛이 떨어진다. 고택에 머물지 않아도 갤러리를 감상하고 고택을 둘러볼 수 있다.

전북 완주군 소양면 송광수만로 516-7 Ⓟ 가능 ☎ 0507-1313-8195 ⏲ 아원고택 12:00~16:00, 아원갤러리 11:00~17:00
₩ 입장료 1인 10,000원, 드립커피 4,000원 ⌂ www.awon.kr

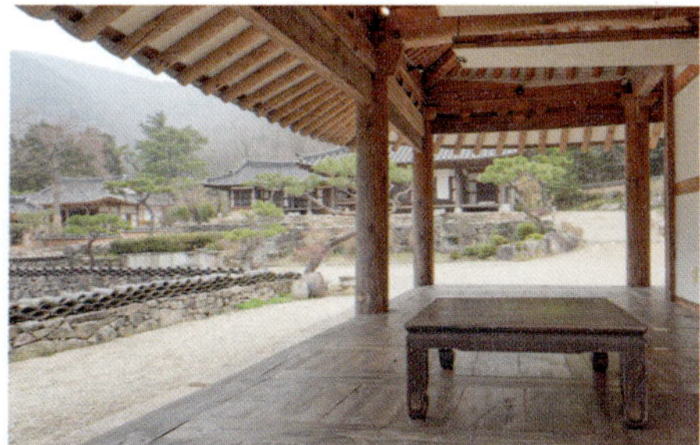

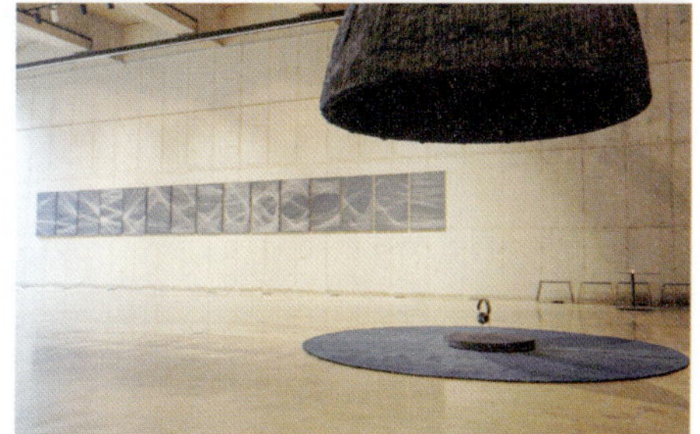

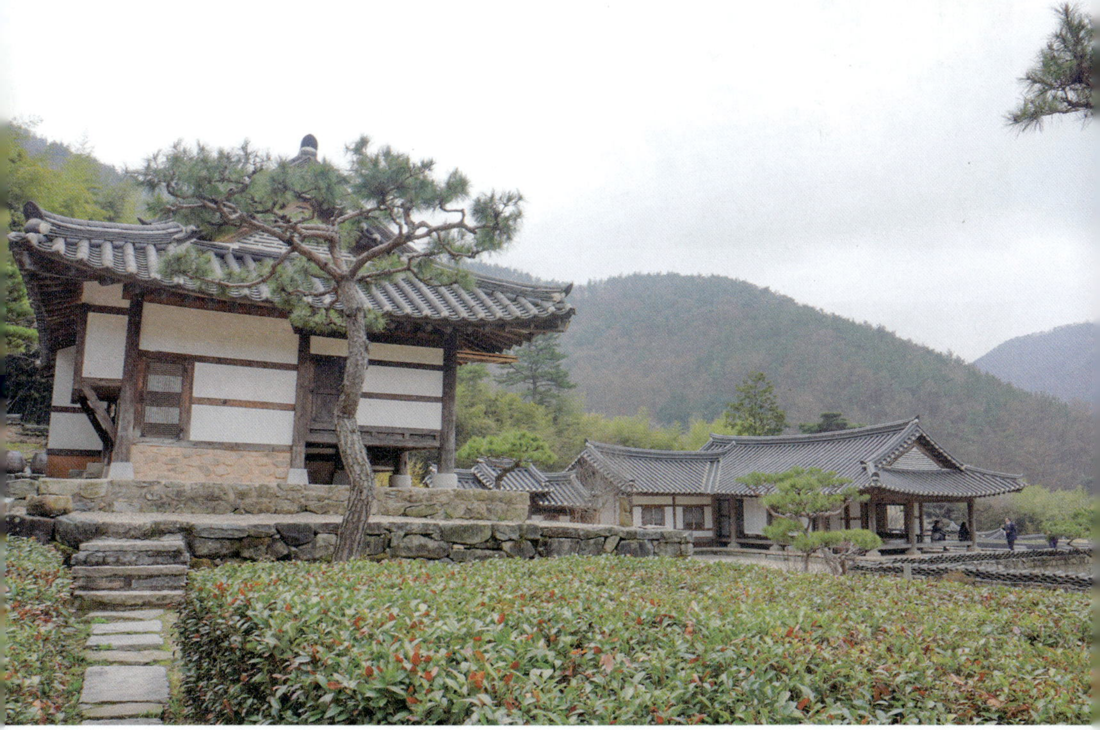

저수지 둘레길 걸으며 사진 여행
오성제와 BTS소나무

#사진여행 #힐링여행 #BTS성지

오성한옥마을로 올라가는 길에 오성제라는 저수지가 위치한다. 저수지를 둘러싼 둑 위에 서면 푸른 물빛이 놀라울 만큼 청명하다. 저수지 둘레길을 따라 한 바퀴 산책할 수 있다. 입구에 서 있는 작은 소나무는 2019년에 방탄소년단의 화보에 등장한 후 BTS소나무라는 애칭을 얻었다.

📍 전북 완주군 소양면 오도길 7 🅿 가능

깊은 산속에 숨겨진 우리 문화재
위봉산성

#작은산성 #역사여행 #BTS화보촬영지

위봉산성은 전쟁이 발발하거나 위급한 상황에 전주 경기전에 모신 태조의 영정과 시조들의 위패를 피신시키기 위해 세워졌다. 원래는 16km 길이에 높이가 4~5m정도인 큰 성이었으나 지금은 사진을 찍는 사람들이 가끔 들를 뿐 3m 높이의 아치형 석문만이 덩그러니 남아 있다.

📍 전북 완주군 소양면 대흥리 산1-29 🅿 가능
📞 063-240-4224

시원한 폭포 소리 들으며 힐링
위봉폭포

#초록초록 #숲길산책 #걷기여행

완산 8경의 하나라는 위봉폭포는 상단이 50m에 가깝고, 하단이 20m에 이르는 2단 폭포다. 주위의 풍경이 아름답고 수려해 더운 날에 시원하게 운치를 즐기기 좋다. 조선 후기의 판소리 명창인 권삼득이 이곳에서 소리 연습을 하고 득음했다고 전한다.

📍 전북 완주군 동상면 수만리 산51-1 🅿 가능
📞 063-243-8001

5만 여점의 유물과 술 문화 전시
대한민국 술테마박물관

#야외정원 #박물관나들이 #술빚기체험

박물관으로 입장하면 2015년에 박물관을 개관한 기념으로 전 세계의 술병 2015개를 쌓아올린 거대한 탑이 맞아준다. 우리 술의 역사나 지역별 소주, 주류광고 변천사 같은 전시가 자세하게 구현되어 흥미롭고, 노포와 호프집을 재현해둔 주점재현관에서 추억을 더듬는 재미가 있다. 체험관에서는 막걸리를 담그거나 막걸리 칵테일을 만들어보며 우리 술에 대해 배울 수 있다.

📍 전북 완주군 구이면 덕천전원길 232-58 🅿 가능
📞 063-290-3842 🕙 10:00~18:00, 11~2월 10:00~17:00(월요일 휴무) 💰 성인 2,000원, 청소년 1,000원, 어린이 500원
🏠 www.sulmuseum.kr

삼례양곡창고의 의미 있는 변신
삼례문화예술촌

#문화재 #예술전시 #복합문화공간

1920년 일제강점기에 호남 지방의 쌀 수탈을 위해 만들어진 대규모 곡물창고가 복합문화단지로 탈바꿈했다. 오래된 농협 마크가 찍혀진 창고 내부는 고스란히 보존되어 미술 전시, 예술 공연, 문화 체험을 위한 공간으로 쓰인다. 야외에 전시된 작품 사이를 거닐며 사진 찍기 좋다.

📍 전북 완주군 삼례읍 삼례역로 81-13 🅿 가능 📞 063-290-3863 🕙 10:00~18:00(월요일 휴무) 💰 무료
🏠 www.samnyecav.kr

비비정에서 내려다보는 옛 철도와 기차
비비정

#예쁜정자 #석양이예술 #비비낙안

만경강의 백사장에 날아든 기러기 떼가 무척이나 아름답다고 해서 완산8경의 하나로 '비비낙안'을 꼽는다. 비비정에서 내려다보는 드넓은 호남평야와 고요한 삼례천을 바라보면 마음이 평화로워진다. 이제는 폐선이 된 철도에 기차를 놓은 비비정예술열차가 옛 풍경을 재현한다.

📍 전북 완주군 삼례읍 비비정길 73-21 🅿 가능
📞 063-211-7788

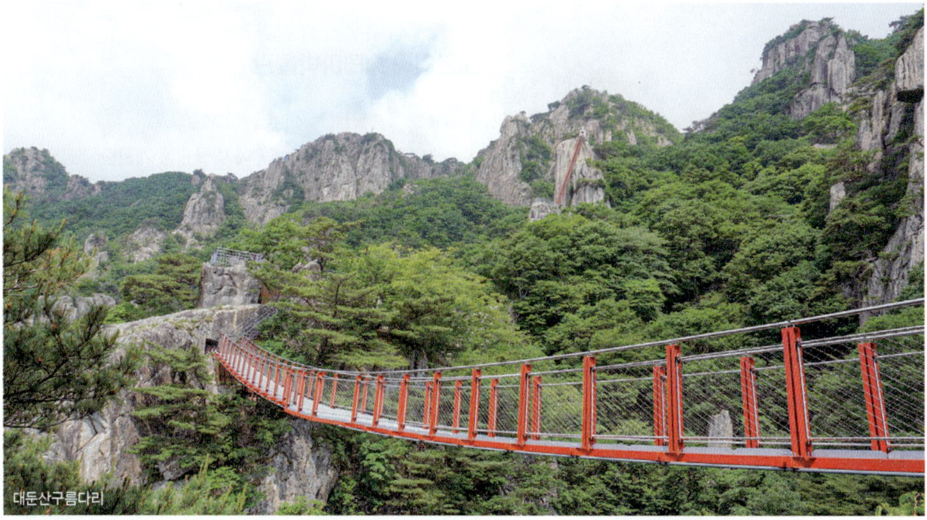

대둔산구름다리

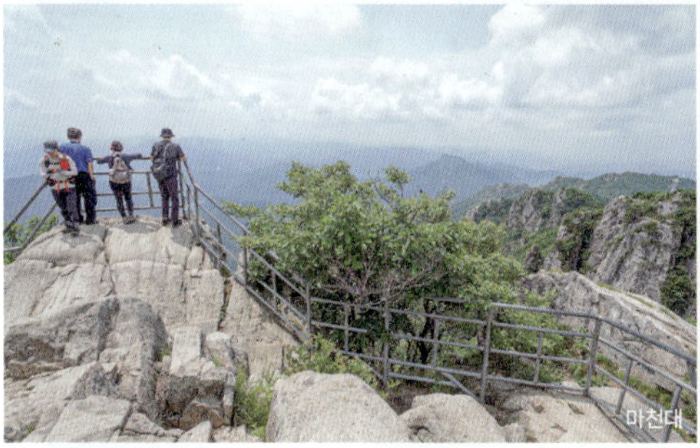

마천대

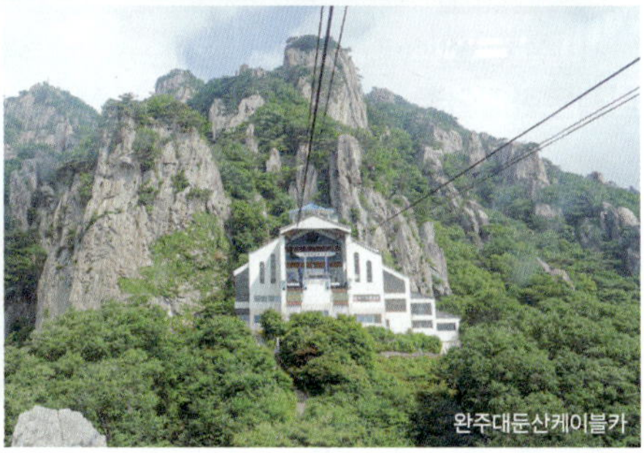

완주대둔산케이블카

케이블카를 타고 만나는 대둔산의 절경

대둔산케이블카

삼선계단

대둔산에는 케이블카가 있어서 얼마나 좋은지 모르겠다. 등산을 좋아하는 사람이라면 상부 케이블카 승강장까지 30분이면 걸어오를 수 있다지만, 케이블카를 타야만 대둔산의 기암절벽을 아래로 내려다보는 즐거움을 누릴 수 있다. 상부 케이블카 승강장에서 완주대둔산구름다리까지는 50m 정도 떨어져 있는데 오르막을 10분 정도 올라야 한다. 구름다리 위에 서면 정상인 마천대로 올라가는 삼선계단부터 아찔한 깊이의 계곡까지 대둔산의 매력을 모두 만날 수 있다. 구름다리에서 삼선계단까지도 10분이면 충분하다. 삼선계단은 일방통행이라서 한 번 발을 내딛으면 되돌아 내려올 수 없으니 손잡이를 꼭 잡고 위만 보며 오르자. 날씨가 좋으면 가뿐히 산 정상인 마천대에 올라 신선경을 만날 수 있다. 비오는 날과 겨울철에는 길이 미끄러우니 신발과 장비를 잘 갖추고 주의해서 다녀오자.

전북 완주군 운주면 대둔산공원길 55 가능 063-263-6621
09:00~17:00(20분 전 매표 마감) 왕복 성인 16,000원, 어린이 12,500원, 편도 성인 13,000원, 어린이 10,500원 daedunsancablecar.com

화암사

시인 안도현은 완주 화암사를 너무나 사랑한 나머지 〈화암사, 내 사랑〉이라는 시에서 찾아가는 길을 굳이 알려주고 싶지 않다고 썼다. 화암사는 찾아가기 어렵기로도 유명하고, 한 번 찾은 이는 그 매력에 푹 빠지기로도 유명하다. 화암사는 일주문이 없는 대신 8채의 건물이 견고하게 서로를 마주하고 섰다. 우화루를 받친 돌축대와 기둥은 고아하고, 백제 건축양식을 증명하는 하앙구조를 가진 극락전도 단아하다. 작지만 오래 들여다보고 싶어지는 당찬 절이다.

📍전북 완주군 경천면 화암사길 271 🅿가능 📞063-261-7576

되재성당

1895년 지어진 되재성당은 서울의 약현성당에 이어 한국에서 두 번째로 지어진 성당이자, 첫 번째 한옥성당이다. 천주교 박해로 신자들이 험준한 되재를 넘어 산속으로 숨어들어 교우촌이 만들어졌고, 성당이 지어졌다. 남녀의 출입문이 다르고 중앙에 벽을 세워 남녀 자리를 구분했다. 장유유서의 전통에 따라 이용할 수 있는 문과 툇마루를 달리해 둔 건축물이 흥미롭다.

📍전북 완주군 화산면 승치로 477 🅿가능 📞063-262-4171

군산에서 찍는 나만의 인생 영화

군산

호남평야에서 나는 쌀은 모두 이곳으로 흘러들었다는 말이 있을 만큼 군산은 예부터 쌀의 집산 지였다. 일제 강점기에 군산항이 개항되면서 쌀 수탈의 전초 기지가 된 군산의 아픈 역사는 원도심의 근대 건축 유산들로 남아 시간 여행을 돕는다. 새만금방조제를 지나 고군산 군도를 달리면 흩어졌던 섬들이 하나의 이야기로 모인다.

경암동 철길마을

#시간여행 #사진놀이 #SNS핫플

하루 두 번 화물 열차가 경암동을 가로질렀다. 느릿한 기차 앞에 역무원 세 명이 올라타고 다급히 호루라기를 불면 주민들은 분주하게 빨래를 걷고 화분을 들였다. 1944년 총길이 2.5km로 놓인 철길 위로 먼지를 풀풀 날리며 지나던 기차는 2008년에 운행을 멈췄다. 낡은 선로를 배경으로 향수를 자아내는 가게들이 하나둘 들어섰다. 태권브이 딱지와 종이 인형, 집집마다 한 세트씩 놓여 있던 못난이 인형과 팔각 성냥이 반갑다. 초원사진관을 그려 넣은 자석을 골라 기념품으로 챙긴다. 달콤한 달고나의 냄새가 선로를 따라 퍼져나간다. 옛 교복과 교련복에 사각형 책가방을 둘러메고 사진을 찍는다. 고무신을 신은 아이들도 신나라 뛰어다닌다.

전북 군산시 경촌 4길 14 맞은편 이마트 군산점 주차장

이영춘 가옥

#문화유산 #드라마촬영지 #잠시산책

군산간호대학 교내에는 일제 강점기에 지은 가옥이 있다. 군산 지역에서 농민을 수탈하던 일본인 농장주 구마모토가 1920년대에 지은 건물이다. 외부는 유럽식, 평면 구조는 일본식, 응접실은 서양식, 온돌방은 한국식을 결합해 화려하게 지었다. 구마모토 농장의 의무실에 부임한 의학박사 이영춘이 해방 후 이곳에 머물며 농민들을 진료해 이영춘 가옥이라 부른다.

📍 전북 군산시 개정동 413-11 군산간호대학 내
🅿 가능 📞 063-452-8884 🕐 10:00~17:00, 브레이크 타임 12:00~13:00(월요일 휴무)

일제 강점기 수탈의 역사로 남다

신흥동 일본식 가옥

#사진여행 #시간여행 #히로쓰가옥

일제 강점기 군산의 신흥동에는 부유한 일본 유지들이 살았다. 히로쓰 가옥으로 널리 알려진 신흥동 일본식 가옥은 군산 지역의 유명한 포목상이었던 일본인 히로쓰가 지은 2층짜리 건물이다. ㄱ자 모양의 건물 사이에 석등을 놓고 일본식 정원을 꾸몄다. 당시 일본 상류층의 주택을 여실히 보여주는 온돌방, 부엌, 식당과 다다미방을 둘러보다 보면 좀처럼 쓸쓸레함이 가시지 않는다. 현재 정원만 개방하고 있다.

📍 전북 군산시 구영1길 17 🅿 전북 군산시 신흥동 34-5 공영주차장
📞 063-454 -3315 🕐 10:00~17:00, 가옥 내부 관람 불가(월요일 휴무)

초원사진관

#그때그시절 #영화촬영지 #여름여행

허진호 감독이 사랑을 물은 영화 〈8월의 크리스마스〉의 배경이 바로 초원사진관이다. 순간을 포착한 사진을 오래도록 간직하는 상징적 공간이다. 차고였던 공간을 영화 제작진이 사진관으로 개조했고, 사진관 이름은 주인공인 배우 한석규가 지었다고 한다. 촬영 이후 철거되었던 초원사진관은 끊임없이 찾아오는 사람들 덕분에 다시 제 모습을 찾았다. 영화 속 주차요원의 자동차도 그대로 세워두었다.

◎ 전북 군산시 구영 2길 12-1 ℗ 근처 골목길 주차 ☎ 063-445-6879
◷ 09:00~21:30, 11~12월 09:00~18:00

정성껏 끓여낸 소고기뭇국   #군산맛집 #해장국 #맛있다그램

한일옥

매일 새벽부터 뜨끈한 소고기뭇국을 먹기 위해 찾는 사람이 많다. 맑으면서도 구수한 소고기 국물을 내려면 오래오래 끓여야 함은 물론, 끓이는 동안 몇 시간이고 서서 핏물을 제거해야 한다. 이토록 정성이 가득 담기니 맛이 없을 수가. 사람이 많을 땐 2층에서 기다리는데, 옛 물건들이 건네는 소소한 이야기를 듣다 보면 지루할 틈이 없다.

◎ 전북 군산시 구영 3길 63 ℗ 가능 ☎ 063-446-5502
◷ 06:00~21:30, 주말 07:00~21:30(20:40 주문 마감) ₩ 한우무우국 11,000원, 한우육회비빔밥 12,000원, 콩나물국 7,000원

아름다운 갤러리 카페
공감선유

#갤러리카페 #포토존 #노키즈존

시내에서 남쪽으로 10km쯤 내려가는 한적한 마을에 조용한 카페를 겸한 갤러리가 자리 잡았다. 얕은 물이 메인 건물을 휘감으며 인스타그램 성지의 위용을 뽐낸다. 미술 작품을 전시한 첫 번째 건물에서 소원의 다리를 건너면 큰 창으로 빛이 쏟아지는 두 번째 건물이 이어진다. 그랜드피아노를 지나면 대나무 정원 앞 갤러리로 갈 수 있다. 공간들이 차분해 오래 머물기 좋다.

📍 전북 군산시 옥구읍 수왕새터길 53 🅿 가능
📞 063-468-5500 🕐 11:00~18:00, 주말 10:00~18:00(10세 미만 노키즈존) ₩ 문화 이용료 성인 10,000원, 청소년 8,000원(음료 1잔 포함) 📷 @gonggamsonyoo

단팥빵도 맛있고 야채빵도 맛있다
이성당

#빵지순례 #베이커리 #단팥빵맛집

전국의 빵집 순위를 매기면 몇 손가락 안에 꼽히는 군산의 명물. 본관과 신관 건물이 나란한데 이성당을 대표하는 단팥빵과 야채빵은 본관에서만 판다. 단팥빵의 팥소가 아주 적당하게 달아 여러 개를 먹어도 부담스럽지 않다. 야채빵의 채소는 더할 나위 없이 사각하고 고소하다.

📍 전북 군산시 중앙로 177 🅿 가능 📞 063-445-2772
🕐 08:00~21:30, 금~토요일 08:00~22:00(격주 월요일 휴무)
₩ 단팥빵 2,000원, 야채빵 2,500원
🏠 www.leesungdang1945.com

줄서서 먹는 중국집
복성루

#짬뽕맛집 #잡채밥 #물짜장

언제 가더라도 줄을 서야 하는 군산의 유명한 중국집이다. 온갖 해물에 돼지고기를 더한 푸짐한 짬뽕과 춘장 대신 간장이 들어간 물짜장, 가장 먼저 매진되는 잡채밥이 인기 메뉴.

📍 전북 군산시 월명로 382 🅿 전라 군산시 미원동 336-14 공영주차장 📞 063-445-8412 🕐 10:00~16:00(일요일 휴무)
₩ 짜장면 9,000원, 물짜장 13,000원, 짬뽕밥 12,000원, 잡채밥 13,000원

신선도 반할 만한 풍경
대장봉 정상

군산에서 새만금방조제를 따라 바다를 건너면 야미도, 신시도, 무녀도, 선유도를 지나 장자도에 도착한다. 여기서 끝이 아니다. 맨 끝에 있는 섬 대장도는 환경 보호를 위해 차량 통행을 금지해 장자도에서 타박타박 걸어가야 한다. 대장도의 꼭대기 대장봉은 해발 142m로 야트막해서 장자도에서 30~40분 걸으면 오를 수 있다. 바다 위로 고개를 내민 섬들에 안부를 전한다.

📍 전북 군산시 옥도면 대장도리 1 🅿 장자도 공영주차장(장자도 내 상권 10,000원 이상 이용 시 2시간 무료)

섬에서 누리는 아름다운 경치
카페 라파르

바다와 가깝게 앉아 망중한을 즐겨볼까. 바깥의 파라솔 자리도 좋고, 단정한 실내 자리도 좋다. 어디에 앉아도 푸른 바다와 섬마을의 풍경이 넘실거린다. 1층에서 2층으로 이어지는 층계 자리엔 창밖으로 관리도가 엽서처럼 담기고, 2층의 창에는 대장도로 가는 길이 파노라마처럼 펼쳐진다. 대장봉 정상을 오르내릴 때 잠시 들러 시원한 행복을 꾹꾹 눌러 담는다.

📍 전북 군산시 옥도면 장자도 2길 31 🅿 장자도 공영주차장(장자도 내 상권 10,000원 이상 이용 시 2시간 무료) 📞 0507-1423-8800
🕐 10:00~21:00, 월·화요일 10:00~18:30, 토요일 09:00~21:00, 일요일 09:00~18:30
🏷 라파르 크림라테 7,500원, 아메리카노 6,000원 📷 @cafe_la_phare

CITY
25
빼놓을 수 없는 근대 역사
광주

광주는 전주와 더불어 호남 지방의 중심 도시다. 느긋하고 구성진 노래
를 부르던 고장이지만 번개처럼 불의에 저항한 빛고을이었다. 동학농
민운동, 3·1운동, 광주학생항일운동에서 5·18민주화운동으로 이어진
광주의 빛, 광주의 정신을 따라 여행해보자.

눈이 부신 5월에는 광주에 가자

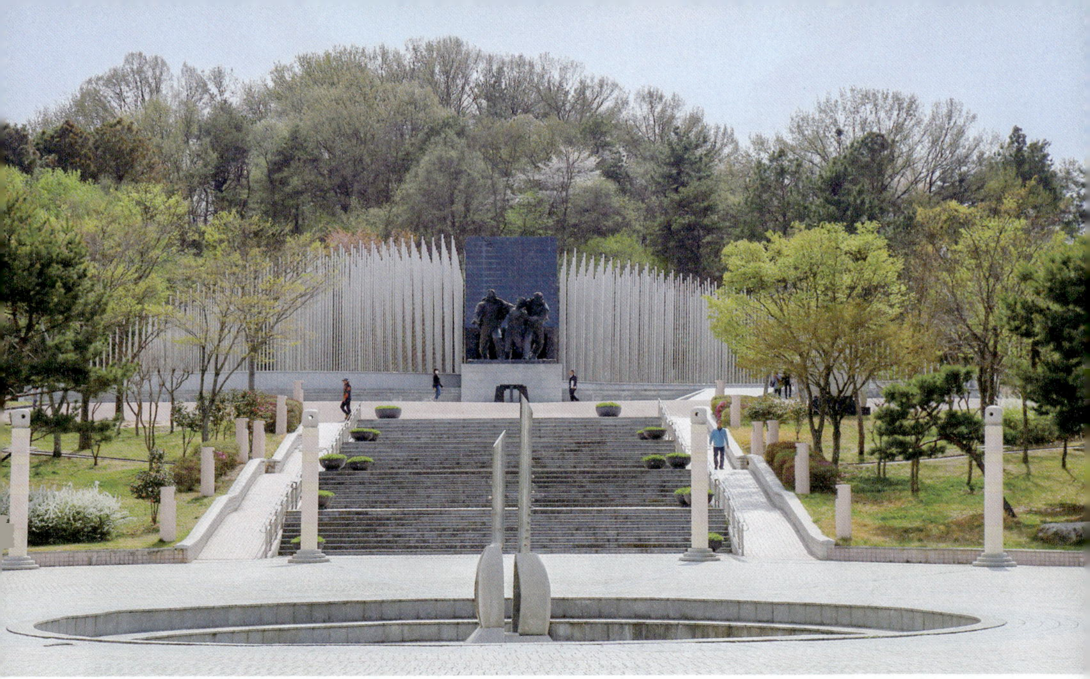

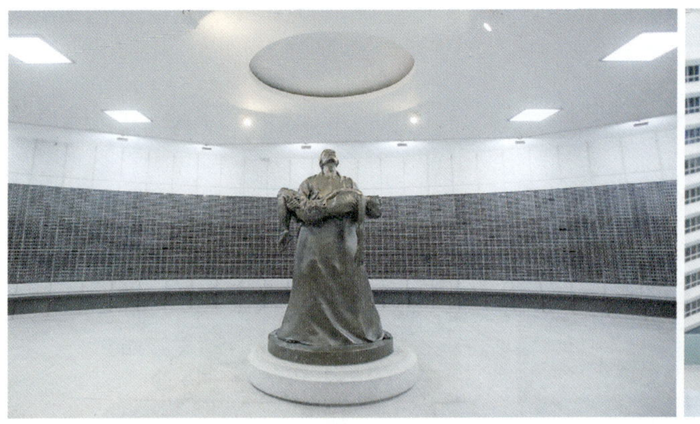

#봄날의산책 #역사여행 #공원산책

5·18기념공원

5·18기념공원은 5·18기념문화센터, 광주학생교육문화회관, 무각사를 아우르는 넓은 공원이다. 공원에는 산책을 나온 시민들, 강아지를 데리고 나온 커플들이 여유롭다. 대동광장에서 분수대를 지나 계단을 오르면 우뚝 솟은 동상과 추모 공간이 맞이한다. 5·18민주화운동에 참여했던 시민들의 용기를 표현한 동상이 그날을 재현한다. 지하의 추모 공간에서는 빼곡한 희생자의 이름 앞에서 광주의 어머니를 만난다. 자식의 희생을 슬퍼하면서도 그가 민주화의 밑거름이 되기를 희망하는 어머니의 마음이 애처롭다. 평화롭고 자유롭게 광주를 여행할 수 있다는 사실이 새삼 감사하다. 지상으로 올라오면 따뜻한 햇살이 울컥 쏟아져 내린다.

광주 서구 상무민주로 61 Ⓟ 가능 062-376-5197

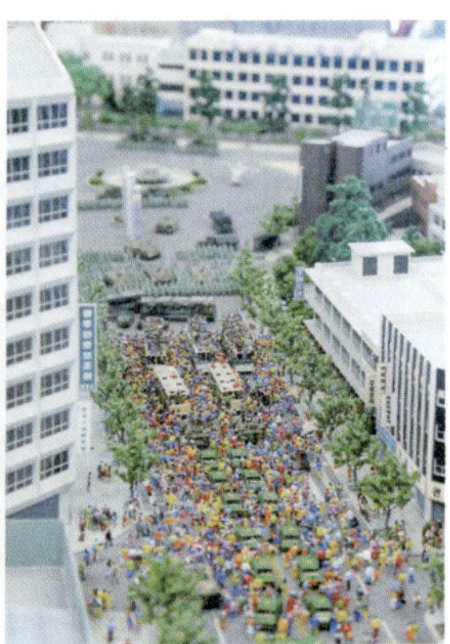

우일선 선교사 사택

#양림동골목여행 #피크닉 #사진여행

광주의 선교사들은 양림동 언덕에 모여 살면서 의료 선교에서 민주화운동까지 광주의 근대사를 함께 겪었다. 선교사 윌슨은 광주기독병원 원장으로 부임하며 우일선이라는 한국 이름을 얻었다. 1920년대에 지은 선교사 사택은 광주에서 가장 오래된 서양식 주택이다. 이국적인 분위기의 건물을 배경으로 잔디밭에서 피크닉을 즐기거나 사진을 찍는 사람들이 찾아온다.

◎ 광주 남구 양림동 226-25 ℗ 양림동 공영주차장 혹은 양림동 행정복지센터 주차장 ☏ 062-607-2311

무인 운영 선교사 사택

허철선 선교사 사택

#역사여행 #느린여행 #시위대의피신처

찰스 헌틀리, 한국 이름 허철선 선교사는 5·18민주화운동 당시 광주기독교병원의 원목으로서 시민군을 돕는 한편 참혹했던 현장 사진을 찍어 해외에 타전했다. 사택에는 그가 사진을 인화했던 암실이 공개되어 있으나 당시에 찍은 사진이 전시되지 않아 아쉽다.

◎ 광주 남구 제중로47번길 22-22 ℗ 양림동 공영주차장 혹은 양림동 행정복지센터 주차장

아름다운 벽돌 건축물

오웬기념각

#쉬엄쉬엄걷기 #사진여행 #예쁜건물

광주에서 선교사로 의료 봉사를 하던 오웬 선교사를 기리는 중후한 건물이다. 기독간호대학교와 광주양림교회 사이에 있다. 대학교 건물 1층의 커피숍과 마당을 공유해 고즈넉하다.

◎ 광주 남구 백서로70번길 6 ℗ 양림동 공영주차장 혹은 광주양림교회 주차장 ☏ 062-650-7647

육각커피

#맛있는커피 #카페그램 #사진맛집

선교사 사택과 펭귄마을로 유명한 양림동에 규모가 크고 화려한 카페들이 늘어나는 중이지만, 길모퉁이에 자리 잡은 육각커피는 단정한 차림으로 손님을 끌어당긴다. 문 앞의 작은 마당에는 하늘거리는 꽃무더기와 벤치가 놓여 포토존 역할을 톡톡히 한다. 광주에서 제일 맛있는 커피를 만들겠다는 주인의 야심에 호응하듯 커피를 주문하는 사람들이 줄을 잇는다.

광주 남구 제중로47번길 2 ⓟ 양림동 공영주차장 혹은 양림동 행정복지센터 주차장 062-671-8241 08:30~19:00(15분 전 주문 마감) 육각코코넛커피 6,900원, 비엔나커피 6,500원, 피크닉 세트 2인 2시간 18,000원 @6kcoffee

1913 송정역시장

#시장구경 #광주여행 #맛집탐방

송정역 옆에 자리한 작은 재래시장이었는데 전통적인 모습에 현대적인 감각을 더해 리모델링한 이후 광주의 핫플레이스로 재탄생했다. 어르신들이 단골로 다녀가는 오래된 국밥집과 국숫집이 그대로 남아 있고, 젊은이들이 좋아하는 수제 맥주와 라멘집, 광주의 명물 상추튀김, 기념품 가게가 들어섰다. 흥겨운 시장이 낮에도, 밤에도 북적거린다.

광주 광산구 송정로8번길 13 ⓟ 1913 송정역시장 주차 타워 062-942-1914 월~목요일 11:00~22:00, 금~일요일 11:00~23:00(매달 둘째·넷째 주 월요일 휴무)

양림동 펭귄마을

#골목여행 #정크아트 #문화마을

정크 아트로 가득한 마을에 생기가 넘친다. 정크 아트란 버려진 물건을 재활용해 만드는 예술을 뜻한다. 마을의 촌장은 허물어져 가는 빈집에 쓰레기가 쌓이자 깨끗이 치우고 텃밭을 가꾸어 마을 사람들과 결실을 나누었다. 이 마을에 교통사고로 걸음이 불편한 어르신이 사셨는데, 펭귄처럼 뒤뚱거리며 걷는 모습이 귀여워 공동 텃밭의 이름을 펭귄텃밭이라 불렀다. 마을 주민들의 밝은 에너지는 작은 펭귄텃밭을 거대한 펭귄마을로 일궈냈다. 이제 펭귄마을에는 전시실과 오픈 스튜디오를 갖춘 공예 거리도 있고, 펭귄주막, 펭귄사진관, 펭귄창작소, 펭귄빵카페, 산뜻한 공중화장실도 있다. 펭귄마을에 펭귄이 몇 마리나 사는지 신나게 둘러보자.

📍 광주 남구 천변좌로446번길 7 🅿️ 양림동 공영주차장 혹은 양림동 행정복지센터 주차장 📞 062-674-5705

 말 못 할 고민이 있다면 비밀 우체통

양림동 펭귄마을과 1913 송정역시장 중앙광장에는 '사막여우 비밀우체국'이 있다. 친구 문제, 직장 문제 같은 말 못 할 고민을 적어 비밀 우체통에 넣으면 자원활동가가 정성껏 답장을 해준다. 지난 5년간 수천 명에게 위로를 전했다. 잊지 말고 답장 받을 주소를 꼭 적어서 보내자.

두툼한 와규와 쫄깃한 관자
솔밭솥밥

광주 원도심인 동명동은 2015년 국립아시아문화전당이 개관하면서 핫한 카페 거리가 되었다. 솔밭솥밥은 이런 '동리단길' 카페 거리의 중심에서 약간 떨어져 있는 밥집이지만 맛있는 솥밥을 먹고 싶은 사람들이 끼니때마다 줄을 선다. 주문과 동시에 밥을 앉히기 때문에 대기 시간이 생기지만, 친절한 안내와 맛있는 솥밥 덕분에 기다리는 시간이 아깝지 않다. 밥을 푼 다음 솥에 육수를 부어 남김없이 먹고 오자.

📍 광주 동구 동명로 9-5 1층
🅿 전남여고 뒤 노상 공영주차장
📞 070-8844-2998 🕐 11:00~21:00(30분 전 주문 마감) ₩ 스테이크솥밥 17,000원, 전복솥밥 17,000원
📷 @solbatsotbob

바텐더의 손맛을 느끼는 칵테일바
비비드

#동명동카페거리 #카페그램 #SNS핫플
동명동의 핫플레이스였던 비비드 카페가 매장 내 리모델링을 마치고 저녁에만 문을 여는 칵테일바로 돌아왔다. 인테리어는 여전히 근사하고, 칵테일은 수준급이다. 바텐더의 자부심을 느낄 수 있는 칵테일만큼 안주도 다양하고 맛있다.

📍 광주 동구 동계천로 124 🅿 중앙도서관 공영주차장 혹은 동명3 공영주차장 📞 062-229-7896 🕐 18:00~03:00 ₩ 스모크갓파더 16,000원, 모둠 소시지 18,000원
📷 @vivid_2018_

유달산 너머 다도해의 정취가 물씬
목포

봄이면 유달산에 흐드러지는 노란 개나리가 푸른 바다로 손을 내밀고, 가을이면 정자 위로 해상 케이블카가 유유히 날아간다. 남도의 먹거리에 낙지와 홍어 같은 해산물이 더해져 다양하고 풍성한 식탁을 즐길 수 있다. 이난영이 부른 〈목포의 눈물〉을 들으며 갓바위, 해상분수, 삼학도와 다양한 박물관, 기념관들을 방문해 보자.

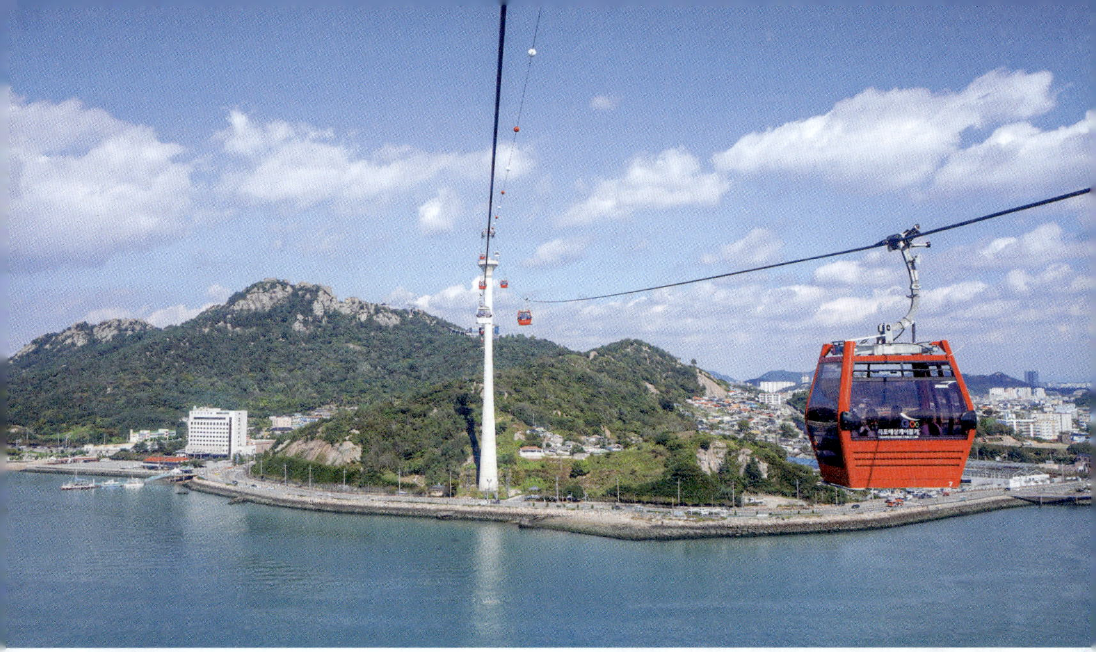

유달산에서부터 고하도까지

#목포여행 #해상케이블카 #목포의매력

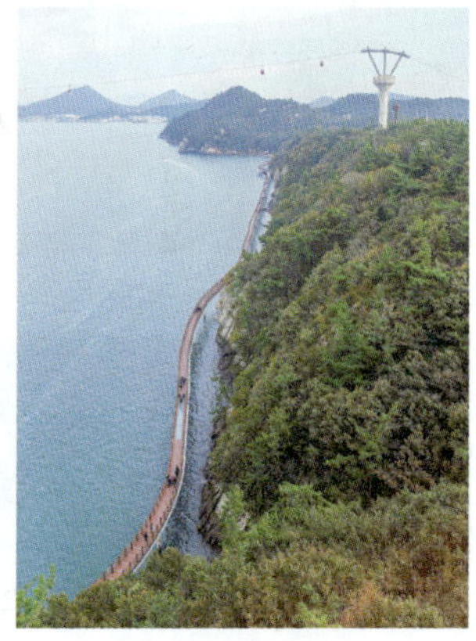

목포해상케이블카

목포해상케이블카를 타면 유달산의 일등바위와 이등바위를 내려다보며 바다 저편 고하도까지 날아갈 수 있어 매력적이다. 목포 시내의 북항 승강장에서 출발해 왕복 티켓을 구매하면 유달산 탑승장과 고하도 탑승장에서 자유롭게 하차해 시간을 보낼 수 있다. 총길이 3.23km로 국내에서 두 번째로 긴 케이블카다. 알록달록한 지붕의 목포 시내와 목포항이 시원스레 펼쳐지고, 유달산의 정자 전망대가 손에 닿을 듯 가깝다. 유달산 승강장에서 내리면 관운각, 마당바위, 일등바위를 둘러볼 수 있다. 고하도로 향하는 동안 높이 155m에 이르는 높은 주탑을 지난다. 학 두 마리가 날아오르는 형상의 목포대교가 바다를 가로지른다. 수평선을 수놓는 아기자기한 섬들 사이로 배들이 오간다. 고하도 탑승장에서 내려 고하도 전망대에 올라 아름다운 목포의 전경을 감상하고 바다와 가까운 데크길을 걸으며 목포의 바다를 만끽해 보자.

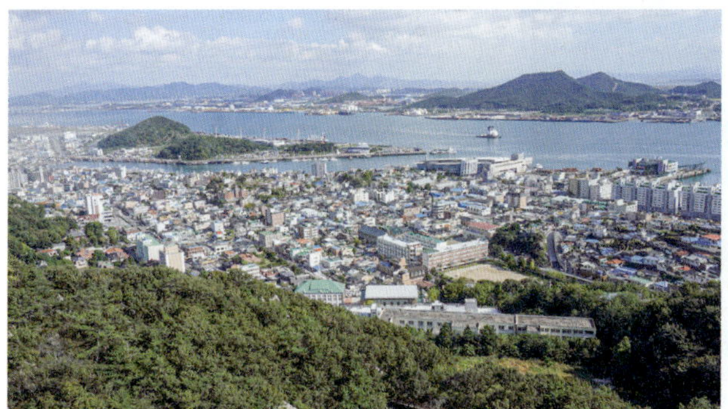

📍 전남 목포시 해양대학로 240 Ⓟ 가능
📞 061-244-2600 🕘 09:00~19:00, 금·토요일 09:00~20:00(1시간 전 발권 마감)
₩ 일반캐빈 왕복 24,000원, 36개월~초등학생 18,000원, 편도 19,000원, 36개월~초등학생 13,000원, 크리스탈캐빈 왕복 29,000원, 36개월~초등학생 23,000원, 편도 22,000원, 36개월~초등학생 16,000원
🏠 www.mmcablecar.com

목포근대역사관 1관

#드라마촬영지 #포토스폿 #목포여행지

붉은색 건물이 우아하고 고풍스럽다. 드라마 〈호텔 델루나〉의 배경이었던 목포근대역사관은 목포에서 가장 오래된 건물로 여전히 품위 있게 자리를 지킨다. 일본의 영사관이었다가 목포시청, 목포문화원으로 사용되던 건물이 2014년 목포근대역사관으로 변신했다. 1층과 2층에 걸쳐 목포의 역사를 총망라한 전시를 보여준다. 건물 뒤편 방공호도 놓치지 말고 둘러보자.

◎ 전남 목포시 영산로29번길 6 🅿 근대역사관 2관에 주차 후 도보 1분 📞 0507-1438-0462 🕐 09:00~17:30(30분 전 입장 마감, 월요일 휴관) ₩ 성인 2,000원, 청소년·군인 1,000원, 초등학생 500원(1관 티켓으로 1, 2관 관람 가능) 🏠 mmhm.modoo.at/

갓바위와 목포평화공원

#공원산책 #목포여행 #음악분수

갓을 쓴 청년인 듯, 쓰개치마를 쓴 여인인 듯, 신묘한 형상의 바위를 만난다. 목포8경의 하나로 꼽히는 갓바위 앞에 해상보행교를 설치하고, 은은한 조명을 켜두어 밤낮으로 산책하기 좋다. 갓바위 근처 평화광장에서는 저녁마다 시원한 물줄기와 영상이 어우러지는 바다 분수 쇼가 펼쳐진다.

◎ 전남 목포시 용해동 산86-24 🅿 가능 📞 061-284-8580 🕐 갓바위 06:00~23:00, 분수쇼 20:00~20:50, 주말·여름 20:00~21:20, 12~3월·월요일 휴무 ₩ 무료 🏠 바다분수 www.mokpo.go.kr/seafountain

목포의 눈물을 흥얼거리며
유달산조각공원

#목포의눈물 #조각공원산책 #유달산

목포 시내에 슬며시 한 발을 걸친 유달산의 매력을 맛보기 위해 노적봉까지 오르지 않아도 좋다. 국내 최초의 조각공원 타이틀을 거머쥔 유달산조각공원을 지그재그로 걷다 보면 목포 시내가 한눈에 내려다보이는 근사한 풍경을 만날 수 있다. 야경도 근사하다.

📍 전남 목포시 죽교동 121-32 🅿 가능
📞 061-242-2344

우리나라 최초의 노벨상
김대중 노벨평화상기념관

#자랑스러운 #목포의인물 #노벨상

우리나라 최초의 노벨평화상 수상자인 고 김대중 전 대통령이 민주주의를 위해, 세계 평화를 위해 헌신했던 발자취가 이곳에 담겨 있다. 2층에 4개의 전시실을 둘러보며 노벨상의 의의와 수상 사유, 노벨평화상 상장 실물과 메달, 선정이유서, 그가 정치에 입문하고 민주화를 위해 노력했던 자취, 그가 남긴 정치적 유산을 다양한 텍스트와 영상, 멀티미디어로 만날 수 있다.

📍 전남 목포시 삼학로92번길 68 🅿 가능 📞 0507-1400-5660 🕐 09:00~18:00(월요일 휴관) ₩ 무료 🏠 kdjnpmemorial.or.kr/

삼학도

원래는 배를 타야 갈 수 있던 섬이었는데, 이제는 육지로 이어져 삼학도 공원이 되었다. 김대중 노벨평화상기념관 뒤편에서 경북화합의 숲을 지나 섬으로 향한 다리를 건너면 삼학도 무장애 나눔길이 시작된다. 쉬엄쉬엄 걷다 보면 금방 정상이다. 운치 있는 정자에서 쉬어가기 좋다.

📍 전남 목포시 산정동 1480-3 🅿 가능 📞 061-272-2171

TIP 함께 읽으면 여행이 풍성해지는 이야기

유달산에서 무술을 연마하던 청년을 사모하던 세 명의 아가씨가 식음을 전폐하고 청년을 기다리다가 죽어서 학으로 환생했다. 세 마리 학이 유달산 주위를 돌며 구슬피 울었으나 영문을 모르는 청년은 활을 쏘아 학을 맞추었다. 학이 떨어져 죽은 자리에 세 개의 섬이 솟았는데 이 섬을 삼학도라고 했다.

지구의 역사를 한눈에

목포자연사박물관

#박물관여행 #아이와함께 #신나는체험

알차고 귀한 자연사박물관이다. 중앙홀에 들어서자마자 만나는 엄청난 크기의 디플로도쿠스 공룡화석이라던가, 육상생명관에서 실물 크기로 만나는 거대한 동물들이 탄성을 자아낸다. 공룡과 익룡의 화석들, 벽면에서 헤엄치는 다양한 어류들을 볼 수 있을 뿐만 아니라 VR 체험실, 어린이 체험실 등 다양한 공간이 마련되어 신나는 탐험이 가능하다.

📍 전남 목포시 남농로 135 🅿 가능 📞 061-274-3655
🕐 09:00~18:00(월요일 휴관) ₩ 성인 3,000원, 청소년·군인 2,000원, 어린이 1,000원, 유아 500원 🏠 museum.mokpo.go.kr

인동주마을

#홍어삼합 #목포맛집 #현지인추천

목포의 삼합은 홍어와 삶은 돼지고기, 김치를 함께 낸다. 막걸리와 궁합이 잘 맞아서 홍탁삼합이라고도 한다. 인동 주마을에서 한 상 차림을 시키면 홍어 삼합에 간장 꽃게장 과 간장 새우장을 더해진다. 손맛이 좋은 집이어서 밑반찬 과 묵은지도 깊은 맛을 낸다. 인동초로 만든 막걸리가 꽤 쌉쌀해서 삭힌 홍어의 맛에 잘 어울린다.

📍 전남 목포시 복산길12번길 5　🅿 가능　📞 061-284-4068
🕐 10:00~22:00　₩ 4인 정식한상 64,000원, 홍어삼합 35,000
원, 인동초막걸리 5,000원

향긋한 바다의 맛 실한 낙지가 한가득

독천식당

#낙지요리 #목포맛집 #낙지맛집

맛으로 둘째가라면 서러울 남도의 음식문화축제에서 낙 지 요리로 대상을 받았다. 신안과 무안의 청정 갯벌에서 잡 은 낙지를 대접한다. 낙지볶음이나 호롱구이도 맛있고, 한 끼 식사로는 실한 낙지가 넉넉하게 담긴 낙지비빔밥과 연 포탕이 든든하다. 달콤 매콤한 양념장도 일품.

📍 전남 목포시 호남로64번길 3-1　🅿 가능　📞 061-242-6528
🕐 11:00~20:50, 브레이크 타임 15:00~17:00(매달 둘째·넷째 주
일요일 휴무)　₩ 낙지 비빔밥 15,000원, 연포탕 23,000원

향긋한 바다의 맛

해빔

#해초비빔밥 #게살비빔밥 #목포맛집

해빔에는 온갖 해산물로 입맛을 돋우는
비빔밥이 여럿이다. 꽃게의 살만 골라
양념한 꽃게살 비빔밥은 그야말로 밥도
둑! 낙지, 멍게, 전복, 꼬막이 들어간 비빔
밥까지 골라 먹을 수 있다. 오독오독한 해초
가 식감을 풍성하게 하고, 향긋한 바다의 맛을 더한다.

📍 전남 목포시 미항로 83　🅿 가능　📞 061-282-2770
🕐 11:00~20:30(수요일 휴무)　₩ 꽃게살 해초비빔밥 13,000원,
낙지 해초비빔밥 13,000원

CITY
27
초록이 가득한 힐링 여행지
담양

담양은 대나무의 고장이다. 숨겨진 비경마다 정자를 하나씩 품고 물소리와 새소리에 젖어드는
선비의 고장이기도 하다. 정자에 앉아 시를 짓던 은둔 선비처럼 카페에 앉아 쏟아지는 햇살과 대
나무를 스치는 바람을 맞으며 여유를 만끽해보자.

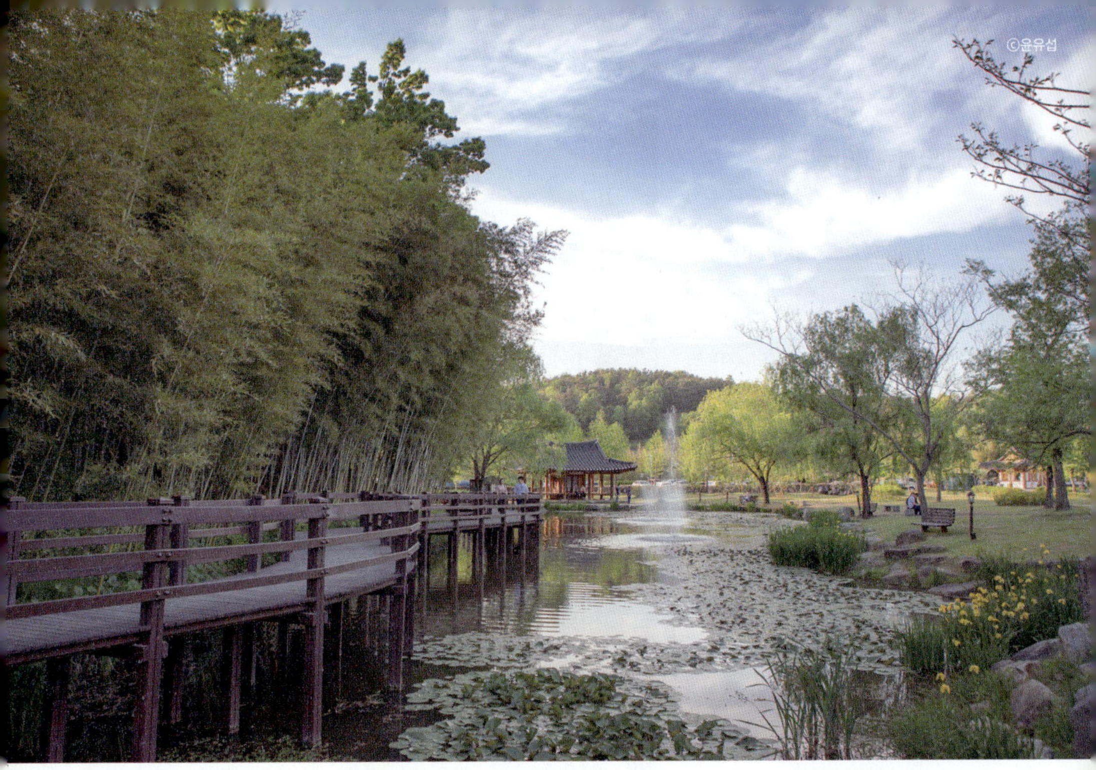

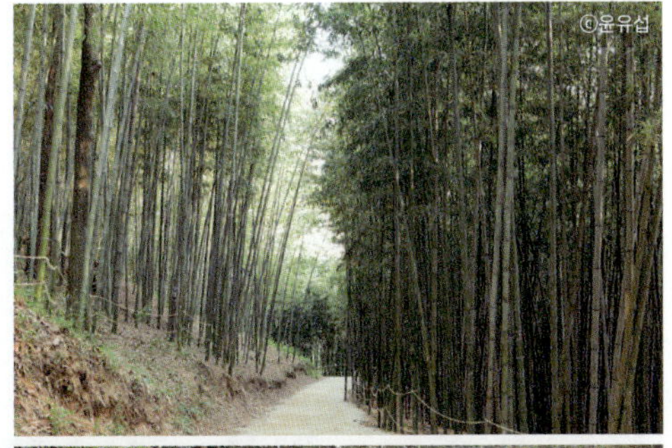

대나무 숲을 어루만지는 초록빛 손길

#댓잎에스치는바람 #낭만산책 #사진여행

죽녹원

한순간도 한눈팔지 않고 하늘을 향해 뻗어 올라간 대나무의 곧은 자태를 마주하면, 옛 선비들이 사랑했던 군자의 모습이 그려진다. 대밭으로 한 줄기 바람이 불어오면 차르르르 댓잎 부딪치는 싱그러운 소리에 마음까지 시원하다. 담양의 죽녹원은 약 16만㎡의 울창한 대숲이다. 빽빽하게 들어선 대나무 숲길이 2km 넘도록 이어진다. 운수대통길, 죽마고우길, 철학자의 길처럼 굽이굽이마다 독특한 이름이 붙어 있어 걷는 시간이 지루하지 않다. 죽녹원은 여름에도 서늘한 온도를 유지해 걷기 좋다. 연인과 함께라면 사랑이 변치 않는 길을, 오래된 친구와 함께라면 추억의 샛길을 걸으며 도란도란 이야기를 나누어 보자.

전남 담양군 담양읍 죽녹원로 119 / P 가능
061-380-2680 / 09:00~19:00, 동절기 09:00~18:00
₩ 성인 3,000원, 청소년·군인 1,500원, 어린이 1,000원
www.juknokwon.go.kr

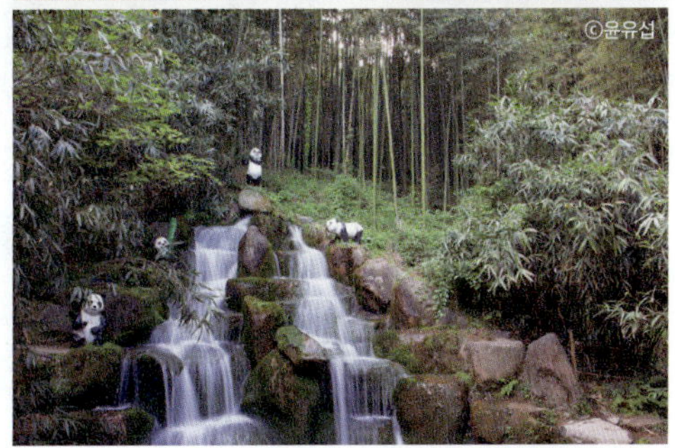

담양 메타세쿼이아길

#걷기좋은길 #담양가로수길 #사진여행

담양 메타세쿼이아길은 우리나라에서 아름답기로 손꼽히던 가로수길이었다. 1974년에 도로 양옆으로 빼곡하게 심은 메타세쿼이아가 30~40m의 높이로 자라 2km 남짓 싱그러움을 연다. 옛 가로수길 옆으로 넓은 도로를 새로 내면서 기존 메타세쿼이아길이 관광지로 거듭났다. 메타프로방스, 어린이프로방스, 개구리생태공원 등을 함께 둘러볼 수 있다.

📍 전남 담양군 담양읍 학동리 613-31 🅿 메타세쿼이아랜드 주차장 📞 061-380-3149
🕐 09:00~18:00 ₩ 성인 2,000원, 청소년·군인 1,000원, 어린이 700원

담양 국수 거리

#국수맛집 #국수거리 #담양맛집

영산강을 마주한 경치 좋은 곳에 국수 거리가 펼쳐진다. 천변에 10개가 넘는 국수 가게가 늘어서 성업 중이다. 멸치 국물에 말아주는 잔치국수, 고소한 콩국수, 매콤한 열무국수, 부드러운 칼국수도 맛있지만 담양에서만 먹을 수 있는 댓잎국수나 죽순국수를 먹어보자. 죽순닭국수는 닭 육수로 끓인 진하고 담백한 국물과 부드러운 면, 아삭한 죽순의 식감이 어우러진 별미다.

죽순닭국수
📍 전남 담양군 담양읍 객사 3길 15 🅿 가능
📞 0507-1343-3201 🕐 10:00~20:00(화요일 휴무) ₩ 죽순닭국수 6,000원, 죽순비빔닭국수 7,000원, 죽순초계국수 8,000원

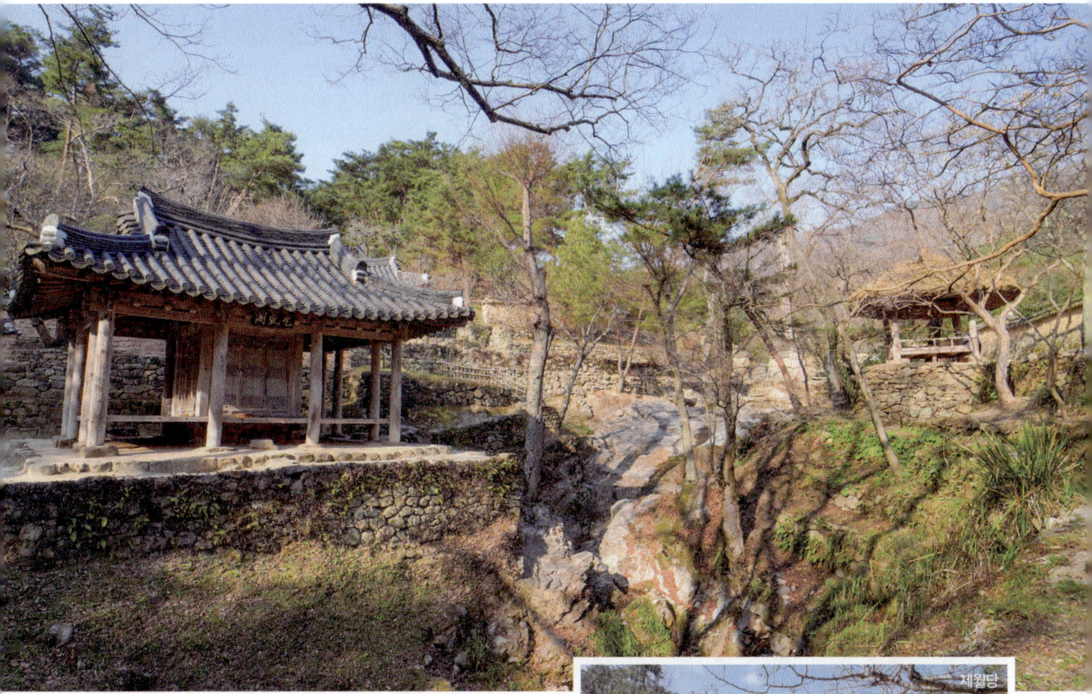

도가적인 삶을 추구했던 선비들의 정원

소쇄원

#근사한정원뷰 #미적감각 #무릉도원

양산보는 스승 조광조가 유배지에서 사약을 받자 충격을 받아 고향으로 낙향했다. 은둔하던 선비는 소쇄원을 지어 이상향을 꿈꾸었다. 봉황을 기다리는 정자인 대봉대, 양반들도 겸손히게 지나던 통나무 다리, 방과 대청마루가 붙어 주인이 조용히 독서를 하던 제월당, 개울물 소리가 들려오는 사랑방인 광풍각, 너른 바위에서 물길을 내는 통나무 홈통, 소쇄원 안의 모든 조경물이 조화롭다. 아름다운 풍광을 담아낸 원림이자 문학적 감성을 자아내는 정원에 송순, 정철, 송시열, 기대승 같은 당대 최고의 선비들이 모여들어 풍류를 즐겼다. 500년의 세월이 지났지만 자연과 어우러지는 소쇄원의 빼어난 미적 감각은 여전히 현대인들을 사로잡는다.

전남 담양군 가사문학면 소쇄원길 17 가능 061-381-0115
09:00~18:00, 11~2월 09:00~17:00, 5~8월 09:00~19:00
성인 2,000원, 청소년 1,000원, 어린이 700원
www.soswaewon.co.kr

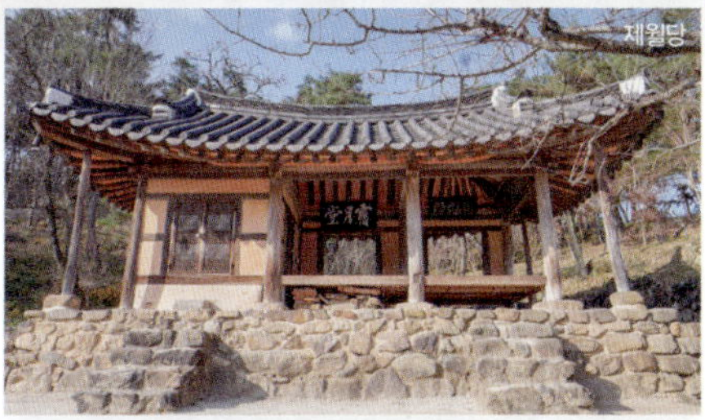
제월당

광풍각

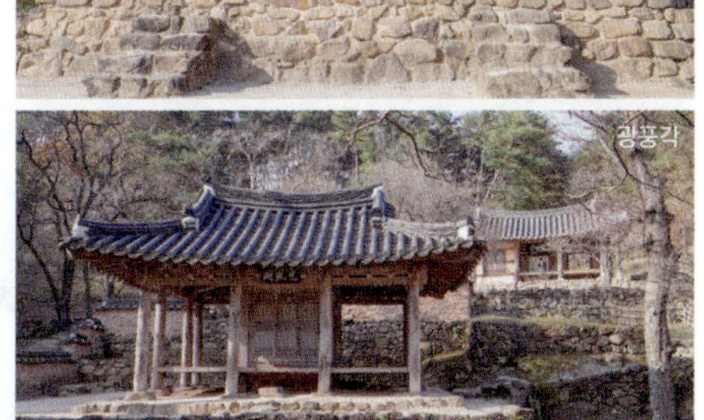

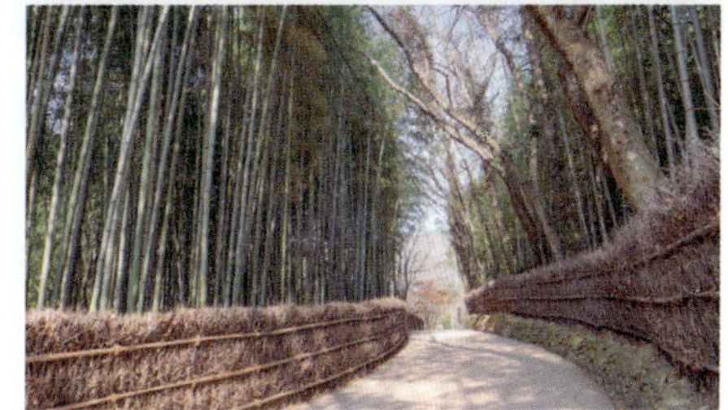

송강정

#송강정철 #작은정자 #문학기행

송강 정철은 무등산이 보이는 작은 언덕에 초막을 짓고 죽록정이라 불렀다. 가사문학의 대가였던 정철은 이곳에서 지내는 동안 〈사미인곡〉과 〈속미인곡〉 같은 문학 작품을 남겼다. 후손들이 언덕에 소나무를 심고 정자를 지어 송강정이라는 현판을 달았다. 언덕 위 정자에 앉으면 정쟁과 풍류를 시로 풀어낸 옛 선비의 마음이 그려져 허허롭다.

◎ 전남 담양군 고서면 송강정로 232. ⓟ 가능 ☎ 061-380-3151

구름 탄 청학이 천 리를 가리라

면앙정

#면앙정가 #송순 #대나무숲

조선시대 문신이자 〈면앙정가〉를 지은 송순이 벼슬에서 물러난 후 후학을 가르치며 여생을 보낸 정자다. 원래 정자는 임진왜란 때 파괴됐고 지금의 정자는 후손들이 다시 지은 것이다. 대나무가 빽빽하게 우거진 숲을 지나 작은 언덕에 오르면 방 한 칸이 딸린 간소한 정자가 오도카니 서 있다. 당대의 명사들과 시인들이 면앙정의 풍류를 흠모하며 자주 출입했다고 한다.

◎ 전남 담양군 봉산면 면앙정로 382-11 ⓟ 가능 ☎ 061-380-3151

옥담

#사진맛집 #브런치 #담양카페

가로로 길게 세운 건물 앞으로 넓은 연못을 조성해 분위기 좋은 카페다. 어두워지면 건물을 배경으로 예쁜 사진을 찍으라고 인물용 야외 조명도 설치했다. 1층 실내는 칸막이를 설치하고 테이블을 두어 공간이 프라이빗하고, 2층에는 실내 공간과 루프톱이 있어 탁 트인 전망을 내려다볼 수 있다. 화창한 날이면 넓은 야외 자리가 꽉 찬다.

📍 전남 담양군 봉산면 연산길 89-11
🅿 가능 📞 0507-1440-8998
🕐 07:30~20:30 ₩ 아메리카노 6,000원,
플레인크로플 2개 8,000원

CITY
28
춘향과 몽룡의 사랑 이야기
남원
성춘향과 이몽룡의 사랑 이야기가 아름답게 피어나는 남원. 《춘향전》의 배경으로 유명한 광한
루원, 남원관광단지에 조성된 춘향테마파크, 춘향이의 절개를 기리는 춘향묘가 고전의 생명력
을 전한다. 남원과 맞닿은 지리산의 둘레길과 구룡계곡까지 놓치지 말고 둘러보자.

성춘향과 이몽룡의 사랑 이야기

광한루원

#봄날의그네타기 #낭만여행 #봄나들이

싱그러운 잎을 물가에 드리운 버드나무도, 어린아이 키만큼 자란 잉어들도 광한루원에 운치를 더한다. 광한루원은 조선시대에 지방 관아에서 조성한 대표적인 관아 정원이다. 경회루, 촉석루, 부벽루와 함께 우리나라의 4대 누각으로 꼽히는 광한루원은 척 보아도 만듦새가 뛰어나다. 은하수를 상징하는 연못 안에 삼신도를 만들어 한 섬에는 대나무, 한 섬에는 백일홍을 심고, 한 섬에는 연정을 지었다. 연못을 가로지르는 오작교는 견우와 직녀의 사랑을 이어주는 다리이자 춘향이와 몽룡의 사랑을 이어주는 상징이다. 일 년에 한 번 오작교를 밟으면 부부의 금슬이 좋아진다고 한다. 드라마와 예능을 아우르는 인기 있는 촬영지이기도 하다.

전북 남원시 요천로 1447 광한루 가능 063-620-8907
08:00~21:00, 11~3월 08:00~20:00 ₩성인 4,000원, 청소년·군인 2,000원, 어린이 1,500원 www.gwanghallu.or.kr

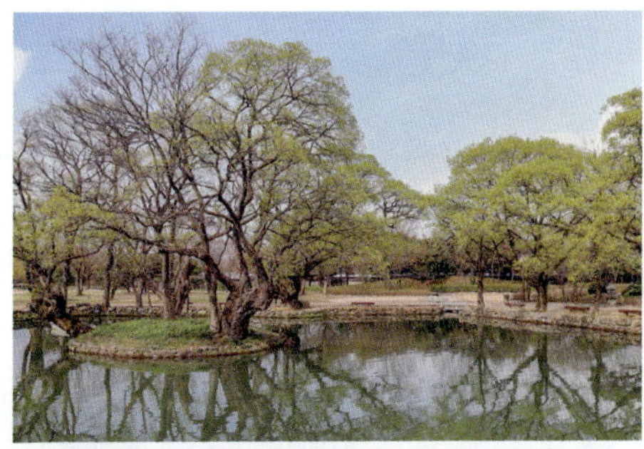

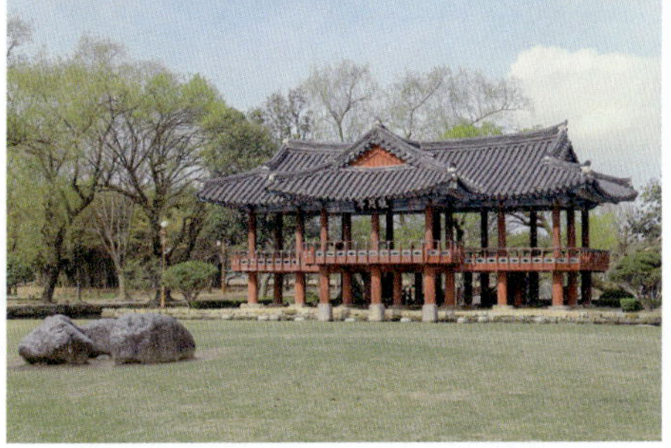

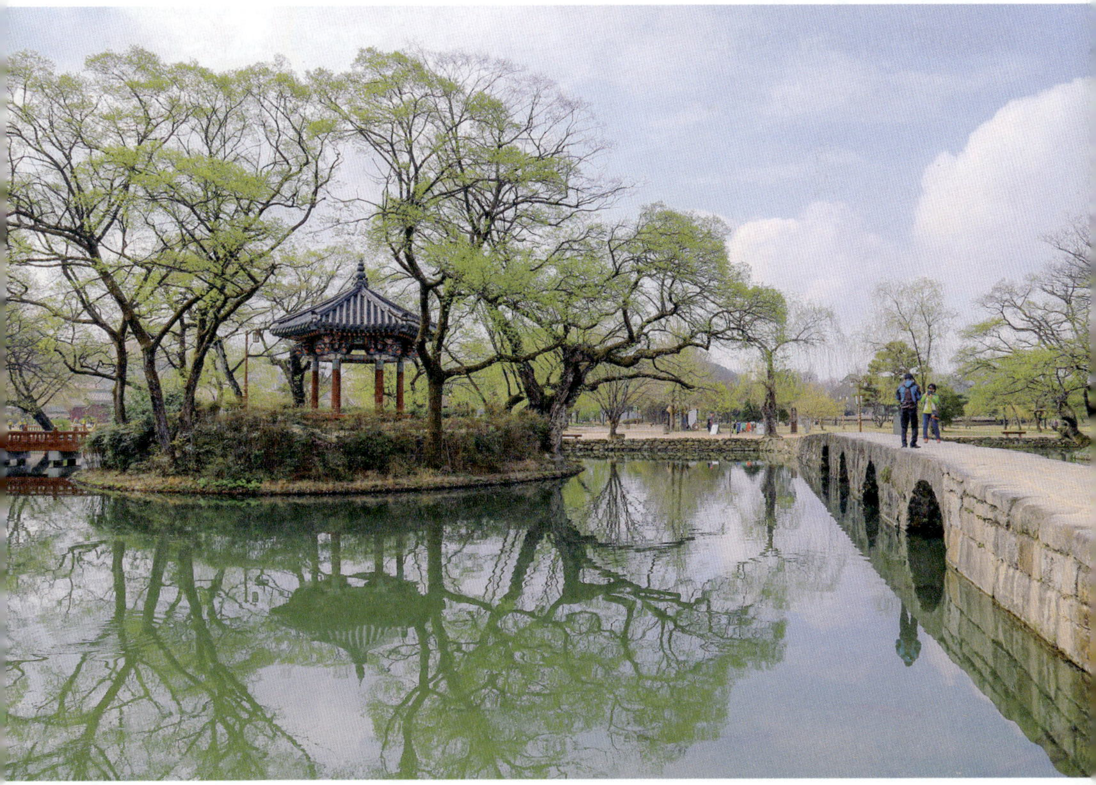

광나루원 건너편 대형 테마파크
춘향테마파크와 남원향토박물관

#스토리텔링 #테마여행 #영화촬영지

남원의 대표 관광지를 함께 여행할 계획이라면 연계 할
인 혜택을 받아보자. 춘향테마파크에서는 광한루원,
항공우주천문대, 백두대간 생태교육장 전시실을 같은
날 둘러볼 경우 입장권 소지자에 한해 성인 1,800원,
청소년·군인 1,500원, 어린이 1,200원으로 입장료를
할인해준다.

춘향테마파크는 3만 5,000평 규모의 공간을 오로지 《춘향전》을
소재로 꾸민 관광지로, 영화 〈춘향뎐〉과 드라마 〈쾌걸춘향〉 등을 촬
영한 곳이기도 하다. 춘향과 몽룡의 사랑의 맹세가 담긴 옥가락지 조
형물을 통과하면 춘향의 엄마가 살던 월매집, 춘향과 몽룡이 첫날밤
을 보낸 부용당을 구경할 수 있다. 단심정에 오르면 남원의 경치가
한눈에 들어온다. 남원향토박물관은 춘향테마파크 내부에 있는데
남원성 전투 영상, 남원의 명창 등 남원의 문화를 이해할 수 있는 다
양한 문화유산이 잘 정리되어 있다.

📍 전북 남원시 양림길 43 🅿 가능 📞 063-620-5799 🕐 춘향테마파크
09:00~22:00, 11~3월 09:00~21:00, 남원향토박물관 09:00~18:00(남원향
토박물관 월요일 휴관) 🏧 성인 3,000원, 청소년·군인 2,500원, 어린이 2,000
원 🏠 www.namwontheme.or.kr

춘향이가 실제 인물은 아니지만요
춘향묘와 육모정

춘향묘는 남원시에서 조성한 성춘향
의 무덤이다. 춘향이라는 소설 속 주
인공을 위해 상징적으로 만든 가묘지
만 여기서 제사도 지내고 축제도 벌
인다. 춘향묘 근처에 자리한 육모정은
약 400년 전 용소 앞 널따란 바위 위
에 6각형 모양으로 지은 정자다. 아
래쪽에 펼쳐진 구룡폭포 제2곡을 지
나면 건너편에 용호정이 있다. 시원한
경치를 바라보며 풍류를 즐겼을 옛
선비들이 살짝 부러워진다.

 전북 남원시 주천면 호경리 16-5
 가능

아홉 마리의 용이 승천한 폭포
구룡폭포

#다리운동 #지리산절경 #출렁다리

나무 계단을 한없이 내려가다 보면 물소리가 폭풍처럼
몰아친다. 엄청난 물살 위로 출렁거리는 다리를 건너
면 아찔하다. 아홉 마리의 용이 내려와 아홉 군데 폭포
에서 각기 노닐다가 다시 승천했다는 구룡계곡은 백
문이 불여일견, 하늘의 용도 반할 만한 위용이다.

 전북 남원시 주천면 고기리 산 33-1 가능
 063-625-8911

원기회복에 좋은 얼큰한 추어탕
추어탕과 추어숙회

#남원추어탕 #남원맛집 #추어탕맛집

광한루원 앞에 추어탕 거리가 조성되어 있다. 택시 기사님들
의 정보에 따르면 남원에서는 새집추어탕, 월매추어탕, 현식
당이 맛집이라고 한다. 새집추어탕에 가면 추어숙회와 추어
튀김까지 맛볼 수 있다.

새집추어탕 전북 남원시 요천로 1397 가능 063-625-
2443 09:00~20:30(브레이크 타임 14:30~16:30) 추어탕
12,000원, 추어숙회 40,000원, 미꾸리깻잎말이튀김 반접시 10,000원

갈대밭에 이는 바람이 생각날 때
순천

소리 없이 불어오는 바람에 갈대가 간지럽다며 몸을 흔든다. 사르락거리는 갈대의 웃음소리가 퍼져나가면 조선시대의 낙안읍성, 1960년대의 순천 읍내, 1980년대의 봉천동을 지나 꿈을 담은 청춘창고와 브루웍스, 세계의 정원까지 온 순천이 황금빛으로 물든다.

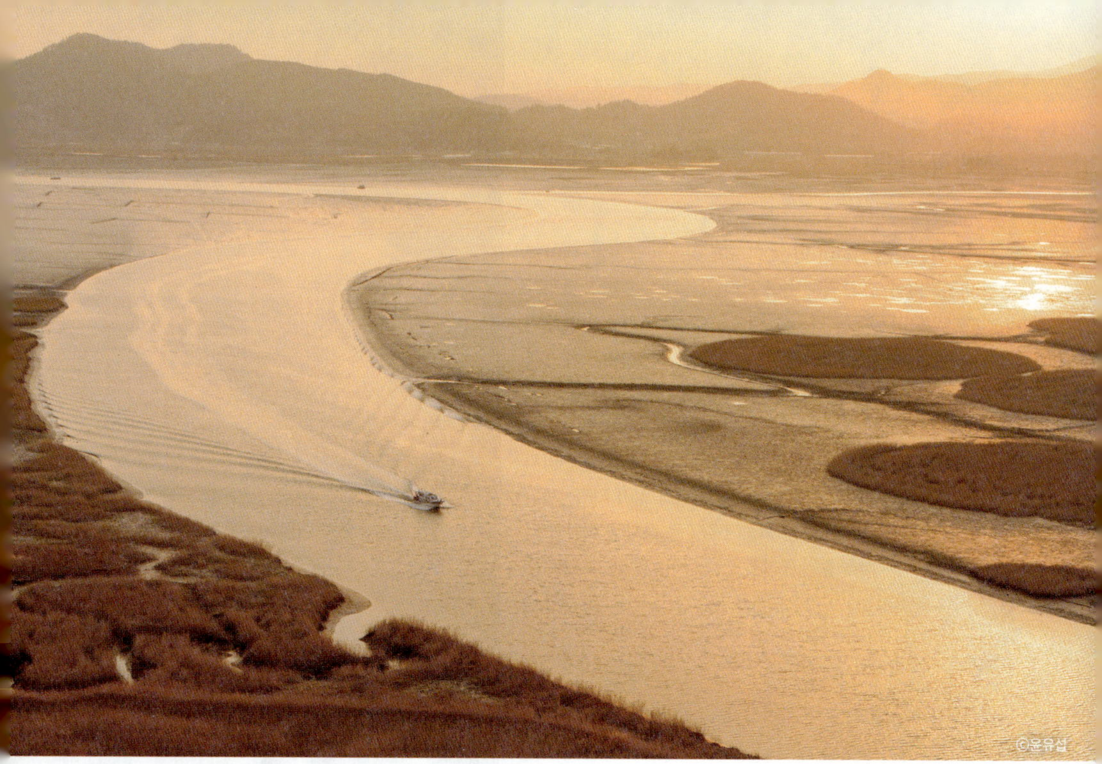

황금빛 일렁이는 갈대밭

순천만습지

#노을맛집 #가을여행 #사진여행

머리 꼭대기에 햇살 한 줌 이고 바람의 리듬에 맞춰 춤을 추는 갈대는 유혹적이다. 갈대밭 사이로 놓인 산책로를 따라 가을 속으로 걸어 들어간다. 순천 시내를 지나던 물이 바다로 흘러가기까지 3km에 이르는 물길 양쪽으로 빽빽한 갈대 군락이 펼쳐진다. 갈대밭 사이로 보이는 뻘 위를 부지런히 걷는 농게나 칠게도 반갑다. 여름에는 갯벌에서 노는 짱뚱어와 칠게를 만나고, 겨울이면 200여 종의 철새 군무를 만난다. 순천만습지 탐사선을 타면 갈대를 벗 삼아 먹이를 잡는 흑두루미와 왜가리를 볼 수 있다. 해질 무렵 용산 전망대에서 내려다보는 순천만의 일몰은 남도에서 볼 수 있는 가장 황홀한 장면으로 손꼽힌다.

📍 전남 순천시 순천만길 513-25 🅿 소형 3,000원, 대형 5,000원 📞 061-749-6052 🕐 08:00~일몰 ₩ 성인 10,000원, 청소년·군인 7,000원, 어린이 5,000원, 입장권 소지 시 당일 순천만국가정원 입장 무료 🏠 scbay.suncheon.go.kr

순천만국가정원

#순천여행지 #정원산책 #국가정원

순천만국가정원은 면적이 약 90만㎡에 이르며 국가별, 테마별 공원이 조성되어 있다. 워낙 넓어 관람 코스가 1시간부터 4시간 짜리까지 있으니 원하는 코스를 선택해 천천히 둘러보자. 세계의 전통 정원에는 한국정원을 비롯해 몽골정원, 터키정원, 프랑스정원 등 각국의 개성을 담은 13개의 정원이 펼쳐진다. 무궁화정원, 꿈틀정원, 미로정원 같은 14개의 테마 정원도 근사하다. 호수정원과 봉화언덕은 사진 찍는 사람들의 필수 코스. 수목원 전망지에 오르면 순천만국가정원의 풍경뿐만 아니라 멀리 지리산까지 내다보인다. 국가정원 1호라는 명성에 걸맞은 경치다. 식당과 카페, 매점이 들어서 하루 종일 편하게 소풍 삼아 다녀올 수 있다.

📍 전남 순천시 국가정원1호길 47 🅿 가능 📞 1577-2013 🕐 09:00~20:00, 4~11월 09:00~21:00(1시간 전 입장 마감) ₩ 입장료 성인 10,000원, 청소년 7,000원, 어린이 5,000원/ 스카이큐브 왕복 성인·청소년 8,000원, 어린이 6,000원/ 관람차 성인·청소년 3,000원, 유아·어린이·65세이상 2,000원, 입장권 소지 시 당일 순천만습지 관람 가능 🏠 scbay.suncheon.go.kr

순천낙안읍성

#옛정취물씬 #초가집풍경 #민속마을

초가집들이 둥그런 머리를 맞대고 옹기종기 모여 있는 모습이 정겹다. 구불구불 곡선으로 이어지는 돌담 위에도 이엉을 얹었다. 낙안읍성은 산으로 이어지는 다른 읍성과 달리 평지에 3~5m의 흙과 돌을 쌓아 올린 조선시대의 성이다. 낮은 성벽 위로 걸으며 지금도 200명의 주민이 거주하는 고즈넉한 옛 마을을 살핀다. 다양한 전통 체험이 가능하며 주막에서 요기도 할 수 있다.

📍 전남 순천시 낙안면 충민길 30 🅿 가능 📞 061-749-8831 🕐 2·3·4·10월 09:00~18:00, 5~9월 08:30~18:30, 11~1월 09:00~17:30 ₩ 성인 4,000원, 청소년·군인 2,500원, 어린이 1,500원 🏠 nagan.suncheon.go.kr

드라마 속 주인공이 되는 곳
순천드라마촬영장

#시간여행 #교복체험 #사진여행

드라마 〈사랑과 야망〉, 〈눈이 부시게〉, 영화 〈말모이〉, 〈마약왕〉 등 수많은 드라마와 영화를 이곳에서 촬영했다. 옥천 냇가를 끼고 1960년대 순천 읍내 배경으로 식사도 하고 달고나도 만들어본다. 시계방과 롤러장, 극장이 들어선 1980년대 서울 번화가에서는 교복을 대여해준다. 서울 봉천동의 달동네를 재현한 판자촌 골목을 걸으면 TV 속 주인공이 된 듯하다.

📍 전남 순천시 비례골길 24 🅿 가능 📞 061-749-4003
🕐 09:00~18:00(1시간 전 입장 마감) ₩ 성인 3,000원, 청소년 2,000원, 어린이 1,000원

청춘창고

#순천역근처 #문화공간 #공연장

1945년에 지어 정부의 양곡을 보관하던 창고가 청년들의 창업을 돕는 세련된 문화 공간으로 탈바꿈했다. 1층과 2층을 아우르는 거대한 공연장을 둘러싸고 1층에는 카페와 식당, 2층에는 손수 만드는 공예품 매장이 있다. 공연장에서는 다양한 공연이 수시로 열리고, 매장마다 독특한 체험 프로그램과 원데이 클래스를 운영한다.

◎ 전남 순천시 역전길 34 ℗ 가능 ☎ 061-746-9697 ⏲ 11:30~21:00(가게별 상이, 수요일 휴무)
ⓘ @youthstore_2023

브루웍스와 순천양조장

커피와 브런치 혹은 수제 맥주

#순천역근처 #인스타핫플 #카페그램

곡물 보관 창고였던 건물에 새로운 이야기를 입혔다. 카페 건물로 들어서면 곳곳에 자리한 올드카가 시선을 끌고, 벽을 둘러싼 기계 부품과 어둑한 조명이 인더스트리얼한 느낌을 물씬 풍긴다. 양곡을 나르던 컨베이어 벨트마저 테이블로 활용한 센스가 놀랍다. 브루웍스에서는 직접 로스팅한 카카오로 만든 카카오라테를 마셔볼 것. 브루웍스에서 운영하는 바로 옆 순천양조장 건물에서는 브런치와 다양한 수제 맥주를 즐길 수 있다.

순천양조장

◎ 전남 순천시 역전길 57 ℗ 맞은편 농협 주차장 ☎ 0507-1351-2545 ⏲ 13:00~23:00, 주말 11:00~23:00(30분 전 주문 마감) ₩ 순천특별시 7,500원, 크레인라거 5,000원, 병맥주 8,000원
ⓘ @suncheon_brewery

브루웍스

◎ 전남 순천시 역전길 61 ℗ 맞은편 농협 주차장 ☎ 0507-1334-2545 ⏲ 10:00~22:00 ₩ 카카오라테 6,500원, 더치커피아이스 5,900원 ⌂ brewworks.kr

순천 웃장의 국밥 골목

순천에는 웃장, 아랫장, 중앙시장까지 여러 재래시장이 있다. 순천의 아랫장은 전국에서 열리는 5일장 중 가장 규모가 큰 호남 최대의 재래시장으로, 2와 7로 끝나는 날에 장이 선다. 5와 10으로 끝나는 날에 장이 서는 웃장은 토속 음식으로 유명하다. 순천 웃장의 1층은 돼지국밥 골목이고 2층은 청년몰인 청춘웃장이다. 순천에서 국밥을 먹을 때는 웃장의 국밥 골목으로 가자. 웃장에서는 돼지국밥을 시키면 국밥보다 먼저 막 삶은 따끈한 수육을 서비스로 준다. 동네 단골들이 끊임없이 드나드는 이유가 있다. 인원수에 맞춰 푸짐하게 수육을 내어주는 인심 덕분에 순천에 가면 웃장부터 찾게 된다.

웃장의 향촌식당 📍전남 순천시 북문길 40 🅿 가능 📞 061-752-2522 ⏰ 08:00~20:00, 평일 브레이크 타임 14:00~15:00, 주말 브레이크 타임 15:00~16:00(수요일 휴무) ₩ 국밥 10,000원, 옛날순대국밥 11,000원, 수육(중) 20,000원

영애씨 석쇠불고기

순천의 어르신들은 웃장을 북부시장이라고 부르고, 아랫장을 남부시장이라고 부른다. KTX 순천역에서 걸어서 10분이면 도착하는 아랫장은 웃장보다 규모가 크고 맛집도 다양해서 웃장과는 또 다른 볼거리와 먹거리를 즐길 수 있다. 순천의 인심을 또 한 번 느낄 수 있는 석쇠불고기집으로 가보자. 간판에 '착한 식당'이라고 적혀 있는 집이다. 순천식 원조 석쇠불고기 세트를 인원수 대로 시키면 된장찌개까지 포함된 근사한 한상 차림이 완성된다. 알싸한 갓김치부터 각종 무침과 장아찌가 입맛을 돋운다. 간장 양념과 고추장 양념을 더해 맛있게 구워지는 고기에 파채와 치즈를 곁들여 굽는다. 너무 맛있어서 배부른 줄도 모르고 세트에 포함된 냉면과 볶음밥까지 싹싹 비우게 된다.

📍전남 순천시 장평로 60 아랫장내 먹거리장터 🅿 2시간 무료 📞 0507-1433-4412 ⏰ 10:30~20:30, 브레이크 타임 15:00~16:40(일요일 휴무) ₩ 아랫장석쇠불고기 세트 2인 28,000원, 3인 38,000원, 4인 48,000원 📷 @i.yanghun

CITY
30
너와 함께 걷고 싶은 바다
여수

여수 바닷가에선 파도가 낭만의 노래를 부른다. 상쾌한 바닷바람이 불어오는 해안선을 따라 걷
다가 케이블카도 타고, 루지도 타보자. 게장백반과 선어회, 장어탕을 한번 맛보고 나면 벚꽃이
피고 질 때마다 여수가 그리울 테다.

여수를 가장 멋지게
여행하는 방법

01
하늘에서, 섬에서, 절에서
여수 바다 즐기기

02
'여수 밤바다' 들으며
검은 해변 걷기

03
백반부터 삼합까지
안 먹으면 후회할 맛!

여수의 푸른 바다를 즐기는 방법

케이블카를 타고 여수 앞바다를 내려다보거나 스카이타워에 올라 오동도를 배경으로
인생 사진을 찍어도 좋다. 여수 예술랜드 앞 카페에서 통유리 너머로 만나는 바다도 그윽하다.
날씨만 좋다면 매일 아침 향일암에 오르고 싶을 정도로 여수의 바다는 무척이나 찬란하다.

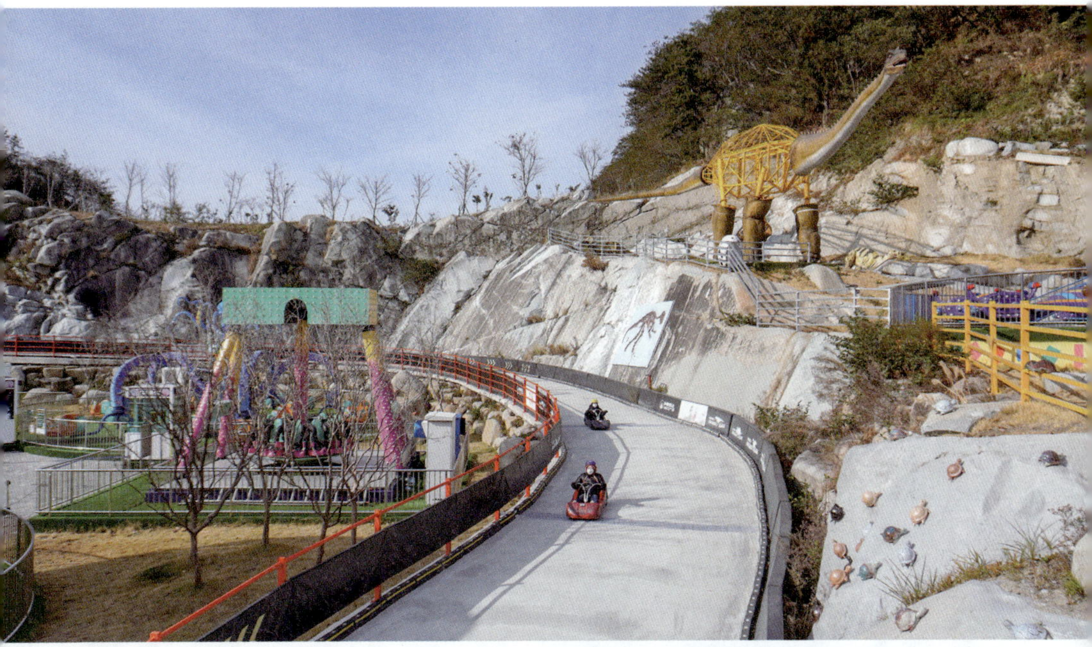

시속 40km의 속도감을 즐겨요

유월드 루지 테마파크

#아이와함께 #커플여행 #액티비티

바퀴 달린 썰매를 타는 기분이 이렇게 좋을 줄이야! 지상에서 7m 높이로 세운 1.3km의 트랙을 달리면 저 멀리 여수 앞바다까지 날아갈 듯 가슴이 두근거린다. 커브에서 적절하게 속도를 제어하고, 다른 이용자와 부딪치지 않도록 주의하면서 스릴을 즐겨보자. 종점에 도착하면 리프트를 타고 탑승장으로 다시 올라가는 재미도 쏠쏠하다. 루지 외에도 실내 키즈 카페인 쥬라기 어드벤처, 야외 놀이공원인 다이노밸리를 운영해 아이와 함께 놀러 가기 좋다. 이용하는 공간과 루지 이용 횟수에 따라 요금이 달라진다. 날씨에 따라 루지 탑승과 다이노밸리 입장이 제한될 수 있으니 방문 전 홈페이지에서 확인하자.

전남 여수시 소라면 안심산길 155 Ⓟ 가능 ☎ 0507-1368-6000 🕙 10:00~19:00 ₩ 초등학생 이상 루지 2회권 25,900원, 3회권 28,900원, 미취학 아동 2회권 13,900원, 3회권 16,900원
@yeosuluge_uworld

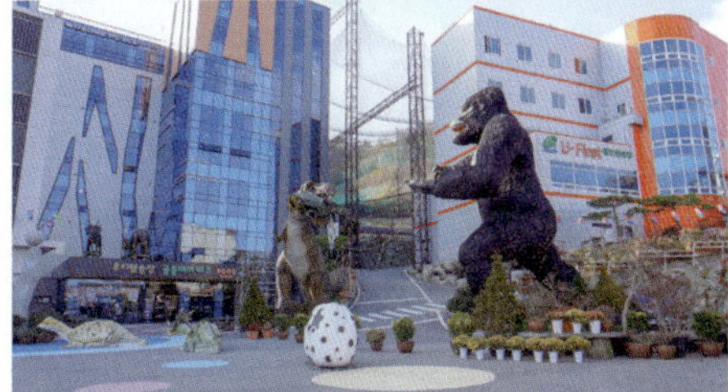

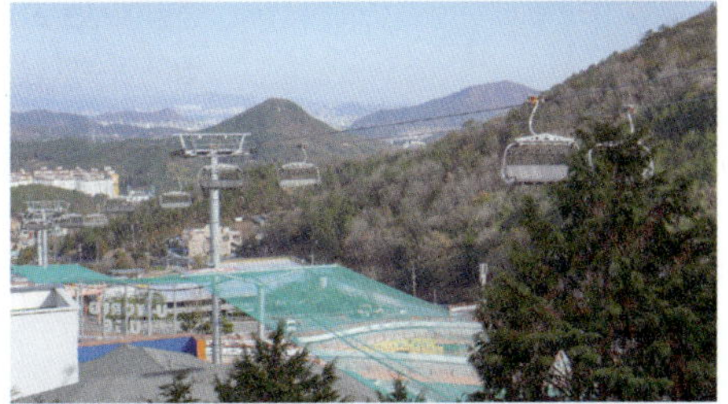

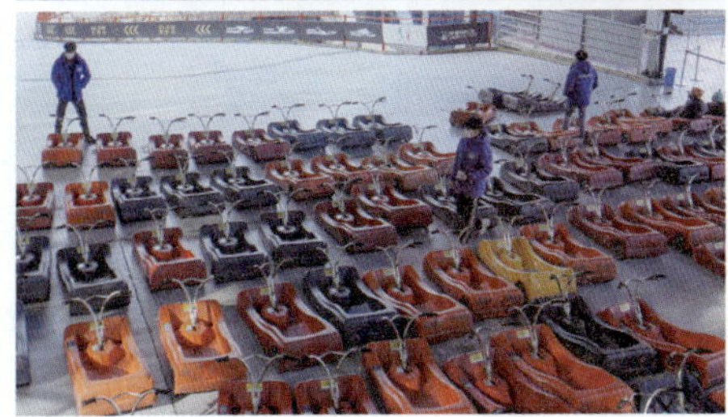

맑은 날 여수 여행의 즐거움

여수 해상케이블카

#뷰맛집 #여수바다 #낭만여행

여수 바다는 형용할 수 없는 푸르름이 넘실댄다. 그 바다를 내려다보며 케이블카를 타는 기분이 환상적이다. 중앙동의 이순신광장, 알록달록한 고소동의 벽화 거리, 여수해양공원과 빨간 하멜 등대가 여수의 물빛을 배경으로 영화처럼 펼쳐진다. 돌산대교와 장군도, 거북선대교 아래 크고 작은 배들이 바다로 흘러간다. 돌산 탑승장에서는 돌산공원을 산책하며 여수의 석양을 감상할 수 있고, 자산 탑승장에서는 일출정에 올라 오동도 앞 남해를 내려다볼 수 있다. 자산 탑승장에서는 오동도까지 걸어서 다녀올 수도 있다. 낮이든 밤이든 맑은 날을 콕 집어 여수의 낭만적인 바다를 근사하게 즐겨보자.

(돌산 탑승장) 전남 여수시 돌산로 3600-1, (자산 탑승장) 전남 여수시 오동도로 116 P 가능 061-664-7301 09:30~21:30(왕복 1시간 전 탑승 마감) ₩ 일반 캐빈 8인승 왕복 성인·청소년 17,000원, 어린이 12,000원/ 크리스털 캐빈 6인승 왕복 성인·청소년 24,000원, 어린이 19,000원 www.yeosucablecar.com

여수 예술랜드

#공중그네 #스카이워크 #전망대

여수 예술랜드는 리조트 부지 안에 있는 미디어 아트 조각공원이다. 거대한 손 조형물인 마이다스의 손 전망대에서 인증 사진을 찍으려면 부지런히 줄을 서야 한다. 100m 상공을 나는 익스트림 공중그네와 투명 강화유리를 설치한 바닥 위로 집라인을 연결해 걷는 오션스카이워크는 옆에서 봐도 짜릿하다. 입장료 대비 부지의 규모는 그리 크지 않다.

📍 전남 여수시 돌산읍 무술목길 142-1 🅿 가능
📞 0507-1493-0022 🕐 10:00~22:00 ₩ 미디어아트 입장료 성인·청소년 15,000원, 어린이 10,000원/ 익스트림 공중그네 5,000원/ 오션스카이워크 8,000원/ 대관람차 성인 22,000원, 어린이 14,000원
🏠 www.alr.co.kr

모이핀 오션

#인생사진 #오션뷰 #여수핫플

몽돌이 자글자글한 무슬목 해변에서 여수 예술랜드로 올라가는 길에 바다 전망 카페들이 줄지어 섰다. 모이핀은 주차장부터 어마어마한 규모와 압도적인 풍경으로 손님을 맞이한다. '안녕 핀란드'라는 뜻의 이름처럼 산뜻한 북유럽풍 인테리어로 내부를 꾸몄다. 바다가 보이는 테라스에 앉으면 여수 여행을 다 한 기분. 지하의 베이커리, 야외 산책로도 근사하다.

📍 전남 여수시 돌산읍 무술목길 50 🅿 가능
📞 0507-1477-6003 🕐 09:30~19:30(20분 전 주문 마감) ₩ 아메리카노 7,500원, 카페라테 8,000원, 에이드 9,000원 📷 @cafe_moifin

너와 함께 걷고 싶은 여수 밤바다

만성리 검은 모래 해수욕장

여수 시내에서 동북쪽에 자리한 작은 해변이 〈여수 밤바다〉라는 노래의 배경이라고 알려지면서 밤바다의 낭만을 찾아오는 사람이 두 배로 늘었다. 철 성분이 많이 함유된 거무스름한 모래 색깔이 독특한 분위기를 자아낸다. 여름이면 뜨겁게 달아오른 모래에 찜질하기도 좋고, 물이 얕아 아이들과 함께 물놀이를 하기에도 좋다.

📍 전남 여수시 만성리길 🅿 가능

만성리 바다 앞 산뜻한 카페

NCNP

언덕배기에 세운 하얀 카페가 여수 바다의 낭만을 찾는 사람들을 끌어 모은다. NCNP는 'No Coffee, No Peace'의 약자라고 한다. 바다를 즐기고 싶다면 통유리로 된 2층의 창가 자리가 제격. 건물 뒤편에는 대나무를 심어 싱그러운 작은 공간이 있다. 각 층에 아기자기한 포토존이 있고, 루프톱에는 작지만 안전한 천국의 계단이 있어 사진 찍는 이들을 반긴다.

📍 전남 여수시 망양로 201 🅿 가능 📞 0507-1372-4550 🕐 11:00~19:00(30분 전 주문 마감) ₩ 솔티드크림커피 7,300원, 흑임자크림라테 7,800원, 밤바다에이드 7,800원 📷 @ncnp.official

해양 생물과 다정한 시간

아쿠아플라넷 여수

2012 여수세계박람회의 메인 관람 시설로 지은 해양 테마 파크다. 지상 4층 규모의 거대한 아쿠아리움은 층별로 오션라이프, 마린라이프, 아쿠아포리스트 같은 테마로 꾸며 300여 종의 해양 생물에게 보금자리를 제공한다. 메인 수조에서는 거대한 가오리, 상어, 자이언트그루퍼가 헤엄친다. 터널로 이어진 돔 수조 아래 서면 잠수부가 된 기분. 아마존의 담수어들, 육식 물고기 피라니아, 손을 넣어볼 수 있는 닥터피시 같은 신기한 특징을 가진 물고기들은 따로 모았다. 여수 앞바다의 친근한 물고기들, 온화하게 웃는 표정의 흰고래, 점박이 참물범, 신나게 수영하는 펭귄도 인기다. 매시간 설명회와 먹이 주기, 마술 공연 등 볼거리가 넘쳐난다.

전남 여수시 오동도로 61-11   P 가능   ☎ 1833-7001
⏱ 09:30~19:00(1시간 전 입장 마감)
₩ 성인 37,900원, 청소년 34,900원, 어린이 32,900원
🏠 www.aquaplanet.co.kr/yeosu

파이프오르간 소리 즐기는 전망대
여수세계박람회 스카이타워

#오션뷰 #여수풍경 #쉬어가기

1980년부터 약 30년 동안 남해안의 산업화를 담당했던 시멘트 저장고가 2012 여수세계박람회를 계기로 전망대로 변신했다. 남해안과 오동도, 여수 시내와 박람회장, KTX 여수엑스포역까지 한눈에 아우른다. 건물 외벽에 설치한 80개의 파이프에서는 뱃고동 소리를 닮은 파이프오르간 선율이 흘러나온다. 전망대 꼭대기에서 바다의 소리를 듣는 호사를 누려보자.

◉ 전남 여수시 박람회길 1 국제관 ◉ 가능 ◉ 061-659-2065 ◉ 10:00~22:00
◉ 성인 3,000원, 청소년·경로 2,500원, 어린이·여수 시민 1,500원
◉ www.expo2012.kr/web

육지와 연결된 동백섬
오동도

#봄맞이 #동백섬 #산책로

오동도의 봄은 점점이 붉다. 3월이면 3,000여 그루의 동백나무가 발그레 물든다. 여수에서 오동도까지 도로가 연결되지만 일반 차량은 출입할 수 없다. 슬슬 걷거나 동백열차를 타고 섬으로 들어간다. 용이 들고 났다는 용굴, 하얀 등대가 반기는 정상, 야경이 아름다운 음악 분수, 바다와 가까운 전망대와 포토존이 있다. 한두 시간은 걸어야 하니 편안한 신발을 신고 가자.

◉ 전남 여수시 오동도로 222 ◉ 오동도 주차장 혹은 오동도 공영주차타워
◉ 061-659-1819 ◉ 동백열차 편도 성인 1,000원, 어린이·청소년·65세 이상 500
원 ◉ www.yeosu.go.kr/tour/travel/10tour/odongdo

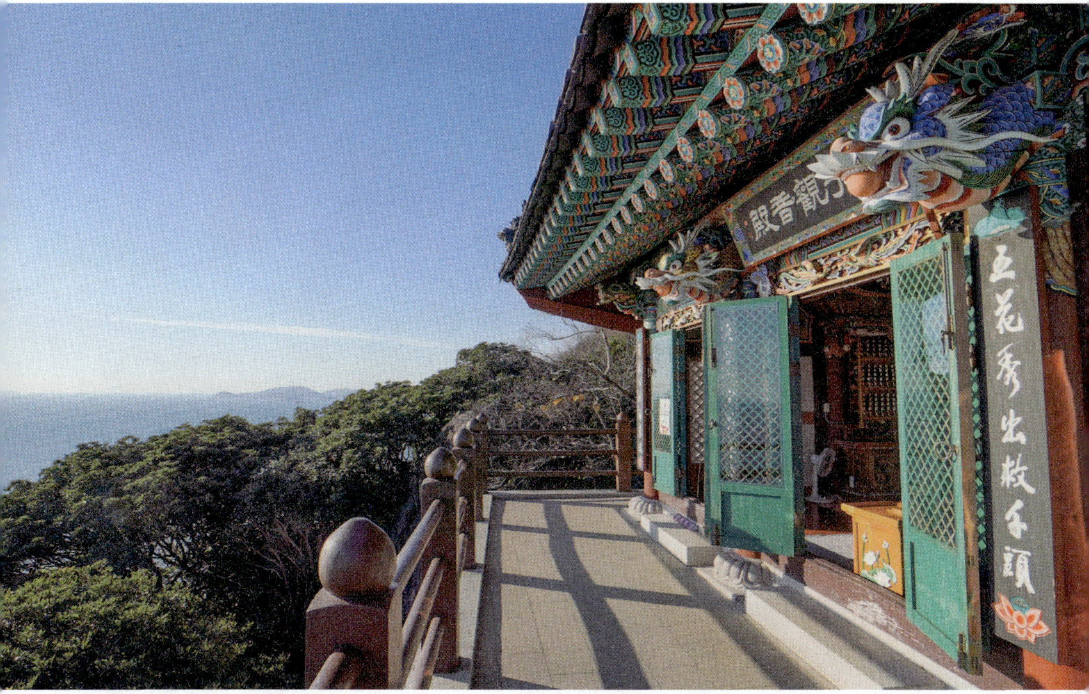

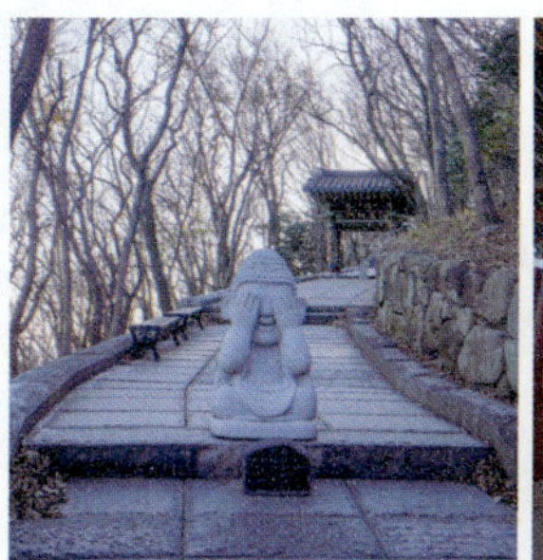

황금빛 소원을 담은 해를 향한 암자

#소원을말해봐 #일출맛집 #인생사진

향일암

일주문을 지나 등용문까지 오르는 길이 가파르다. 층계를 지나고 오솔길을 걷다가 해탈문을 상징하는 바위 틈을 지나야 대웅전 앞에 도착한다. 거침없이 해를 마주한 대웅전이 반짝반짝하다. 용왕전으로 불리는 천수관음전에서 기도하는 사람들의 마음을 헤아린다. 관음굴을 지나 관음전으로 한 번 더 오른다. 원효대사가 좌선을 했다는 넓적한 바위가 꿋꿋하게 바다를 응시한다. 1,300년 전 원효대사는 거북이가 바다로 뛰어드는 이곳의 형세를 보고 기도를 드리다 관세음보살을 친견했다고 전한다. 절 곳곳에 거북이가 많은 이유다. 신라시대 원효대사가 지은 원통암이 1715년, 향일암이 되었다. 향일암이란 명칭은 금오산의 기암절벽에 핀 울창한 동백이 남해의 일출과 어우러진 모습에서 유래했다고 한다. 관음전 해수관세음보살상 아래 뭇 사람들의 황금빛 소원이 펄럭인다.

전남 여수시 돌산읍 향일암로 60 Ⓟ 가능
061-644-4742 ₩ 무료 www.hyangiram.or.kr

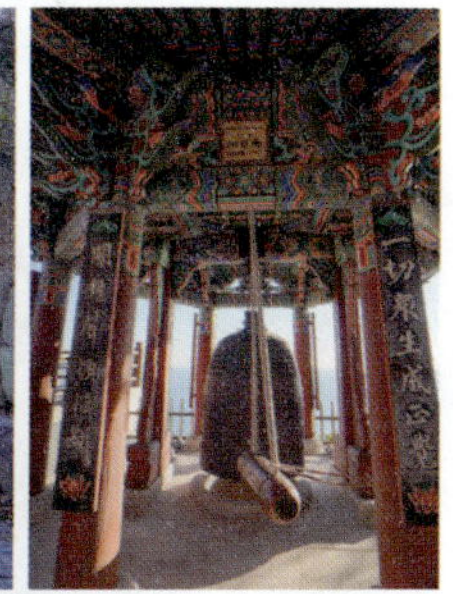

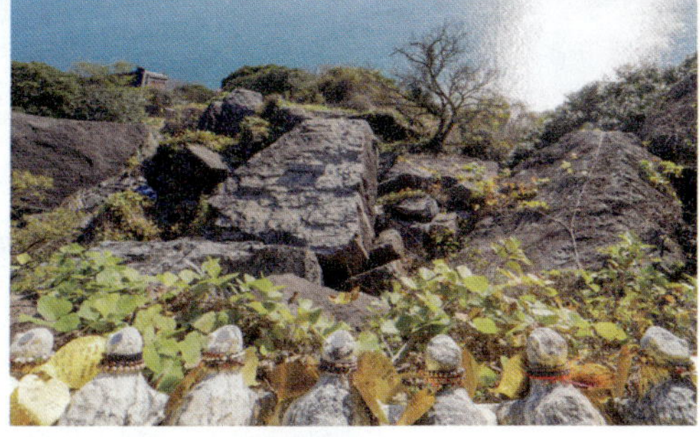

잊을 수 없는 여수의 맛

여행하기에 멋있는 고장과 맛있는 고장이 있다면 어디를 고를까? 여수에서는 고민할
필요가 없다. 푸른 바다를 유영하며 여수의 낭만을 즐기다 밥도둑 간장게장부터
촉촉한 선어회, 매콤달콤한 서대회무침에 갓김치를 곁들이면 여수의 맛과 멋이 동시에 살아난다.
낭만포차 거리에서 여수 삼합을 안주로 '여수밤바다' 한잔하며 여행을 시작해보자.

낭만적인 여수 밤바다 풍경

여수 낭만포차 거리

여수 밤바다의 낭만을 견인하던 붉은 천막의 낭만포차들이 종포해양공원에서 거북선대교 아래쪽으로 이전했다. 여수에 왔으니 여수 삼합을 먹어야지! 돌문어에 고기와 김치는 기본이고, 집집마다 개성을 살려 전복, 새우, 관자 같은 싱싱한 해산물을 더한다. 남은 삼합에 밥을 볶아 먹거나 싱싱한 딱새우회, 얼큰한 문어라면을 곁들이면 여럿이 즐겁다.

📍 전남 여수시 하멜로 102 거북선대교 아래 🅿 가능 🕐 18:00~01:00

낭만포차18번 이순신해물삼합
📍 전남 여수시 하멜로 78 102호 🅿 가능
📞 061-662-0345 🕐 12:00~02:00(1시간 전 주문 마감) ₩ 이순신돌문어삼합 44,000원, 전복버터구이 35,000원, 딱새우회 35,000원 📷 @nangmanno18

여수에서 유명한 선어회 맛집

41번포차

수많은 미식가가 41번포차에 다녀와야 여수를 제대로 맛본 것이라 했다. 봉산동 게장 골목 근처에 자리한 41번포차에서 '선어회'를 먹어보면 이유를 안다. 삼치, 병어, 민어회는 그냥 먹어도 입에서 살살 녹지만 양파에 마늘종을 더한 양념장에 싸 먹으면 한껏 맛이 산다. 뜨끈한 미역국도, 살이 가득한 게장도, 잘 삶은 신선한 꼬막도, 아껴 먹고 싶을 만큼 맛있다.

📍 전남 여수시 봉산남 3길 17 🅿 가능
📞 061-642-8820 🕐 16:00~23:00(일요일 휴무) ₩ 삼치 50,000원, 선어회 모둠(중) 80,000원, 해물삼합(대) 50,000원 🏠 41pocha.modoo.at

황금게장

황금게장에서는 커다란 그릇에 양념게장 한 그릇, 간장게장 한 그릇을 인심 좋게 담아준다. 게다가 청양고추 송송 썰어 넣은 간장돌게장이 무한 리필이라니. 양념 묻은 손가락을 쪽쪽 빨며 아쉬워했던 경험은 안녕. 무한 리필 게장으로 실컷 배불러보자. 갓김치에 된장찌개도 깔끔하다. 게장을 포장해가는 사람도 많다. 향일암에 다녀오거나 돌산공원 가는 길에 들러보자.

\#밥도둑 \#간장게장 \#여수맛집

📍 전남 여수시 돌산읍 돌산로 3396
🅿 가능 📞 061-644-3939
🕐 09:00~ 20:00(19:05 주문 마감)
🅦 돌게장정식 15,000원, 갈치조림 20,000원

남도의 한상, 여수의 백반

로타리식당

\#게장백반 \#반찬푸짐 \#맛있다그램

일부러라도 여수에서의 한 끼는 백반을 위해 남겨두자. 한 상 가득 차려내는 여수의 맛을 느낄 기회다. 유명한 백반집이 여럿이지만 아침부터 저녁까지 부지런하고 깔끔하게 운영하는 로타리식당을 추천한다. 기본 백반을 시키면 튼실한 게를 넣어 끓인 된장찌개와 돼지불고기, 간장게장과 양념게장, 갓김치와 쌈 채소까지 넉넉하게 나온다. 먹고 나면 하루가 든든하다.

📍 전남 여수시 서교3길 2-1 🅿 근처 유료 주차장 📞 061-642-2156
🕐 08:00~20:00(수요일 휴무) 🅦 백반 12,000원, 돼지갈비 12,000원, 공깃밥 1,000원

무엇을 시켜도 다 맛있다
광장미가

국물 한 숟가락만 떠먹어도 진짜 다 싶은 집이 있다. 남도음식 명가로 선정된 광장미가의 장어탕에는 통통한 장어가 가득하다. 진한 육수에 아삭한 숙주와 향긋한 쑥갓을 더해 진하고 깊은 맛이 난다. 푸짐한 서대회무침은 밥을 비벼 먹으면 고소한 맛이 더욱 살아난다.

📍 전남 여수시 중앙로 72-22
🅿 해안로 노상 공영주차장
📞 061-662-2930
🕐 08:00~21:00(화요일 휴무)
₩ 장어탕 14,000원, 서대회 14,000원

통유리 너머로 보이는 오션 뷰
낭만카페

#돌산대교뷰 #포토존 #카페그램

여수를 대표하는 벽화마을인 고소동에 예쁜 카페가 늘었다. 층층이 통유리로 마감한 낭만카페에서는 대부분의 자리에서 돌산도와 돌산대교까지 볼 수 있다. 루프톱에 올라 사각형 프레임의 포토존도 놓치지 말자.

📍 전남 여수시 고소 5길 11 🅿 가능 📞 0507-1461-1189
🕐 10:00~18:00, 토요일 10:00~20:00(17:00 주문 마감)
₩ 아메리카노 5,500원, 낭만라테 8,000원 📷 @cafenangman

초심을 잃지 않은 수제 버거
이순신수제버거

#여수맛집 #수제버거 #맛집그램

다양한 맛집이 넘쳐나는 이순신광장 로터리에서 제일 잘 나가는 수제 버거집이다. 두툼한 패티와 꽉 찬 채소로 사랑받는다. 여수 특산물 갓이 들어간 갓마요 버거도 있다. 포장만 가능.

📍 전남 여수시 중앙로 73 🅿 중앙1 공영주차장 📞 0507-1315 -3243 🕐 10:00~21:00 ₩ 이순신버거 단품 6,000원, 세트 8,500원, 갓마요버거 7,400원

진짜 경상도를 만나는 시간

한눈에 보는 경상도

부산과 대구에서 도시 여행을 해도 좋고,
안동과 경주를 잇는 역사 여행을 해도 좋다.
하동을 지나 남해와 통영, 거제를 둘러보며 아기자기한
한려수도의 멋과 맛을 느끼고, 울릉도와 독도에서
천혜의 자연을 만나는 기쁨을 누려보자.

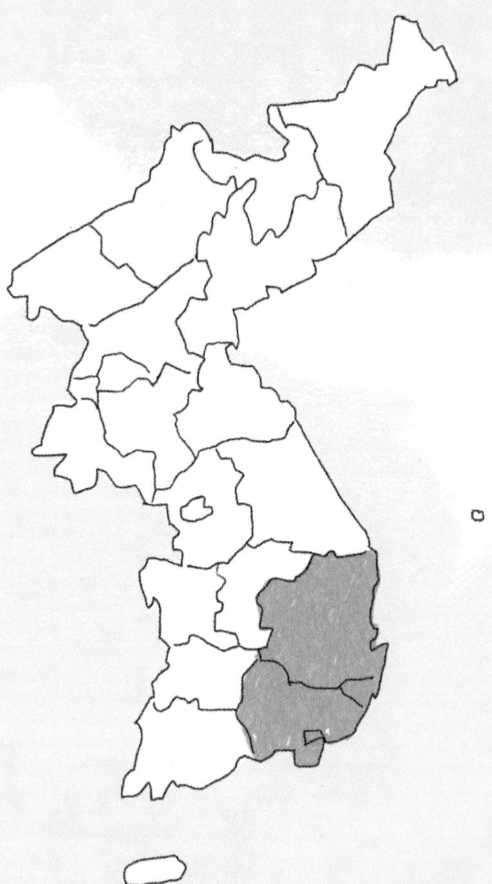

#경주 P.378
신라 천년의 역사 위에 젊은 감성
황리단길이 조화를 이룬 도시.

#안동 P.392
하회마을부터 도산서원까지 이름만 대면
알 만한 볼거리와 사진 명소가 가득.

#부산 P.406
해방 전후의 삶이 묻어나는 원도심을 지나
이국적인 해수욕장과 신선한 해산물까지!

#울산 P.436
대왕암 아래는 용이 잠자고 울산 앞바다에서는
고래가 춤을 추었더랬다.

#포항 P.440
연오랑 세오녀 설화가 살아있는 곳에서
맞이하는 바다와 상생의 손.

#대구 P.446
청라언덕에는 봄의 교향악이 울려 퍼지고,
김광석길에는 젊은 날의 추억이 스며들고.

#하동 P.456
그대여, 그대여, '벚꽃 엔딩' 흥얼거리는
계절이면 하동을 걸어요.

#남해 P.460
금산에 올라 신선놀음을 즐기다 독일마을에서
시원한 맥주로 마무리.

#통영 P.464
'동양의 나폴리' 통영에서 나고 자란
예술인들의 자취와 통영의 맛.

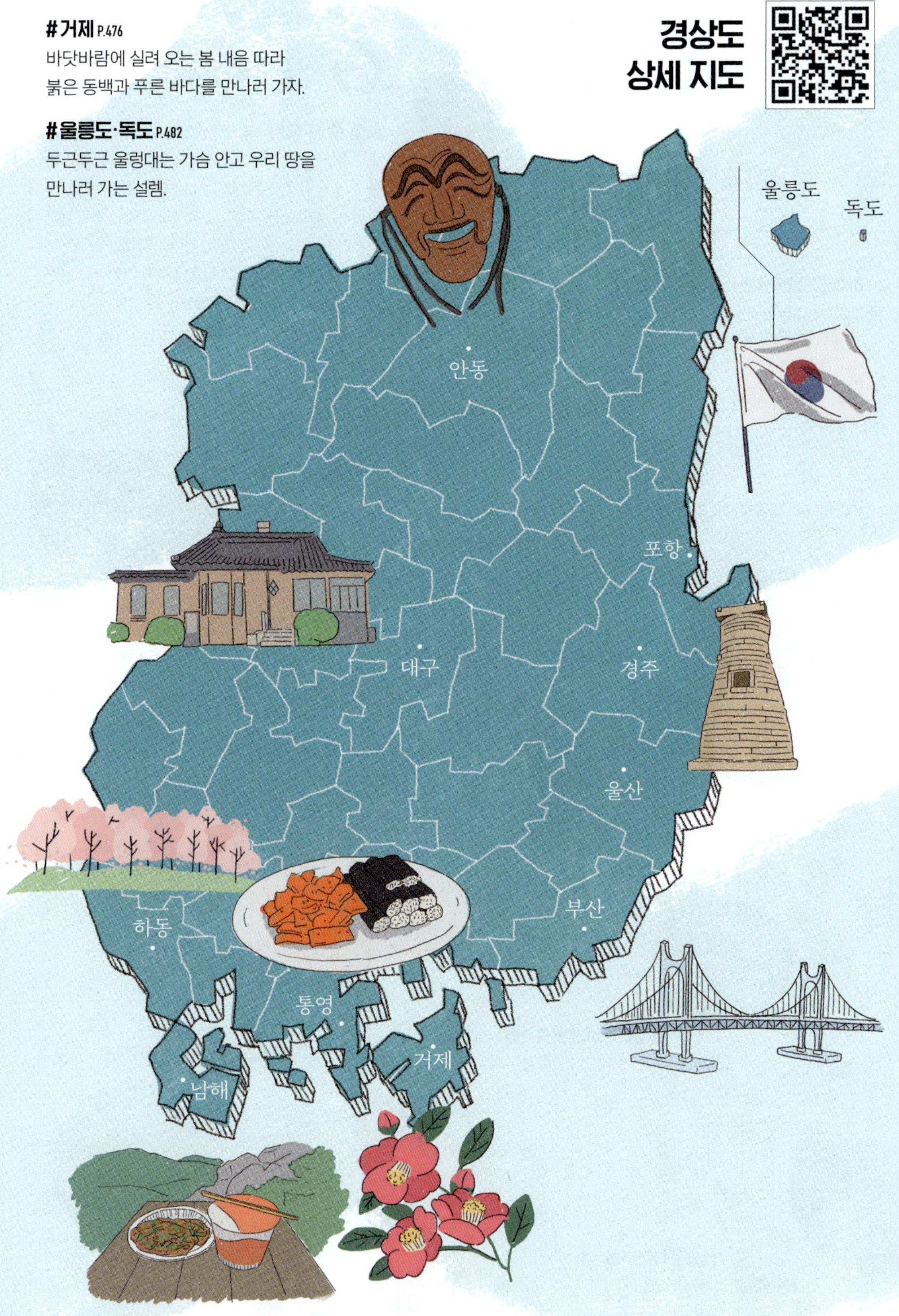

거제 P.476
바닷바람에 실려 오는 봄 내음 따라
붉은 동백과 푸른 바다를 만나러 가자.

울릉도·독도 P.482
두근두근 울렁대는 가슴 안고 우리 땅을
만나러 가는 설렘.

경상도 추천 여행 코스

안동 1박 2일 여행 코스

추천 숙박 볼거리 많은 안동에는 이름 있는 호텔 대신 규모 있는 고택이 더 많다. 고급스러운 전통 숙소들이 웬만한 숙박 시설보다 많으니 예산에 맞춰 잘 찾아보자. 하회마을에서도 민박을 운영하니 조용히 머물고 싶다면 좋은 선택. 의외로 게스트 하우스가 곳곳에 자리 잡고 있으니 함께 여행하는 인원을 고려해 깔끔한 곳을 예약하자.

1일 차 ◎ **하회마을** P.395
하회마을을 거닐며 고택 주인과 인사하기

도보 1분

하회세계탈박물관 P.396
개성 넘치는 하회탈 만나러 하회세계탈박물관 가기

◎ **부용대** P.396
부용대에 올라 하회마을 한눈에 담기

도보 1분

옥연정사 P.397
옥연정사에서 류성용의 마음 짐작하기

병산서원 P.399
병산서원의 근사한 경치 속으로 들어가기

차량 13분

차량 43분

월영교 P.402
월영교의 야경과 분수 쇼 감상하기

월영교달빵 P.402
부드러운 크림의 월영교달빵 맛보기

도보 5분

차량 52분

저녁 안동찜닭 P.405
원조 안동찜닭 골목에서 찜닭 먹기

숙박

2일 차 ◎ **아침 일직식당** P.403
안동 간고등어로 아침 식사하기

만휴정 P.401
드라마 촬영지인 만휴정 거닐기

차량 29분

차량 33분

차량 2분

낙강물길공원 P.401
낙강물길공원의 징검다리에서 사진찍기

점심 맛50년 헛제사밥 P.403
유생들이 먹던 헛제삿밥으로 점심 먹기

차량 25분

◎ **도산서원** P.400
도산서원에서 퇴계 이황 선생 떠올리기

차량 31분

◎ **신세동 벽화마을** P.404
신세동 벽화마을에서 하루 마무리하기

"""

 ## 하동 여행 코스

추천 숙박 쌍계사 근처의 켄싱턴 리조트 외에는 잘 알려진 호텔이나 리조트가 많지 않다. 화개장터에서 쌍계사 사이에 다양한 펜션과 독채 숙소가 몰려 있고, 악양면에도 오롯이 머물 수 있는 조용한 숙박 시설들을 찾아볼 수 있다. 최참판댁에서는 한옥스테이를 운영하고, 평사리공원에서는 야영장을 운영한다.

하동 십리벚꽃길 P.457 
화개장터에서 쌍계사까지 십리벚꽃길 걷기

차량 6분

쌍계사 P.458
볼거리 많은 쌍계사 구석구석 둘러보기

도보 5분

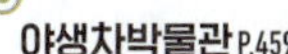 **야생차박물관** P.459
야생차박물관에서 차 한 잔 마시기

차량 31분

점심 금양가든 P.459
유명한 하동 재첩으로 점심 먹기

차량 22분

 **최참판댁** P.458
드라마 〈토지〉의 촬영장인 최참판댁 구경하기

차량 2분

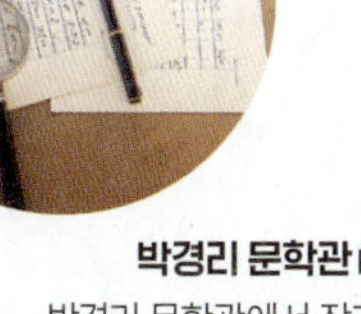

박경리 문학관 P.458
박경리 문학관에서 작가의
삶 들여다보기

차량 5분

부부송 P.459
부부송이 서 있는 악양 벌판과 섬진강 내려다보기

CITY
31
천년 왕조의 유산
경주
교과서에 등장하는 신라의 화려한 금관, 대릉원의 산처럼 거대한 무덤, 에밀레종으로 잘 알려진 성덕대왕신종, 수학여행에 빠지지 않는 코스인 불국사와 석굴암 모두 신라가 전해준 우리의 보물이다. 기원전에 건국한 신라가 천년을 이어오는 동안 변함없이 수도의 자리를 지킨 경주로 떠나보자.

경주를 가장 멋지게
여행하는 방법

01
대릉원의 23기 고분 중
천마총 내부 탐험하기

02
'능 뷰'의 카페에서
대릉원 보며 커피 한잔

03
오징어구이 한입 야외 음주 한잔
황리단길 가맥 즐기기

THEME
01

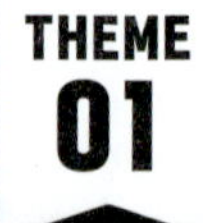

신라의 비밀을 간직한 도시

경주는 천 겹의 레이어를 가진 양파 같은 도시다.
23기의 무덤이 봉긋한 대릉원 깊은 곳에는
또 무엇이 묻혀 있을까. 아직 정확히 밝혀지지 않은
첨성대의 별 관측법은 과연 무엇이었을까.
세계 곳곳의 불자들이 모여들었다는
황룡사 9층 석탑은 얼마나 근사했을까.
신라가 삼국을 통일하고 찬란한 문화를 꽃피운
비밀이 궁금하다면 경주에서 보물찾기를 시작해보자.

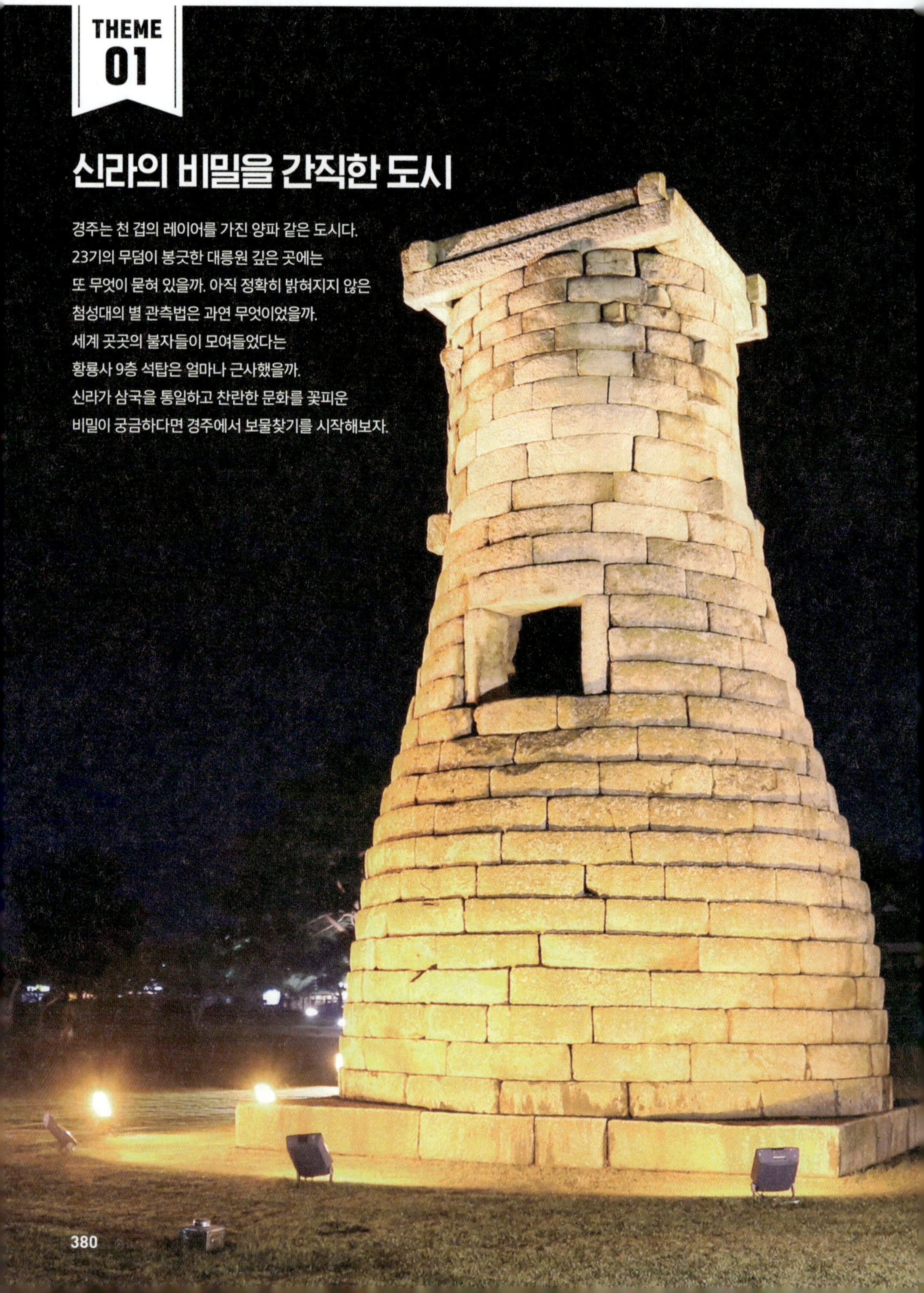

봉긋한 고분이 무려 스물셋이나!

경주 대릉원

#역사를거닐다 #신라의고분 #대표여행지

구불거리며 하늘로 뻗어 오른 소나무가 심상치 않다. 시원한 소나무 숲 사이로 23기의 고분이 독특한 능선을 그린다. 이정표를 따라 차례로 미추왕릉, 천마총, 황남대총을 만난다. '신라의 유물' 하면 떠오르는 화려한 금관부터 금제 허리띠, 금장신구 같은 국보급 유물들이 이곳에서 나왔다. 유물 1만 1,500여 점이 출토된 천마총 안으로 들어가면 신라인의 무덤 형식을 살펴볼 수 있다. 황남대총은 남북의 길이가 120m에 달하는 거대한 쌍무덤이다. 남쪽 무덤의 주인은 남자, 북쪽 무덤의 주인은 여자로 부부의 무덤을 붙여서 만든 것으로 추정한다. 황남대총 앞에 조성된 연못가에 앉으면 하늘을 가르는 오목한 곡선이 근사하다.

📍 경북 경주시 황남동 53 🅿 가능 📞 054-750-8650 🕐 정문 09:00~22:00, 후문 천마총 09:00~21:30 🏧 성인 3,000원, 청소년·군인 2,000원, 어린이 1,000원

첨성대

\#신라의천문학 \#야경명소 \#필수여행지

7세기 선덕 여왕 때 지은 동양에서 가장 오래
된 천문 관측대. 10m가 채 안 되는 높이의
낮은 돌탑에 기본 별자리 수, 한 달의 길이, 1
년 12개월과 24절기, 1년의 날수 등 헤아릴
수 없이 절묘한 구조와 상징을 품었다. 천원
지방天圓地方이라는 말대로 기단은 정사각형
이고 몸체는 원형이다. 거친 질감을 솔직하게
내비치는 첨성대가 여전히 숨기고 있는 별 관
측법의 비밀이 궁금해진다.

⚲ 경북 경주시 인왕동 839-1 ⓟ 가능

문무왕이 지은 태자의 궁전이자 연회장
동궁과 월지

\#한밤의데이트 \#야경명소 \#안압지

동궁은 신라시대의 여러 궁궐터 중 하나로 연못을 파고 산을 만들어 귀한
새와 기이한 짐승들을 길렀다. 또한 태자가 거처하면서 나라의 경사가 있
을 때나 귀한 손님을 맞을 때 연회를 베풀었다. 연회 도중 연못에 빠뜨리
거나 전쟁 통에 잃어버린 화려하고 세련된 궁중 생활용품이 3만 점이나
나왔다고 하니 당시의 야경이 지금보다 훨씬 더 근사했을지도 모른다.

⚲ 경북 경주시 원화로 102 ⓟ 가능 ☎ 054-750-8655 🕐 09:00~22:00 ₩ 성
인 3,000원, 청소년·군인 2,000원, 어린이 1,000원

최씨 고택과 향교를 품은 한옥마을
교촌마을

\#최씨고택 #경주향교 #월정교

교촌마을은 신라시대의 국립 유교 교육기관 인 국학이 있던 곳이다. 신라의 국학은 이후 고려의 향학으로, 조선의 향교로 이어졌다. 마을의 이름이 교동, 교리, 교촌으로 불린 이 유다. 최씨 고택을 중심으로 경주향교와 전통 한옥이 남아 있고, 된장이나 경주법주를 구입 할 수도 있다. 최근에는 카페와 레스토랑, 게 스트 하우스도 들어섰다. 마을에서 월정교까 지 한 번에 돌아볼 수 있다.

경북 경주시 황남동 395-7   가능
054-760-7880

신라 선덕 여왕 때 창건한 유서 깊은 사찰
분황사

\#사찰여행 #신라의석탑 #모전석탑

살아낸 세월에 비해 절의 규모는 아담하지만 지금까지 남아 있는 신라시대의 석탑 중 가장 오래된 모전석탑이 이곳에 있다. 흔하지 않은 모양의 벽돌 탑이 신기하다. 탑 의 네 귀퉁이에는 돌사자가 당당하게 앉아 있고, 탑의 네 방향에는 독특한 여닫이 돌문이 달렸다.

경북 경주시 분황로 94-11   가능   054-742-9922
09:00~18:00, 동절기 09:00~17:00   무료
www.bunhwangsa.org

1,400년 전 서라벌의 중심
황룡사지

\#역사문화관 #상상력이필요해 #복원중

원래 궁궐이 들어설 뻔했던 자리였는데 황룡이 나타나 는 바람에 절을 세웠다는 웅장한 설화가 전해진다. 선덕 여왕 때 백제의 명공 아비지를 초청해 지은 80m 높이의 9층 목탑과 솔거가 그렸다는 금당벽화가 이곳에 있었다 는데, 지금은 까치들만 빈 터의 주인 행세를 한다.

경북 경주시 임해로 64-19
분황사 주차장 혹은 황룡사지 황룡사역사문화관 주차장
054-777-6862

불국사

대웅전(보물)

범종각

불국사는 신라 사람들이 상상하던 부처의 세계다. 완공 당시에는 건물이 80채가 넘었다니 지금보다 훨씬 규모가 컸을 것이다. 33계단으로 이루어진 청운교와 백운교는 최고의 포토존이자 부처의 세계와 인간의 세계를 나누는 상징적인 역할을 하는 다리라고 한다. 돌다리 양쪽에는 불전사물이 놓인 좌경루와 수미산을 상징하는 범영루를 두었다. 동쪽에 청운교와 백운교가 있다면, 서쪽에는 연화교와 칠보교가 있는데 깨달음을 얻은 사람만 오르내렸다고 한다. 또한 부처의 나라를 상징하는 대웅전과 극락전, 비로전과 관음전은 높은 곳에 위치해 경건한 마음으로 오르게 된다. 다보탑과 석가탑뿐만 아니라 석등과 불상까지 알고 보면 시선이 닿는 모든 것이 국보와 보물이다.

경북 경주시 불국로 385 ▯ 불국사 공영주차장, 승용차 1,000원, 버스 2,000원 ☏ 054-746-9913 ⏰ 하절기 09:00~18:00, 동절기 09:00~ 17:00 🏠 www.bulguksa.or.kr

다보탑(국보)

자하문 청운교 백운교(국보)

사리탑(보물)

석가탑(국보)

석굴암

상상해보자. 동쪽 바다에서 해가 떠올라 햇살이 부처의 이마를 비추면 석굴 전체가 따뜻하게 빛나는 모습을. 석굴암의 부처가 정확하게 동남쪽 30도를 향해 앉은 이유다. 접착제 하나 없이 둥글게 돌을 쌓아 20톤 무게의 덮개돌로 마무리한 신라 석공들의 기술도 놀랍고, 예술혼을 담아 조각한 부처의 오묘한 표정도 신비롭다. 석굴암 내부는 사진 촬영이 금지다. 직접 찾아가 눈에 담아야 하는 이유이기도 하다.

📍 경북 경주시 석굴로 238 ℗ 가능, 승용차 2,000원, 대형차·버스 4,000원 📞 054-746-9933 🕐 하절기 09:00~18:00, 동절기 09:00~17:00 🏠 www.seokguram.org

TIP 신라인들의 놀라운 기술력

잘 보존되던 석굴암은 일제 강점기에 시멘트를 바르는 잘못된 보수를 시작해 내부에 습기가 차기 시작했고, 지금은 복구할 방법을 몰라 에어컨을 틀어 습기를 제거하고 있다. 천년의 세월 동안 습기 하나 없이 보존된 석굴암을 만든 신라인들의 기술이 놀라울 따름이다.

황금의 나라 신라
국립경주박물관

#박물관 #신라의유물 #가족나들이

도시 전체가 박물관이나 다름없는데 굳이 박물관을 찾아가야 하나 싶겠지만, 국립경주박물관에 전시된 화려한 국보급 유산들은 그럴 만한 가치가 있다. '황금의 나라 신라'라는 이름이 붙은 전시실이 있을 정도다. 교과서에서 보던 금관뿐만 아니라 금으로 만든 관장식, 허리띠, 장신구가 다 모였다. 옛 신라인들의 신심을 담은 불상들이 늘어선 불교미술실 또한 경이롭다. 야외에는 성덕대왕신종, 다보탑과 석가탑 같은 석조품만 1,000여 점을 전시하니 넉넉한 일정으로 방문하자.

📍 경북 경주시 일정로 186 ℗ 가능 📞 054-740-7500 🕐 10:00~18:00, 3~12월 토요일 10:00~21:00(1월 1일·명절 당일 휴관) ₩ 무료(유료 특별전시는 제외) 🏠 gyeongju.museum.go.kr

경주 핫플 황리단길

경주를 대표하는 핫플레이스로 자리 잡은 황리단길에는 전통적인 외양에 모던한 감각을 더한
카페와 식당, 숍들이 즐비하다. 한옥 마당에서 맛보는 이탤리언 음식이라든가
한옥 지붕 밑의 서양식 등나무 테이블이 의외로 조화롭다. 기와 밑으로 선명하게 칠한
옥색과 노란색, 원색의 벽이 독특한 에너지를 발산한다.

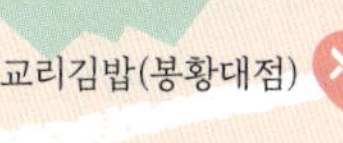

여기가 요즘 경주
황리단길 지도

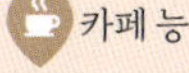

TIP 황리단길 주차 꿀팁

대릉원 정문 주차장에 차를 세우고 돌아
본 뒤 후문으로 나가면 왼쪽으로 황리단
길이 이어진다. 황리단길에서 유유자적
식사도 하고 음료도 마신 후 주차장으로
돌아가면 황리단길의 무시무시한 주차
난을 피할 수 있다.

황남주택

#황리단길가맥 #경주핫플 #야외음주

한옥이 빼곡히 들어선 골목에서 뿜어져 나오는 자유롭고 힙한 감성, 한여름 밤의 해수욕장 저리가라 할 흥겨움 가득한 마당. 이곳 앞에 서면 누구라도 자리를 찾아 두리번거리게 된다. 테이블당 안주 하나를 기본으로 주문하고 맥주는 직접 냉장고에서 꺼내 먹는 가맥집 스타일.

경북 경주시 포석로1050번길 45-8 · 대릉원 주차장 · 0507-1480-5359 · 17:00~24:00, 주말 15:00~24:00 · 손질먹태 18,000원, 반건조오징어 17,000원, 김부각 8,000원, 국산맥주 5,000원 · @hn_house

전국에서 손꼽히는 김밥의 단맛

교리김밥

#경주맛집 #달걀김밥 #국수도맛있다

50년 전통의 교리김밥에서 달큼하고 폭신한 지단을 꾹꾹 눌러 싼 김밥과 간이 딱 맞는 잔치국수를 함께 먹어보자. 김밥 맛집인지 국수 맛집인지 헷갈릴 정도로 궁합이 좋다.

교리김밥 봉황대점 경북 경주시 태종로 746 · 대릉원 주차장 · 0507-1358-5130 · 09:30~19:00, 브레이크 타임 14:00~15:00(목요일 휴무)

교리김밥 본점 경북 경주시 탑리3길 2 · 가능 · 054-772-5130 · 08:30~17:30, 주말·공휴일 08:30~18:30(수요일 휴무) · 김밥 2줄 도시락 13,000원, 김밥 3줄 도시락 19,500원, 교리국수 9,000원 · www.교리김밥.kr

황리단길을 내려다보는 루프톱 카페

카페 능

#루프톱카페 #베이커리 #황리단길카페

동네 목욕탕이었던 황남탕이 근사한 카페로 변신했다. 모던한 화이트 인테리어의 1층, 좌식과 테이블이 함께 놓인 한옥 스타일의 2층을 지나면 아기자기한 황리단길이 내려다보이는 옥상이다. 어느 도시에서나 루프톱 카페는 옳은 선택. 황리단길에서도 마찬가지다.

경북 경주시 포석로1068번길 3 · 대릉원 주차장 · 0507-1320-3898 · 10:00~22:00 · 아메리카노 5,500원, 아인슈페너 6,500원 · @cafe_neung

더울 때는 밀면, 쌀쌀해도 밀면

황남밀면

#밀면맛집 #경주맛집 #면요리

한우사골에 토종닭, 24가지 약재와 과일로 끓여냈다는 육수는 살얼음을 띄운 자태만 봐도 맛집스럽다. 비빔면의 양념은 10가지 이상의 과일이 들어가서 새콤달콤하고 국내산 고춧가루의 매운맛이 산뜻하다. 부산까지 가지 않아도 밀면의 매력에 빠지기에 충분하다.

경북 경주시 포석로1068번길 12 · 대릉원 주차장 · 054-745-0305 · 11:00~20:00, 브레이크 타임15:30~16:30 · 물밀면 10,000원, 비빔밀면 10,000원, 황남들깨밀면 11,000원 · @hwangnam0102

칼칼한 닭칼국수 한 그릇
도솔마을

#한옥맛집 #손맛좋은집 #칼국수맛집

황리단길의 유명한 백반집인 도솔마을은 갈 때마다 새로운 메뉴를 선보인다. 아무리 메뉴를 바꿔도 주인장의 손맛은 그대로다. 깔끔하게 부쳐낸 모둠 전에 막걸리를 곁들여 한상 가득 차려지는 수리산 정식을 맛보자. 한옥의 묘미를 잘 살린 내부 공간도 매력적이다.

📍 경북 경주시 손효자길 8-13 🅿 노동공영주차장이나 대릉원주차장 📞 054-748-9232 🕐 11:00~20:30, 브레이크 타임 15:00~17:00(1시간 전 주문 마감, 화·수요일 휴무) 🏷 수리산 정식 1인 13,000원(2인 이상), 모둠 전 10,000원

널찍한 한옥에서 즐기는 일식
료미

#한옥식당 #일식당 #분위기맛집

시원한 바람 솔솔 부는 바깥 자리도, 반투명 레이스 커튼으로 분위기를 살린 실내의 테이블 자리도 운치 있다. 깻잎 페스토와 수란을 얹은 고마소바, 수란을 얹어 고추냉이에 비벼 먹는 스테이크덮밥, 생선회를 넣은 김밥인 후토마키까지 한 번에 맛보고 싶다면 2인 세트를 시켜보자.

📍 경북 경주시 포석로 1058-1 🅿 대릉원 주차장 📞 054-624-5060 🕐 11:00~21:00, 브레이크 타임 15:00~17:00 🏷 고마소바 12,000원, 후토마키(5피스) 16,000원, 2인 세트 39,000원

50년 장인의 수제빵
이상복명과 본점

#경주빵 #찰보리빵 #경주맛집

황남빵의 계보를 잇는 경주빵을 맛보자. 적당하게 달고 맛있는 팥앙금에 반한다. 이상복명과는 경주 시내에 10여 군데가 있는데 첨성대 앞의 본가에 가면 부지런한 이상복 명인이 50년 손맛을 담아 빵을 반죽하고 구워내는 모습을 볼 수 있다.

📍 경북 경주시 첨성로 61 🅿 길가 공영주차장 📞 1599-3301 🕐 08:00~21:00 🏷 이상복경주빵 20개 24,000원, 찰보리빵 20개 20,000원, 이상복계피빵 10개 13,000원 🏠 gjbakery.com

레트로한 분위기의 한옥카페
미실카페

#황리단길카페 #마당있는집 #카페그램

단정한 마당을 품은 한옥카페가 골목을 지나는 이들의 발걸음을 멈춰 세운다. 낮에는 싱그러운 초록으로, 저녁에는 나무와 어울리는 따뜻한 불빛으로 분위기를 갈아입는다. 80년대의 가전으로 빈티지하게 꾸민 실내에는 화려한 샹들리에가 달렸다. 야외 공간에는 파라솔과 평상을 두어 경주의 선선한 공기를 느낄 수 있다. 별채의 화장실 옥상에는 루프톱 좌석을 두어 계절별로 다른 매력을 뿜어낸다.

📍 경북 경주시 사정로57번길 19 🅿 서라벌문화회관주차장 📞 0507-1349-1122 🕐 10:30~21:00 ₩ 미실아인슈페너 7,500원, 흑임자라테 7,500원 📷 @misil_official

바람 솔솔 부는 대청마루에 앉아
#야외정원 #황리단길핫플 #한옥카페
스컹크웍스

황리단길에서 마당이 예쁜 카페를 꼽자면 한 손에 꼽을 만한 카페다. 마당에 나무 한 그루가 곧게 자라 여름에는 시원한 그늘을 만들고 가을에는 느긋하게 낙엽이 진다. 실내 자리는 드라마에 응답할 만한 빈티지 가구들로 채워져 포근함을 더한다. 야외에 있어도 춥지 않은 날씨라면 대청마루에 놓인 작은 소반에 커피 한 잔 올려놓고 계절을 만끽해 보자. 비가 오는 날에는 더욱 운치 있다.

📍 경북 경주시 포석로 1058-3 🅿 대릉원주차장이나 황남공영주차장 📞 0507-1418-9300 🕐 10:00~22:00 ₩ 아메리카노 5,000원, 말차동동라테 6,500원, 화이트 벨벳 6,500원 📷 @skunkworks_official

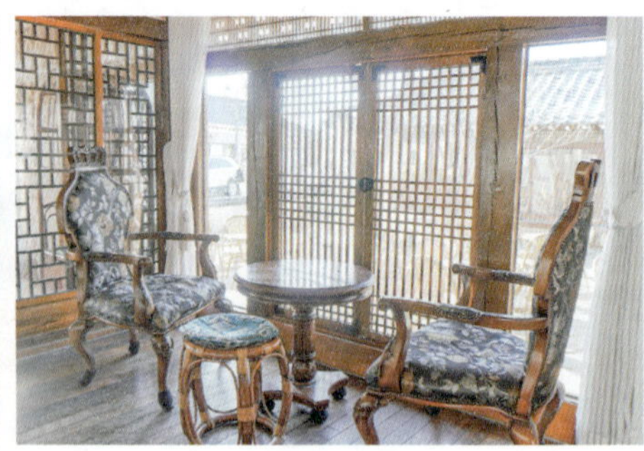

정밤

#황리단길핫플 #맛있는안주 #하이볼러버

고즈넉한 분위기의 작은 정원과 심플한 인테리어, 맛있
는 안주와 다양한 하이볼을 갖추고 황리단길의 신흥 강
자로 떠올랐다. 유자하이볼, 얼그레이하이볼 같은 다양
한 하이볼 메뉴를 갖췄다. 시그니처 하이볼은 정밤하이
볼인데 파인애플 향이 은은해서 마치 고량주 같다. 가
게 이름에 적힌 정(酊)자는 '술 취할 정'자다. 취하고 싶
은 밤이면 정밤이 생각날 듯하다.

📍 경북 경주시 사정로50번길 5-1　🅿 대릉원주차장
📞 0507-1424-1994　🕐 17:30~24:00, 금·토요일 17:30~
24:30(화요일 휴무)　🆆 정밤하이볼 8,000원, 연어장 12,000
원, 도나스나베 29,000원　📷 @jeong_bam_

동리

#황리단길맛집 #줄을서시오 #분위기최고

점심시간에는 가정식집으로, 저녁시간에는 한식 주점
으로 변신한다. 테이블 수가 적어서 저녁마다 길게 대기
줄이 늘어서곤 했는데 이제 브레이크 타임 없이 운영하
면서 낮에도 이용이 가능해졌다. 멋스러운 인테리어만
큼이나 음식이 정갈하고 맛있다. 양념 소갈비찜과 한우
육회가 메인 메뉴. 다양한 우리 술을 갖추어 우리 술로
만든 하이볼을 비롯, 요리에 걸맞은 술을 주문할 수 있
다. 테이블 간격이 넉넉해서 일행끼리 오붓하게 먹고 마
시기 좋다.

📍 경북 경주시 사정로57번길 3-1　🅿 대릉원주차장
📞 054-775-6580　🕐 10:30~21:45(21:00 주문 마감, 화·수
요일 휴무)　🆆 양념 소갈비찜 23,000원, 한우육전 19,000원
📷 @dongri.gyeongju

CITY
32

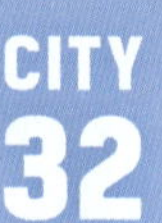

자연스럽게, 자랑스럽게

안동

두루마기를 평상복처럼 걸친 하회마을의 어르신부터 반평생 안동간고등어의 간잽이를 해온 명인들, 옛 유생들의 뒤를 이어 서원을 지키는 해설사, 아버지의 가업을 이어 빵을 굽는 파티시에의 이야기가 안동에서는 참 자연스럽다. 먹고 자고 쉬어가는 여행의 모든 순간에 우리의 전통이 새삼 자랑스럽다.

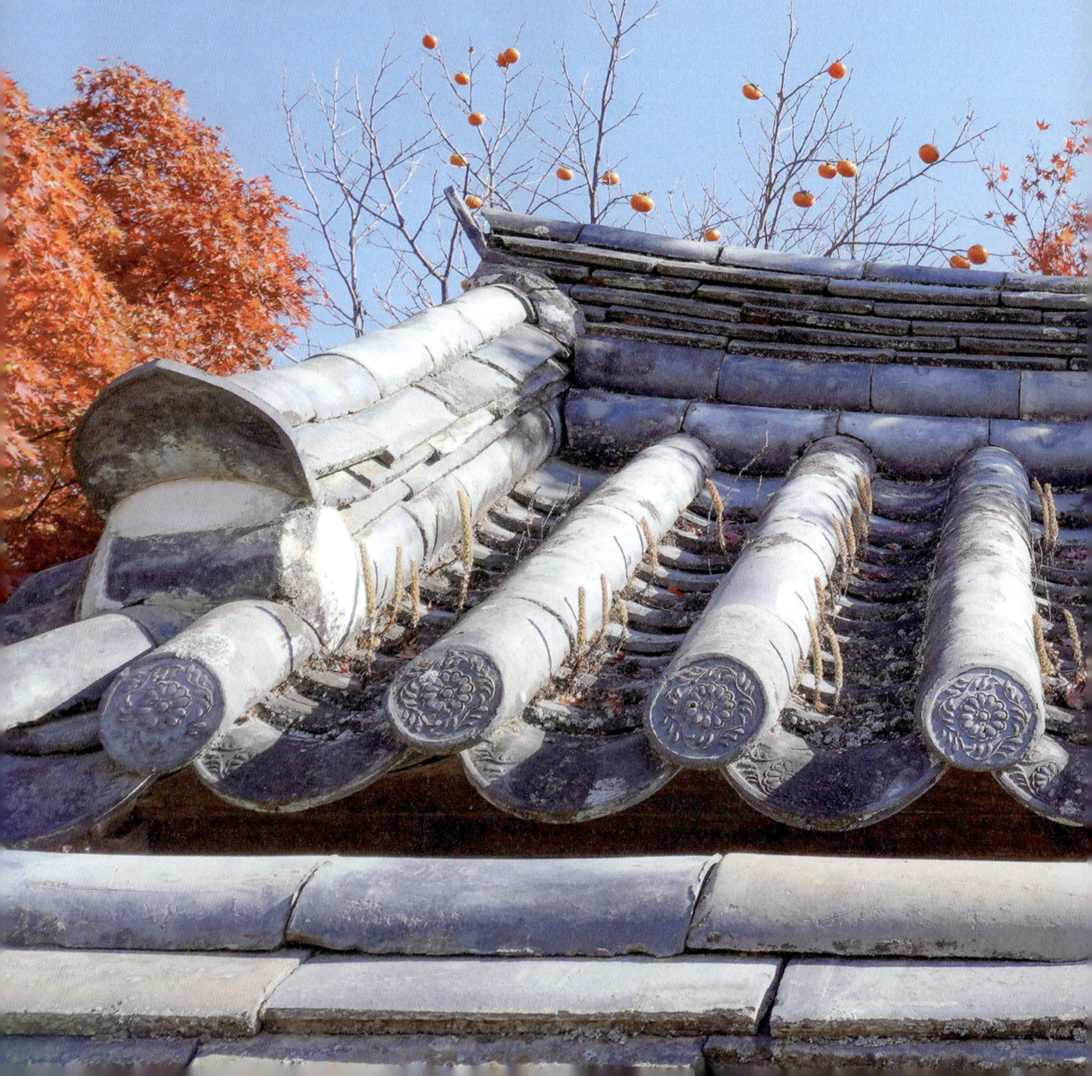

안동을 가장 멋지게
여행하는 방법

01
솔숲을 걸어 올라
부용대에서 하회마을 뷰를!

02
간고등어부터 헛제삿밥까지
안동찜닭은 포장이요!

03
서원 건축의 백미
병산서원 둘러보며 사색을

안동 하면 하회마을

평온하게 햇살 내리쬐는 땅에 낙동강 물길이 굽이굽이 흐른다.
서쪽 벼랑 끄트머리에는 옛 위인이 후학들을 양성하며
책을 쓰던 서원과 정사가 자리하고, 강물이 둥글게 깎아낸 땅에는
마을과 생사를 함께한 느티나무가 600년이나 고요하다.
세계 문화유산으로 지정된 마을이 더욱 애틋한 이유는
그 안에 여전히 전통적인 삶을 살아가는 사람들이 있어서다.
그래서, 역시나, 안동 하면 하회마을이다.

하회마을

마을을 둥글게 휘도는 낙동강이 유유하다. 600년 동안 옛 모습을 지켜온 풍산 류씨의 집성촌이자 조선시대의 학자 류운룡과 영의정을 지낸 류성룡 형제의 고향이다. 대종택인 양진당 앞에 두루마기까지 갖춰 입고 앉은 어르신들께 공손하게 인사를 드리고 마을 구경에 나선다. 마을 한복판에 고고하게 선 삼신당 느티나무가 영험한 기운을 풍긴다. 영국의 엘리자베스 여왕이 방문해 기념식수를 남긴 충효당에는 전서체의 멋진 현판이 걸렸다. 화경당, 염행당, 양오당 같은 고택들이 으리으리하다. 만송정 숲에서 강 건너편을 올려다보면 부용대가 까마득하다. 하회마을에는 지금도 100여 가구의 주민들이 살아 사람의 온기가 돈다.

📍 경북 안동시 풍천면 전서로 186 🅿 가능 📞 054-852-3588 🕐 09:00~18:00, 10~3월 09:00~17:00(30분 전 입장 마감) 💶 성인 5,000원, 청소년·군인 2,500원, 어린이 1,500원 🏠 www.hahoe.or.kr

TIP 하회마을 둘러보는 방법

마을 사람이 아니면 차를 가지고 출입할 수 없다. 안동 하회마을 주차장에 차를 세우고 셔틀버스를 이용한다. 배차 간격은 10~15분. 전기차를 대여해 마을을 둘러볼 수 있지만 골목이 좁아 사고가 잦으니 문화재를 아끼는 마음으로 걸어서 둘러보자. 하회마을에서 옥연정사를 잇는 섶다리는 보통 4~5월에 놓였다가 장마가 지면 떠내려간다. 섶다리가 없는 기간에 부용대와 옥연정사를 보려면 차를 타고 이동해야 한다.

양진당

삼신당

충효당

하회세계탈박물관

'하회탈 몇 개 전시한 작은 박물관이겠지'라고 생각하면 오산이다. 지방마다 내려오는 하회탈, 봉산탈, 강령탈, 산대탈, 오광대탈, 양주별산대탈, 예천청단놀음탈이 저마다 눈을 동그랗게 뜨고 맞아주어 시간 가는 줄 모르고 머물게 된다. 우리나라 탈의 역사와 각양각색 탈의 종류, 탈춤이 품은 해학적인 의미가 새삼스럽다. 2층에서 만나는 세계 30여 개국의 탈도 흥미롭다.

📍경북 안동시 풍천면 전서로 206 🅿가능 📞054-853-2288 🕐09:30~18:00(1월 1일·명절 당일 휴무) ₩무료 🏠www.mask.kr

TIP 국보가 된 '하회탈 및 병산탈'

하회탈은 사실적인 조형미도 뛰어나지만 다른 탈과 달리 턱이 분리되어 있다. 광대가 웃기 위해 고개를 젖히면 입이 벌어지면서 웃고, 화내면서 고개를 숙이면 입을 꾹 다물고 무서운 표정을 짓는다. 고려시대에 만든 하회탈 11개와 병산탈 2개가 국보 121호로 등록되어 있다. 국보로 지정된 하회탈은 현재 안동시립민속박물관에서 만날 수 있다.

하회마을을 조망하는 천혜의 전망대
부용대

#멋진전망대 #겸암정사 #사진여행

소나무 숲을 자박자박 걸어 올라 64m 높이의 절벽 위에 서면 만송정 숲과 형제바위, 하회마을에 물이 돌아나가는 풍경을 만난다. 하회마을이 왜 명당이라 불리는지 단숨에 이해되는 절경이다. 류운룡, 류성룡 형제는 부용대의 오솔길을 따라 옥연정사와 겸암정사를 오갔다는데 지금은 길이 없어 아쉽다. 화천서원과 옥연정사를 둘러보며 아쉬움을 달래보자.

📍경북 안동시 풍천면 광덕솔밭길 72 🅿가능 📞054-856-3013

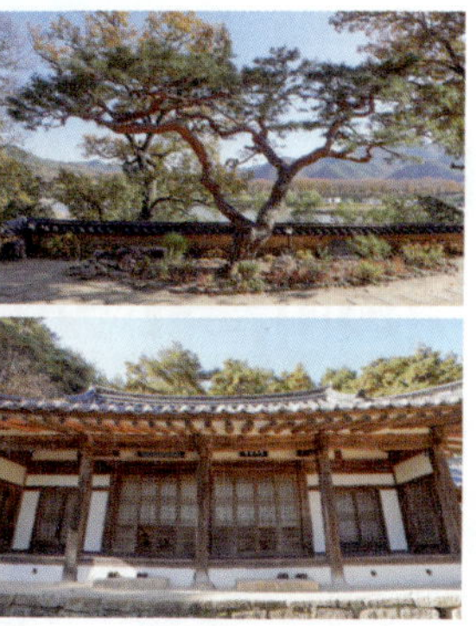

하회마을 건너편의 아름다운 정사

옥연정사

서애 류성룡의 학식을 흠모한 스님이 시주를 모아 지어준 정사다. 앞에 흐르는 옥색 물빛이 얼마나 마음에 들었으면 옥연정사라고 이름 붙였을까. 임진왜란과 권력 다툼에 지친 학자에게 위로를 건네던 소나무가 400년이 넘도록 마당을 지키고 있다. 류성룡이 《징비록》을 집필했다는 원락재와 후학을 가르치던 서당채인 세심재에서 고택 스테이를 할 수 있다.

📍 경북 안동시 풍천면 광덕솔밭길 86 🅿 가능 📞 0507-1434-2206 🏠 www.okyeon.co.kr

---

만송정 숲이 그림이 되는 정사

겸암정사

서애 류성룡이 옥연정사에서 글을 쓸 때 맏형인 겸암 류운룡은 겸암정사에서 후학을 가르쳤다. 부용대의 험한 숲길을 마다하지 않고 왕래할 만큼 형제의 우애가 좋아 낙동강 물 위로 봉긋한 2개의 바위에 형제바위라는 이름이 붙었다. 누마루에 앉으면 류운룡이 직접 심었다는 만송정 숲에서 바람이 불어온다. 그윽한 정취가 일품이지만 여닫는 시간이 일정치 않다.

📍 경북 안동시 풍천면 광덕리 37 🅿 가능

하회마을 이외의 볼거리 먹거리

안동의 으뜸가는 볼거리를 꼽자면 단연 하회마을이지만, 하회마을만 보고 안동 여행을 마치기엔 놓치기
아쉬운 명소가 많다. 한국문화유산답사회에서 "안동 답사는 다른 어느 지역보다 발품을 많이 팔아야 한다"고
했을 정도로 멋스러운 볼거리와 개성 있는 먹거리가 적지 않다. 퇴계 이황 선생이 머물던
도산서원부터 젊은이들의 피크닉 명소인 낙강물길공원까지 안동의 매력을 꼼꼼하게 살펴보자.

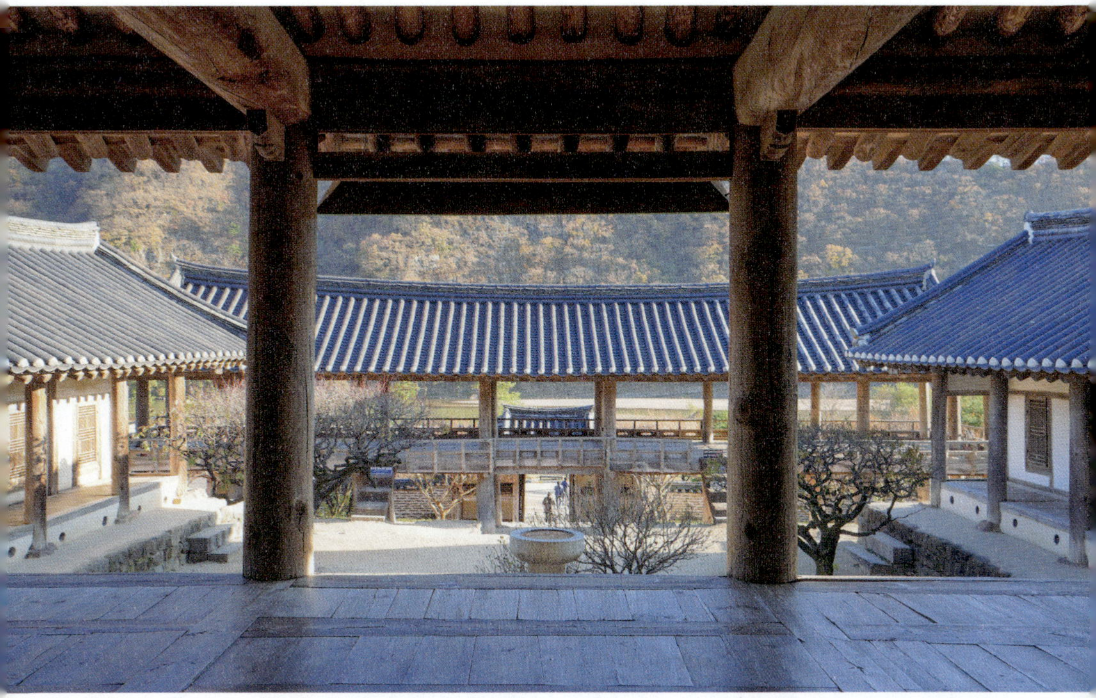

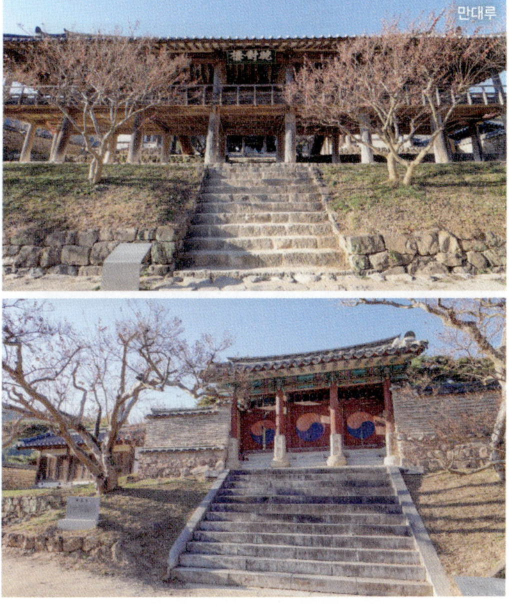

만대루가 보여주는 서원 건축의 백미

#서원의백미 #서애류성룡 #만대루

병산서원

유네스코 세계 문화유산에는 '한국의 서원' 9개가 묶여 등재되어 있다. 그중에서도 서애 류성룡을 기념하는 병산서원은 서원 건축의 백미로 꼽힌다. 복례문으로 들어서면 200명도 앉을 만큼 커다란 누각 만대루가 보인다. 휘어진 모습 그대로 기둥이 된 나무들이 자연스럽다. 입교당 마루로 올라가면 유생들의 기숙사였던 동재와 서재, 만대루 너머 병산의 자락과 푸른 하늘까지도 서원의 일부가 된다. 이런 풍경을 두고 학문에 매진한 유생들이 존경스럽다. 서원 뒤쪽에는 목판을 보관하는 장판각과 제사를 지내는 사당 공간이 자리하고 있다. 한 폭의 동양화 같은 풍경이 SNS에서 인생 사진 명소로 알려지면서 찾는 사람이 늘었다.

경북 안동시 풍천면 병산길 386 Ⓟ가능 054-858-5929 하절기 09:00~18:00, 동절기 09:00~17:00
www.byeongsan.net

만대루

우리나라에서 규모가 가장 큰 서원

도산서원

도산서당

한석봉의 현판

손꼽히는 대학자인 퇴계 이황이 머물던 도산서당은 간소하기 그지없다. 완락재라 부르는 방 한 칸에 암서헌이라 부르는 마루가 전부지만 둘러싼 연못과 나무들이 운치 있다. 그의 성품이 엿보인다. 선생이 세상을 떠난 후 제자들은 서당 뒤편에 사당을 짓고 서원으로 확장했다. 서당이 사사로이 학문을 가르치던 곳이라면 서원은 국가에서 공인받은 대학에 준한다. 책을 보관하던 도서관인 광명당 두 채를 지나 유생들이 교육을 받던 강당 건물인 전교당으로 오른다. 선조가 내린 '도산서원陶山書院'이라는 편액이 걸렸다. 한석봉의 글씨라니 한 번 더 눈여겨본다. 옥진각에 전시된 유물 중에는 선생의 손길로 반질반질해진 명아주 지팡이가 인상적이다.

📍 경북 안동시 도산면 도산서원길 154 🅿 가능 📞 054-856-1073 🕐 09:00~18:00, 동절기 09:00~17:00 💰 성인 2,000원, 어린이·청소년·군인 1,000원 🏠 www.andong.go.kr/dosanseowon

피크닉을 즐기는 안동의 공원
낙강물길공원

나무 사이로 햇살이 드리운 연못이 분수를 뿜어내고 크고 작은 폭포수가 무지개를
그린다. 안동댐과의 낙차를 이용한 무동력 친환경 분수와 폭포다. 예쁜 풍경 앞에는
어김없이 벤치가 놓였고, 넓은 잔디밭은 커다란 파라솔이 그늘을 만든다. 안동 사람
들만 안다는 비밀의 숲이었는데 포토존으로 소문이 나면서 국민 여행지로 등극했다.

📍 경북 안동시 상아동 423 🅟 가능 📞 054-840-3433

외나무다리가 건네는 운치
만휴정

드라마에서 본 만휴정은 물길 위에 오롯이 놓인 외나무다리에 서정적인 서사를 덧
붙여 애타는 마음, 차마 건너지 못하는 마음, 건너지 않으면 닿지 못하는 마음을 그
려낸 공간이었다. 늦은 휴식을 담는다는 정자의 이름처럼 어느 때 가도 고즈넉하고
아름답다. 화마를 잘 피한 덕에 아직도 고운 풍경을 그대로 간직한 만휴정에서 평온
한 시간을 보내보자.

📍 경북 안동시 길안면 묵계하리길 42
🅟 가능 📞 054-856-3013
🕙 10:00~17:00(화·수요일 휴무)
₩ 성인·청소년 3,000원, 어린이
2,000원, 안동 시민 2,000원

낙동강을 가로지른 달빛이 내려앉는
월영교

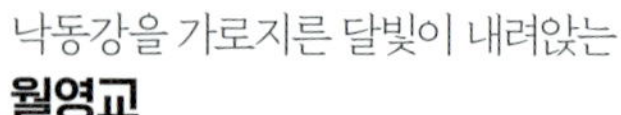
#분수쇼 #데이트코스 #야경명소

주민들의 뜻을 모아 지었다는 다리의 이름이 참 낭만적이다. 우리나라에서 가장 긴 목재 다리를 사뿐히 건너는 동안 벌써 마음에 달빛이 차오른다. 안동댐 건설로 수몰된 지역에서 다리 위의 정자인 월영정을, 강 건너에는 월영대를 옮겨와 야경 명소로 탈바꿈시켰다. 주말에는 하루 세 번씩 난간 옆으로 분수를 뿜어내니 시간을 맞추어 방문해보자.

📍 경북 안동시 상아동 569 🅿 가능 🕐 분수 가동 시간 4~10월 주말 12:00, 14:00, 18:00, 20:00(회당 10분씩 가동)

크림으로 가득한 진정한 크림빵
월영교달빵

#빵지순례 #안동빵집 #크림빵맛집

보름달처럼 둥그런 빵 속에 크림이 터질 듯이 들었다. 차게 먹어도 빵이 부드럽고 크림이 사르르 녹는다. 팥, 흑임자, 요거트, 녹차, 딸기 다섯 종류가 있는데 재료의 맛이 은근하게 배어난다. 천연 발효 버터, 우유크림, 꿀을 넣은 크림은 전혀 느끼하지 않고 부드럽다. 다섯 종류의 빵을 천천히 맛보고 싶다면 냉장 포장을 이용해도 좋다.

📍 경북 안동시 석주로 199 🅿 가능 📞 054-852-1128
🕐 11:00~22:00 ₩ 크림빵 개당 3,000원, 5개 세트 14,500원

맛50년 헛제사밥

헛제삿밥은 쌀이 귀한 시절에 가난한 유생들이 가짜로 축문을 읽고 제삿밥을 차려 먹은 데서 유래했다. 제사상에 올리던 간고등어, 소고기, 상어고기, 다시마전, 배추전, 삶은 달걀이 놋그릇에 한 조각씩 담겨 나온다. 6가지 나물에 간장 양념을 넣어 비벼 먹으면 입맛이 담백하게 살아난다. 무엇보다 뜨끈한 탕국이 진짜다. 안동식혜를 디저트 삼아 쭉 들이키면 건강해지는 기분.

📍 경북 안동시 석주로 201 🅿 가능 📞 054-821-2944 🕐 10:00~20:00(화요일 휴무)
₩ 안동식혜 포함 헛제삿밥 14,000원, 선비상 1인 23,000원

TIP 발효시켜 만드는 안동식혜

안동식혜 맛은 흔히 먹는 달콤한 식혜가 아니라 매콤한 동치미 국물 맛과 얼추 비슷하다. 생강과 고춧가루가 들어가 맵고 향이 강하지만 아작아작 씹히는 무채가 시원한 맛을 더한다. 발효 음식이라 소화를 돕는다고 하여 잔칫상에 올리거나 명절에 먹던 음식이니 헛제삿밥에 곁들여 보자.

일직식당

강구항에서 잡은 고등어를 안동장에 내다 팔려면 가는 동안 소금을 두 번이나 뿌려야 했다. 고등어 간잽이로 50년을 일한 이동삼 명인이 "안동에 가야 간고등어의 제맛이 난다"고 한 이유다. 고등어를 척 보면 무게를 맞추고, 매번 한 치의 오차도 없이 정확한 양의 소금을 집던 명인의 아들이 식당을 이어받았다. 밥도둑인 간고등어를 맛보기 위해 아침부터 사람이 몰린다.

📍 경북 안동시 경동로 676
🅿 가능 📞 054-859-6012
🕐 08:00~21:00(월요일 휴무) ₩ 안동간고등어구이정식 15,000원, 안동간고등어조림 정식 17,000원

아기자기한 포토존과 감성 문구
신세동 벽화마을

#아기자기한골목 #니가오길 #미술프로젝트

원색으로 알록달록하고 강렬한 느낌을 주는 대신 은은한 파스텔 톤으로 자연스럽게 벽화를 그렸다. 초등학교 건물 위에서 웃음 짓는 아이들이 골목길의 연주자들을 내려다본다. 도토리를 나누는 다람쥐, 노란 국화꽃에 내려앉은 나비, 네가 오길 바라는 '니가오길'이라는 골목길 이름마저 사랑스럽다. 산책 후 출출해졌다면 근처의 맘모스베이커리와 안동찜닭 골목으로 향해보자.

📍 경북 안동시 신세동 173-21
🅿 신세동 마을 공동 공영주차장

2대째 명성을 잇고 있는 빵집
맘모스베이커리

#맘모스제과 #빵지순례 #안동맛집

소보로빵, 단팥빵 같은 익숙한 빵들부터 쫄깃한 크림치즈빵, 촉촉한 타르트까지 전국구 빵집의 이름값을 한다. 창업주의 둘째 아들이 프랑스와 일본에서 유학을 마치고 돌아와 46년의 전통을 잇고 있다. 《미쉐린 가이드》 '그린 스타' 한국 편에 소개되면서 이제는 세계적으로 유명해졌다. 짜장면 한 그릇보다 이곳의 단팥빵 하나가 더 귀하던 시절도 있었다는데 안동까지 가서 이 맛을 놓치면 아쉽다.

📍 경북 안동시 문화광장길 34 🅿 노상 공영주차장
📞 0507-1438-6019 🕐 08:30~19:00
₩ 크림치즈빵 2,700원, 유자파운드 18,000원
🏠 www.mammoth-bakery.com

진짜 안동찜닭의 맛을 찾아서
안동찜닭 골목

#안동찜닭 #안동맛집 #포장가능

안동에서 전통 음식이 아닌 찜닭이 유명한 이유에 대해서는 의견이 분분하다. 1970년대 초부터 안동 구시장에 생닭과 통닭을 팔던 닭 골목이 있었는데 1980년대에 지금의 찜닭 골목으로 변했다는 이야기가 신빙성이 높다. 서울에서는 보기 드문 커다란 닭을 먹기 좋게 토막 내고 감자, 당근, 양파, 버섯을 큼지막하게 썰어 넣은 다음 청양고추와 간장으로 양념하니 단짠단짠과 매콤함의 조화가 기가 막힌다. 당면까지 듬뿍 넣어 한 접시가 푸짐하다. 찜닭 골목에는 찜닭집이 여럿이니 취향대로 골라 먹자. 중앙찜닭의 오리지널 간장찜닭과 우정찜닭의 묵은지찜닭이 유명하다.

안동찜닭 골목

📍 경북 안동시 서부동 185　🅿 안동 구시장 공영주차장

중앙찜닭

📍 경북 안동시 번영1길 51　🅿 안동 구시장 공영주차장　📞 054-855-7272　🕐 09:00~ 20:30　₩ 안동찜닭(중) 32,000원, 안동찜닭(대) 48,000원

우정찜닭

📍 경북 안동시 번영길 12　🅿 안동구시장 공영주차장　📞 0507-1367-0507　🕐 09:00~ 21:00　₩ 묵은지쪼림닭(중) 35,000원, 묵은지쪼림닭(대) 48,000원

📷 @rossignol2000

겹겹의 매력이 숨 쉬는 제2의 도시
부산

부산은 서울 다음으로 큰 대한민국 제2의 도시다. 영화 〈해운대〉, 〈국제시장〉의 주요 무대이자 부산국제영화제가 열리는 문화의 도시로 인구가 320만에 이른다. 1880년에 2,000명 정도 모여 살던 작은 어촌이 한국 전쟁 이후 100만의 인구를 품으며 폭발적인 성장을 이루었다. 부산의 잠재된 힘과 팔색조 같은 매력을 찾아 떠나보자.

©윤유남

부산을 가장 멋지게
여행하는 방법

01
향수 어린 원도심에서
옛 골목과 시장 구경하기

02
광안리와 해운대에서
눈과 입이 즐거운 여행하기

03
해동용궁사에서 아홉산숲까지
기장 여행 후엔 해산물 파티

부산에선 어디를 갈까?
한눈에 보는 부산

THEME 04 기장
아홉산숲
해물포장마차촌
해동용궁사

THEME 03
해운대와 달맞이길
달맞이길
해운대 해수욕장

THEME 02
광안리와 주변
광안리
해수욕장
이기대
해안 산책로
오륙도
스카이워크

THEME 01 부산 원도심과 영도
부산역
부평깡통시장
흰여울문화마을
송도 해상케이블카
태종대

김해공항

0   2km

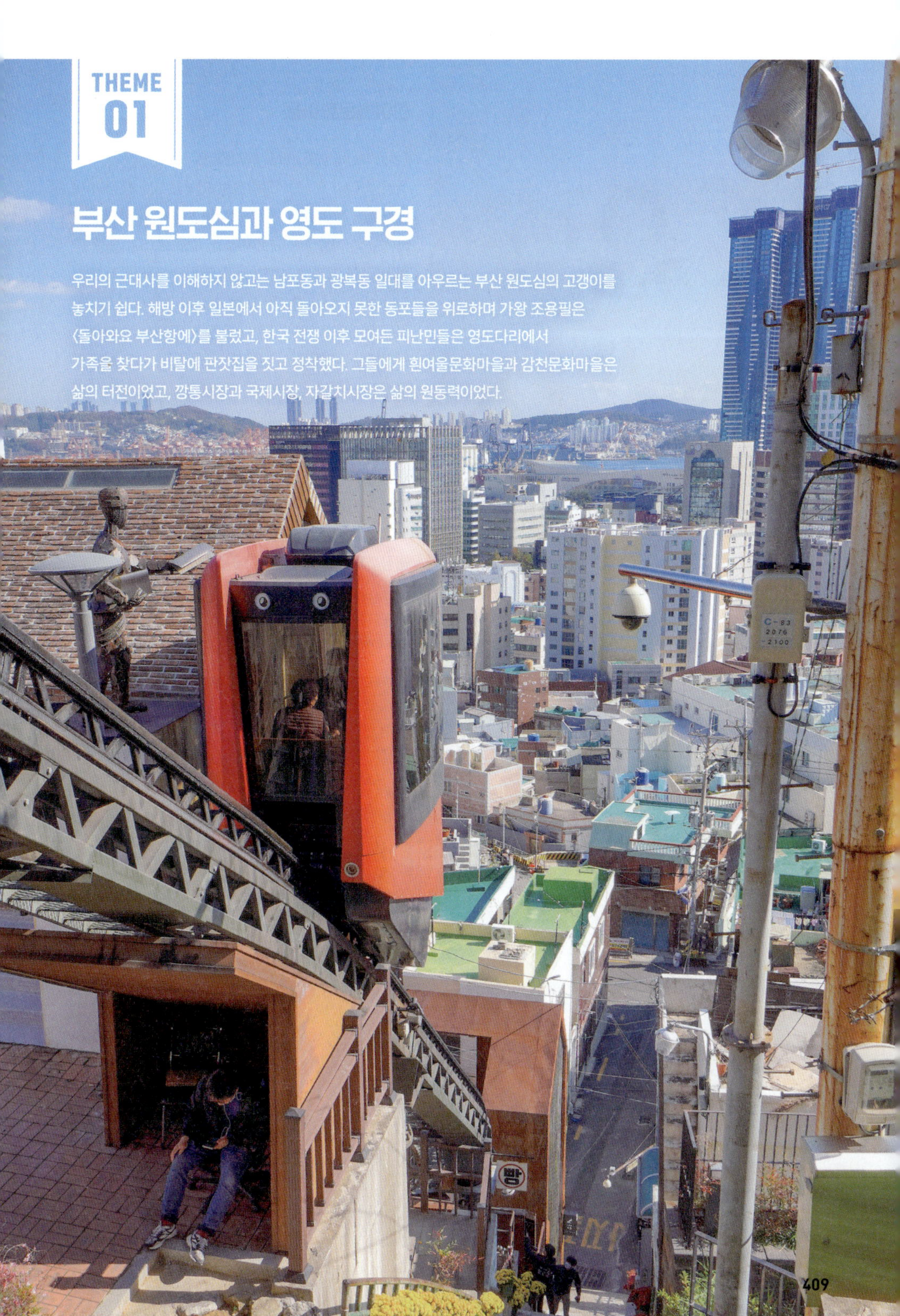

부산 원도심과 영도 구경

우리의 근대사를 이해하지 않고는 남포동과 광복동 일대를 아우르는 부산 원도심의 고갱이를
놓치기 쉽다. 해방 이후 일본에서 아직 돌아오지 못한 동포들을 위로하며 가왕 조용필은
〈돌아와요 부산항에〉를 불렀고, 한국 전쟁 이후 모여든 피난민들은 영도다리에서
가족을 찾다가 비탈에 판잣집을 짓고 정착했다. 그들에게 흰여울문화마을과 감천문화마을은
삶의 터전이었고, 깡통시장과 국제시장, 자갈치시장은 삶의 원동력이었다.

고달픈 현실을 잊게 하는 풍경

흰여울문화마을

\#바닷가산책 \#흰여울길 \#부산영도

푸른 바다가 마을을 찰랑찰랑 어루만지는 풍경이 여행자들을 불러 모은다. 영도의 해안을 따라 길게 뻗은 마을을 흰여울길이 가로지르고, 파도 소리가 들릴 만큼 바다와 가까운 해변에는 절영 해안 산책로가 펼쳐진다. 버스가 다니는 큰 도로가 생기기 전까지 흰여울길은 영도다리에서 태종대를 잇는 유일한 길이었다. 큰길에서 흰여울길로 내려가는 골목길은 알고 보면 옛물길이다. 한국 전쟁 이후 피난민들이 영도 바닷가에 자리를 잡고, 물길을 피해 집을 지었다. 돼지도 키우고 닭도 키우던 흰여울길을 찾는 사람이 늘어난 건 영화 〈변호인〉의 공이 컸다. 영화기록관과 영화 촬영지, 카페와 서점이 들어서고 수수했던 벽과 바닥이 화사해졌다. 날씨가 좋으면 남쪽의 흰여울 전망대를 지나 75광장까지 이어지는 산책길을 걸어도 좋다.

◉ 부산 영도구 영선동 4가 605-3　ⓟ 절영 해안 산책로 앞 노상 공영주차장, 흰여울주차장　☎ 051-419-4067
🏠 www.ydculture.com

바다를 보며 먹으면 더 맛있다

흰여울점빵

푸른 바다를 배경으로 양은냄비에 끓인 어묵라면과 토스트를 먹는 흰여울길의 핫
플. 바다가 내려다보이는 난간 좌석은 두 사람씩 두 팀만 앉을 수 있어 타이밍이 맞지
않으면 오래 기다려야 한다.

부산 영도구 흰여울길 121   절영 해안 산책로 앞 노상 공영주차장, 흰여울주차장
12:00~16:00   라면 5,000원, 토스트 3,500원, 에이드 4,000원

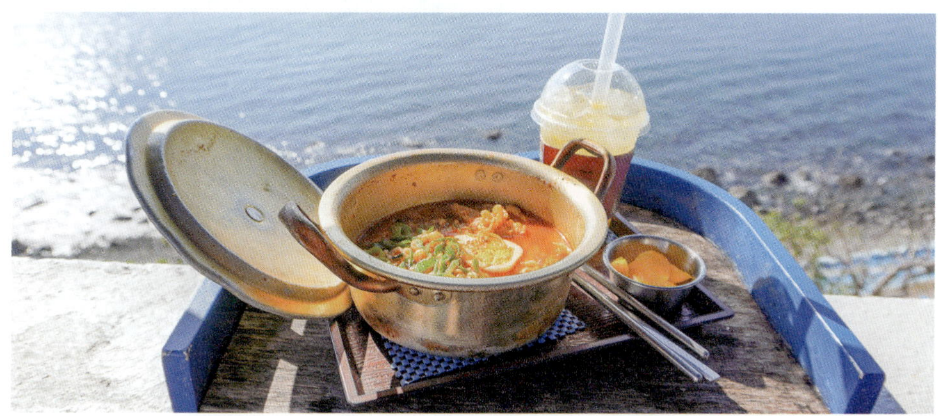

국밥에 진심인 집

화목정따로국밥

부산에는 유명하다는 돼지국밥집이 여럿이지만, 화목정따로국밥만큼 깔끔하
고 맛있는 집을 찾기가 쉽지 않다. 친절한 주인의 인사를 받으며 신발을 벗고 앉
으면 어느새 밑반찬이 정갈하게 놓인다. 김치만 맛봐도 맛집인 줄 알겠다. 한우
소머리국밥도 맛있고, 돼지국밥도 맛있다. 한우와 돼지고기를 둘 다 다루는데
도 잡내가 하나도 없어서 소머리 수육, 돼지고기 수육, 어떤 메뉴를 시켜도 만족
스러운 집이다.

부산 영도구 태종로73번길 22   봉래
동물양장 노상 공영 주차장   0507-1328
-4388   10:10~20:30, 브레이크 타임
15:30~17:00(30분 전 주문 마감, 매달 둘
째·넷째 주 일요일 휴무)   소머리국밥
13,000원, 따로돼지국밥 10,000원

대한민국 어묵의 역사
삼진어묵 본점

#영도찐핫플 #부산맛집 #부산어묵

연간 100만 명이 방문한다는 삼진어묵 본점은 웬만한 백화점 식품 매장을 능가할 정도로 규모가 크고 어묵의 종류도 다양하다. 남는 게 없더라도 좋은 재료를 써야 한다는 창업주의 유지를 3대째 이어오는 어묵은 어육 함량이 높아 감칠맛이 환상적이다. 가격도 적당해 여러 개를 맛봐도 부담이 없다. 매장 건너편에는 따뜻하게 먹고 갈 수 있도록 테이블과 전자레인지를 마련해두는 배려도 잊지 않았다.

📍 부산 영도구 태종로99번길 36
🅿 가능 📞 051-412-5468
🕐 09:00~19:00 ₩ 새우고로케 3,000원, 새우파프리카어묵 2,800원, 핫바 4,000원
🏠 www.samjinfood.com

부산 맛집의 클래스
엉터리식당

#사장님큰손 #문어맛집 #영도핫플

문어 작은 접시를 시켰는데 토실한 문어를 통째로 삶아서 내 놀라고, 빙장회 작은 접시를 시켰는데 수북하게 담은 회의 양에 놀란다. 아귀매운탕이 서비스로 나와 또 한 번 놀란다. 언제 가도 사람들이 바글바글한 이유가 있다.

📍 부산 영도구 남항서로82번길 64-3 🅿 불가 📞 051-413-8886 🕐 12:00~22:00 ₩ 문어(중) 50,000원, 빙장회(소) 30,000원, 꼼장어(소) 30,000원

신선한 회를 깔끔하게 먹는 집
영도횟집

#부산횟집 #신선회 #영도맛집

회가 싱싱하고 맛있기로 소문난 집이다. 예쁜 접시에 담아낸 깔끔한 곁들이 음식에 골고루 손이 간다. 고소하게 오독거리는 참가자미회도, 제철 방어도 만족스럽다.

📍 부산 영도구 남항로19번길 33 🅿 가능 📞 0507-1371-8600 🕐 일~화요일 11:30~22:00, 토요일 11:30~23:00(평일 브레이크타임 14:00~16:00, 월요일 휴무) ₩ 참가자미회 60,000원, 모듬회 50,000원 📷 @limchanho48

태종대

태종대는 신라의 태종이 대마도를 토벌하면서 머무른 곳이자, 조선의 태종이 가뭄을 해소해 달라고 기도를 올린 곳이다. 바다를 향해 뻗은 제단처럼 넓은 바위는 말없이 대마도를 응시한다. 태종대 옆으로 망부석과 신선바위가 있고, 신선바위 아래쪽에는 해산물을 파는 해녀들의 횟집이 있다. 전망대와 영도등대, 수국꽃 만발한 태종사와 물빛 고운 자갈마당이 근사하다.

📍 부산 영도구 전망로 24 🅿 가능 📞 051-405-8745 🕐 04:00~24:00, 11~2월 05:00~24:00, 우천 혹은 다누비 운행 중단 시 주간차량 개방 09:00~22:00, 야간차량 개방 18:00~22:00, 5~9월 20:00~22:00 ₩ 다누비열차 성인 4,000원, 청소년 2,000원, 어린이 1,500원, 유람선 성인 15,000원, 어린이 8,000원, 야간 차량 출입 2,000원 🏠 www.bisco.or.kr/taejongdae

TIP 태종대 둘러보는 법

길이가 약 4km로 걸어서 한 바퀴 돌면 1시간 정도 걸린다. 다누비열차는 전망대, 영도등대, 태종사에서 정차한다. 당일 승차권으로 재승차 가능. 유람선 선사가 여럿인데, 트로트를 들으며 40분 동안 바다에서 신선바위와 영도등대를 볼 수 있다.

용두산공원과 부산타워

#전망대 #야경명소 #부산항뷰

용이 백두대간을 타고 내려오는 형세라는 용두산은 야트막한 언덕에 가깝다. 번화가의 중심에서 살짝 떨어져 한적한 공원의 역할을 한다. 꽃시계와 종각, 이순신 장군 동상이 여행자들을 맞이한다. 정상에 뿔처럼 솟아 있는 부산타워가 새 단장을 마치고 문을 열었다. 전망대에서 감천문화마을, 영도대교, 부산항, 부산자갈치시장, 오륙도가 360도로 펼쳐진다.

 부산 중구 용두산길 37-55 용두산 공영주차장 051-601-1800 10:00~22:00(30분 전 발권 마감) 성인·청소년 12,000원, 36개월 이상 유아·어린이·65세 이상 9,000원 @busantower_official

©김미경

TIP 약속의 다리, 영도대교

영도대교는 일제 강점기에 가설한 동양 최초, 국내 유일의 도개교지만, 전쟁 통에 피난민들이 꼭 살아서 영도다리 위에서 만나자고 약속했던 장소로 더 유명하다. 코로나19 팬데믹 이전 매일 열리던 도개교는 다리의 안전성 점검을 위해 매주 토요일 오후 2시부터 15분간 열린다(부산관광안내소 051-253-8253).

부산영화체험박물관

#체험형박물관 #영화의도시 #부산여행

1층으로 들어서면 유명한 영화의 캐릭터 피규어가 관람객을 맞이한다. 2층에 매표소, 3층과 4층에 걸쳐 체험 전시관이 이어진다. 전시관에서는 영화의 역사와 장르, 제작 방법, 음악, 포스터 같은 다양한 볼거리를 제공한다. 스튜디오에서 직접 출연하는 영상을 찍어보고 후시 녹음으로 자신의 목소리를 녹음하는 등 30개의 체험 코너를 즐기다 보면 시간이 훌쩍 지난다.

 부산 중구 대청로126번길 12 가능 0507-1377-4201 10:00~18:00(월요일 휴무) 부산영화체험박물관 성인 10,000원, 어린이·청소년 7,000원, 부산 시민 30% 할인, 부산영화체험박물관+트릭아이뮤지엄 통합 입장권 성인 14,000원, 어린이·청소년 11,000원 busanbom.modoo.at

헌책 새 책 모두 모인 문화 골목
보수동 책방 골목

피난민들이 미군 부대에서 나온 잡지와 만화를 팔기 시작하면서 하나둘 늘어난 책방이 많을 때는 70개가 넘게 골목을 채웠다. 전쟁 통에도 헌책을 사고팔며 공부하던 사람들의 희망이 오래된 책 냄새로 머문다. 참고서나 신간을 파는 서점, 트렌디한 카페도 늘어나 슬렁슬렁 둘러보기 좋다.

📍 부산 중구 대청로 67-1 🅿 보수동 책방 골목 공영주차장 🏠 www.bosubook.com

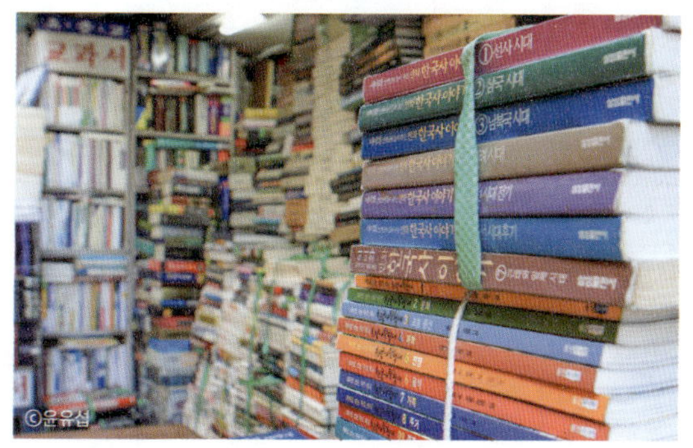

깡통 대신 다양한 먹거리
부평깡통시장

한국 전쟁 이후 미군 부대에서 군수품으로 나온 깡통들을 사고팔던 시장이었다. 지금은 깡통을 파는 집은 찾기 어렵고, 어묵과 건어물, 먹거리를 주로 판다. 부평깡통시장을 중심으로 북쪽의 보수동 책방 골목, 동쪽의 국제시장, 남쪽의 비프광장과 자갈치시장까지 도보로 둘러볼 수 있다.

📍 부산 중구 부평1길 48 🅿 부평 공영주차장 혹은 부평깡통시장 부평지하주차장 📞 0507-1416-1131 🕐 08:00~20:00, 야시장 19:30~23:30

남포동의 담백한 돼지국밥
소문난돼지국밥

부산의 소울푸드를 꼽으라면 돼지국밥을 빼놓을 수 없다. 깡통시장 끄트머리에서 30년이 넘도록 자리를 지킨 소문난돼지국밥은 사골국물처럼 잘 우려낸 뽀얀 국물에 고기를 양껏 넣어준다. 담백한 국물에 밥을 말아 먹으면 남포동을 지켜온 맛집의 저력이 새삼스럽다.

📍 부산 중구 부평1길 27 🅿 부평 공영주차장 📞 0507-1307-5184 🕐 07:30~21:30 🏧 돼지국밥, 순대국밥, 섞어국밥 10,000원

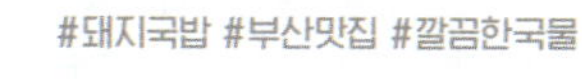

군것질하는 재미 가득

국제시장

#남포동먹방 #도떼기시장 #영화촬영지

평생 필요한 물건들을 다 살 수 있다는 국제시장에는 2층 짜리 상점이 들어선 12개 동이 있어 규모가 크고, 들고나는 입구도 많다. 동명의 영화 때문에 찾았다가 떡볶이, 정 구지지짐, 유부전골에 팥빙수까지 실컷 먹고 가게 된다.

부산 중구 신창동 4가 국제시장로 1구간 노상 공영주차장
051-245-7389 09:00~20:00(일요일 휴무)
www.gukjemarket.co.kr

줄서서 먹는 호떡

비프광장 씨앗호떡

#영화의거리 #호떡맛집 #부산명물

영화감독과 배우들의 손바닥 도장이 새겨진 영화의 거리 에 씨앗호떡을 파는 빨간 천막들이 진을 쳤다. 잘 구운 호 떡을 반으로 갈라 7가지 견과류를 아낌없이 넣어주는 독 특한 호떡이다. 외국인 관광객들도 줄서서 사 먹는 남포 동의 대표 간식.

부산 중구 비프광장로 36 부산극장 주차장 혹은 롯데시네 마 민영주차장 051-253-8523 씨앗호떡 2,000~2,500원

오이소! 보이소! 사이소!

부산자갈치시장

#부산대표시장 #시장구경 #수산물맛집

부산에서 자갈치는 고유명사에 가깝다. 1930년대까지 자갈이 널려 있던 해변이 한국 전쟁 이후 수산물 시장으 로 거듭났다. 새벽마다 기운찬 바다를 불러오는 자갈치 아지매들이 건물 1층에서 해산물을 팔고, 2층부터는 식당 을 운영한다. 근처에 곰장어집, 고래고기집이 즐비하다.

부산 중구 자갈치해안로 52 가능 051-245-2594
05:00~22:00(첫째·셋째 화요일 휴무)
bisco.or.kr/jagalchimarket

부산의 곰장어 골목은 바로 여기

부산 곰장어 골목

#부산맛집 #곰장어골목 #소주안주

곰장어집이 많은 부산이지만 현지인이 찾는 골목은 따로 있다. 자갈치역 4번 출구 뒤편의 작은 골목에는 파라솔 밑에서 연탄불에 곰장어를 굽는 집이 즐비하다. 곰장어 의 쫄깃하고 고소한 맛이 일품이다.

남해원조장어구이

부산 서구 자갈치로 12-1 자갈치 공영주차장
051-243-9859 10:00~23:00(매달 둘째·마지막 주 목요 일 휴무) 꼼장어(소) 35,000원, 꼼장어(중) 50,000원

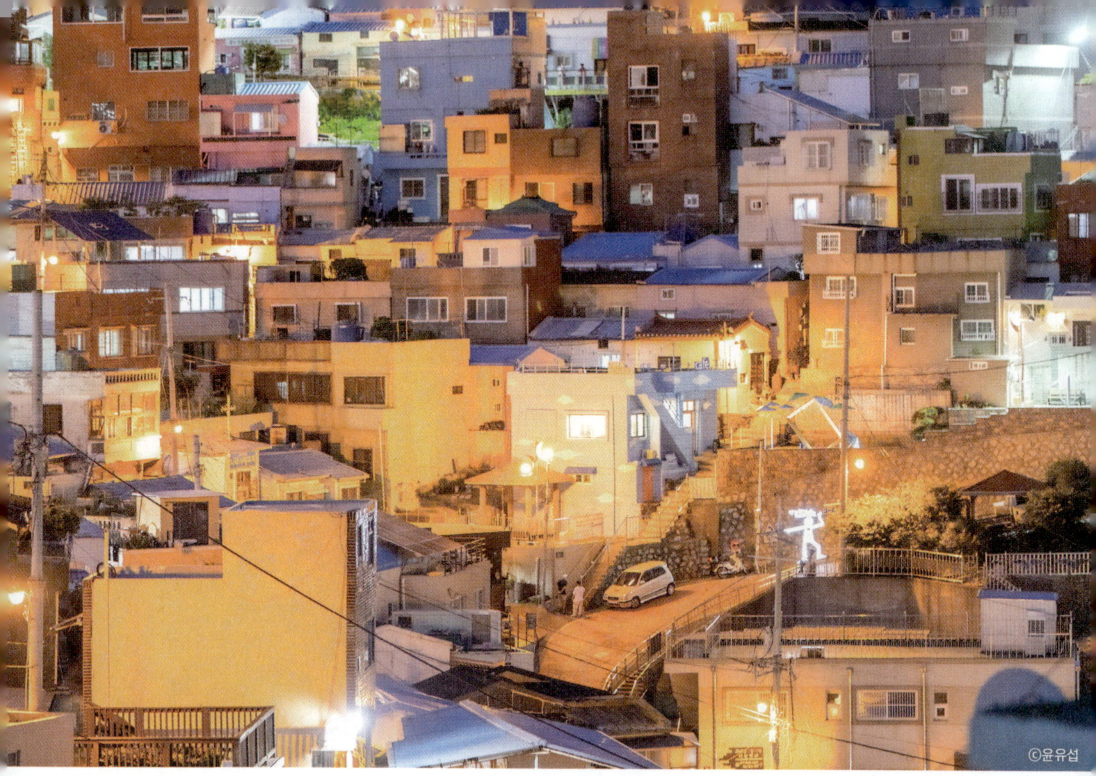

©윤유섭

형형색색의 지붕이 다닥다닥

감천문화마을

#지성이면감천 #마을여행 #사진여행

TIP 사생활 침해를 주의해주세요

마을 입구 안내판에 "사생활을 지키며 촬영의 품격을 높이세요"라고 쓰여 있다. 드론으로 마을 전체를 촬영하는 것도 금지다. 골목에서는 황토색으로 포장된 길로만 다니자. 사생활 침해, 주차, 소음으로 주민들이 불편을 호소한다. 타인의 삶을 존중하는 마음으로 돌아보자.

비탈길을 따라 늘어선 파스텔 톤 집들이 서로에게 기대어 벽이 되고 지붕이 된다. 감천마을 최고의 포토존인 어린 왕자 옆에 앉으면 저 멀리 손바닥만 한 바다도 보인다. 한국의 마추픽추라며 도시 재생의 사례로 손꼽히는 감천문화마을은 2014년 수능 문제에 문화예술체험마을로 소개되었고, 2016년 대한민국 공간문화대상 최고상인 대통령상을 수상했다. 잠시 들렀다 가는 관광객에겐 알록달록 예쁜 마을이지만 이곳에는 아직 떠날 수 없어 머무는 사람이 많다. 연간 250만 명이 찾는 관광지의 혜택이 거주민들에게 돌아갈 수 있도록 가능하면 마을 카페와 마을 기업을 이용하자.

감천문화마을 안내센터

부산 사하구 감천동 감내2로 203 Ⓟ 감내 공영주차장, 제일 민영주차장, 한영 민영주차장 ☏ 051-204-1444 ⏲ 09:00~18:00, 11~2월 09:00~17:00 ₩ 10인 이상 방문 시 예약 필수, 스탬프 지도 1인 1매 2,000원 ⌂ www.gamcheon.or.kr

©윤유섭

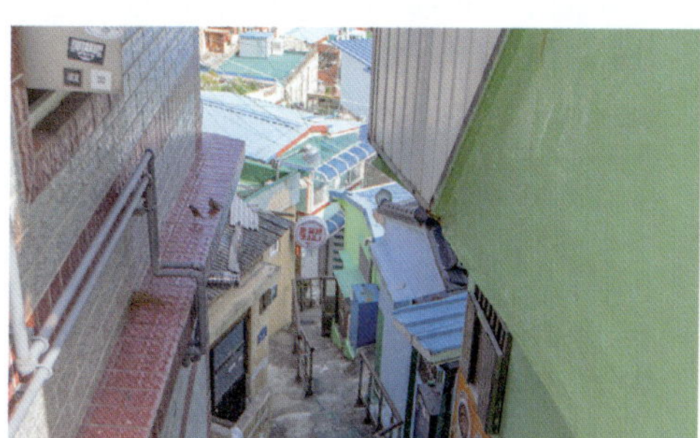

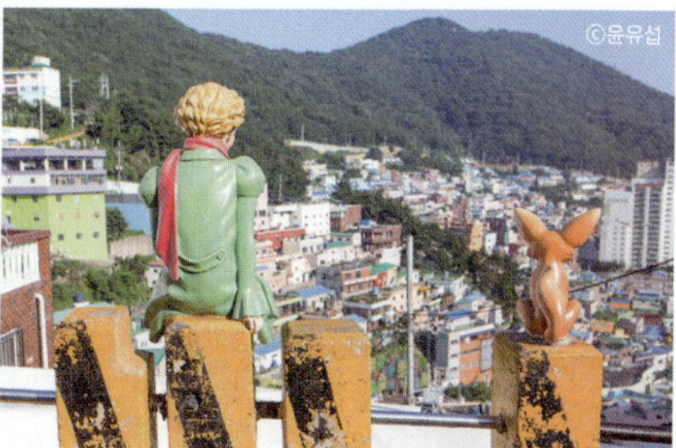

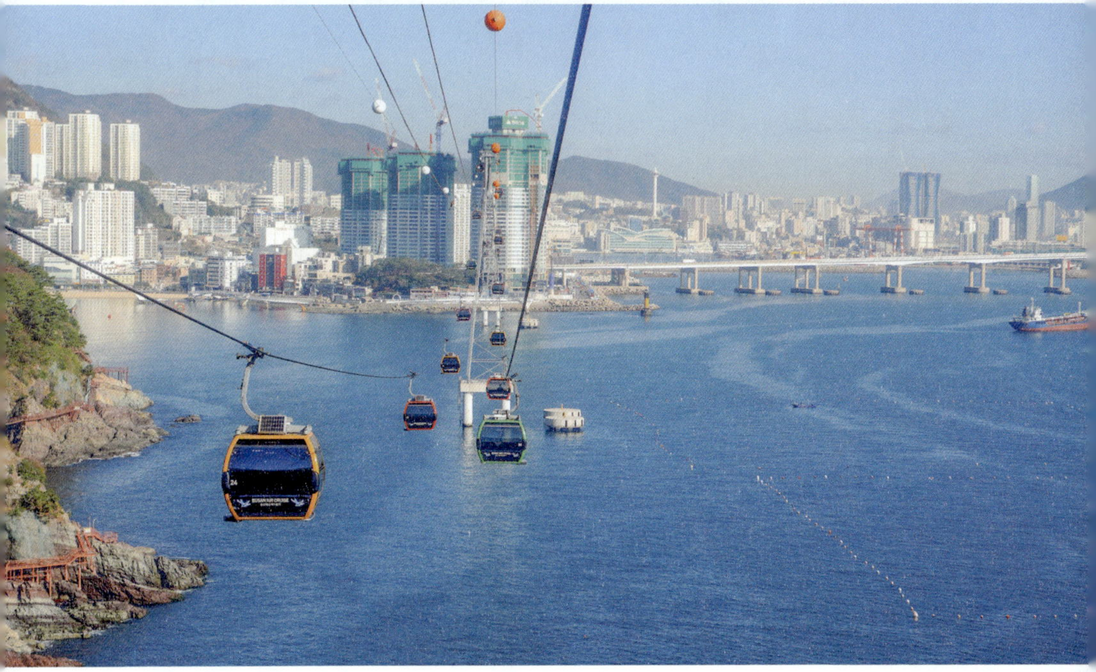

한없이 푸른 바다 위를 나르는 쾌감

#부산송도 #해상케이블카 #에어크루즈

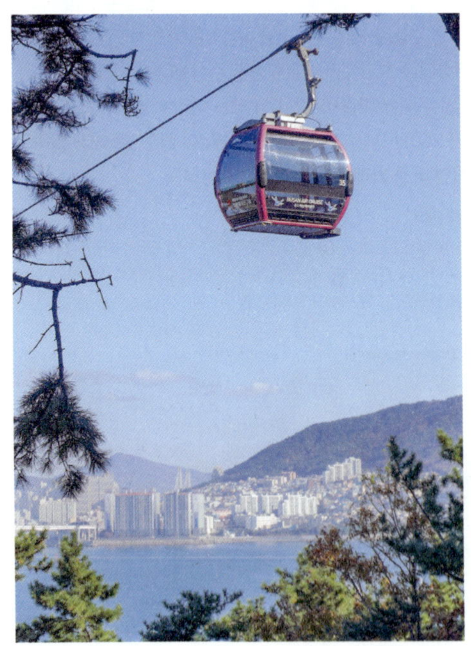

송도 해상케이블카

동쪽의 송림공원에서 서쪽의 암남공원까지 바다 위를 날아서 가보자. 구불구불한 송도 구름 산책로가 거북섬을 가로지르며 바다에 그림을 그린다. 거북섬에는 용왕의 딸과 사랑에 빠진 젊은 어부를 안타깝게 여긴 용왕이 그를 거북바위로 만들어 두 사람이 영원히 함께할 수 있도록 했다는 전설이 전해진다. 한쪽으로는 아기자기한 송도 해수욕장, 반대쪽으로는 남항대교와 영도의 흰여울문화마을이 선명하다. 해안 절벽을 따라 조성된 송도 해안 산책로는 위에서 내려다봐도 절경이다. 안남공원 정류장에서 동섬으로 삐죽하게 이어지는 송도 용궁구름다리에 서서 맑은 부산을 즐겨보자.

송도 해상케이블카 하부 송도 베이스테이션

부산 서구 송도해변로 171 가능 051-247-9900
09:00~20:00(30분 전 발권 마감) 에어크루즈 왕복 성인·청소년 17,000원, 어린이 12,000원/ 크리스탈크루즈 성인·청소년 왕복 22,000원, 어린이 16,000원 www.busanaircruise.co.kr

송도 해상케이블카 상부 송도 스카이파크

부산 서구 암남공원로 181 가능

느리게 둘러보는 추억의 골목

초량 이바구길의 168계단

#피난민마을 #테마거리 #부산항뷰

평지가 좁은 부산의 원도심은 차도 강렬한 엔진 소리를 내며 힘들어할 만큼 가파르고 계단도 많다. 피난민들의 만남의 장소로 유명했던 중앙동 40계단만큼이나 피난민들의 굴곡진 인생을 담아내기로는 초량동 168계단도 만만치 않다. 버스 정류장 바로 앞 이바구공작소에서 마을의 역사를 담은 흑백사진과 산복도로 사람들의 일상이 담긴 펜화전을 보고 여행을 시작하자. 타일로 아기자기하게 꾸민 168계단 위에 서면 그 자체로 전망대다. 물장수와 지게꾼, 공장 노동자들이 오르내리던 계단을 아래서 올려다보면 까마득하다. 주민들의 편의를 위해 운영되던 모노레일은 안전성 문제로 철거되고, 대신 2025년 3월에 효율이 좋은 경사형 엘리베이터가 설치되면서 '초량168계단 하늘길'이라는 예쁜 이름을 얻었다.

📍 부산 동구 초량동 865-48 🅿 초량2동 공영주차장
📞 051-468-0289 🕐 경사형 엘리베이터 05:00~24:00

젊은 광안리에서 즐기는 부산

요즘 부산의 젊은이들은 수영구에서 모인다. 오륙도와 이기대, 신선대 같은 옛 관광지부터 횟집이 즐비한 민락동,
박고지김밥으로 유명한 광안시장, 카페와 펍이 늘어선 광안리 해수욕장, 각종 문화 공간, 카페와 베이커리,
꽃집이 유혹하는 광안종합시장까지, 옛 모습에 녹아든 요즘 감성까지 함께 즐겨보자.

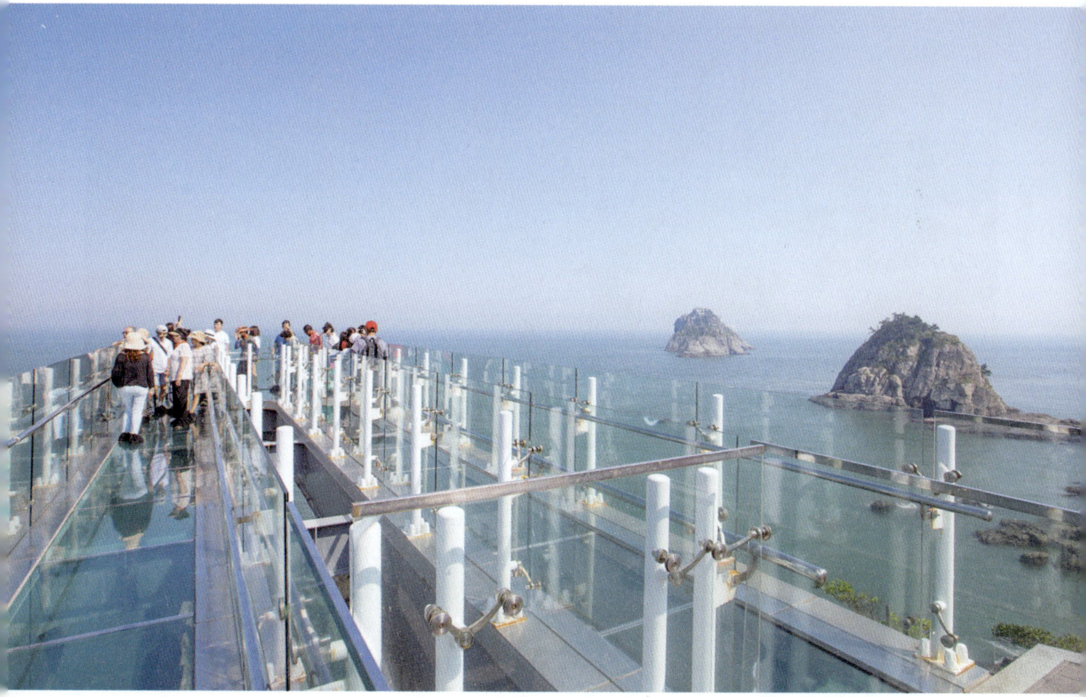

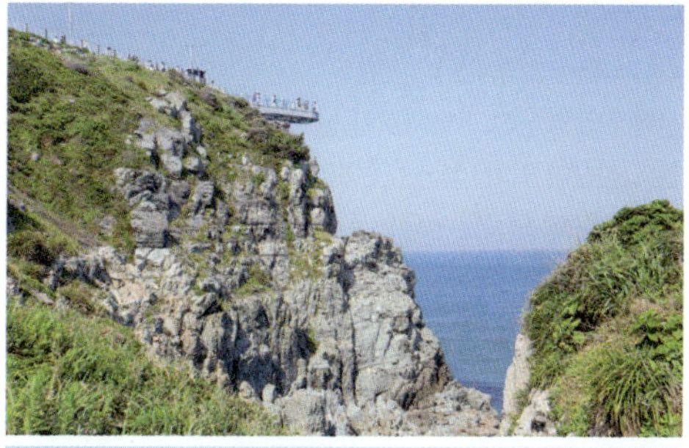

해안 절벽 위에서 오륙도 감상

오륙도 스카이워크

#부산앞바다 #심장쫄깃 #오륙도는몇개

오륙도는 동쪽에서 보면 여섯 봉우리, 서쪽에서 보면 다섯 봉우리라고 해서 지은 이름이다. 뭉뚱그려 오륙도인 줄 알지만 방패섬, 솔섬, 수리섬, 송곳섬, 굴섬, 등대섬이라는 고유의 이름도 있다. 예전에는 육지에서 이어진 땅이었으나 오랜 세월 파도의 힘을 이기지 못하고 섬이 되었다. 오륙도를 조망하는 스카이워크는 해안 절벽 위에 U자로 놓였다. 바닥이 투명한 유리라서 아래를 내려다보면 심장이 쪼그라든다. 스카이워크에서는 6개의 섬이 정확하게 보이지 않아 아쉽지만 이기대수변공원 아래 에메랄드빛 바다와 해운대 해수욕장까지 담긴 풍광을 즐길 수 있다. 동쪽으로는 해파랑길이 시작되고, 남쪽으로는 부산 갈맷길이 이어진다.

부산 남구 오륙도로 137 · 가능 · 051-607-4062
09:00~18:00, 6~9월 09:00~19:00(10분 전 마감)

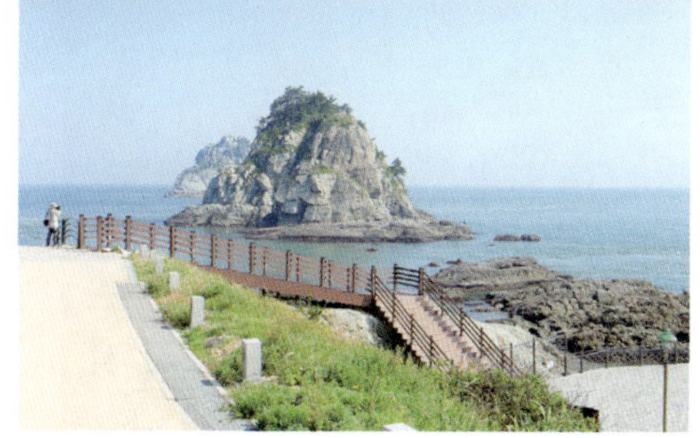

옛이야기 따라 걷는 해안 길
이기대 해안 산책로

#여유로운산책 #수변공원 #갈맷길2코스

용호동 구름다리에서 출발해도 좋고 오륙도 스카이워크에서 출발해도 좋다. 눈부시게 푸르른 바다에 펼쳐진 4.7km의 산책로를 따라 걸으며 치마바위, 해식동굴, 농바위를 만난다. 어울마당에 앉으면 동백섬과 해운대 일대가 수평선을 그린다. 임진왜란 때 잔치에 불려간 기생 2명이 왜장을 껴안고 투신한 장소라는 넓적한 바위에 하얗게 파도가 부서진다.

📍 부산 남구 용호동 산 14-3 🅿 이기대수변공원 제1공영주차장 혹은 제2공영주차장 📞 051-607-6398

신선의 발자취는 어디에
신선대유원지

#걷기여행 #야경명소 #사진여행

산봉우리에 신선의 발자취가 남아 있다고도 하고 최치원이 신선이 되어 나타난 곳이라고도 해서 신선대라 한다. 꼭대기에 오르면 용당부두부터 감만부두, 영도, 부산항대교가 내려다보인다. 해 질 무렵이면 카메라를 둘러멘 신선들이 올라와 야경 사진을 찍는다.

📍 부산 남구 용당동 산170 🅿 신선대 주차장

부산의 과거와 현재를 한눈에
부산박물관

#부산여행 #볼거리쏠쏠 #박물관여행

동래관과 부산관을 죽 돌아보는 것만으로도 부산의 과거를 지나 현재까지 구석구석을 여행한 기분이다. 특별 전시와 다도 체험 및 부산관 복도에서 만나는 최민식 작가의 사진도 놓치지 말자.

📍 부산 남구 유엔평화로 63 🅿 가능 📞 0507-1427-7111
🕐 09:00~18:00(월요일·1월 1일·공휴일 다음 날 휴관)
🏠 museum.busan.go.kr/busan

와이어 공장에서 문화 공장으로 변신

F1963

#서점과도서관 #국제갤러리 #테라로사

1963년부터 45년 동안 와이어를 생산하던 공장이 복합 문화 공간으로 재탄생했다. F는 공장Factory이라는 뜻. 온라인 서점 YES24의 첫 번째 플래그십 스토어에서 책과 굿즈를 고르고, 국제갤러리에서 동시대 미술 작가들의 작품을 감상한다. 테라로사 카페와 복순도가 막걸리, 체코 맥주를 파는 프라하993도 입점했다. 야외 정원에는 달빛 가든과 회원제로 운영하는 예술도서관이 있다.

📍 부산 수영구 구락로123번길 20　🅿 가능　📞 051-756-1963
🕐 09:00~21:00　🏠 www.f1963.org

국물 맛도 고기 맛도 끝내줘요

엄용백돼지국밥

#국밥맛집 #수육맛집 #부산맛집

미군 부대에서 나오는 돼지 뼈로 육수를 우려 밥을 말아 먹던 국밥이 부산의 향토 음식으로 자리 잡았다. 엄용백 돼지국밥에는 돼지 뼈를 고아 진하게 우려낸 밀양식 국밥과 돼지의 살코기로 맑게 끓여낸 부산식 국밥 모두 있다. 국밥 속에 실한 고기가 가득하고, 부추김치와 고추짠지가 입맛을 돋운다.

📍 부산 수영구 수영로680번길 39　🅿 88 민영주차장 혹은 신신 민영주차장　📞 051-757-8092　🕐 11:00~21:30, 브레이크 타임 15:00~17:00　🆆 맑은 엄용백 돼지국밥 13,000원, 진한 엄용백 돼지국밥 13,000원, 항정수육과 간장국수 18,000원

광안대교가 보이는 도심 속 해수욕장
광안리 해수욕장과 광안대교

#부산핫플 #낭만의거리 #반월형백사장

고층 빌딩이 늘어선 해운대 해수욕장과 달리 광안리 해수욕장은 아기자기한 횟집과 술집이 많아 젊은이들을 사로잡는다. 부산의 랜드마크가 된 광안대교도 한몫한다.

📍 부산 수영구 광안해변로 219　🅿 수영구 광안 공영주차장
📞 051-622-4251　🏠 www.suyeong.go.kr/tour

데일리 럭키

빵부심 가득한 사장님이 운영하던 작은 베이커리 '럭키베이커리'가 수많은 사람들이 예약까지 해가며 줄서서 빵을 사는 핫플레이스로 등극하는 바람에 확장 이전을 했다. 데일리 럭키에는 건강한 사워도우로 만드는 샌드위치와 커피를 바로 맛볼 수 있게 테이블을 여럿 두었다. 아침 일찍 오픈하니 줄서지 말고 브런치를 즐겨보자.

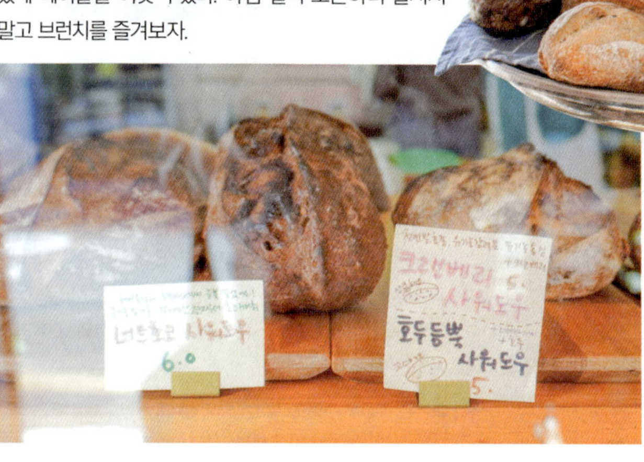

📍 부산 수영구 수영로540번길 7 1층
🅿 광안리공영주차장
📞 0507-1330-1707
🕐 07:00~19:00, 일요일 07:00~17:00
💰 그릴잠봉 9,800원, 카프레제오픈샌드 5,200원, 카페라테 4,200원
📷 @luckybakery

맛있다는 입소문에 줄을 서는
타타 에스프레소바

#느낌그대로 #인스타핫플 #커피맛집

이불집과 쌀집이 늘어선 시장 골목에 느닷없이 카페가 들어서더니, 젊은이들이 북적거려 주변 상인들이 무척 놀라워했다고. 시원한 블루 컬러로 포인트를 준 아늑한 공간에서 향긋한 커피를 맛보면 행복지수가 바로 높아진다.

📍 부산 수영구 무학로33번길 57 🅿 부산시 수영구 광안동 89-20 주차 후 도보 이용 📞 0507-1356-0727 🕐 12:00~19:00(수요일 휴무) 💰 플랫화이트 5,500원, 에스프레소마키아토 4,500원
📷 @tata_espressobar

회를 먹을 땐 막장이 맛있어야지
연희초장

#막장맛집 #초장맛집 #부산맛집

횟집이 아니라 상차림집이다. 광안리 민락어패류
시장에 있는 연희초장은 막장이건 초장이건 작은 종
지가 아니라 넓적한 접시에 넉넉하게 담아준다. 땅콩과
고추, 마늘, 깨소금이 잔뜩 들어간 막장은 그냥 먹어도 고소하
다. 부산상회에서 횟감, 만장굴상회에서 해산물을 구입해 지하로 내려가면 푸
짐하게 상을 차려준다.

◎ 부산 수영구 광안해변로 278 ⓟ 가능 ☎ 051-757-4795 ⏰ 09:00~22:00(수요일 격
주 휴무) ₩ 상차림 1인 6,000원, 매운탕 10,000원, 회비빔야채 2,000원

귀한 박고지로 만든
광안시장 박고지김밥

#전국구김밥집 #부산맛집 #줄을서시오

껍질과 씨앗을 제거한 박을 길쭉하게 썰어 잘 말렸다가 불려
나물이나 조림으로 먹던 박고지를 김밥에 넣었다. 점심시간
이 지나면 매진되어 못 먹을 확률이 높다. 여럿이 쓱싹쓱싹
김밥을 말아 포장 판매만 하기 때문에 대기 줄이 금방 줄어
든다. 김치말이김밥과 참치김밥도 맛있다.

◎ 부산 수영구 수영로603번길 14 ⓟ 광안시장 공영주차장
☎ 051-755-0960 ⏰ 08:30~15:00(재료 소진 시 마감, 일요일 휴
무) ₩ 박고지우엉김밥 3,000원, 참치말이김밥 3,000원

깔끔한 국물에 밑반찬도 맛있는 집

자매국밥

자매국밥만의 쌈장과 깔끔하게 매운 다대기 맛을 좋아하는 마니아가 많아서 부산의 국밥집에서 둘째가라면 서러울 맛집으로 꼽힌다. 대기표인 주전자나 국자를 들고 웨이팅을 하고 있으면 차례대로 입장을 시켜준다. 어떤 국밥을 시키든 작지만 알찬 수육 서비스를 내어준다. 신선한 겉절이 무침이 고소하게 입맛을 돋운다. 국물이 깔끔하고 진하다.

📍 부산 수영구 민락본동로27번길 56
🅿 불가 📞 051-752-1912
🕐 10:00~20:00(브레이크 타임 15:00~16:00, 일요일 휴무) ₩ 돼지국밥 10,000원, 순대국밥 10,000원, 수육(소) 18,000원

회를 제대로 먹으려면 부산에 가야지

부산상회

처음 가는 지방의 회센터에 가면 믿을 만한 횟감인지 고민되기 마련이지만 부산상회는 믿고 갈 만하다. 주인장이 넘치게 권하지 않고, 횟감과 칼질에 대한 자부심이 있으니 계절별로 권하는 횟감을 추천받아 보자. 싱싱하고 고소한 밀치회나 소방어를 맛보면 역시 회는 부산이구나 싶다. 민락어패류 시장이 아니라 밀레니엄회센터의 부산상회이니 헷갈리지 말자.

📍 부산 수영구 민락수변로 103 1층 🅿 가능 📞 051-752-6456 🕐 09:00~23:50
₩ 광어 25,000~35,000원, 우럭 25,000~30,000원, 참돔 30,000~55,000원

밀락더마켓

광안리의 푸르른 바다와 광안대교가 유리창 너머로 손에 잡힐 듯하다. 지하 1층부터 지상 2층까지 2,300평이 넘는 공간은 오픈한지 몇 달 되지 않아 부산의 젊은이들을 불러 모으는 핫플레이스로 등극했다. 버스킹 스퀘어와 오션뷰 스탠드가 탁 트인 풍경을 자랑하고, 트렌디한 패션 브랜드와 다양한 아트숍이 입점해 개성을 뽐낸다. 우리 술과 와인을 함께 판매하는 보틀숍, 공간을 풍성하게 만드는 가구숍, 편안하게 낮맥을 즐길 수 있는 비어바가 여기저기서 유혹의 손길을 보낸다. 부산뿐만 아니라 경주와 서울에서 유명한 카페와 맛집이 이곳에 몰려 있다. 한 바퀴 돌아보면 무엇을 먹어야 할지 고민이 될 정도. 좋아하는 음식을 골라 가게에 앉아 먹어도 좋지만 오션뷰 스탠드로 가져와서 부산 앞바다의 정취까지 두 배로 즐겨보자.

📍 부산 수영구 민락수변로17번길 56 P 가능
📞 051-752-5671 🕐 10:00~24:00
📷 @millac_the_market_official

THEME
03

여전히 인기 있는 해운대와 달맞이길

부산 여행을 계획할 땐 우리나라에서 으뜸가는 피서지로 꼽히는 해운대 해수욕장을 가장 먼저 떠올린다. 영화 〈해운대〉를 보면 아웅다웅하며 살아가는 인물들 뒤로 여름 피서객의 인파와 동백섬, 미포철길, 미포방파제 등 해운대 일대를 잘 묘사해 여행하듯 들여다보는 재미가 쏠쏠하다. 해운대의 스카이라인을 뒤로하고 송정 해수욕장까지 뻗은 달맞이길은 부산 제일의 데이트 코스답게 예쁜 카페가 많다.

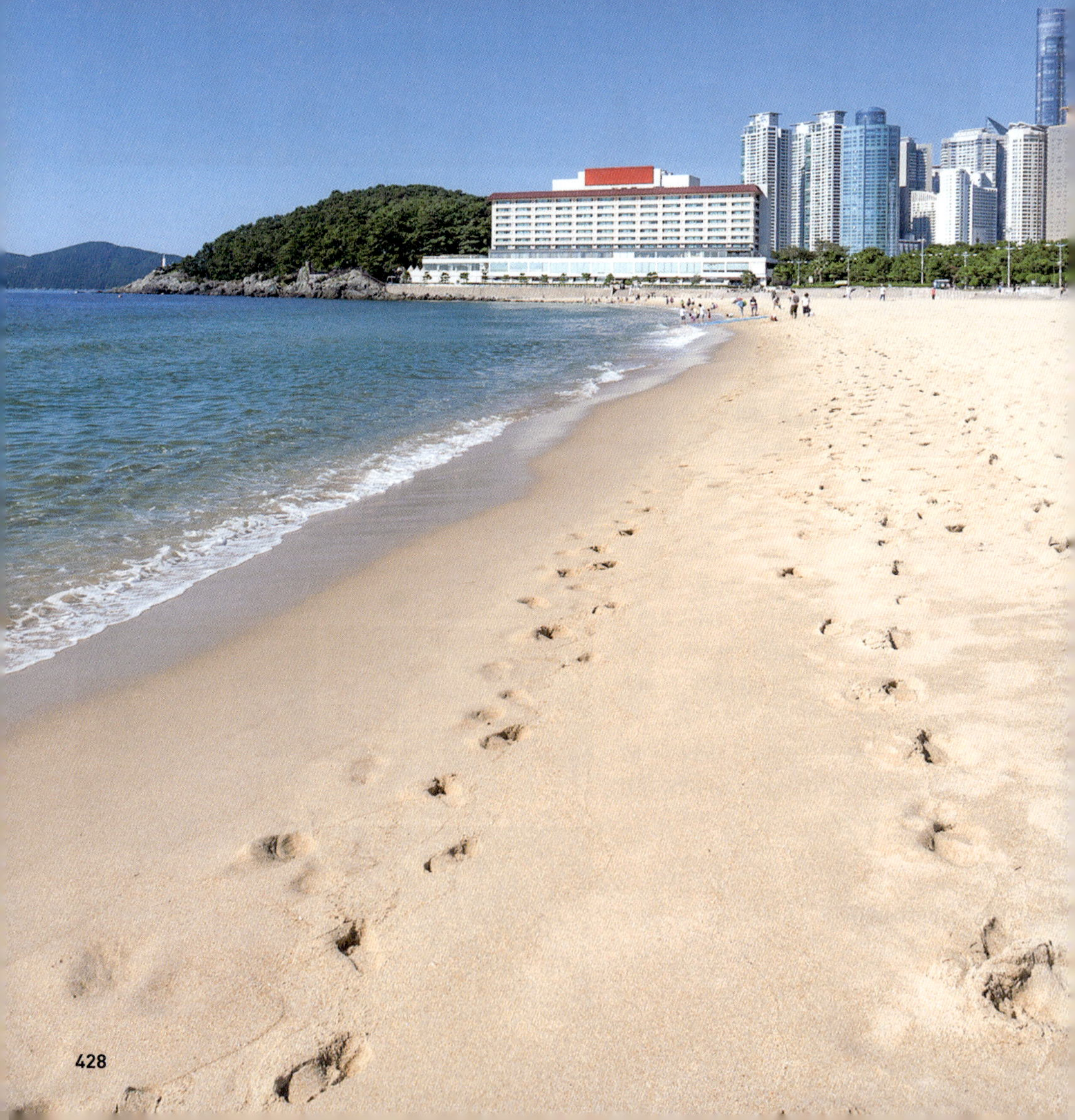

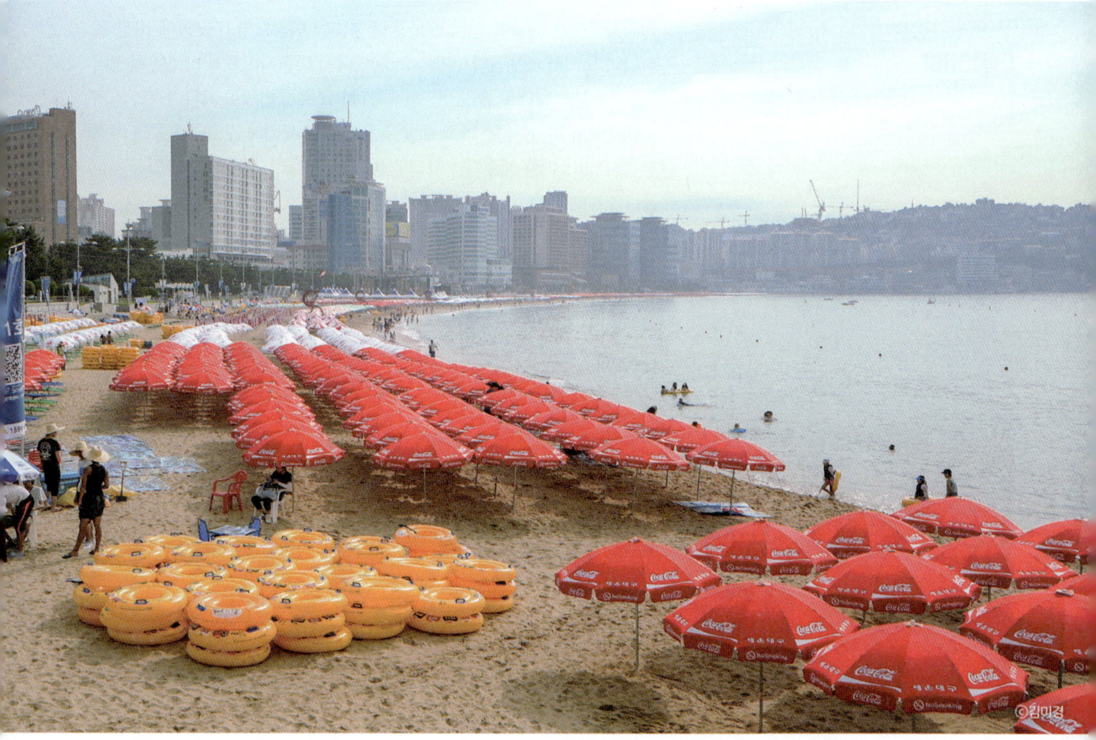

©김미경

부산을 대표하는 해수욕장

해운대 해수욕장

#대표해수욕장 #사계절여행지 #부산국제영화제

부산에는 송정, 광안리, 송도, 다대포 등 여러 해수욕장이 있지만 부산을 여행할 때 제일 먼저 떠올리는 해수욕장은 해운대다. 신라 말기 대학자 최치원이 동백섬의 절경에 감탄한 나머지 자신의 호인 '해운'을 동백섬 바위에 새긴 것에서 해운대라는 지명이 유래했다. 매년 여름이면 500만 명에 가까운 피서객이 몰리는 우리나라 대표 해수욕장으로 명성이 자자하다. 작은 어선들이 옹기종기 모인 동쪽의 미포방파제에서 초승달처럼 휘어진 해수욕장 서쪽 끝으로 동백섬과 누리마루 APEC 하우스가 보인다. 넓은 백사장과 따뜻한 수심, 다양한 축제와 즐길 거리, 편안한 숙박 시설을 갖추어 세계의 어느 휴양지와 비교해도 뒤지지 않는다.

부산 해운대구 우동 621-5 Ⓟ 해운대 해수욕장 광장 공영주차장, 동백 공영주차장, 미포 민영주차장 등 051-749-4000
www.haeundae.go.kr/tour

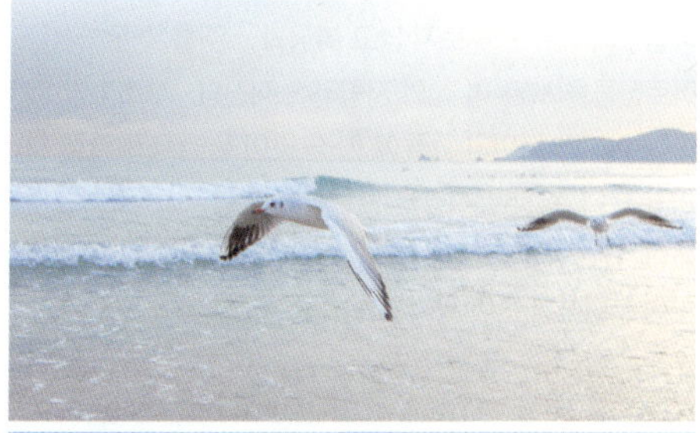

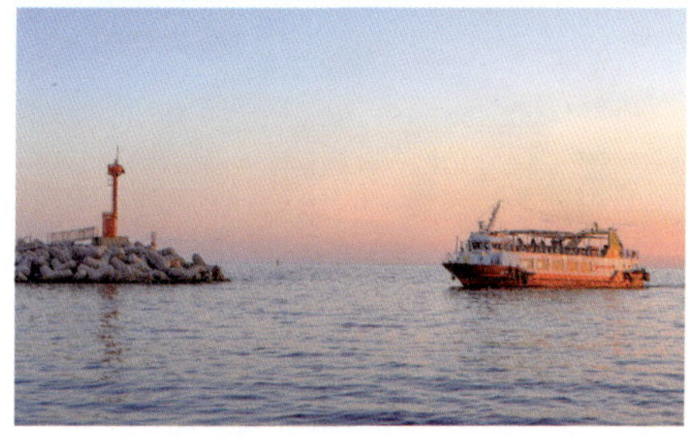

더베이101

#야경명소 #마린시티뷰 #야외맥주

길쭉길쭉하게 하늘로 뻗은 건물들이 불빛을 휘감으면 바닷물에 비친 또 하나의 도시가 세워진다. 동백섬의 서쪽에서 마린시티를 바라보는 풍경이다. 이 풍경을 제대로 즐기려면 더베이101 요트 클럽으로 가자. 1층의 핑거스앤챗에서 피시앤칩스와 맥주를 주문해 야외 자리에 앉으면 홍콩의 야경 부럽지 않다. 여름 성수기엔 자리 경쟁이 치열하지만 감수할 만하다.

◎ 부산 해운대구 동백로 52 더베이101 ℗ 가능 ☏ 051-726-8888 ⏱ 더베이101 08:00~24:00, 핑거스앤챗 12:00~24:00 ₩ 내구와 감자튀김 28,000원, 새우와 감자튀김 26,000원 ⌂ www.thebay101.com

©김미경

1970년생 복국집

금수복국 해운대본점

#복국맛집 #미슐랭2025 #부산맛집

아침부터 메뉴판도 보지 않고 복국과 소주를 주문하시는 어르신들을 보면 이 집의 저력이 느껴진다. 복어의 양 때문이 아니라 복어의 종류에 따라 맛이 달라지고 가격 차이가 난다. 쫄깃한 식감을 원한다면 밀복국 이상으로 주문하자. 콩나물과 미나리를 넣은 국물이 시원하고 복어 살이 푸짐하게 들어 있어 안주로도, 해장으로도 좋다.

◎ 부산 해운대구 중동1로43번길 23 ℗ 가능 ☏ 051-742-3600 ⏱ 24시간 ₩ 은복국 15,000원, 밀복국 22,000원

평양에선 냉면, 부산에선 밀면

해운대 가야밀면

#냉면이냐밀면이냐 #육수맛집 #해운대맛집

밀면은 구호품이었던 밀가루로 면을 만들어 먹은 데서 유래한 부산의 향토 음식이다. 부산 토박이들은 동네마다 자기들만의 단골 밀면집이 있다고 큰소리친다. 48시간 이상 끓여낸 달큼한 육수에 고기를 듬뿍 얹은 가야밀면의 쫄깃한 맛을 느껴보자.

◎ 부산 해운대구 좌동순환로 27 ℗ 가능 ☏ 0507-1404-9404 ⏱ 10:00~20:40 ₩ 밀면 10,000원, 비빔면 11,000원, 만두 6,000원

해운대가 내려다보이는 브런치 맛집

지비디비(g.b.d.b)

#데이트코스 #브런치맛집 #해운대뷰

달맞이길에서 해맞이를 하며 브런치를 먹어볼까. 호텔 일루아 2층에서 베이커리와 브런치를 파는 콜라보 위드 문탠바의 통창으로 햇살이 쏟아진다. 창밖으로는 해운대 해수욕장의 스카이라인과 동백섬이 바다 위에 둥실거린다. 에그 베네딕트나 베이컨과 수란이 얹어진 오픈 샌드위치 같은 푸짐한 브런치 외에도 파스타, 버거, 샐러드, 피자까지 다양한 메뉴를 갖췄다. 빵과 케이크 종류도 여럿이라 커피와 함께 간단한 식사가 가능하다. 느긋하고 우아하게 창밖 풍경을 즐기고 싶다면 미리 창가 자리를 예약하자.

부산 해운대구 달맞이길 97 호텔 일루아 2층
가능 051-741-3001 08:00~21:00(40분 전 주문 마감) ₩ 굿모닝 19,000원, 아메리칸브랙퍼스트 20,000원, 아메리카노 5,500원 @gbdb.haeundae

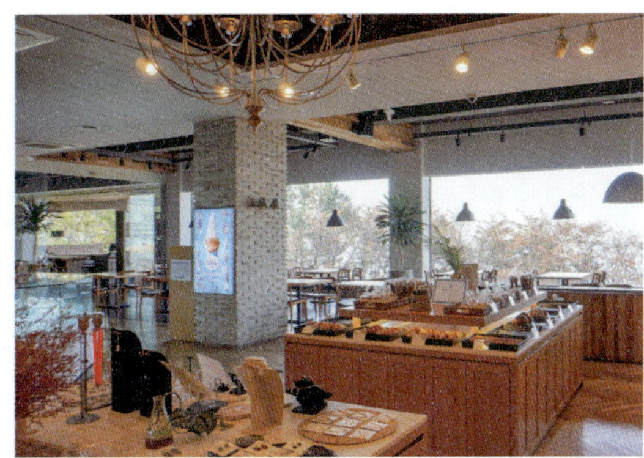

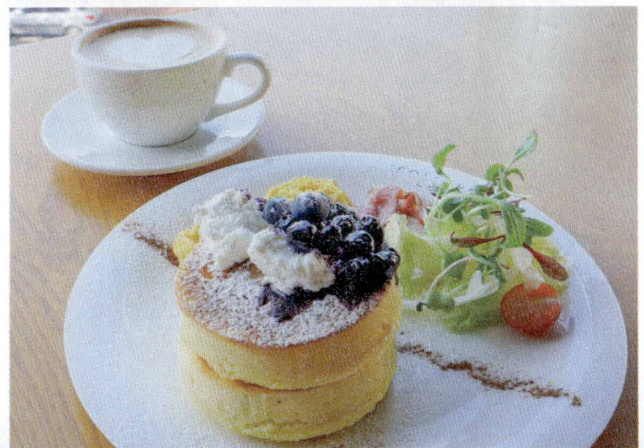

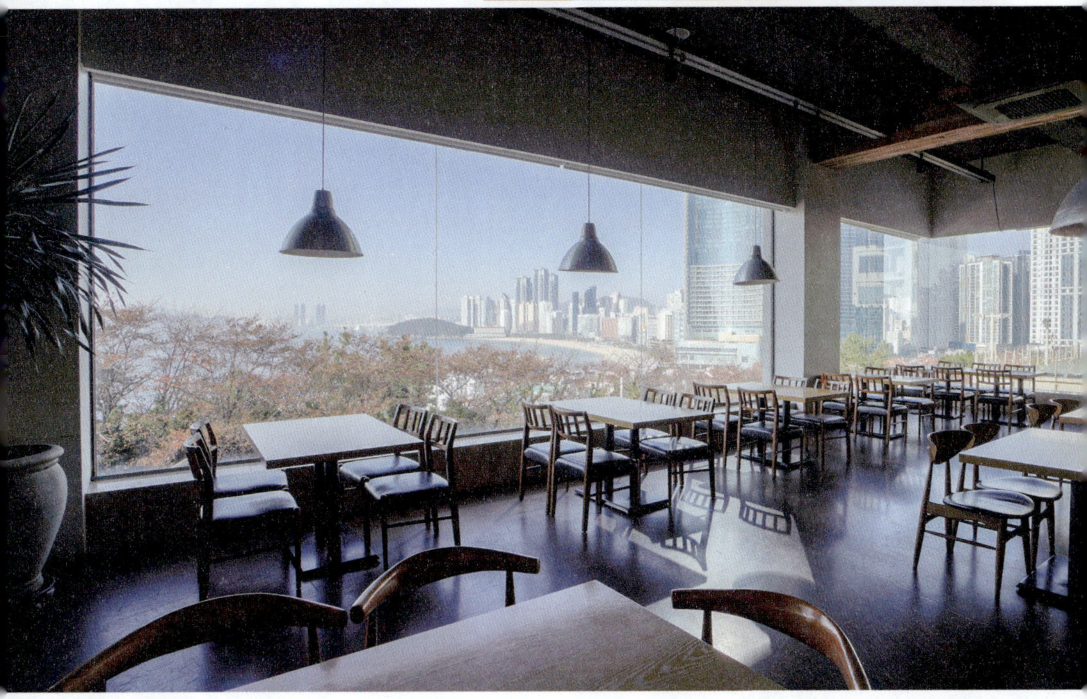

THEME
04

부산에 갔으면 기장에 들러야지

부산 시내 중심에서 해운대를 지나 북쪽으로 한참 올라가면 기장이다. 연화리와 칠암리 곳곳에서 자연산 회를 맛볼 수 있고,
일광 해수욕장과 임랑 해수욕장이 있어 여름휴가를 보내기에도 좋다. 36km에 이르는 해안을 따라
해동용궁사와 오랑대 같은 절경이 이어지고, 힐튼 호텔과 용왕단을 잇는 약 12km의 구간을 오시리아 해안 산책로로
가꾸어 거닐기 좋다. 신비로운 아홉산숲의 대나무 군락도 놓치지 말자.

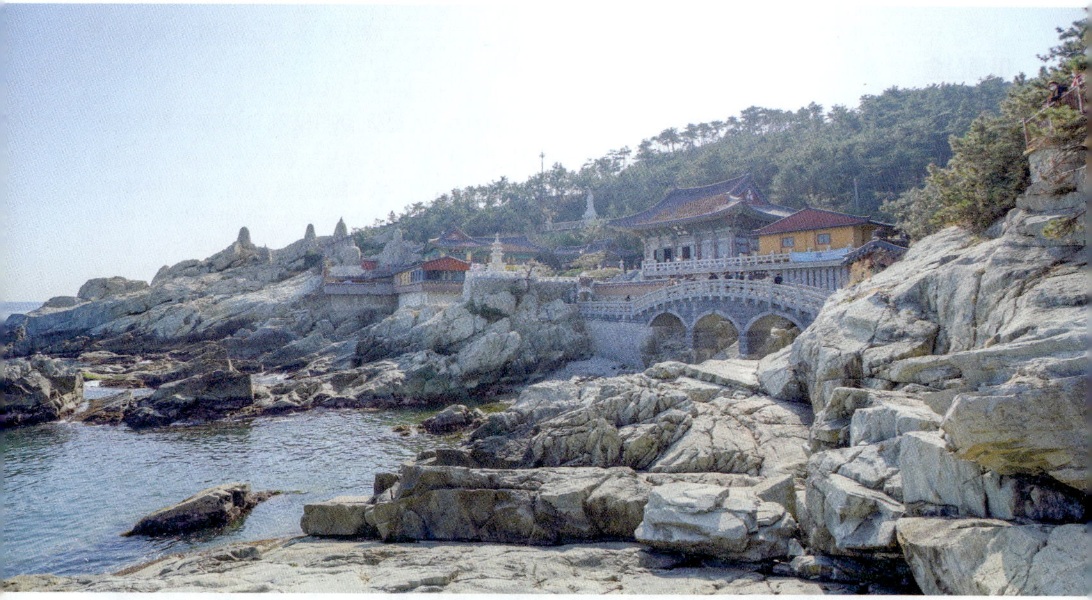

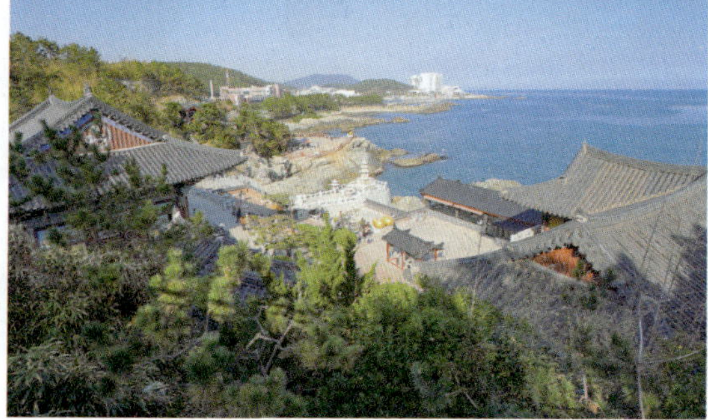

바다와 가장 가까운 절

해동용궁사

#용궁같은절 #관음성지 #기장여행

관세음보살은 용을 타고 바닷가에 나타난다는 자비의 화신이다. 해안가에 있는 양양 낙산사와 남해 보리암, 해동용궁사가 한국의 3대 관음 성지로 꼽히는 이유다. 원래 고려시대에 지은 절인데 임진왜란 때 불타 1930년대에 중창했다. 입구에는 어른 키만 한 12지신상이 일렬로 늘어섰다. 일주문을 지나 대나무 사이로 108계단을 내려가면 시야가 확 트이면서 해동용궁사가 모습을 드러낸다. 바닷속 용궁이 솟아오르면 이런 모습일까. 용머리가 위엄 있는 대웅보전, 바다를 향한 진신사리탑, 와불을 모신 광명전, 복을 내려준다는 포대화상, 경내를 굽어보는 해수관음대불, 지하에 숨겨진 돌샘 약수까지 볼거리가 넘친다. 푸근한 표정을 짓는 황금빛 지장보살 옆에서 잔잔한 파도가 바위를 쓰다듬는다.

부산 기장군 기장읍 용궁길 86 Ⓟ 가능
051-722-7744 04:30~19:20(30분 전 입장 마감) www.yongkungsa.or.kr

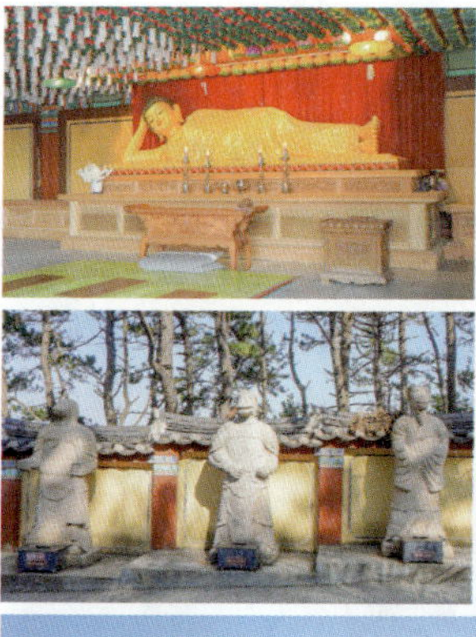

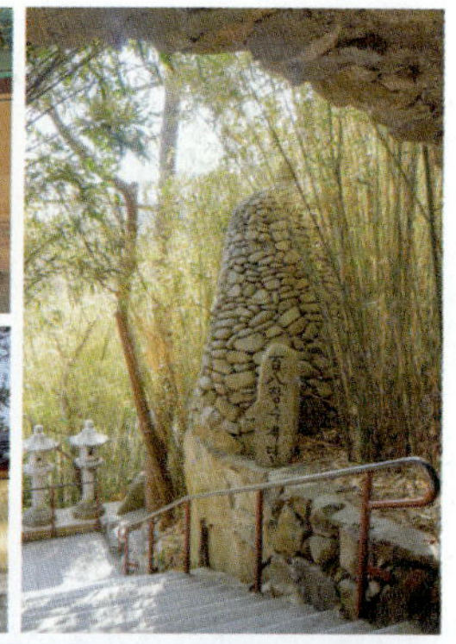

아홉산숲

골짜기가 아홉이라 아홉산이라 불리는 산자락에 남평 문씨 가문에서 400년 동안 가꾸어온 숲이다. 2015년까지 일반인의 출입을 허용하지 않아 산토끼와 고라니, 꿩도 산다. 입이 떡 벌어지는 금강송도 놀랍지만 울창한 맹종죽이 거대한 당간지주를 품은 풍경은 더욱 신비롭다. 거북 등딱지 같은 구갑죽, 아름다운 종택 관미헌도 놓치지 말자. 시내에서 좀 멀지만 막상 가면 참 잘했다 싶다.

◎ 부산 기장군 철마면 미동길 37-1 ℗ 가능 ☎ 051-721-9183 ⏰ 09:00~18:00 (1시간 전 입장 마감) ₩ 성인 8,000원, 청소년·어린이·우대 5,000원, 65세 이상 7,000원 🏠 www.ahopsan.com

TIP 절에 세우는 당간지주가 왜 여기에?

당간지주는 절 앞에 세워 깃대를 고정하는 한 쌍의 기둥을 말한다. 맹종죽숲 한가운데 대나무가 자라지 않는 둥근 빈터가 있었다. 옛사람들은 이곳에 아홉산 산신령의 영험이 있다고 믿어 굿을 하거나 치성을 드렸다. 드라마를 촬영하면서 시공간을 넘나드는 차원의 문을 상징하는 당간지주를 놓았다가 촬영 후 그대로 두어 사진 명소로 거듭났다.

바다의 맛을 품은 해산물 천국
연화리 해물포장마차촌

빨간 대야 속에서 멍게, 해삼, 개불, 소라, 석화, 낙지, 가리비, 전복이 꿈틀거린다. 모두가 싱싱하고 푸짐한 모둠 해물의 재료다. 일찌감치 문을 닫는 포장마차에서 짭조름한 바다의 맛을 보려고 대낮부터 찾는 사람이 많다. 전복죽도 먹어보지 않으면 후회할 만큼 진하고 맛있다. 해녀촌이라 해녀들이 운영하는 실내 횟집도 많아 겨울에도 갈 만하다.

◎ 부산 기장군 기장읍 연화리 119-10 ℗ 가능 ☎ 09:00~19:00 ₩ 해물 모둠 소 30,000원, 중 40,000원, 대 50,000원

경치가 좋아 풍류를 즐기던 자리
오랑대공원

선비 5명이 기장에 유배당한 친구를 찾아와 술잔
을 기울였다는 오랑대가 공원으로 거듭났다. 오시
리아 해안 산책로를 따라 용왕단, 오랑대, 거북바
위를 만난다. 촛대바위가 있던 용왕단에 작은 암
자를 짓고 해수관음상을 모시는 용왕대신에게 바
닷길의 안전을 기도한다. 요즘은 오랑대보다 용왕
단의 일출 사진이 훨씬 유명하다.

부산 기장군 기장읍 연화리 산64-26 오랑대 공영
주차장(신용카드 무인주차) 051-792-4996

부산에서 보기 드문 예쁜 건물
죽성드림세트장

코발트빛 바다를 배경으로 빨간 첨탑, 회색 벽돌로
지은 성당 건물이 또렷하게 살아난다. 실제 성당이
아니라 드라마 세트장이다. 한때는 커플 기념사진
이나 웨딩 촬영을 하러 오는 사람이 많았다. 사진
만 찍으러 가기엔 거리가 멀지만 조용한 바다를 즐
기고 싶다면야.

부산 기장군 기장읍 죽성리 134-7 가능

책을 좋아하는 여행자들을 위한 천국
아난티 코브 이터널저니

아난티 앳 부산 코브에 위치해 분위기가 고급스럽
고 굿즈의 가격이 높은 편이지만 넓은 규모에 주제
별로 책을 진열한 센스가 예사롭지 않다. 디자인
외서, 전시, 클래식, 미술 섹션이 눈에 띈다. 국내외
의 책뿐 아니라 예술적인 오브제와 전시 작품에
눈이 호강한다.

부산 기장군 기장읍 기장해안로 268-31 아난티 앳 부
산 코브 지하 2층 가능 051-604-7222 11:00
~20:00, 토요일 11:00~21:00, 카페 11:00~19:00
ananti.kr/ko/cove/CV0501

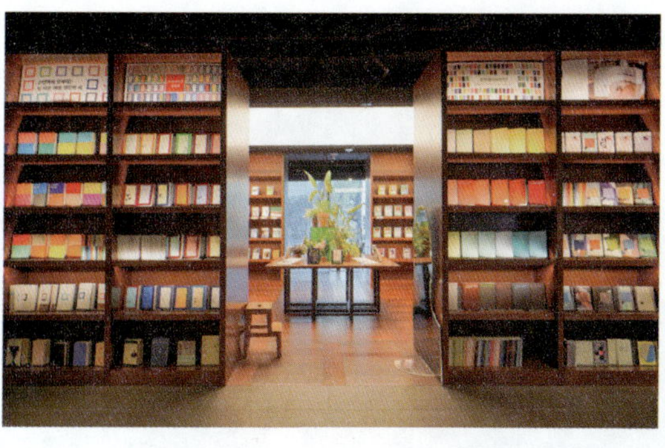

고래가 춤추던 울산 앞바다
울산

울산의 대왕암 아래에는 용이 잠자고 장생포 앞바다에서는 고래가 춤을 추었더랬다. 매년 간절곶에서 가장 먼저 뜨는 해를 맞이하는 건 어쩌면 대왕암에 자리 잡은 그 용일지도 모른다. 먼바다로 향한 고래들은 수국이 만발한 장생포 앞바다를 그리워할까. 울산의 바다는 갖가지 이야기를 품고 평온하다.

대왕암 공원과 출렁다리

#울산여행지추천 #문무대왕비
#출렁다리

대왕암 공원 입구에 들어서면 하늘을 가득 뒤덮은 1만 5천 그루의 우람한 해송이 반긴다. 대왕암까지 가는 산책로가 여럿인데, 전설바위길을 따라갔다가 사계절길로 돌아오는 코스가 경치가 좋고 볼거리가 많다. 전설바위길에는 높이 약 30m, 길이 303m의 거대한 출렁다리가 있어 바다 위를 날 듯이 건널 수 있다. 용굴, 할미바위, 탕건암 같은 기암괴석과 바다 풍경의 조화가 환상적이다. 용이 꿈틀거리는 듯한 모습의 대왕암을 보니 대왕암 공원의 전설이 실제처럼 다가온다. 신라시대 문무대왕이 나라를 지키는 용이 되겠다며 경주시 앞바다에 안장된 이후 문무대왕비도 나라를 지키겠다는 마음으로 죽은 뒤 용이 되어 울산 동해의 바위 아래 머문다는 전설이다. 바위 끄트머리 전망대까지 가서 드넓은 바다를 마주하고 돌아오자. 날이 좋으면 대왕암 근처에서 갓 잡아 온 해산물을 파는 해녀들이 알록달록한 파라솔을 펴놓고 유혹한다. 돌아오는 길에 울기 등대를 거쳐 사계절길을 걸으면 봄에는 벚꽃이, 여름에는 수국이, 가을에는 꽃무릇이, 겨울에는 동백이 정취를 더한다.

📍 울산 동구 일산동 산907　🅿 울산 동구 등대로 80-163, 10:00~19:00 평일 2시간 무료
📞 052-209-3738　🕐 24시간　₩ 무료　🏠 daewangam.donggu.ulsan.kr

고래잡이로 유명했던 마을의 역사

장생포 고래문화마을과 장생포고래박물관

장생포는 고래 포획이 금지된 1986년까지 우리나라 고래잡이의 기지였다. 집채만 한 고래를 잡은 포경선이 의기양양하게 돌아오고, 온 마을 사람들이 모인 가운데 고래를 해체하던 옛 어촌의 모습이 장생포 고래문화마을에 고스란히 재현되어 보는 재미가 쏠쏠하다. 선장의 집, 포수의 집, 고래해체장, 고래착유장 같은 어민들의 실제 생활상을 들여다보며 포경 전성기의 마을 모습을 상상한다. 고래문화마을에는 장생포 옛 마을뿐만 아니라 고래광장, 선사시대 고래마당, 수생 식물원 같은 다양한 테마를 담은 공간이 이어진다. 고래조각공원에서는 실물 크기의 고래 조각을 만날 수 있으며, 장생포고래박물관에서는 브라이드고래와 범고래의 실물 뼈를 비롯해 한국의 포경 역사와 포경업 관련 자료들을 볼 수 있다. 장생포 고래문화마을에서는 여름에는 수국축제가, 가을에는 고래축제가 열려 즐거움을 더한다. 고래박물관에서부터 꽤 높은 언덕 위에 있는 장생포 옛 마을까지 순환형 모노레일을 탈 수 있어 이동이 편리하다.

장생포 고래문화마을
울산 남구 장생포고래로 271-1 　가능
052-226-0980 　09:00~18:00, 주말 09:00~19:00(월요일 휴무) 　개인 3,000원, 단체 2,400원 　www.whalecity.kr

장생포고래박물관
울산 남구 장생포고래로 244 　가능
052-256-6301 　09:00~18:00, 주말 09:00~19:00(월요일 휴무) 　성인 2,000원, 청소년·군인 1,500원, 어린이 1,000원
www.whalecity.kr

장생포 모노레일
울산 남구 장생포고래로 246 　가능
052-266-2621 　10:00~18:30, 주말 10:00~19:00(30분 전 발권 마감, 월요일·명절 당일 휴무) 　14세 이상 11,000원, 36개월 ~13세 7,000원 　www.whalecity.kr

간절곶

간절곶에서는 포항의 호미곶보다 1분 빨리, 강릉의 정동진보다 5분 빨리 일출을 만난다. 바다를 내려다보는 잔디 위로 조각 공원이 잘 정비되어 나들이하기 좋다. 하얀 간절곶 등대로 올라가서 작은 홍보관을 관람하고, 커다란 소망 우체통으로 들어가서 엽서를 써서 보내자. 데크에 앉아 바다를 바라보면 고기잡이에 나선 가장을 기다리는 모자상의 마음이 헤아려져 애틋하다.

📍 울산 울주군 서생면 대송리 27-6　🅿 가능
📞 052-204-1000

일산 해수욕장 & 일산활어시장

#울산해수욕장 #바다여행 #피서지

일산 해수욕장은 수심이 얕고 백사장이 깨끗해 울산 시민들의 사랑을 받는 아기자기한 피서지다. 여름이면 패들보트, 수상스키를 즐길 수 있고, 멀리 보이는 대왕암 공원의 소나무숲까지 걸어서 다녀올 수 있다. 해수욕장 주변에는 산뜻한 건물에 횟집과 카페가 들어섰다. 북쪽으로 활어시장이 있으니 가성비 좋은 회를 즐겨보자.

📍 울산 동구 해수욕장10길 18　🅿 일산 해수욕장 공영 무료 주차장　📞 052-209-4470

언양기와집불고기

#울산맛집 #언양불고기 #예약가능

언양불고기는 보통 채 썬 소고기를 한지를 올린 석쇠에 바싹 구워 국물이 없는 채로 먹었다. 언양기와집불고기에서는 간장 베이스의 달콤한 양념을 더해 구워낸다. 오랫동안 자리를 지킨 집인데다 분점이 없어 단골들로 북적인다. 대기가 긴 편이니 앱으로 예약하고 방문하자.

📍 울산 울주군 언양읍 헌양길 86　🅿 가능　📞 052-262-4884　🕐 11:00~20:50　₩ 언양불고기 22,000원, 육회 32,000원

CITY
35
연오랑 세오녀가 건네는 상생의 손
포항

해와 달을 움직였다는 연오랑 세오녀 설화가 태어난 곳이 바로 포항이다. 해와 달이 떠오르는
동쪽 끄트머리 호미곶에서 연오랑 세오녀를 떠올리며 상생의 손을 맞잡는다. 가슴 아픈 역사를
품고 여행지로 새롭게 단장한 구룡포 일본인 가옥 거리를 거닐고, 포항 시내의 죽도 어시장에서
맛있는 수산물을 맛보고, 새로운 랜드마크인 스페이스 워크에 올라가 보자.

아홉 마리의 용이 승천한 포구

구룡포 일본인 가옥거리

조선시대까지만 해도 조용한 어촌마을이었던 구룡포는 일제 강점기에 큰 항구가 만들어지면서 동해안 최고의 어업기지로 부상했다. 구룡포 일본인 가옥 거리는 조선인들의 어업권을 수탈하기 위해 몰려들었던 일본인들이 살던 50채가량의 적산가옥이 남아 있는 곳으로, 일제 강점기의 아픈 역사의 현장이기도 하다. 구룡포 거리 동쪽의 근대역사관에 방문하면 다다미방에 재현한 당시의 생활상을 볼 수 있다. 일본인 가옥 거리의 중심부에는 구룡포 공원이 있다. 해방 이후 공원에 있던 신사를 해체하고, 대한민국 순국선열을 기리는 충혼탑을 세웠다. 공원 계단 윗참에 서면 구룡포 앞바다가 한눈에 내려다보인다. 대한민국 경관대상에서 최우수상을 수상한 아름다운 풍경이다. 이 계단은 드라마 〈동백꽃 필 무렵〉의 주인공들이 풋풋한 사랑을 꽃피우던 곳으로, 구룡포 일본인 가옥거리를 널리 알린 일등 공신이다. 드라마의 주인공인 동백이네 집이 카페로 변신해 여행자들을 불러 모은다.

📍 경북 포항시 남구 구룡포읍 호미로 277 🅿 가능 📞 054-276-9605 🕐 구룡포근대역사관 10:00~17:30(월요일 휴관)

구룡포근대역사관

까멜리아

드라마 〈동백꽃 필 무렵〉의 인기에 힘입어, 주인공인 동백이가 살던 집이 그대로 카페로 변신해 손님을 맞는다. 소박한 대문을 지나 까멜리아로 들어서면 누구나 '동백씨'와 '용식씨'가 된다. 벽 한쪽에 책이 가득한 용식이 서재, 히노키탕과 동백폭포가 있는 용식이 수영장, 셀프로 사진을 찍는 드라마 사진관, 기념품을 파는 동백서점이 서로의 앞마당과 뒷마당을 공유하며 아기자기하게 이어진다. 햇살이 잘 들어오는 2층 자리는 노키즈 존.

📍 경북 포항시 남구 구룡포읍 구룡포길 135-1 🅿 구룡포 일본인 가옥거리 앞 무료 주차 📞 054-278-2291 🕐 09:30~19:00 (30분 전 주문 마감) 🏧 동백샌드 2,000원, 동백라테 6,500원, 동백우유 6,500원 📷 @camellia.dongbaek

할머니 본가

구룡포만의 별미인 모리국수를 맛보자. 모리국수는 아귀내장을 갈아 다진 마늘, 고춧가루를 넣어 얼큰한 국물을 우려낸 뒤에 홍합, 새우, 아귀, 콩나물 같은 싱싱한 해산물을 모아 넣고 마무리로 칼국수를 넣어 먹는 국수다. 어부들이 배에서 작업하다가 간편하게 먹던 음식이라 한다. 할머니 본가에서는 2인분 기준으로 홍게가 한 마리 통으로 들어간다. 주인아주머니가 직접 홍게 살을 발라주셔서 먹기 편하다. 생선살이 쏠쏠하게 들어 있어 먹고 나면 든든하다.

📍 경북 포항시 남구 구룡포읍 구룡포길 131 🅿 구룡포 일본인 가옥거리 앞 무료 주차 📞 010-4727-9088 🕐 08:30~19:00 🏧 모리국수 (2인분 이상 주문) 1인분 11,000원, 홍게라면 1인분 11,000원

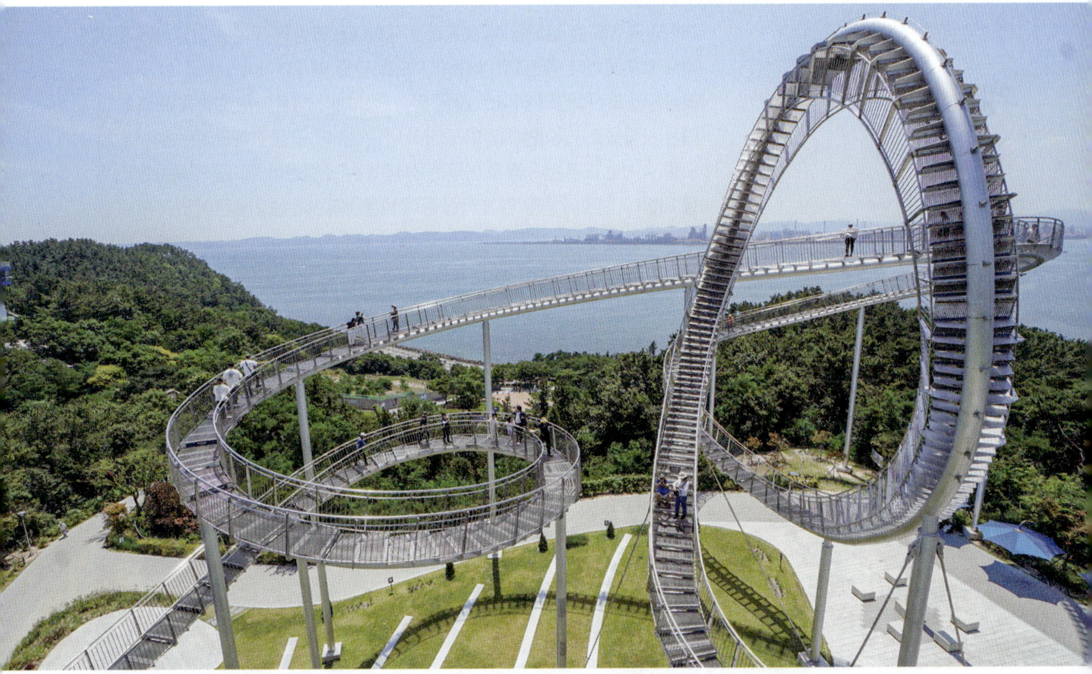

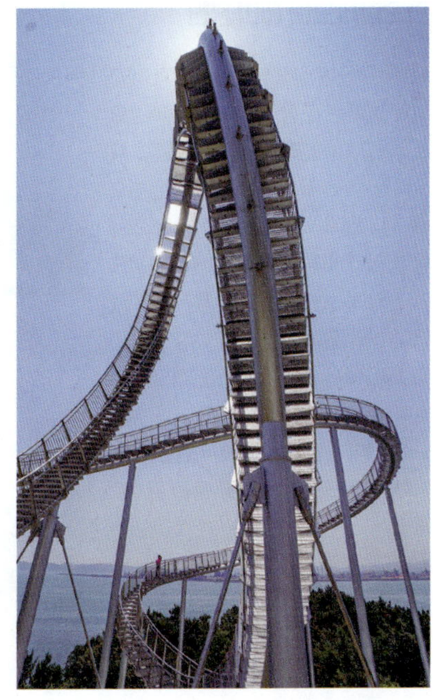

아찔한 경험을 창조하는 작품

환호공원 스페이스워크

#근사한 전망 #체험여행 #포항의 랜드마크

포항시립미술관은 세계 유일의 스틸 아트 미술관으로, 철을 이용한 예술 작품들을 실내외에 전시한다. 포항시립미술관이 위치한 환호공원 내에 스페이스워크가 설치되어 관람객들을 맞는다. 세계에서 가장 아름다운 19개의 계단으로 꼽힌 스페이스워크는 놀이기구가 아니라 관객 참여형 작품이다. 트랙 길이가 333m, 계단의 개수가 717개인 스페이스워크는 설치된 지 11개월 만에 100만 명 이상의 체험객이 방문하며 철과 빛의 도시인 포항을 상징하는 랜드마크로 거듭났다. 멀리서 보면 롤러코스터처럼 보이는 트랙 위로 사람들이 오르내린다. 아래에서 올려다볼 때와 달리 실제 계단을 올라가면, 저 멀리 영일 해수욕장을 비롯한 포항 시내가 발아래 펼쳐져 체감 높이가 더욱 높게 느껴진다. 바람이 불면 출렁다리처럼 살짝 흔들리며 체험에 짜릿함을 더한다. 강풍이 부는 날에는 출입이 금지되니 미리 확인하고 방문하자.

경북 포항시 북구 환호공원길 30 Ⓟ 가능(제2주차장 추천) 054-270-5176 10:00~17:00, 4~10월 10:00~20:00, 주말·휴일 1시간 연장(매월 첫째 주 월요일 휴무) ₩ 무료 www.pohang.go.kr/dept/spaceWalk/info.do?mid=0603010000

호미곶

#일출명소 #상생의손 #호랑이기운

대한민국 지도를 펼쳤을 때 뾰족하게 튀어나온 호랑이 꼬리를 담당하는 곳이 바로 호미곶이다. 김정호가 대동여지도를 만들 때 7번이나 답사를 한 곳이자, 최남선이 조선십경의 하나로 꼽은 일출 명소이다. 아름다운 일출을 보려고 모여든 사람들로 1월이면 해맞이 광장이 바글거린다. 광장 한복판에는 왼손이, 바닷물 속에는 오른손이 짝을 이루는 '상생의 손' 조형물이 호미곶의 독특한 정취를 더한다. 해맞이 광장 옆에 국립 등대 박물관과 새천년 기념관이 있어 함께 둘러보기 좋다.

📍 경북 포항시 남구 호미곶면 대보리 292-2 🅿 가능 📞 054-284-5026

바다를 내려다보는 산책로

연오랑세오녀 테마공원

#해와달설화 #바닷가산책 #일월대

〈삼국유사〉에 실려 있는 연오랑과 세오녀의 설화는 포항의 호미곶을 배경으로 전해진다. 신라 사람인 연오랑과 세오녀가 이곳에서 바위를 타고 일본으로 건너갔더니 신라의 해와 달이 그들을 따라가 빛을 잃었다는 이야기, 세오가 신라에 보낸 비단으로 제사를 지냈더니 해와 달이 빛을 되찾았다는 설화다. 공원에서 파도 소리와 함께 거닐며 설화를 음미해 보아도 좋고, 연오랑세오녀 테마공원 전시관에서 관련된 전시와 체험 프로그램, 영상 등을 즐겨도 좋겠다.

📍 경북 포항시 남구 동해면 호미로 3012
🅿 가능 📞 054-289-7955
🕐 10:00~18:00(월요일 휴무)

죽도시장

포항에 사는 사람들에게 포항의 볼거리를 물어보면 열에 아홉은 죽도시장을 꼽는다. 그만큼 죽도시장은 장보기 좋은 시장일 뿐만 아니라 구경거리와 먹거리가 많은 시장이기도 하다. 특히나 신선한 회와 물회, 과메기, 대게를 판매하는 죽도어시장에는 횟집만 200여 곳이 성행할 정도로 동해안에서 최대 규모로 꼽히는 어시장이다. 대게를 파는 식당의 호객 행위가 심한 편이나 어느 집에 가더라도 가격대는 시세에 맞춰 비슷한 수준이다.

가성비 좋은 횟집을 찾아서
죽도어시장
📍 경북 포항시 북구 죽도시장길 13-3 포항수산종합어시장 🅿 죽도시장 공영주차장 📞 054-255-0088 🕐 08:00~22:00

현지인 추천 맛집
동양횟집
📍 경북 포항시 북구 죽도시장길 38-2 동양횟집
🅿 죽도시장 공영주차장 📞 054-247-2429
🕐 10:30~21:00, 월요일 17:00~21:00(17:30 주문 마감, 일요일 휴무) ₩ 모둠회 2인 60,000원, 3인 80,000원

영일대 전망대와 영일대 해수욕장

백사장의 길이가 2km에 가까운 영일대 해수욕장은 인근의 송도 해수욕장과 더불어 포항의 대표적인 해수욕장으로 꼽힌다. 해수욕장의 북쪽에는 바다 위에 지은 해상 누각인 영일대 전망대가 둥실 떠 있다. 바다를 향해 뻗어난 영일교를 따라 80m를 걸어 들어가면 사방이 확 트인 영일정에서 시원한 바닷바람을 맞이할 수 있다.

📍 경북 포항시 북구 해안로 173 🅿 가능

CITY
36
옛 노래 흥얼거리며 골목 여행
대구

대구 여행은 근대사를 온몸으로 겪어낸 근대문화 골목에서 시작하자. 2시간 남짓이면 19세기
후반에서 20세기 초반 대구의 과거를 산책할 수 있다. 여행의 마무리는 음악으로 감성이 충만해
지는 김광석 다시그리기길을 추천한다. 김광석의 노랫말이 새겨진 벽화. 거리를 걷고 근처 카페
와 펍에서 피로를 씻어낸다.

대구 근대 문화
골목 걷기 여행

TIP **골목 투어 제2코스 핵심만 쏙쏙**

청라언덕에서 3·1만세운동길로 내려가 길을 건너면 주교좌계
산대성당이 나온다. 성당 옆으로 조금만 걸으면 이상화 고택
과 서상돈 고택이 나란히 위치한다. 교남YMCA, 구 제일교회,
약령시 한의약박물관도 옹기종기 모여 있다. 김원일의 마당 깊
은 집에서 길남이를 만나고, 진 골목에서 미도다방에 들르자.
코스를 따라 걷다 보면 2시간이 금방 간다.

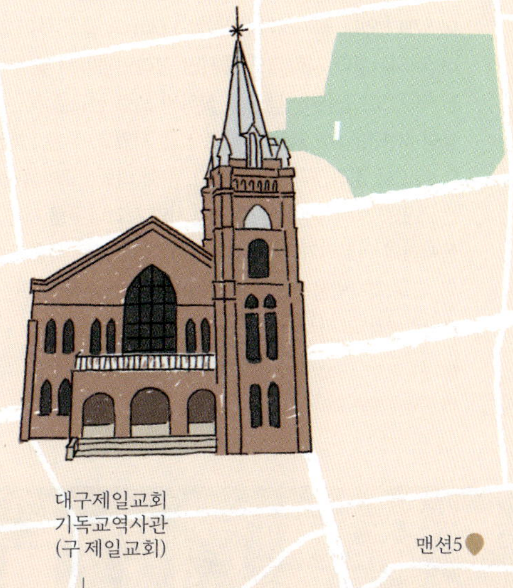

청라언덕 선교사 주택

#백합필적에 #유형문화재 #의료선교

중구 일대에는 19~20세기의 근대 문화유산을 둘러보는 테마 골목
이 5개나 있다. 볼거리가 많은 약 1.6km의 골목 투어 2코스가 인기
다. 어디서부터 시작해도 좋지만 청라언덕에서 출발하는 편이 무
난하다. 1893년부터 대구를 찾아와 의료 선교를 하던 미국 선교사
들이 1910년대에 붉은 벽돌로 집을 지었고, 푸른 담쟁이가 둘러싸
인 이곳을 청라언덕이라 불렀다. 현재 의료선교박물관으로 이용하
는 스윗즈 주택의 정원은 대구에 서양 사과나무를 처음 심은 곳이다.
동서양의 의료기기를 전시해 의료박물관으로 사용하는 챔니스 주
택, 교육·역사박물관으로 사용하는 블레어 주택이 고풍스럽다. 가곡
〈동무 생각〉의 가사가 적힌 노래비도 반갑다.

📍 대구 중구 달구벌대로 2029 🅿 가능 📞 053-661-3327
🏠 tour.daegu.go.kr

챔니스 주택

청라언덕

스윗즈 주택

태극기 물결치는 계단길
3·1만세운동길

\#태극기휘날리며 \#역사여행 \#골목여행

청라언덕에서 계산대성당 쪽으로 향하는 길에 현재의 태극기와 진관사 태극기가 함께 흩날리는 50m의 계단길이 있다. 공부보다 더 중요한 것이 나라의 독립이라며 3·1운동에 나선 계성고, 신명여고, 대구고보의 교사와 학생들이 일본군을 피해 몰래 만세 장소로 이동하던 길이다. 당시의 대구 사진과 3·1운동의 기록이 흑백으로 벽에 걸렸다.

♀ 대구 중구 동산동 881-3 🅿 불가
📞 053-661-3327

1900년대의 성당 건축물
주교좌계산대성당

\#대구카톨릭 \#건축여행 \#사진여행

초대 주임 로베르 신부는 1899년 십자형 한옥 성당과 해성재를 지었다. 해성재는 신자가 아닌 학생들도 공부하던 대구 최초의 서양식 교육기관이었다. 정원 한쪽에 당시의 흑백사진이 있다. 한옥 성당과 해성재가 화재로 소실된 후 1930년에 벽돌로 재건립한 것이 지금의 주교좌계산대성당이다. 우리나라에서 서울과 평양에 이어 세 번째로 세워진 고딕 양식의 성당이다.

♀ 대구 중구 서성로 10 🅿 신도만 가능 📞 053-254-2300
🏠 www.gyesancathedral.kr

> **TIP 성당 안의 이인성 나무**
>
> 이인성은 대구에서 나고 자란 화가다. 그가 1930년대에 그린 작품 〈계산동 성당〉에는 성당 앞에 크게 자란 감나무가 있다. 이 감나무를 '이인성 나무'라고 부른다. 성당에 들른 김에 이인성의 그림과 나무도 보자.

이상화 고택

#민족시인 #근대문화유산 #대구여행

이상화 시인은 1940년대 친일 문학을 일삼
던 문인들 사이에서 굴하지 않고 꿋꿋하게 민
족정신을 담은 시를 썼다. 대구에서 태어난
시인은 이 고택에서 마지막 작품 〈서러운 해
조〉를 쓰고 숨을 거두었다. 한옥 마당에 돌로
만든 시비 3개가 그의 뜻을 기린다. 근대문화
체험관인 계산예가에서는 이상화, 현진건, 이
인성, 박태준 등 대구 예술인들의 자취를 살
필 수 있다.

📍 대구 중구 서성로 6-1　🅿 계산 오거리 공영 유료
노상주차장 혹은 약령시 서문 공영주차장
📞 053-256-3762　🕐 하절기 09:00~18:00, 동절
기 09:00~17:30(명절 당일 휴관)

국채보상운동을 벌인 민족운동가
서상돈 고택

#민족운동 #경제운동 #독립운동가

한국의 재정을 일본에 예속시키려는 차관 공
세에 맞서 국민들은 담뱃값을 아껴가며 범국
민적 국채보상운동을 벌였다. 그 중심에 서상
돈 선생이 있었다. 그는 보부상으로 시작해 대
상인으로 성공한 뒤 대구 광문사의 부사장으
로 재직하면서 국채 1,300만 원의 보상취지서
를 작성하고 발표하며 2,000만 동포에게 애국
을 호소했다. 거부였던 그의 소박한 집이 외려
고아하다.

📍 대구 중구 서성로 6-1　🅿 계산 오거리 공영 유료
노상주차장 혹은 약령시 서문 공영주차장
📞 053-256-3762　🕐 하절기 09:00~18:00, 동절
기 09:00~17:30(명절 당일 휴관)

대구제일교회 기독교역사관 구 제일교회

\#근대문화유산 \#작은전시 \#골목여행

미국의 존슨 의료 선교사는 1899년 제일교회 예배당 옆 초가집에 '미국약방'을 차려 약을 나누어주고, '제중원'이라는 간판을 걸고 진료를 시작했다. 1994년까지 100여 년간 제일교회로 자리를 지키면서 3·1운동을 이끌고 학교를 세운 경북 지역 기독교의 역사를 사진과 자료로 전시했다.

◉ 대구 중구 남성로 23 ℗ 불가 ☎ 053-253-2615
🕐 09:00~18:00

김원일의 마당 깊은 집

1950년대 대구 피난민들의 삶

\#근대문화유산 \#소설의배경 \#한옥

《마당 깊은 집》은 전쟁이 막 끝난 1954년에 피난민들로 가득하던 대구를 묘사한 김원일 작가의 자전적 소설이다. 소설의 실제 장소는 아니지만 작은 문학 체험 공간에서 주인공 길남이의 1950년대 대구를 만난다.

◉ 대구 중구 약령길 33-10 ℗ 불가 ☎ 053-426-2250
🕐 09:00~18:00(월요일·1월 1일·명절 당일 휴관)

약령시 한의약박물관

150개가 넘는 한약방의 약전 골목

\#체험여행 \#약령시 \#걷기여행

약령시는 조선시대에 한약재를 전문으로 다룬 장을 일컫는다. 360년 전통의 대구 약령시는 해외로도 약재를 공급하던 한약재 유통의 거점이었고, 일제 강점기에는 독립운동 자금과 연락의 거점이기도 했다. 대구 약령시의 유래와 발전 과정을 재미있게 관람하고 족욕 체험도 해보자.

◉ 대구 중구 달구벌대로415길 49 ℗ 가능 ☎ 053-253-4729
🕐 09:00~18:00(월요일 휴관) ₩ 입장료 무료, 한복 체험 무료, 한방 족욕 체험 5,000원, 한방 비누 만들기 4,000원
🏠 www.daegu.go.kr/dgom

교남 YMCA

약령시에 자리한 근대 문화유산 건물

\#환경체험 \#근대유산 \#걷기여행

독특한 한약 냄새가 점점 짙어지면 약령시에 가까워졌다는 뜻이다. 일제 강점기에 대구의 3·1운동을 주도한 교남 YMCA 건물은 맞은편의 구 제일교회와 똑같이 붉은색 벽돌 건물 그대로 남아 있다. 최초의 서양 전시회와 최초의 서양식 결혼을 진행한 당시의 모습을 사진으로 볼 수 있어 우리나라 근대의 모습을 짐작케 한다.

◉ 대구 중구 남성로 22 ℗ 주차 불가 ☎ 053-255-1914
🕐 13:00~17:00, 금·토요일 10:00~18:00, 일요일 13:00~18:00(월요일 휴무) ⦿ @daeguymca_official

진 골목과 미도다방

미도다방

○ 대구 중구 진골목길 14 P 불가
☎ 053-252-9999 ⏰ 09:30~22:00(명절 당일 휴무) ₩ 쌍화차 5,000원, 약차 4,000원, 냉커피 4,000원, 커피 2,500원

진 골목은 대구의 재력가인 달성 서씨의 집성촌이자 1970년대까지 대구의 부자들이 살던 100m 남짓한 골목이다. 대구 최초의 2층 양옥인 정소아과의원, 정치인과 예술인들이 모여들던 미도다방이 있다. 옛 모습 그대로인 다방에서 달걀노른자를 띄운 쌍화차를 마시며 〈미도다방〉이라는 시를 음미한다. 햇살 같은 정인숙 여사가 40년 넘도록 한결같이 단골을 맞는다.

맨션5

동성로의 소문난 브런치 맛집이다. 한옥 대문을 들어서면 잔디마당에 파라솔이 펼쳐져 있다. 실내에는 창살로 햇살이 떨어지는 자리마다 테이블이 놓였다. 에그베네딕트, 오믈렛, 떡볶이, 샌드위치, 치킨 같은 음식과 베이커리, 여러 종류의 맥주도 있다. 선선한 아침의 브런치를 즐기거나 볕 좋은 날 마당에서 맥주 한잔하며 담소를 나누어도 좋다.

○ 대구 중구 중앙대로79길 28 P 중앙시네마 주차장 ☎ 053-421-1225 ⏰ 10:00~22:00(30분 전 주문 마감), 브런치 10:00~15:00, 주말 10:00~18:00 ₩ 연어 에그베네딕트 15,000원, 베이컨 에그베네딕트 14,000원, 아메리카노 5,500원 ◎ @mansion5_daegu

마음을 읽어주는 노랫길
김광석 다시그리기길

#서른즈음에 #가수김광석 #벽화거리

서른두 살 젊은 나이에 생을 마감한 가수 김광석은 방천시장 근처에서 어린 시절을 보냈다. 그를 기리기 위해 방천시장 옆 약 350m의 둑길을 벽화 거리로 조성했다. 〈서른 즈음에〉, 〈이등병의 편지〉, 〈사랑했지만〉 같은 노랫말을 연상케 하는 그림마다 추억이 묻어나 가슴이 먹먹해진다. 매년 가을이면 '김광석 노래 부르기 경연대회'가 열려 듣는 이들에게 위로를 전한다.

◉ 대구 중구 대봉동 6-11　ⓟ 김광석길 공영주차장

청명한 날 만나는 루프톱 카페
폴리커피

#끝내주는뷰 #루프톱카페 #달달한휴식

대구에서 뷰가 가장 좋은 카페라는 자부심을 내건 루프톱 카페다. 멀리 교회의 뾰족한 첨탑이 보이고, 가까이 신천을 따라 차들이 흘러간다. 화이트 톤 인테리어가 깔끔하고 통창이 넓어 실내에서 뷰를 즐기는 기분도 산뜻하다. 맥주 3종과 하우스와인이 메뉴에 있으니, 저녁나절 시원한 루프톱에서 한 잔 즐겨도 좋겠다.

◉ 대구 중구 동덕로 36-15 6층　ⓟ 가능
☎ 053-257-5535　🕐 13:00~22:00(월요일 휴무)
₩ 아메리카노 4,500원, 말차라테 6,000원

대도양조장

#김광석길 #대구브루어리 #맛있다그램

자체 양조 시설을 갖춰 14종류의 맥주를 탭에서 콸콸 따라준다. 가벼운 라거와 골든 에일부터 풍부한 과일 향의 대도 IPA, 호피한 메가홉스를 취향대로 골라 마신다. 안주로는 맛있게 매운 감바스와 멕시칸 피자, 다양한 종류의 파스타가 있다. 저녁에는 야외에 근사한 조명을 주렁주렁 걸어 분위기가 더 좋아진다. 마음에 드는 맥주를 골라 테이크아웃도 가능하다.

📍 대구 중구 동덕로 14길 47 🅿 가능 📞 0507-1446-2345 🕐 월~목요일 15:00~24:00, 금요일 15:00~01:00, 토요일 13:00~01:00, 일요일 13:00~23:00 ₩ 대도 IPA 8,000원, 감바스 23,000원 📷 @daedo_brewing

소나무

#한옥바 #인스타핫플 #대구여행

한옥 카페나 한옥 펍은 더러 있지만 한옥 바는 신선하다. 그것도 싱글 몰트위스키 전문 바다. 와인과 칵테일, 전통주도 갖췄다. 척 봐도 부잣집이었을 고풍스러운 한옥을 개조해 고급스러운 원목 테이블과 샹들리에로 마감했다. 벽을 가득 채운 술병을 마주하면 황홀해진다. 친절한 바텐더가 손님의 취향에 맞춰 술을 권한다.

📍 대구 중구 동덕로 56-5 소나무 🅿 가능 📞 0507-1345-1341 🕐 18:00~01:00, 금·토요일 18:00~02:00(화요일 휴무) ₩ 싱글몰트위스키 12,000~40,000원, 시그니처칵테일 15,000~20,000원 📷 @bar_sonamu

봄소식을 제일 먼저 알려주던 광양의 불긋한 매화가 지고, 구례의 노란 산수유도 떨어질 즈음 이때다 싶게 벚꽃이 핀다. 맑고 푸른 섬진강변의 연둣빛 녹차밭을 따라 분홍 속살을 드러낸 벚꽃길을 걷다 보면 두근두근, 봄을 맞은 사슴처럼 가슴이 뛴다. 소설 《토지》의 무대인 최참판댁을 들러보고 평사리에 오똑 솟은 부부송을 만나보자. 야생차박물관에서 우리나라의 차 문화에 대해 알아보고 여운이 오래 남는 차도 한잔 마시자.

봄바람 휘날리며 벚꽃 잎 흩날리는

하동 십리벚꽃길

#봄바람꽃바람 #벚꽃놀이 #봄여행

남쪽에서 넘어온 봄기운을 받은 벚나무가 봄을 알리는 폭죽을 터 뜨린다. 하동의 송림에서 남도대교를 지나 섬진교까지 이어지는 약 40km 길이 '섬진강 100리 테마로드'로 거듭났다. 1930년대부터 심어온 벚나무와 복숭아나무가 섬진강을 굽어보며 화려한 꽃을 피운다. 꽃터널 중에서도 가장 아름다운 구간을 꼽으라면 화개장터에서 쌍계사까지 이르는 약 6km의 하동 십리벚꽃길이다.

사랑하는 남녀가 십리벚꽃길을 함께 걸으면 부부로 맺어진다 하여 혼례길이라고도 부른다. 이렇게 아름다운 꽃길을 걸으면 누군들 사랑에 빠지지 않을까. 꽃비를 맞으며 〈벚꽃 엔딩〉을 흥얼거린다.

📍 경남 하동군 화개면 화개로 142
🅿 화개장터 주차장
📞 055-880-2380

TIP 전라도와 경상도를 가로지르는 화개장터

화개장터는 대중가요 덕분에 전국에서 가장 유명해진 5일장이다. 평소에는 예전의 북적임을 찾아보기 어렵지만 벚꽃 철이면 각종 농산물과 향기로운 봄나물, 섬진강의 은어회와 재첩국을 파는 좌판이 늘어선다. 꽃 축제가 열리면 도로가 주차장이 되니 부디 새벽에 출발하시길.

쌍계사

#꽃놀이 #사찰여행 #신라사찰

지리산 자락에서 내려오는 두 갈래의 물이 매표소 앞 다리 아래에서 만나 흘러간다. 신라 성덕왕 때 지은 쌍계사는 2층 누각인 팔영루, 국보 진감 선사 탑비, 탑돌이를 하는 9층 석탑, 불상이 아닌 석탑을 품은 금당, 대웅전과 팔상전의 불화, 흙 담장에 기와로 새긴 꽃무늬 등 다채로운 문화재를 품었다. 벚꽃보다 아름다운 사찰이라더니, 그만큼 보기에 흐뭇하다.

경남 하동군 화개면 운수리 207　가능　055-883-1901　08:00~17:30
무료　www.ssanggyesa.net

대하소설《토지》의 배경

최참판댁 드라마 세트장

#토지촬영지 #사진여행 #문학여행

동학혁명부터 근대사까지 아우르는 박경리의 대하소설 《토지》는 하동 악양면의 평사리가 배경이다. 하동의 최참판댁은 실제 있었던 집이 아니라 드라마 세트장이다. 소설 속의 만석꾼 지주 최참판 댁과 용이네, 칠성이네 같은 등장인물의 초가집까지 세심하게 구현했다. 박경리 문학관과 평사리 문학관에서 작가의 삶을 엿본다. 가을에는 이곳에서 토지문학제가 열린다.

경남 하동군 악양면 평사리길 66-7　가능　055-880-2960
09:00~18:00　성인 2,000원, 청소년·군인 1,500원, 어린이 1,000원

악양 벌판의 서희와 길상이 나무

부부송

평사리를 품은 하동의 풍경이 얼마나 아름다웠으면, 중국의 신선경으로 손꼽히는 악양과 닮았다며 '악양면'이라 불렀다. 중국의 지명을 따오는 김에 아예 평사리 강변 모래밭을 금당이라 하고 모래밭 안에 있는 호수를 동정호라고 했다. 한산사 전망대에 올라 내려다보면 부부송이 사이좋은 부부처럼 반긴다.

한산사 전망대
📍 경남 하동군 악양면 평사리 825 🅿 가능
부부송 📍 경남 하동군 악양면 평사리 293-2 🅿 불가

왕이 마시던 하동의 차

하동야생차박물관

#다례공부 #차한잔 #하동여행

일교차가 심해 차나무가 자라기 좋은 하동은 통일신라의 사신 김대렴이 당나라에서 가져온 차를 재배하던 우리 차의 시배지이기도 하다. 야생 차밭 곁에 자리한 박물관에서 시대별 차 문화와 각종 다구를 살펴보고, 3층에서 전문 다기 세트를 이용해 우리의 다례를 배우며 깊은 차향을 음미하자.

📍 경남 하동군 화개면 쌍계로 571-25 🅿 가능 📞 055-880-2956 🕐 3~10월 10:00~18:00, 11~2월 10:00~17:00(월요일·1월 1일·명절 휴관) ₩ 입장료 무료, 다례 체험 5,000원 🏠 www.hadongteamuseum.org

TIP 다례 체험하며 차 한잔

큰 솥에 찻잎을 넣고 직접 덖는 덖음 체험, 매년 5~8월 사이에 찻잎을 따는 찻잎 따기 체험, 11~4월 사이에 솥에 찐 찻잎으로 차포를 만드는 돈차 체험은 미리 전화로 예약해야 한다.

섬진강에서 캐낸 감칠맛

재첩정식

#작은조개 #재첩국 #하동의맛

재첩은 민물에 사는 까맣고 작은 새조개다. 섬진강 맑은 물에서 자란 재첩은 봄이면 살이 올라 더욱 시원한 국물 맛을 낸다. 재첩무침, 재첩전, 재첩국으로 차린 정식 한 그릇 먹어보자.

금양가든
📍 경남 하동군 하동읍 섬진강대로 1877 🅿 가능 📞 055-884-1580 🕐 08:00~20:00 ₩ 모둠 정식 20,000원, 재첩국 13,000원, 재첩회덮밥 15,000원

CITY
38

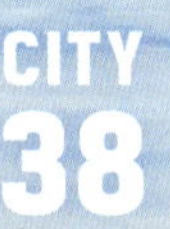

가슴이 뻥 뚫리는 풍경이란 이런 것

남해

한산도에서 여수까지를 일컫는 한려수도의 아름다움을 뽐내기로는 서쪽에 여수를 두고 동쪽에 통영을 둔 남해가 제격. 바다 위로 솟아오른 섬과 섬이 이어져 다채로운 수평선을 그려내는 남해로 가자. 금산에 올라 남해의 빼어난 경치를 눈에 담고, 짭조름한 멸치쌈밥과 독일마을의 맥주로 남해를 맛본다.

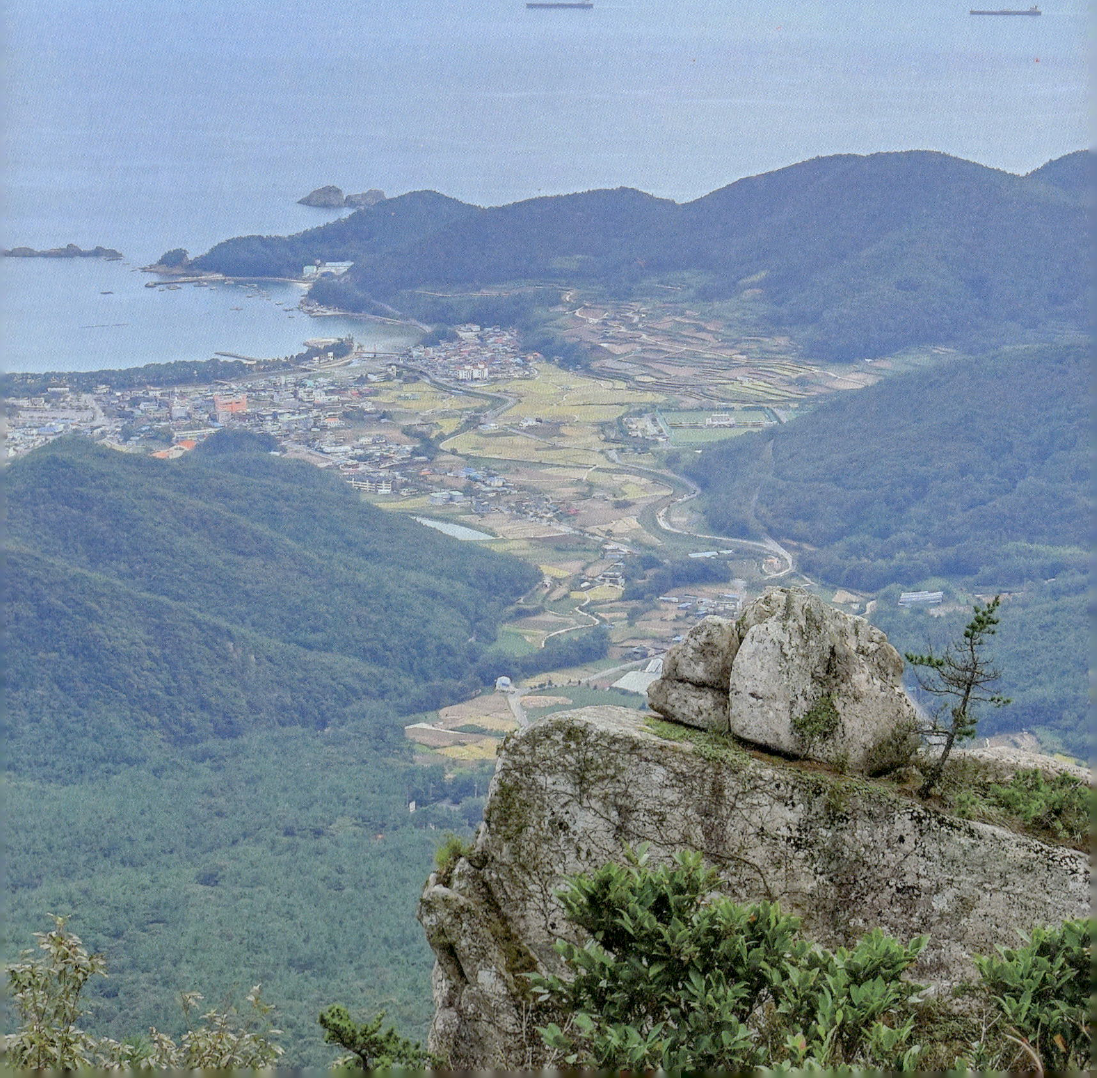

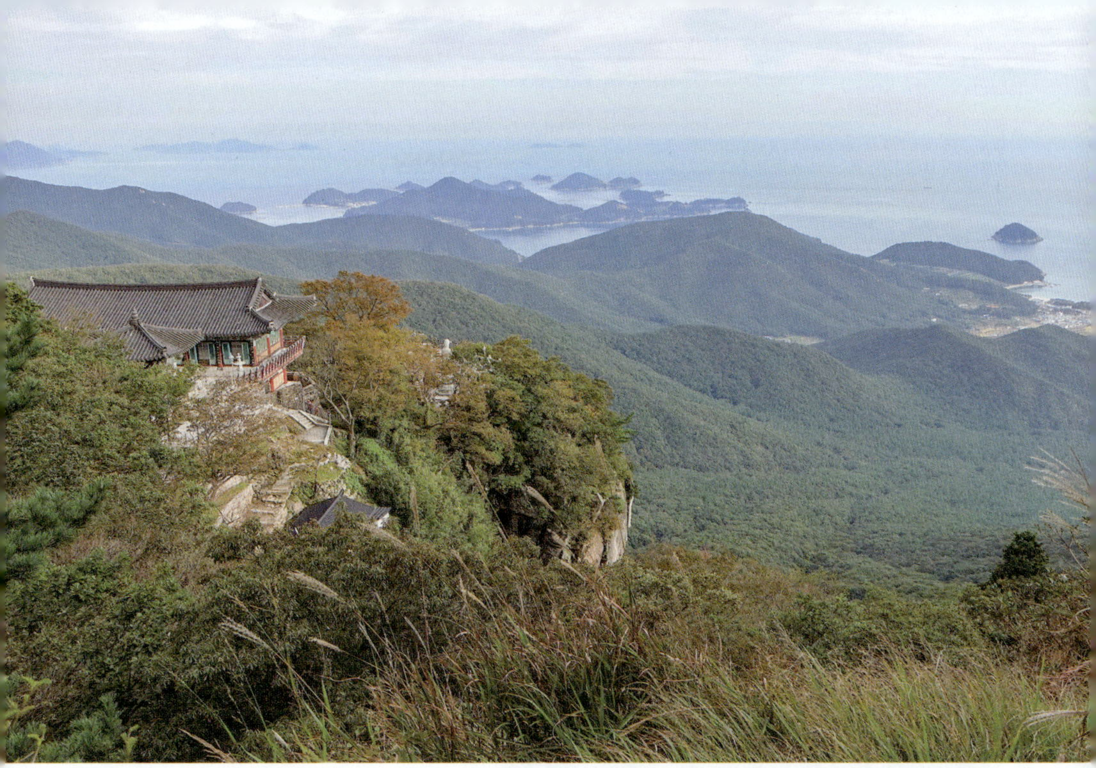

남해를 굽어보는 비단산 자락

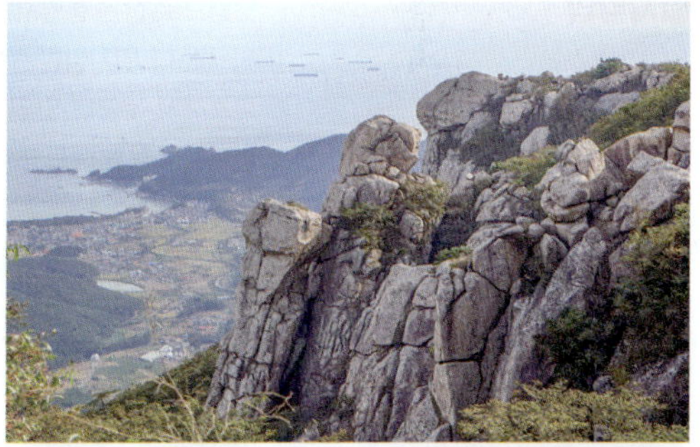

#사진여행 #관음성지 #일출명소

남해 금산 보리암

신라의 원효 대사는 이곳에서 관세음보살을 만나 보광사를 지었다. 태조 이성계는 여기서 백일기도를 마친 후 조선 왕조를 세우고 산 이름을 금산이라 칭했다. 현종은 왕실을 열어준 이곳에 보리암이라는 이름을 붙였다. 아름다운 상주 은모래 해변을 내려다보며 보리암에 오른다. 웅장한 대장봉, 금산 38경을 내려다보는 망대, 인도에서 제작돼 용왕의 호위를 받으며 이곳에 왔다는 관세음보살상, 부처님의 진신사리가 묻혔다는 3층 석탑이 비단을 두른 듯 산에 둘러싸였다. 나라를 세우겠다는 소원도 들어준 곳이니, 바다를 내려다보며 여행이 무탈하기를 빈다. 해수관음상이 다정한 얼굴로 굽어본다.

경남 남해군 상주면 보리암로 665 Ⓟ 경차 2,000원, 중소형차 4,000원, 대형차 6,000원/ 주말 및 성수기 중소형차 5,000원, 대형차 7,500원 ☎ 055-862-6115 ₩ 성인 1,000원 ⌂ www.boriam.or.kr

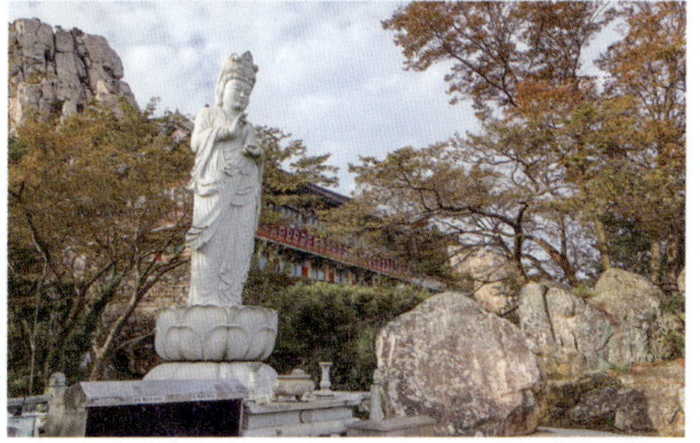

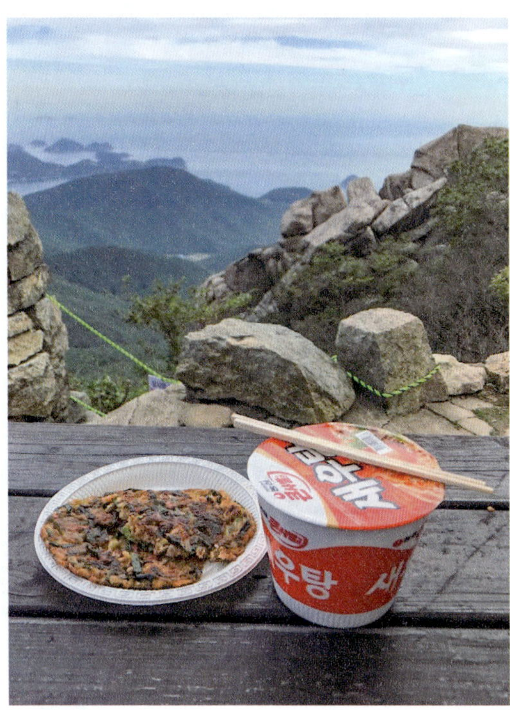

신선놀음하며 먹는 컵라면
금산산장

#천연전망대 #뷰맛집 #마당이한려수도

금산에서 남해를 내려다보는 기암절벽 위에 금산산장이 있다. 보리암에서 20분 정도 더 걸어 올라간다. 한때는 산신령과 함께 마시는 막걸리가 일품이라고 소문난 곳이었지만 이제는 주류를 판매하지 않는다. 햇빛 쨍한 날 바다를 내려다보아도 아름답고, 발밑에 구름이 깔린 흐린 날도 멋스럽다. 할머니가 부쳐 주시는 부침개에 뜨끈한 컵라면 국물을 곁들이면 이게 바로 신선놀음.

📍 경남 남해군 상주면. 보리암로 691　🅿 가능　📞 055-862-6060　🕐 07:00~18:00, 동절기 07:00~17:00
💸 해물파전 12,000원, 컵라면 4,000원, 사이다 3,000원
📷 @geumsansanjang

남해의 별미 죽방멸치
멸치쌈밥

#멸치도생선 #멸치요리 #남해맛집

멸치가 많이 나는 남해에서는 새참으로 멸치찌개와 막걸리를 즐겼다고 한다. 죽방렴으로 잡은 통멸치를 넣고 칼칼하게 양념한 멸치찌개를 자작하게 조려 쌈에 싸 먹는다. 멸치쌈밥은 호불호가 갈리지만 새콤달콤하게 무쳐 먹는 멸치회무침은 고소해서 누구나 맛있게 먹는다. 대부분의 멸치쌈밥집에서 멸치회와 멸치쌈밥, 멸치튀김 등을 세트 메뉴로 판다.

남해향촌
📍 경남 남해군 삼동면 동부대로 1278
🅿 가능　📞 055-867-7791
🕐 09:00~21:00　💸 멸치쌈밥 세트 2인분 36,000원, 향촌스페셜 세트 2인분 44,000원, 멸치쌈밥 14,000원

풍운정
📍 경남 남해군 삼동면 동부대로 1587
🅿 가능　📞 055-867-0204
🕐 09:00~20:00　💸 풍운정생선 세트 2인분 50,000원, 풍운정멸치 세트 2인분 34,000원, 멸치쌈밥 13,000원

남해 독일마을

#독일광장 #맥주거리 #남해여행

1960년대에 독일로 떠나 우리나라의 경제 발전에 기여한 광부와 간호사들이 귀국해 정착한 마을이다. 남해파독전시관에서 그들의 애환을 엿보고 독일식 포장마차 '도이처 임비스'에서 독일식 맥주와 소시지를 맛본다. 푸른 바다가 내려다보이는 언덕 위 빨간 지붕 집 40여 곳이 펜션이니 맥주 실컷 마시고 하룻밤을 보내도 좋다. 매년 10월 초에 이곳에서도 독일의 맥주 축제인 옥토버페스트가 열린다. 꼭 맥주 축제가 아니더라도 독일마을 곳곳에 독일 소시지와 슈바이네 학센 같은 전통 음식, 독일식 맥주를 파는 집들이 많으니 이국적인 독일 마을의 풍경을 찾아 떠나보자.

📍 경남 남해군 삼동면 물건리 1074-2　🅿 가능
🏠 남해독일마을.com

CITY
39

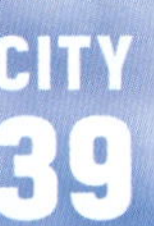

예술적 감각이 살아나는 도시

통영

박경리는 소설 《김약국의 딸들》에서 통영을 "조선의 나폴리"라 묘사했다. 여전히 "동양의 나폴리"로 불리는 통영은 여러모로 매력적이다. 바다 냄새를 몰고 온 고깃배가 항구를 드나들고, 북적이는 시장통이 펼쳐진다. 통영에서 나고 자란 문화 예술인들의 흔적이 거리마다 남아 있다. 하루에 다섯 끼로도 모자랄 만큼 먹거리가 풍부해 여행이 더욱 행복해진다.

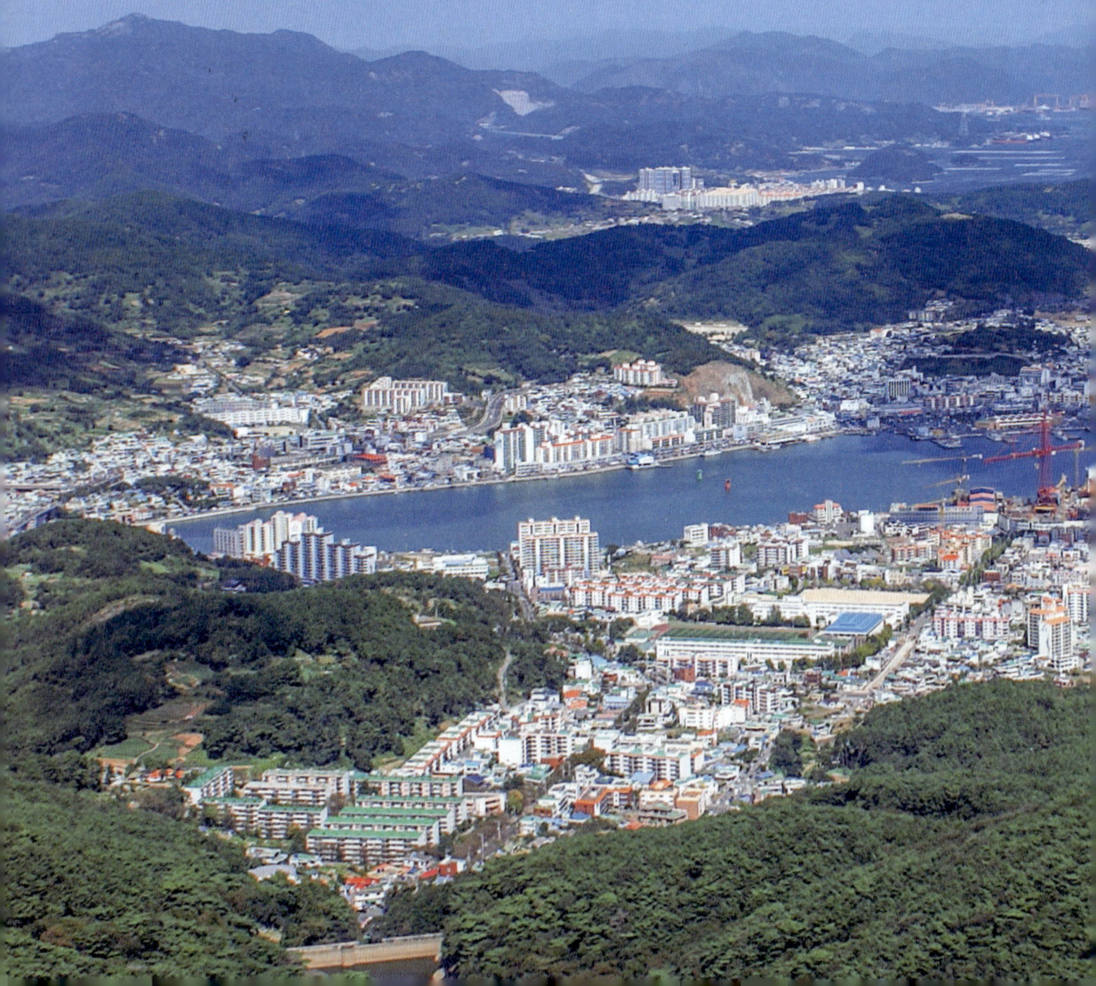

통영을 가장 멋지게
여행하는 방법

01
박경리 기념관 둘러보며
통영의 예술가 떠올리기

02
통영 케이블카 타고
미륵산 정상에서 만나는 장관

03
막회부터 충무김밥까지
신선한 통영의 맛

THEME 01

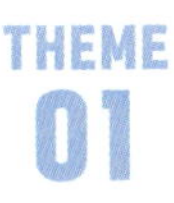

아름다운 풍경이 꽃피운 예술적 감성

통영만큼 예술인을 많이 배출한 고장이 또 있을까. 예향이라는 명성에 걸맞게 시내 곳곳에 청마 유치환 거리, 초정 김상옥 거리, 작곡가 윤이상 거리가 있고, 김춘수 유품전시관, 백석 시비가 골목 여행자들의 마음을 사로잡는다. 박경리기념관, 청마문학관, 전혁림미술관 등 걸출한 예술가들의 자취를 돌아보기에도 하루가 짧다.

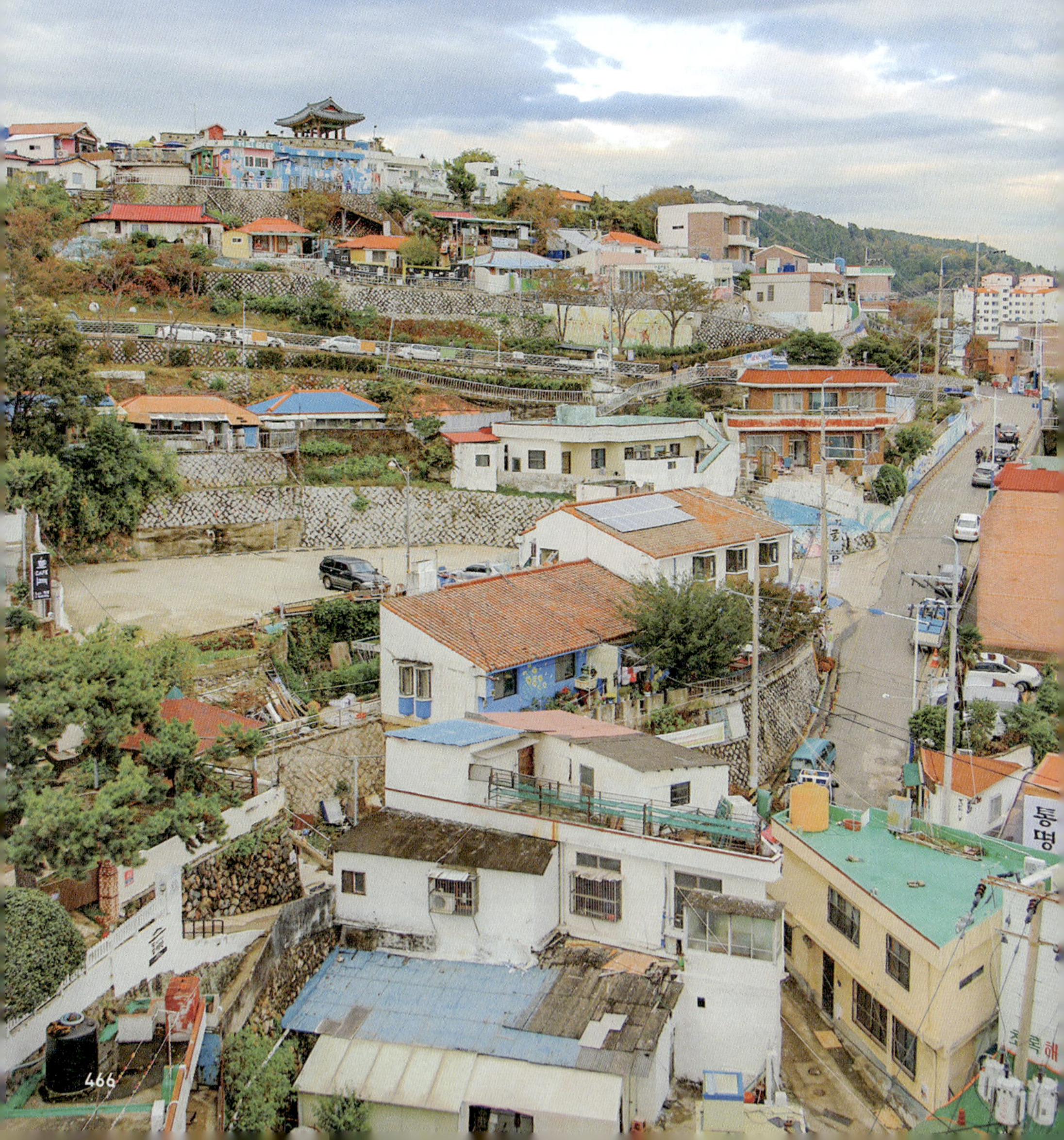

한국 현대문학의 거장

#토지 #문학여행 #통영의문인

박경리기념관

전쟁 통에 남편과 아들을 잃고 고통 속에서 글을 썼던 힘, 26년 동안 한 작품을 꾸준히 집필했던 힘은 어디에서 나왔을까. 소설가 박경리는 고향인 통영을 일러 "내 문학의 지주요, 원천"이라고 했다. 어쩌면 통영에는 그런 원초적인 힘이 숨겨져 있는지도 모른다. 기념관에는 작가의 연보와 사진이 정리되어 있고, 벽에는 시가 걸렸다. 《토지》의 친필 원고, 직접 바느질한 누비저고리, 작가의 생가가 위치한 통영의 옛 모습, 영화 〈김약국의 딸들〉 포스터가 있고, 재봉틀과 두꺼운 사전, 돋보기를 두어 원주에 머물던 작가의 서재를 재현했다. 시비와 동상을 지나 10분 정도 걸으면 작가의 묘소가 나온다. 개인의 불행과 시대의 아픔을 모두 작품으로 녹여낸 거장이 먼바다를 내려다본다.

경남 통영시 산양읍 산양중앙로 173 Ⓟ 가능 055-650-2541
09:00~18:00(월요일·법정 공휴일 다음 날 휴관)
www.tongyeong.go.kr/pkn.web

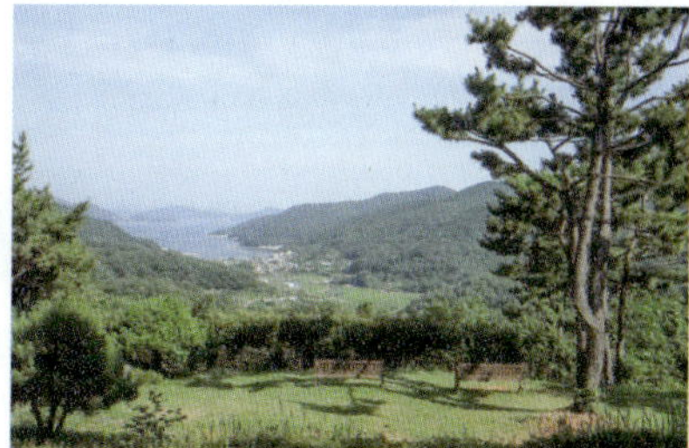

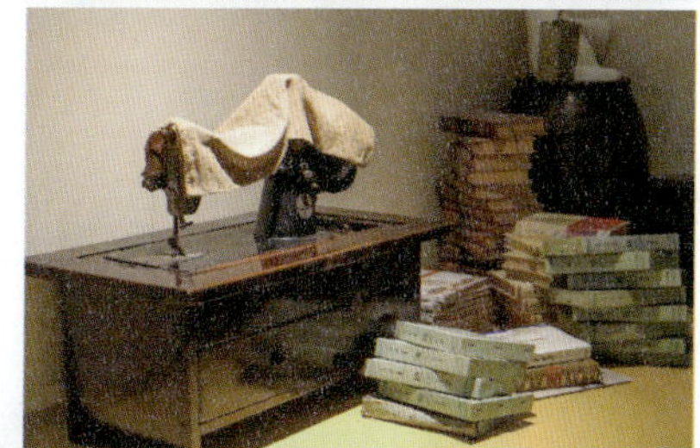

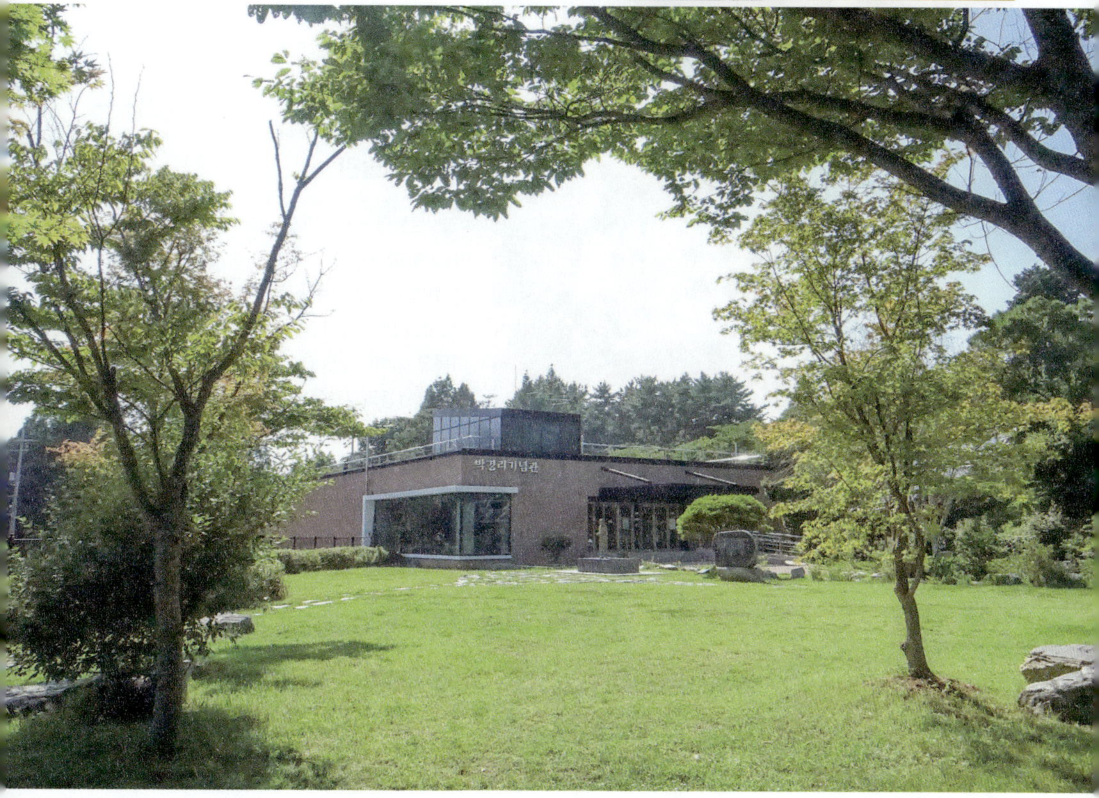

봄날의 책방

#책방여행 #서점그램 #출판사그램

출판사 남해의봄날에서 운영하는 봄날의 책방 덕분에 통영 여행이 풍요로워진다. 북스테이 봄날의 집에서 시작한 책방은 작가의 방, 예술가의 방, 책 읽는 부엌 같은 센스 있는 공간을 만들어 통영의 장인들과 젊은 예술가들의 작품으로 채웠다. 봄날의 책방에서만 만날 수 있는 책과 굿즈가 다양하다. 2층에는 편안하게 앉아서 책을 읽고 갈 수 있는 다락방을 마련했다. 1시간 단위로 예약을 받아 운영한다.

경남 통영시 봉수 1길 6-1 / 가능
055-646-0511 / 10:30~18:30(월·화요일 휴무)
www.bomnalbooks.com

전혁림미술관

#코발트블루 #바다의화가 #미술여행

'바다의 화가'이자 '색채의 마술사'로 알려진 전혁림 화백의 그림에는 짙푸른 통영의 바다를 닮은 푸르스름한 색조가 넘실거린다. 화백이 살던 집을 허물고 외벽에 7,500개의 타일을 붙여 미술관을 지었다. 1층과 2층에는 전혁림 화백의 작품 80점과 유품 50여 점을 상설 전시한다. 외부 계단을 지나 3층으로 오르면 아들인 전영근 화백의 그림과 도자기를 감상할 수 있다.

경남 통영시 봉수 1길 10 / 가능 / 055-645-7349
10:00~17:00(월·화요일 휴무)

윤이상기념공원과 윤이상기념관

\#세계적작곡가 \#현대음악 \#음악여행

우리나라보다 유럽에서 훨씬 유명한 작곡가 윤이상은 통영이 낳은 세계적인 예술가다. 베를린음악대학의 교수를 역임하고, 오페라 〈심청〉을 작곡하며 동양사상을 담은 서양음악으로 음악사에 남았다. 매년 3월에는 통영국제음악제, 매년 10월에는 윤이상국제음악콩쿠르를 열며 그를 기념한다. 깔끔한 전시실, 모던한 야외 공연장과 호수정원까지 아름답다.

📍 경남 통영시 중앙로 27　🅿 가능　📞 055-644-1210
🕐 윤이상기념관 09:00~18:00(월요일 휴무)

청마문학관

\#청마유치환 \#우체통 \#문학여행

통영시에는 청마문학관, 거제시에는 청마기념관, 부산에는 유치환우체통을 마련해 청마 유치환의 시를 기린다. 통영의 청마문학관에는 평생 12권의 시집을 낸 그의 육필 원고를 포함해 100여 점의 유품과 문헌 자료 350여 점을 전시한다. 〈깃발〉, 〈행복〉, 〈생명의 서〉, 〈광야에 와서〉 같은 작품이 그의 생애와 함께 전개된다. 문학관 위쪽으로 초가를 얹어 복원한 생가가 있다.

📍 경남 통영시 망일1길 82　🅿 가능　📞 055-650-2660
🕐 하절기 09:00~18:00, 동절기 09:00~17:00(월요일 휴무)　🅦 무료　🏠 www.tongyeong.go.kr/literature.web

골목 구석구석이 알록달록
동피랑 벽화마을

#강구안풍경 #원조벽화마을 #사진여행

동피랑은 '동쪽'과 비탈의 사투리인 '비랑'이 합쳐진 말이다. 마을이 그만큼 가파른 비탈에 서 있다는 뜻. 2007년 이곳은 이순신 장군이 설치한 통제영의 동포루를 복원하고 공원을 조성할 계획으로 철거될 위기였다. 그러나 통영의 시민단체가 마을 벽화 그리기 공모전을 열었고, 예쁜 벽화를 보려는 사람들이 몰리면서 통영시는 동포루 주위의 집 세 채만 철거해 동포루를 복원했다. 2년에 한 번씩 벽화를 새로 그려 언제나 화사하다.

📍 경남 통영시 동피랑 1길 6-18　🅿 태평 공영주차장

동피랑 벽화마을에서 바라본 강구안

아름다운 통영항과 한려수도
통영 케이블카

#바다뷰 #미륵산정상 #힐링여행

통영은 원래 '충무'라고 불리던 육지와 2개의 다리로 연결된 미륵도, 그리도 150여 개의 섬으로 이뤄졌다. 미륵산에 오르면 통영항과 한려수도의 다도해 조망이 한눈에 보이기로 유명했다. 고려 말부터 봉수대를 세웠던 미륵산에서는 한산대첩도 볼 수 있었을 것이다. 케이블카를 타면 10분 만에 미륵산 전망대에 도착한다. 한쪽으로는 아기자기한 강구안과 통영항이 내려다보이고 한산도 너머 거제도, 홍도와 매물도까지 한려수도의 아름다움을 뽐낸다. 전망대에서 미륵산 정상까지는 400m 정도. 사방의 경치를 감상하며 걷다 보면 힘든 줄 모르고 오르게 된다. 청명한 날은 일본의 대마도까지 보일 정도로 탁월한 전망을 자랑한다.

📍 경남 통영시 발개로 205　🅿 가능　📞 1544-3303
🕐 10:00~18:00(시즌별 상이, 매달 둘째·넷째 주 수요일 휴무)
🏧 성인·청소년 왕복 17,000원, 어린이 왕복 13,000원
🏠 cablecar.ttdc.kr

최초 삼도수군통제영

한산도 이충무공 유적

#한산도대첩 #제승당 #섬여행

소설가 박경리는 "통영에서 예술가가 많이 난
것은 이순신에서부터 출발한다"라고 했다.
이순신은 덕장이며 예술가였다. 이순신 장군
이 머물던 집무실인 제승당까지 가는 한산만
의 전경이 수려하다. 수루에 올라 바다를 내
려다보며 충무공이 읊던 시를 음미하고, 충
무공의 영정을 모신 충무사에서 그의 정신을
기려보자. 활터인 한산정이 공활하다.

통영항 여객선 터미널

📍 경남 통영시 통영해안로 234 🅿 가능 📞 1666-
0960 🕐 통영 출발 1일 10회 07:00~18:00, 제승
당 출발 1일 9회 07:35~17:05 ₩ 성인 12,400원,
청소년 11,200원, 어린이 6,600원, 경로 10,100원,
제승당 입장료 무료 🏠 한산도 여객선 예약 센터
www.hansanferry.com/index.php

평화로운 바다를 산책하는

이순신공원

#산책하기좋아 #사진여행 #바닷가공원

이순신공원은 한산대첩의 승리를 기념한다. 한산대첩은 충무공이 이끄는
조선 수군이 학익진을 펼쳐 일본 수군을 대파하고 남해의 해상권을 장악
한 전투다. 이순신 장군의 동상이 당시를 회상하듯 바다를 내려다보며 늠
름하게 서 있다. 해안 산책로를 따라 바다까지 이어진 길은 통영에서 놓치
면 아쉬운 절경이다. 이순신 장군이 지켜낸 아름다운 바다가 뭉클함을 선
사한다.

📍 경남 통영시 멘데해안길 181 🅿 가능 📞 055-650-1410

통영, 어디까지 먹어봤니?

통영은 새벽부터 분주하다. 한 걸음 앞에서 고깃배가 오가고, 또 한 걸음 앞에서 시장 상인들이 오간다.
매일 새로 잡아오는 싱싱한 해산물로 회도 썰고, 탕도 끓이니 얼마나 맛있을까.
해물짬뽕, 멍게비빔밥, 충무김밥에 다찌까지 해산물을 좋아하는 사람이라면 누구나 통영을 사랑하게 된다.

통영 여행은 이 맛이지!

통영 활어시장

#어시장 #싱싱한제철회 #통영맛집

청정한 통영 앞바다에서 새벽부터 잡아 올린 신선한 물고기들이 빨간 대야에서 펄떡인다. 한 바구니에 2~3마리의 튼실한 물고기가 종류별로 담겼고, 서너 명이 충분히 먹을 만큼 신선한 회를 30,000~40,000원이면 구입할 수 있다. 통영굴, 산낙지, 뿔소라, 멍게, 전복, 해삼 같은 갖가지 해산물이 수북하게 쌓여 유혹한다. 해가 질 무렵이면 자리를 정리하는 아지매들이 푸짐하게 덤을 안기는 어시장의 매력! 시장 안쪽으로는 젓갈과 건어물을 파는 가게들이 늘어섰고, 어시장을 둘러싼 횟집에서는 상차림 비용을 받고 매운탕을 끓여준다. 회나 해산물은 바로 손질해 포장해주니 숙소에서 편히 먹어도 좋다. 통영 활어시장만으로도 통영을 다시 찾을 이유가 충분하다.

📍경남 통영시 태평동 437-5 Ⓟ중앙전통시장 공영주차장

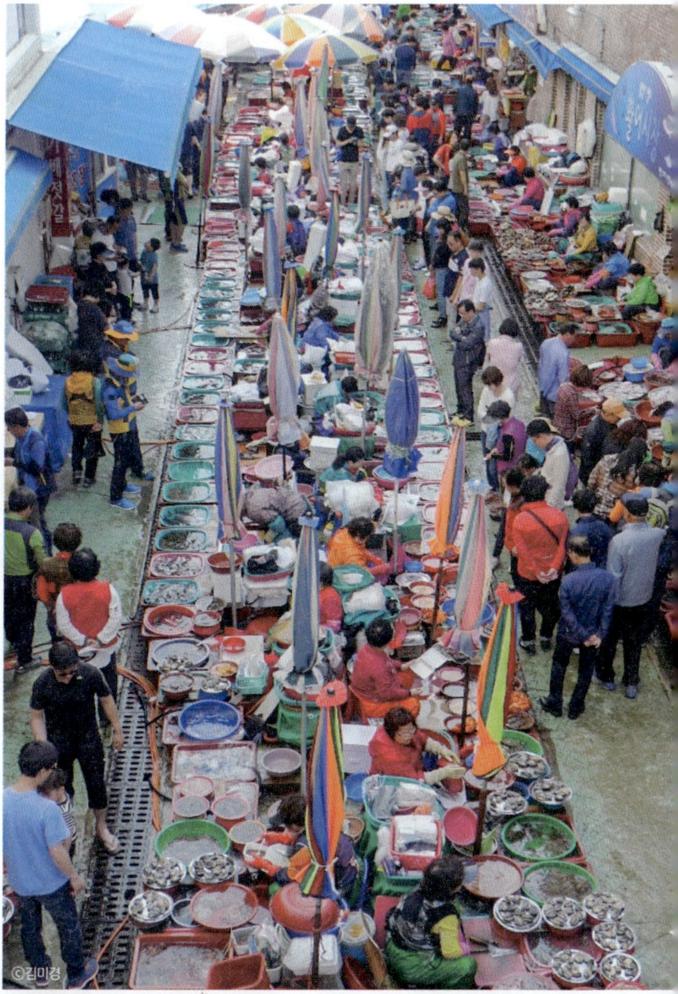
ⓒ김미경

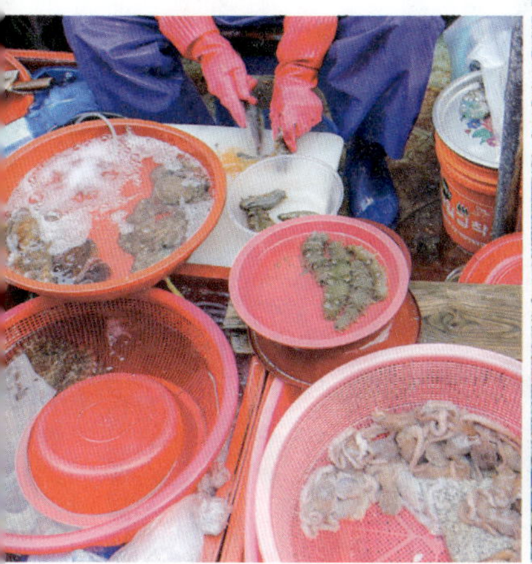

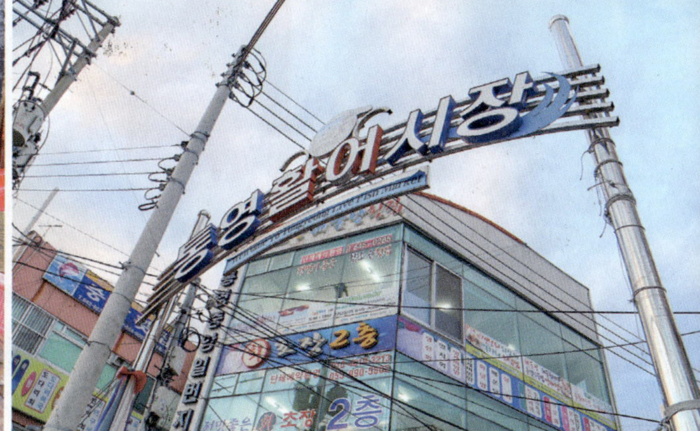

가난한 시절의 따끈한 추억

서호시장의 우짜와 빼떼기죽

#시장구경 #우동짜장 #고구마죽

말린 고구마에 잡곡을 더해 끓인 것이 빼떼기죽이다. 주린 배를 채우던 달큼한 맛이다. 우짜는 우동 국물에 짜장 양념을 얹었다. '짜장이냐 짬뽕이냐'가 아니라 '짜장이냐 우동이냐'를 고민한 결과다. 고춧가루에 단무지까지 얹은 우짜의 맛은 비벼 먹어봐야 묘한 맛을 안다. 50년 전통의 할매우짜에서는 가난했던 시절에 즐겨 먹은 2가지 음식을 모두 판다.

할매우짜 경남 통영시 새터길 42-7 서호복개천 공영주차장 055-644-9867 08:00~17:00(화요일 휴무) ₩ 우짜 6,000원, 빼떼기죽 7,000원

은은한 바다의 향을 머금은

멍게비빔밥

#통영멍게 #해산물 #바다의맛

신선한 해산물로 차려낸 밑반찬이 푸짐하다. 비빔밥을 시키면 계절에 맞는 생선구이, 신선한 해산물 몇 종류, 회무침이 나온다. 어디서 왔느냐고 묻는 주인에게 선선히 대답하고 나면 달걀말이 위에 케첩으로 지역명을 써준다. 김과 날치알만 넣어 멍게의 맛을 살린 비빔밥을 쓱쓱 비벼 먹으면 은은한 바다의 향이 입에 감돈다. 은근히 양도 많아 만족스럽다.

장방식당
경남 통영시 서송정 3길 4 가능
055-641-4753 08:00~17:00
₩ 멍게비빔밥 13,000원, 성게비빔밥 17,000원

다찌

#푸짐한횟집 #주인맘대로 #통영다찌

다찌는 통영의 독특한 횟집 문화다. 단골 뱃사람들이 인원수대로 술을 시키면 주인은 그날의 가장 신선한 해산물에 막회를 썰어주곤 했다. 술을 더 시키면 다른 안주를 추가로 내주었다. 최근 통영의 다찌는 상차림이 거해지면서 일반 횟집과 비슷해졌다. 물보라다찌와 대추나무가 그나마 옛 모습으로 남아 있고, 울산다찌, 벽수다찌는 현대적인 모습으로 단장했다.

대추나무 ◎ 경남 통영시 항남 1길 15-7 ℗ 불가 ☎ 055-641-3877 ⏰ 화~일요일 18:00~24:00, 월요일 17:00~24:00(비정기 휴무) ₩ 2인 기본 80,000원, 소주 5,000원

울산다찌 ◎ 경남 통영시 미수해안로 157 ℗ 가능 ☎ 0507-1401-1350 ⏰ 12:00~22:00 ₩ 다찌 1인 50,000원, 해물모둠추가 50,000원

진짬뽕

#짬뽕맛집 #중국집 #통영맛집

통영 앞바다에서 잡은 해산물로 짬뽕을 끓여주는데 맛이 없을 수 있겠나. 어느 집에 들어가도 웬만하면 실패하지 않는다. 진짬뽕에는 해물짬뽕과 고기짬뽕, 왕짬뽕 같은 다양한 짬뽕이 있다. 짬뽕이 제일 유명하지만 알고 보면 탕수육 맛집.

◎ 경남 통영시 새터길 74-3 ℗ 서호복개천 공영주차장 ☎ 0507-1320-6348 ⏰ 10:00~20:00(수요일 휴무) ₩ 해물짬뽕 10,000원, 고기짬뽕 10,000원, 미니탕수육 13,000원

충무김밥

#김밥맛집 #섞박지 #꼬마김밥

뚱보할매김밥과 달인충무김밥이 유명하다. 옛날충무꼬지김밥에서는 오징어 외에 주꾸미, 홍합, 어묵 등도 나온다.

뚱보할매김밥 ◎ 경남 통영시 통영해안로 325 ℗ 중앙전통시장 공영주차장 ☎ 055-645-2619 ⏰ 06:00~22:00 ₩ 1인분 7,000원(포장 2인분부터 가능)

옛날충무꼬지김밥 ◎ 경남 통영시 새터길 53 ℗ 서호동 공영주차장 ☎ 055-641-8266 ⏰ 09:00~21:00(월요일 휴무) ₩ 옛날충무꼬지김밥 6,500원

환상적인 거제도 드라이브
거제

우리나라에서 제주도 다음으로 큰 섬 거제도에는 몽돌을 어루만진 바람이 분다. 외도와 내도, 해금강, 바람의 언덕과 신선대, 동백섬 지심도가 거제 해안의 비경을 품고 있다. 바닷바람에 실려 오는 봄내음 따라 동백꽃이 몽글몽글 피어나기 시작하는 거제도와 지심도로 떠나보자. 바람의 언덕, 매미성뿐만 아니라 신선대, 해금강을 따라 이어지는 해안도로가 아름다워 드라이브하기 딱 좋다.

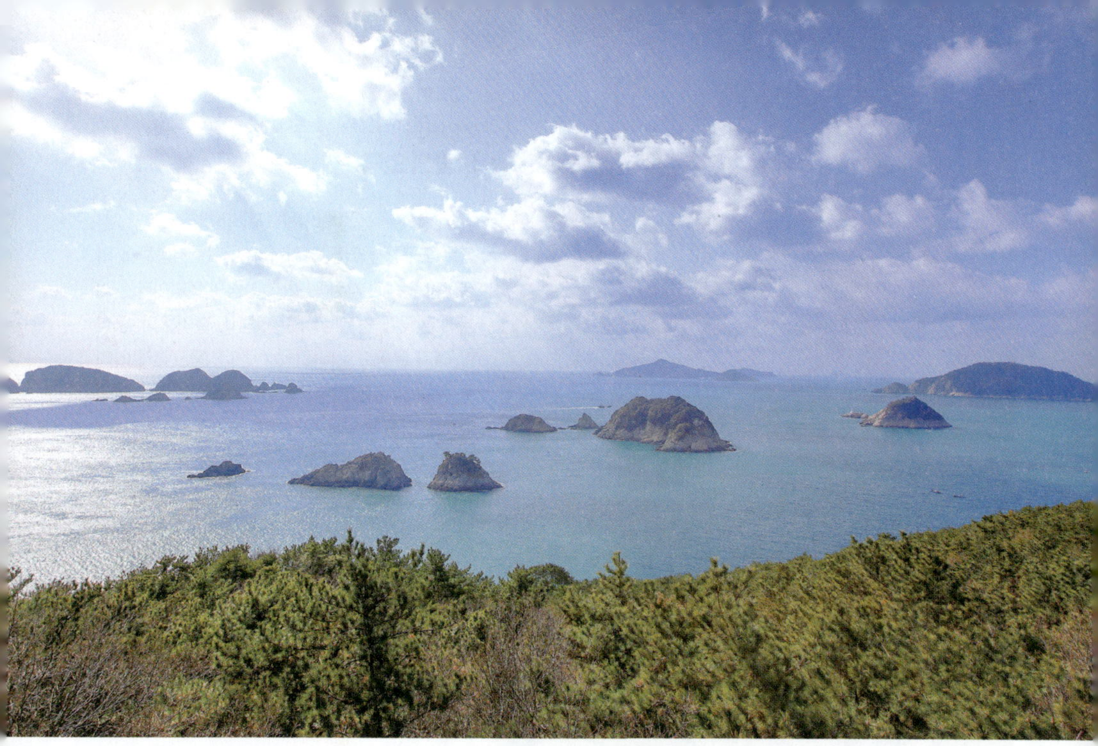

전망대가 늘어선 해안도로

여차 홍포 해안도로 전망대

#드라이브코스 #바다뷰 #인생사진

거제도는 여행하기 귀한 땅이었다. 1971년에 거제대교가 놓이고 나서야 통영을 통해 거제로 들어갈 수 있었고, 2010년 거가대교를 통해 부산과 이어질 수 있었다. 해안도로를 달려보면 이제껏 몰랐던 거제 여행의 진가를 알게 된다. 거제의 아름다운 바다를 끼고 달리는 해안도로 중에서도 여차 홍포 해안도로가 가장 근사하다. 바람의 언덕과 신선대를 구경하고 나면 다대포항을 지나 여차 몽돌 해수욕장까지 남쪽으로 내려가 보자. 여차마을 전망대, 홍포 병대도 전망대, 무지개 전망대가 줄줄이 이어진다. 길이 구불구불하고 비포장 구간도 있어 운전을 조심해야 하지만 입이 떡 벌어지는 절경이 줄줄이 이어지니 감수할만하다. 대병대도, 소병대도, 매물도, 소매물도, 장사도, 죽도, 추봉도까지 태평양을 마주한 섬들을 바라보면 가슴이 벅차오른다.

경남 거제시 남부면 다포리 산38-145 P 가능

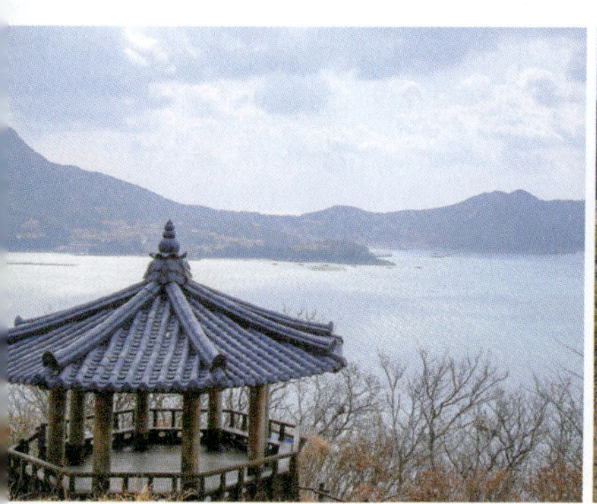

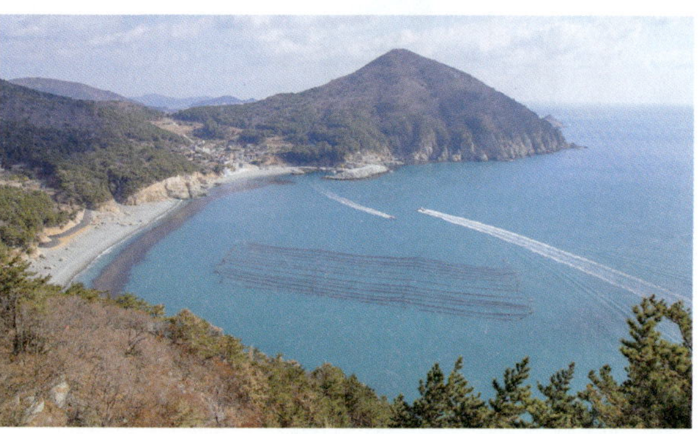

바람의 언덕

#빨간풍차 #드라마촬영지 #사진여행

작은 포구를 둘러싼 아기자기한 붉은 지붕들을 야트막한 언덕이 감싸 안았다. 바람의 언덕이라는 이름에 걸맞게 언제나 세찬 바람이 불어온다. 풍차 한 대가 온몸으로 바람을 반긴다. 둥그렇게 바다를 향한 평평한 잔디밭을 사이에 두고 왼쪽의 평화로운 마을과 오른쪽의 푸른 바다가 한눈에 들어온다. 주말에는 바람의 언덕 주차장이 붐비니 도장포 유람선 주차장에 차를 세우고 조금 걸어도 좋다.

📍 경남 거제시 남부면 갈곶리 산 14-47 🅿 가능

매미성

#인스타핫플 #이국적인성벽 #사진여행

2003년 태풍 매미가 휩쓸고 간 자리에 태풍이 와도 무너지지 않을 성을 짓기 시작했다. 경작지를 지키기 위해 지은 성은 멀리서 보면 근사하고 가까이서 보면 아기자기하다. 한 사람이 돌을 날라 장대한 성을 지었다니 대단한 정성이다. 관광지는 아니지만 알음알음 입소문이 나서 관광객에게 인기 있는 장소가 되었다. 거가대교가 놓인 아스라한 풍경에 파도가 밀려와 몽돌 위로 쏟아진다.

📍 경남 거제시 장목면 대금리 1 🅿 가능

거제조선해양문화관

거제조선해양문화관은 두 개 건물로 이루어지며 주차장에서 가까운 1관은 어촌민속전시관으로 거제의 어업 문화를 엿볼 수 있고, 공원을 지나 이어지는 2관은 조선해양전시관으로 자랑스러운 우리나라 조선 산업에 대해 살펴볼 수 있다. 건물 앞으로 거제 바다의 매력을 뽐내는 해안 산책로가 이어진다.

📍 경남 거제시 일운면 지세포해안로 41 🅿 가능 📞 055-639-8270 🕐 09:00~18:00(1시간 전 입장 마감, 월요일 휴무) ₩ 성인 3,000원, 청소년·군인 2,000원, 어린이 1,000원, 거제 시민·유공자·경로 할인, 4D 영상 탐험관 1인 2,000원 🏠 www.gmdc.co.kr/_marine

칠천량해전공원

칠천량해전은 원균이 지휘하던 조선 수군이 칠천량에서 일본 수군과 벌인 해전으로, 임진왜란과 정유재란을 통틀어 조선 수군이 유일하게 패배한 아픈 역사다. 역사 교훈 여행(다크 투어리즘)의 일환으로 추모공원을 조성했다. 따뜻한 색으로 물드는 평화로운 바다가 묘한 위로를 준다.

📍 경남 거제시 하청면 칠천로 265-39 🅿 가능
📞 055-639-8250 🕐 09:00~18:00(1시간 전 입장 마감, 월요일·1월 1일·명절 당일 휴관)
🏠 www.gmdc.co.kr/_chilcheonryang

수협효시공원

거제도 북쪽의 작은 섬인 가조도에 위치한 우리나라 수산업협동조합의 시작을 기념하는 공원이자 전망대다. 붉은색 가조연륙교와 다도해가 한눈에 내려다보이는 전망대와 아기자기한 포토존이 있으니 들러보자. 기념관 1층에 전시실과 어린이 도서관이 있어 아이들과 함께 오기도 좋다.

📍 경남 거제시 사등면 가조서로 7 🅿 가능 📞 055-639-8340
🕐 09:00~18:00(월요일·명절 당일 휴관)

동백꽃 향기 맡으며 섬 트레킹
지심도

장승포항에서 배를 타면 거제도 동쪽 지심도까지 15분 만에 도착한다. 동백꽃이 흐드러지는 2월부터 4월까지는 배표를 구하기 어려울 정도. 수령이 수백 년은 가뿐한 아름드리 동백나무가 섬을 한 바퀴 도는 4km 정도의 길에 우거져 터널을 이룬다. 진초록 나무에 알알이 박힌 붉은 동백과 함께 해안 절벽, 일본군 진지, 전망대를 둘러본다.

지심도 터미널
📍 경남 거제시 장승포로 56-20　🅿 가능　📞 055-681-6007　🕐 08:30~16:30
₩ 왕복 13세 이상 19,500원, 12세~24개월 이상 10,000원　🏠 www.jisimdoro.com

멍게비빔밥에 지리탕까지
백만석

거제도의 멍게비빔밥으로 유명한 맛집이다. 멍게비빔밥을 시키면 대구탕과 볼락구이, 양념게장이 함께 나와 풍성한 차림이 된다. 기본으로 나오는 대구탕도 아주 맛있다.

📍 경남 거제시 계룡로 47 오헌빌딩 2층　🅿 가능　📞 0507-1416-3300　🕐 09:00~20:00　₩ 멍게비빔밥 16,000원, 간장게장무한리필정식 20,000원　🏠 geojebms.modoo.at

70년의 전통을 자랑하는 중국집
천화원

전국의 오래된 중국집을 꼽으라면 거제의 천화원을 빼놓을 수 없다. 한국 전쟁 때 문을 연 이래 지금까지 70여 년 동안 3대에 걸쳐 운영 중이다. 담백한 짜장과 칼칼한 짬뽕이 유명하고 탕수육도 맛있다.

📍 경남 거제시 신부로 2-4　🅿 가능　📞 055-681-2408
🕐 11:00~20:00(브레이크 타임 15:30~17:30, 화요일 휴무)
₩ 짬뽕 10,000원, 유니짜장 8,000원, 탕수육 29,000원

생선구이도 찌개도 맛있다

향옥

거제 현지인도 많이 찾는 맛집이다. 2인 이상 주문이 가능한 정식 메뉴로 직화제육볶음과 순두부찌개정식, 낙지철판구이와 된장찌개정식, 미역국을 곁들인 생선구이정식이 있다. 밑반찬도 하나하나 정갈하고 맛이 좋다. 반찬을 다 먹으면 친절하게 더 갖다주신다.

📍 경남 거제시 동문천로 3 🅿 가능 📞 010-2365-2294
🕐 10:30~22:00(1시간 전 주문 마감) ₩ 제육볶음정식 2인 20,000원, 낚지볶음정식 2인 24,000원, 해물순두부1인 9,000원 📷 @hyangok_1119

신선한 물회에 인심도 좋아라

어방가

거제조선해양문화관 주차장 맞은편에 생긴 맛집이다. 주메뉴는 신선한 해산물이 들어간 물회와 회덮밥. 살얼음이 살짝 낀 물회 육수에 잘게 채 썬 채소와 쫀득한 회가 어우러져 식감이 좋다. 육수를 흔쾌히 더 내주는 인심도 좋고, 미역국과 제철 반찬, 튀김도 맛이 좋다.

📍 경남 거제시 일운면 지세포해안로 40 🅿 가능 📞 0507-1471-2469 🕐 11:00~21:00 ₩ 한치물회 16,000원, 회덮밥 15,000원

거제하면 몽돌, 몽돌하면 몽돌빵

몽돌빵

학동 몽돌 해수욕장의 몽돌을 떠올리는 동글동글한 모양의 몽돌빵이다. 거제 유자를 이용한 친환경 유자청이 들어 있어 한 입 베어 물면 향긋하다. 매장에서 판매만 할 뿐 먹고 갈 자리는 없지만 거제시 관광 상품 공모전에서 먹거리 분야 대상을 수상한 빵이니 여행 기념품으로 사가도 좋다.

📍 경남 거제시 사등면 지석2길 56 🅿 가능 📞 055-638-0311 🕐 09:00~18:00, 주말 10:30~18:00, 평일 브레이크 타임 12:00~13:00 ₩ 고구마몽돌빵 1박스 10개입 13,000원, 유자몽돌빵 1박스 10개입 13,000원 📷 @geoje_mongdol

CITY
41
동해의 끄트머리 천혜의 비경
울릉도·독도

우리나라에서 유일한 천연 원시림이 있는가 하면, 바다와 맞닿은 산자락과 해안 절벽에서 각종 특산식물이 자란다. 섬을 휘돌아 감은 에메랄드빛 바다색이 황홀하다. 섬 전체에 태곳적 자연이 고스란히 살아 있다. 세계적인 여행 가이드북 《론리 플래닛》에서는 울릉도를 "지구에서 가장 흥미로운 비밀의 섬" 열 곳 중 하나로 선정했다. 바람과 파도가 깎아내린 수많은 작은 섬이 풍경화처럼 펼쳐진 울릉도와 우리 땅 독도는 한 번 다녀오면 끊임없이 눈에 어른거릴 정도로 아름답다.

행남 해안 산책로

#울릉도산책 #섬여행 #사진여행

여객선 터미널이 있는 저동항에는 강릉과 독도를 오가는 관광객들이 드나들고, 울릉 군청이 있는 도동항에는 묵호와 포항을 오가는 배가 드나든다. 행남 해안 산책로는 저동항과 도동항 사이 바다를 따라 걷는 길이다. 저동의 촛대암부터 도동의 방파제까지 2.9km의 해안도로가 이어진다. 투명한 파도가 발밑으로 철썩인다. 높은 곳에서 내려다보는 울릉도의 비경이 궁금하다면 도동에서 행남등대까지 1.5km 구간을 오르자. 도동에서 출발하는 길 초입에서는 울릉도 앞바다에서 물질한 해산물을 파는 집이 발길을 유혹한다. 울릉도의 비경도 감상했겠다, 느긋한 마음으로 못 이기는 척 유혹에 넘어가보자.

도동 기점 울릉 여객선 터미널

📍 경북 울릉군 울릉읍 도동길 14 🅿 가능

📞 054-790-6454

TIP 행남 해안 산책로 낙석 구간

저동의 촛대암에서 낙석 구간 앞까지, 도동의 해안을 따라 행남등대까지 나누어 걸어볼 수 있다. 해안도로가 해수면과 가깝기 때문에 날씨가 좋지 않거나 파도가 높은 날은 도로가 통제되니 기상 상황을 살펴야 한다.

태하향목 관광 모노레일

#전망대 #뷰맛집 #사진여행

태하향목 관광 모노레일을 타고 언덕 위에 도착하면 향목 전망대로 향한다. 아름드리 향나무가 우거진 일대를 향목이라고 했다. 큰 산불 이후 향나무는 거의 사라지고 없지만 오솔길은 여전히 운치 있다. 전망대에 서면 '우리나라 10대 비경'이라는 풍경에 말문이 막힌다. 본토 쪽으로 부는 바람을 기다린다는 뜻의 대풍감은 늠름하고, 세상의 온갖 파랑을 섞은 물빛은 영롱하다.

경북 울릉군 서면 태하길 236 ❷ 가능 ☎ 054-790-6638
🕐 09:00~18:00(30분 전 발권 마감) ₩ 왕복 성인 4,000원, 청소년·군인 3,000원, 어린이 2,000원

천부 해중 전망대

#바닷속여행 #바다전망대 #해안도로

우리나라 최초의 해중 전망대가 울릉도에 있다. 계단을 따라 수심 6m로 내려가면 신비로운 수중 생태계가 펼쳐진다. 잠수함을 타거나 스쿠버다이빙을 하지 않고도 바닷속 물고기들을 만난다. 창밖으로 매달린 먹이통에 볼락, 자리돔, 돌돔, 복어 등 다양한 물고기들이 몰려든다. 여름철에는 해중 전망대 앞 넓은 물놀이장에서 시원한 물놀이를 즐겨도 좋다.

경북 울릉군 북면 울릉순환로 3137 ❷ 가능 ☎ 054-791-6983 🕐 09:00~18:00, 동절기 09:00~17:00(30분 전 입장 마감) ₩ 성인 4,000원, 청소년·군인 3,000원, 어린이 2,000원

나리분지

울릉도의 중심에 우뚝 솟은 성인봉은 해발 1,000m에 가깝다. 성인봉은 여름이면 초록으로 둘러싸이고, 겨울이면 흰 눈이 뒤덮여 신비롭다. 정상 부근에는 천연기념물로 지정된 원시림이 살아 있다. 나리 전망대에 오르면 성인봉과 알봉으로 둘러싸인 나리분지의 시원한 풍경을 내려다볼 수 있다. 나리분지는 성인봉 아래 평평한 땅이다. 화산 분화구 속에 화산재가 쌓이면서 울릉도 유일의 평야지대가 만들어졌다. 울릉도 개척 초기에 형성된 최초의 마을도 이곳에 있었다. 당시 사람들의 모습을 짐작케 하는 너와집과 투막집이 보존되어 있으니 들러보자. 울릉도의 산나물로 만든 나리분지의 나물비빔밥도 별미다.

너와집 투막집　♥ 경북 울릉군 북면 나리 112　🅿 가능

나리분지 야영장 식당
♥ 경북 울릉군 북면 나리길 591　🅿 가능
📞 054-791-0773　🕐 07:00~19:00
₩ 산채비빔밥 15,000원, 감자전 15,000원, 더덕전 20,000원

독도전망대케이블카

#일출명소 #뷰맛집 #독도뷰

도동항으로 내려가는 골짜기를 따라 다닥다닥 붙은 집들이 울릉도만의 풍경을 그려낸다. 케이블카를 타고 5분 만에 망향봉 정상에 도착하면 스카이라운지를 지나 뻥 뚫린 바다를 만난다. 독도가 있는 방향에 망원경이 놓여 있으니 한번 들여다보자. 도동 쪽의 시가지 전망대까지는 15분, 해안 전망대까지는 30분을 더 걷는다. 도동항과 행남 해안 산책로에서 바다로 이어지는 풍경이 근사하다.

📍 경북 울릉군 울릉읍 약수터길 99 🅿 가능 📞 054-790-6427 🕐 08:00~19:00, 11~3월 08:00~17:00(1시간 전 발권 마감) ₩ 왕복 성인 7,500원, 청소년·군인 5,500원, 어린이 3500원

독도는 우리 땅이라는 자료들

독도박물관

#영토박물관 #독도 #울릉도여행

바다제비와 괭이갈매기가 사는 독도의 실시간 영상이 관람객을 반긴다. 일본의 불법 남획으로 멸종된 독도의 바다사자, 가제를 비롯한 해양 생물들의 생태계, 독도 의용수비대와 주민들, 512년 우산국 때부터 우리 땅이었던 독도의 역사를 다양한 자료와 영상을 통해 살펴볼 수 있다.

📍 경북 울릉군 울릉읍 약수터길 90-17 🅿 가능 📞 054-790-6597 🕐 09:00~18:00(30분 전 입장 마감) 🏠 www.dokdomuseum.go.kr

감칠맛 나는 붉은 홍합을 넣은 밥

홍합밥과 오징어내장탕

#홍합밥 #울릉도홍합 #저동맛집

저동에서는 홍합밥을 먹어보자. 정애분식이 홍합밥과 따개비밥으로 유명하다. 홍합밥에 양념장을 비벼 먹으면 그야말로 해물맛이 입에서 싹 퍼지면서 고소함이 느껴진다. 콩나물과 함께 끓인 시원한 오징어 내장탕 국물을 곁들이면 속이 확 풀린다.

정애분식 📍 경북 울릉군 울릉읍 울릉순환로 212-10 🅿 저동 공영주차장 📞 054-791-7488 🕐 07:00~20:00 ₩ 홍합밥 20,000원, 따개비밥 20,000원, 꽁치물회 23,000원

관음도

#해안산책로 #섬속의섬 #걷기여행

사람이 살지 않는 관음도는 높이 100m, 둘레 800m 정도의 작은 섬으로 영롱한 물빛과 기암절벽이 어우러진 경치가 환상이다. 2012년에 현수교가 놓여 걷기 좋은 섬이 되었다. 관음도에는 전망대가 3개 있는데 죽도와 내수전 해안을 볼 수 있는 1전망대 코스가 350m로 가장 짧다. 전망대의 층계참에서 내려다보는 멋진 풍광에 한참 쉬어가게 된다.

📍 경북 울릉군 북면 천부리 산 2-38 🅿 가능
📞 054-791-6022 🕐 09:00~18:00(1시간 30분 전 입장 마감) 💲 성인 4,000원, 청소년·군인 3,000원, 어린이·65세 이상 2,000원

조선시대의 독도의용수비대
안용복기념관

#독도는우리땅 #울릉도쟁계 #역사여행

안용복은 1696년 독도에서 일본인을 쫓아낸 후 1697년 일본으로 건너가 울릉도와 독도가 조선의 영토임을 인정한 서한을 에도 막부로부터 공식적으로 받아냈다. 안용복의 뿌듯한 행적이 디오라마와 문서, 지도로 기록되어 있다. 독도의용수비대기념관이 지척이니 함께 둘러보자.

📍 경북 울릉군 북면 석포길 500 🅿 가능 📞 054-791-8873
🕐 09:00~18:00(30분 전 입장 마감)

귀여운 고릴라가 반기는 카페
카페울라

#울릉도핫플 #카페여행 #사진여행

울릉도 북쪽에 위치한 코스모스 리조트에서 운영하는 카페다. 울릉도 고릴라의 줄임말인 '울라'라는 마스코트를 내세워 예쁜 포토존을 만들더니 사진 명소로 거듭났다.

📍 경북 울릉군 북면 추산길 88-13 🅿 가능 📞 054-791-7790
🕐 10:00~17:30(30분 전 주문 마감, 시즌별 운영시간 변동, 1~2월 휴장) 💲 울릉도소금라테 8,500원, 아메리카노 7,000원
📷 @official.ulla

부르면 가슴 뭉클한 이름

독도

#독도는우리땅 #섬여행 #독도여행

"그 누가 아무리 자기네 땅이라고 우겨도 독도는 우리 땅". 가사가 너무 길어 끝까지 몰라도, 누가 불렀는지 가수 이름은 몰라도, 전 국민이 '독도' 하면 〈독도는 우리땅〉이라는 노래를 흥얼거린다. 작은 바위섬이어서 '국토의 막내'라고 불리는 섬이지만, 알고 보면 독도는 약 460만 년 전부터 250만 년 전까지의 화산 활동으로 태어난 우리나라 섬 가운데 맏형이다. 동도와 서도, 2개의 섬으로 이루어진 독도에는 독도경비대가 생활하고 있고, 그 외에는 헬기장과 등대가 전부다. 섬 전체가 천연보호구역이다. 부채바위와 숫돌바위, 촛대바위가 힘들게 찾아온 방문객의 감탄을 자아낸다. 사람의 얼굴을 닮은 얼굴바위, 파도가 쓰다듬는 삼형제굴바위는 세상 어느 여행지에도 뒤지지 않는 독도만의 풍경을 만든다.

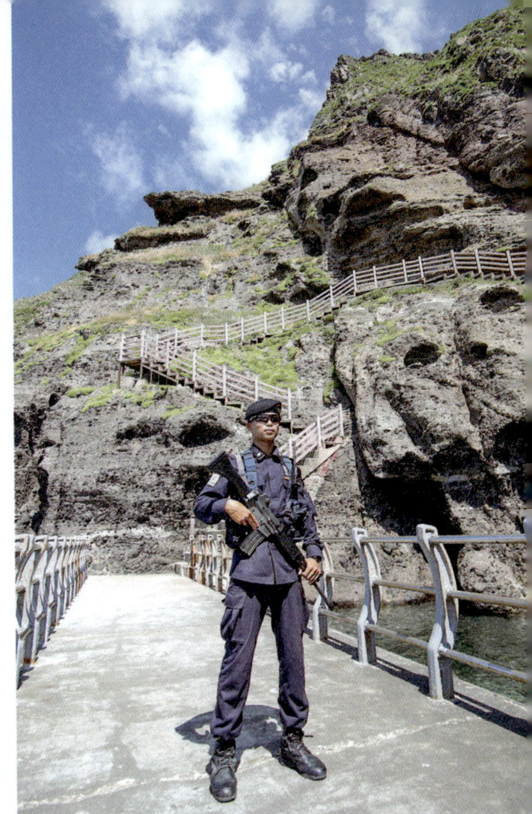

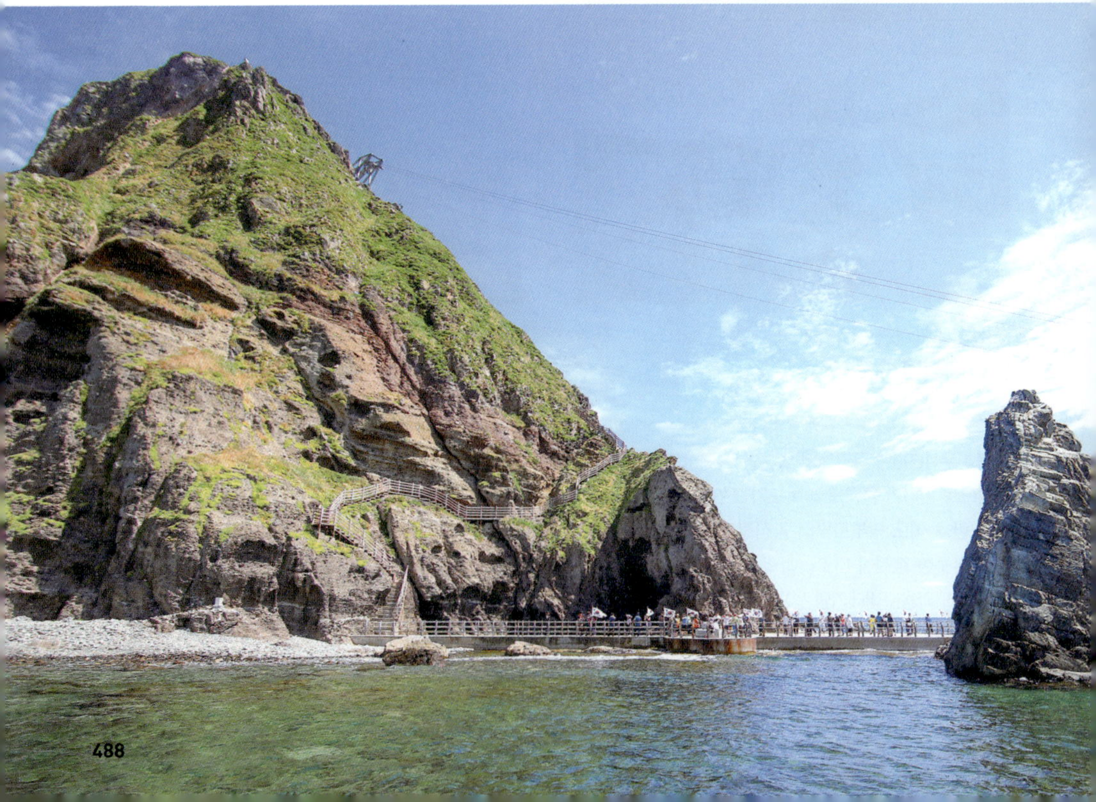

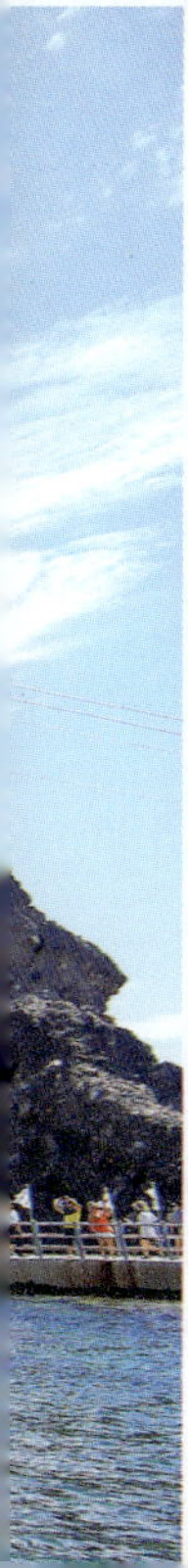

`TIP` **울릉도와 독도에 가려면**

울릉도 가는 법

울릉도로 가려면 강릉항, 묵호항, 포항항, 후포항 네 곳에서 배를 탄다. 울릉도까지 가는 데 2시간 40분~3시간 30분 정도 걸린다. 다만, 최근 포항에서 출발하는 울릉크루즈는 밤에 타고 다음날 울릉도에 도착해서 6시간 30분 걸린다. 저동항, 도동항, 사동항 중 도착지를 체크하고, 울릉도의 숙소 위치와 차량 대여 여부를 고려한다. 배를 예매해도 출항 30분 전까지 도착해 발권하고, 출발 10분 전에 승선해야 한다. 신분증이 없으면 승선권 발급 및 탑승이 불가능하다.

독도 가는 법

울릉도의 저동항과 사동항에서 독도로 출항하는 배를 탄다. 독도 여행을 계획한다면 울릉도 배편을 예매할 때 독도 배편을 함께 예매하자. 독도 입도는 1회 470명으로 한정되어 성수기에는 꼭 예매하는 편이 좋다. 날씨 때문에 결항되면 환불해준다. 울릉도에서 87.4km 떨어진 독도를 왕복하면 4시간 정도 걸린다. 4시간 중 독도에 머무는 30분이 포함된다. 입도가 불가능한 날씨에는 독도의 기암절벽을 멀리서 감상한 다음 울릉도로 돌아간다.

울릉군 문화관광

📞 054-790-6392　🏠 www.ulleung.go.kr/tour

경기도

충청도

전라도

경상도